J. L...

OPUSCULES

MATHÉMATIQUES.

TOME V.

PREMIERE PARTIE.

On trouve chez Briasson les Ouvrages ci-après de Mathématique de M. d'Alembert;

SÇAVOIR,

TRAITÉ de Dynamique, nouvelle Edition, considérablement augmentée, *in-4. fig.* 1758. La premiere Edition est de 1743.

— Traité de l'Equilibre & du mouvement des Fluides, pour servir de suite au *Traité de Dynamique*, *in-4. fig.* 1744.

— Essai d'une nouvelle Théorie de la résistance des Fluides, *in-4. fig.* 1752.

Nota. *Ces trois Traités ont une très-grande liaison entr'eux; cependant ils seront toujours séparés au gré de l'acheteur.*

— Réflexions sur la cause générale des Vents, *in-4. fig.* 1747.

— Recherches sur la précession des Equinoxes & sur la nutation de l'Axe de la Terre, *in-4. fig.* 1749.

— Recherches sur différens points importans du Systême du Monde, *in-4.* 3 vol. *fig.* 1754 & 1756.

— Opuscules Mathématiques, ou Mémoires sur différens sujets de Géométrie, de Méchanique, d'Optique, d'Astronomie, &c. *in-4.* 5 vol. *fig.* 1761, 1764, 1767 & 1768. *Le quatriéme & le cinquiéme volume se vendent séparément.*

Nota. Les *Elémens de Musique* du même Auteur, qu'on peut mettre au nombre de ses Ouvrages Mathématiques, se trouvent à Paris chez *Desaint* & *Saillant*, & à Lyon chez *Jean-Marie Bruyzet.*

OPUSCULES
MATHÉMATIQUES,
OU
MÉMOIRES sur différens Sujets de GÉOMÉTRIE, de MÉCHANIQUE, D'OPTIQUE, D'ASTRONOMIE, &c.

Par M. D'ALEMBERT, de l'Académie Françoise, des Académies Royales des Sciences de France, de Prusse, d'Angleterre & de Russie, de l'Académie Royale des Belles-Lettres de Suede, de l'Institut de Bologne, & de la Société Royale des Sciences de Turin.

TOME V, DIVISÉ EN DEUX PARTIES.

A PARIS,

Chez BRIASSON, Libraire, rue Saint Jacques, à la Science.

M. DCC. LXVIII.

AVEC APPROBATION ET PRIVILÉGE DU ROI.

je confirme par de nouvelles preuves ce que j'avois déja démontré ailleurs, qu'il n'eſt pas vrai, comme l'ont cru de ſavans Géometres, que dans un fluide hétérogène & en équilibre, les couches de différente denſité doivent toujours être de niveau ; mais je fais voir en même-temps, d'après une obſervation dont je ſuis redevable au célébre M. de la Grange, les reſtrictions qu'on doit apporter à ce que j'avois avancé moi-même à ce ſujet. Je prouve encore, que la loi de l'équilibre des fluides, donnée & adoptée juſqu'ici pour générale, ne l'eſt pas à pluſieurs égards, & qu'elle a beſoin d'être modifiée ; remarque qui me donne occaſion d'en faire quelques autres, propres à jetter un nouveau jour ſur les principes de l'Hydroſtatique. Ces réflexions ſont terminées par de nouvelles recherches ſur la figure de la terre, dans leſquelles je démontre, entr'autres choſes, qu'un fluide homogène ne peut être en équilibre, s'il n'eſt de figure ſphérique ou elliptique.

Le Mémoire ſuivant a pour objet de confirmer auſſi par de nouvelles preuves, ce que j'avois avancé dans le IVe Mémoire du premier Volume de mes *Opuſcules*, ſur l'impoſſibilité de réduire au calcul, dans un très-grand nombre de cas, les loix du mouvement des fluides. Je donne en même-temps des méthodes pour trouver les cas où ce mouvement peut être calculé analytiquement, & j'y joins des éclairciſſemens utiles ſur les équations fondamentales de l'Hydrodynamique, que j'ai données ailleurs.

J'examine, dans le troiſiéme Mémoire, les loix du mouvement des fluides dans les tuyaux; on y trouvera le dénouement de quelques paradoxes, qui dans cette matiere, ont paru arrêter d'habiles Géometres; je montre auſſi le peu d'exactitude de certaines ſuppoſitions qu'on croiroit pouvoir ſe permettre pour déterminer le mouvement dont il s'agit; je fais quelques réflexions ſur la méthode de trouver les cas où le fluide ſe diviſe en coulant; & je termine ces obſervations par des recherches analytiques ſur la figure de la veine que le fluide forme en ſortant du tuyau.

Le quatriéme Mémoire eſt entiérement deſtiné à l'examen des équations qui repréſentent, d'après ma Théorie, le mouvement des Fluides. Je cherche les cas où ces équations peuvent avoir lieu; je donne les moyens de les faire quadrer (lorſque la choſe eſt poſſible) avec l'équation qui exprime la figure du vaſe; & j'entre à ce ſujet dans pluſieurs détails analytiques, que les Géometres ne trouveront peut-être pas indignes de leur attention.

Dans le cinquiéme Mémoire, j'expoſe un ſingulier paradoxe, que j'invite les Mathématiciens à examiner, & duquel il réſulte, qu'en ſuppoſant à un corps ſolide une certaine figure, ce corps ſemble ne devoir éprouver aucune réſiſtance de la part d'un fluide où il ſera mu, dans les ſuppoſitions même qui paroiſſent les plus légitimes & les moins précaires, ſur la maniere dont le fluide agit; je prouve dans un autre article du même Mémoire, l'inſuffiſance des équations analytiques pour déterminer la vîteſſe du ſon; & je fais de nouvelles remarques ſur le ſolide de la moindre réſiſtance, ſur la poſition la plus avantageuſe des aîles des moulins à vent, & ſur la réfraction des corps ſolides; trois ſujets que j'avois déja traités en 1744 dans mon Ouvrage ſur *l'Equilibre & le mouvement des Fluides.*

Les recherches ſur différens points du ſyſtême de la gravitation, & principalement ſur le problême des trois corps, font la principale matiere de la ſeconde Partie de ce Volume. Dans le premier Mémoire de cette ſeconde Partie,

je

je développe une obſervation importante que je n'avois fait qu'indiquer dans le troiſiéme Volume des Mémoires de Turin, ſur la maniere d'intégrer les équations du problême de la Préceſſion des Equinoxes, & ſur les attentions, juſqu'ici négligées, qu'il eſt néceſſaire d'apporter à cette intégration, pour être aſſuré d'avoir une ſolution exacte. J'examine une explication ſpécieuſe, mais peu ſolide, qu'il ſemble qu'on pourroit donner de la diminution annuelle de l'obliquité de l'écliptique ; j'explique comment on peut, au moyen d'une ou de pluſieurs forces initiales imprimées à la terre, expliquer tous les mouvemens dont ſon axe & ſa maſſe ſont ſuſceptibles; enfin, je diſcute les ſolutions que d'habiles Géometres ont données du problême de la Préceſſion des Equinoxes, & je montre la ſource des mépriſes où ils ſont tombés à ce ſujet.

Les quatre Mémoires ſuivans renferment des réfléxions importantes ſur la ſolution du problême des trois Corps. Je détermine la forme la plus ſimple qu'on puiſſe donner à l'équation différentielle de l'orbite lunaire; je cherche la maniere la plus commode & la plus courte de l'intégrer; je démontre à cette occaſion, ſi je ne me trompe, que M. Clairaut, dans ſa Théorie de la Lune, n'a pas fait aſſez d'attention à la double courbure de l'orbite de cette planete; mépriſe qui auroit occaſionné de grandes erreurs dans ſon réſultat, ſi elle n'avoit été compenſée par une autre mépriſe oppoſée, qui détruit à peu près l'effet de la premiere. Cette controverſe eſt la ſuite de celle qui avoit commencé entre nous, du vivant de ce célébre Mathématicien, au ſujet de ſa Théorie de la Lune & de la mienne. J'aurois bien déſiré pouvoir ſoumettre ces nouvelles réfléxions au jugement de celui qui en eſt l'objet, & dont je regarde la mort comme une perte pour la Géométrie; mais j'ai cru que cette triſte circonſtance ne devoit pas m'engager à ſupprimer mes remarques; d'abord, parce qu'elles me paroiſſent encore plus importantes que d'autres difficultés que j'avois propoſées à feu M. Clairaut ſur ſa Théorie, & qu'il a, ce me ſemble, eſſayé vainement de réſoudre (*a*); en ſecond lieu, parce que cette même Théorie a été pluſieurs fois miſe en œuvre par de jeunes Mathématiciens, qui peut-être ne l'ont pas ſuffiſamment étudiée; enfin, parce qu'au défaut de l'Au-

(*a*) Voy. les Journaux Encyclopédiques de Fév. & d'Août 1762.

teur même, il n'eſt aucun Géometre, verſé dans la matiere, qui ne puiſſe me relever à ce ſujet, ſi je me ſuis trompé. Je fais enſuite pluſieurs obſervations nouvelles & intéreſſantes ſur l'équation du mouvement de l'apogée, & ſur la maniere de la réſoudre ; & je montre combien les méthodes d'approximation ſont encore imparfaites, tant ſur cet objet, que ſur d'autres points eſſentiels du problême des trois Corps, & en particulier de la Théorie de la Lune. J'indique le moyen de perfectionner, par deux ou trois corrections légeres, mais eſſentielles, les tables de M. Mayer, déja ſi recommandables par leur commodité & leur exactitude reconnue. J'examine enfin, comment & dans quel cas la gravitation peut produire une altération apparente dans le mouvement moyen des planetes.

Ce dernier objet me conduit à chercher l'effet de la réſiſtance légere que les planetes doivent éprouver dans le fluide très-rare où l'on peut ſuppoſer qu'elles nagent. Je donne une formule très-ſimple, & plus exacte que celles qu'on connoiſſoit, pour comparer l'effet de la réſiſtance des cometes à celle des planetes ; je fais voir comment on peut expliquer, par la résistance de l'éther, l'équation séculaire du mouvement moyen de la lune, & je montre en même-temps que cette résistance ne peut avoir d'effet sensible sur le mouvement des nœuds & l'inclinaison de cette planete.

Dans le Mémoire suivant, je traite du mouvement des apsides, lorsque la force centrale n'est pas exactement en raison inverse du quarré de la distance ; j'expose les différens moyens analytiques de trouver ce mouvement ; & cette recherche donne encore lieu à de nouvelles remarques sur l'imperfection des méthodes d'approximation connues, pour résoudre ces sortes de questions. Je détermine ensuite le mouvement des nœuds d'un satellite, dans le cas où le plan de son orbite feroit un angle considérable avec le plan de l'orbite de la planete principale : & je termine ces recherches par quelques réflexions sur le calcul des perturbations des cometes.

Le dernier des Mémoires que ce Volume renferme sur l'Astronomie Physique, a pour sujet les loix de la réfraction dans l'hypothèse Newtonienne ; j'y démontre, principalement sur le rapport des sinus, différens paradoxes remarquables qui résultent de cette hypothèse,

& dont je m'étois contenté d'indiquer quelques-uns dans le dernier Mémoire du troisiéme Volume de mes *Opuscules.*

Tels sont les principaux objets qui occupent la plus grande partie de cet Ouvrage. On y trouvera cependant encore des recherches sur quelques autres matieres ; sur les series infinies, les conditions qui les rendent plus ou moins convergentes, & la maniere d'en trouver la somme par approximation en plusieurs cas ; sur la maniere de réduire les quantités imaginaires à leur forme la plus simple, & à cette occasion sur le cas irréductible du troisiéme degré, dont je prouve, contre l'opinion commune, que les trois racines sont réellement renfermées dans la formule connue ; sur les loix du mouvement des ressorts dans un centre d'équilibre *oisif* ou *forcé* ; sur quelques différentielles qui se rapportent à des arcs de sections coniques, & sur le moyen de faire disparoître de leurs intégrales finies les quantités infinies qu'elles paroissent quelquefois renfermer ; sur la maniere de trouver certaines fonctions par des conditions données ; sur la réfraction & la route de la lumiere dans l'œil ; sur le mouvement d'un corps pesant qui pirouette sur un plan horizontal, & ſur quelques autres ſujets qu'on peut voir dans l'Ouvrage même.

Je me ſuis contenté d'expoſer ſommairement dans cette Préface les différentes queſtions que j'ai tâché de traiter dans ce Volume ; j'invite les Géometres à les approfondir de leur côté, à m'indiquer les mépriſes où je puis être tombé dans ces matieres difficiles, à perfectionner ſurtout les méthodes analytiques qui reſtent imparfaites dans la ſolution du problême des trois Corps, & qui, après le travail de tant de Mathématiciens, laiſſent encore un vaſte champ à la ſagacité de leurs Succeſſeurs.

TABLE DES TITRES

Contenus dans ce cinquiéme Volume.

PREMIERE PARTIE,

Contenant principalement de nouvelles Recherches ſur la Théorie des Fluides.

TRENTIÉME MÉMOIRE.

TRENTE-UNIÉME MÉMOIRE.

TRENTE-DEUXIÉME MÉMOIRE.

Suite des mêmes Recherches.

TRENTE-TROISIÉME MÉMOIRE.

Sur l'équation qui exprime la loi du mouvement des Fluides.

TRENTE-QUATRIÉME MÉMOIRE.

Suite des Recherches sur le mouvement des Fluides.

XXXV. MÉMOIRE.

TRENTE-CINQUIÉME MÉMOIRE.

Réfléxions sur les Suites & sur les Racines imaginaires.

TRENTE-SIXIÉME MÉMOIRE,

Contenant quelques Ecrits sur différens Sujets.

SECONDE PARTIE,

Contenant principalement de nouvelles Recherches sur différens points importans d'Astronomie Physique.

TRENTE-SEPTIÉME MÉMOIRE.

TRENTE-HUITIÉME MÉMOIRE.

TRENTE-NEUVIÉME MÉMOIRE.

De l'intégration de l'équation de l'orbite lunaire, (& en général du problême des trois Corps) & des difficultés qui s'y rencontrent.

QUARANTIÉME MÉMOIRE.

Examen de quelques autres points importans de la Théorie de la Lune.

QUARANTE-UNIÉME MÉMOIRE.

De la résistance que les Planetes & les Cometes peuvent éprouver dans leur mouvement.

QUARANTE-DEUXIÉME MÉMOIRE,

Contenant différens écrits sur quelques sujets d'Astronomie physique.

QUARANTE-TROISIÉME MÉMOIRE.

QUARANTE-QUATRIÉME MÉMOIRE,

Contenant plusieurs écrits sur différens sujets.

Fin de la Table.

OPUSCULES MATHÉMATIQUES.

PREMIERE PARTIE,

Contenant principalement de nouvelles Recherches sur la Théorie des Fluides.

TRENTIÉME MÉMOIRE.

Sur l'équilibre des Fluides.

CE Mémoire & les quatre qui ſuivent, ſerviront de Supplément, non-ſeulement aux Recherches contenues dans mon *Traité des Fluides*, mais encore à celles qui ſont expoſées dans mon *Eſſai ſur la réſiſtance des Fluides*, imprimé en 1752, & dans le premier volume de mes

Opuſcules Mathématiques, troiſiéme & quatriéme Mémoires.

1. J'ai démontré le premier dans mes *Recherches ſur la cauſe des Vents*, art. 86, & enſuite dans mon *Eſſai ſur la réſiſtance des Fluides*, (art. 167) qu'un fluide hétérogène pouvoit être en équilibre, ſans que ſes différentes couches (où l'on ſuppoſe que la denſité ſoit la même) fuſſent de niveau. Un très-habile Géometre avoit penſé le contraire; mais la preuve qu'il en a donnée, ne peut tout au plus être bonne que dans le cas où les couches immédiatement contigues different ſenſiblement de denſité, & où les forces qui les animent ne different outre cela qu'infiniment peu, ſoit dans leur quantité, ſoit dans leur direction (*a*). M. de la Grange, dans le ſecond volume des Mémoires de Turin, a confirmé, par une ſavante théorie qui lui eſt propre, ce que j'avois avancé contre la néceſſité du niveau des couches. Mais ce grand Mathématicien remarque avec raiſon que j'ai étendu trop loin mon principe, quand j'ai prétendu que dans un fluide, dont les parties s'attirent mutuellement, il n'étoit pas néceſſaire que les couches de même denſité fuſſent de niveau.

2. M. de la Grange prouve le contraire dans le ſecond tome des Mémoires de Turin, pour un raiſonnement qui me paroît ſans réplique; ſes objections ſur ce ſujet m'ayant fait revenir ſur mes calculs, je ſuis ar-

(*a*) Voyez la *Théorie de la Figure de la Terre*, par M. Clairaut, pag. 129 & 130.

rivé au même résultat que lui par le raisonnement suivant.

3. Je prends les deux équations de la page 210 de mon *Essai sur la résistance des Fluides*; je différencie la premiere (c'est-à-dire, $\frac{2c\varrho\int Rrrdr}{rr} - \frac{2c\int Rd(r^5\varrho)}{5r^4} - \frac{2crF}{5} + \frac{2cr\int Rd\varrho}{5} - crA\varphi = 2Kc$) après l'avoir d'abord multipliée par $\frac{r^4}{2c}$; puis je divise la différentielle par dr, & j'ai l'équation

$$\left(\frac{r^2 d\varrho + 2\varrho r dr}{dr}\right)\int Rrrdr - Fr^4 - \frac{5}{2}A\varphi r^4 + \int Rr^4 d\rho = \frac{r^4 dK}{dr} + 4Kr^3;$$

En substituant pour $-F - \frac{5}{2}A\varphi + \int Rd\rho$ sa valeur $\frac{5K}{r} + \frac{\int Rd(r^5\varrho)}{r^5} + \frac{5\varrho\int Rrrdr}{r^3}$, & réduisant, j'aurai (en multipliant par r) l'équation finale

$$\frac{r^3 d\varrho\int Rrrdr}{dr} - 3\rho r^2\int Rrrdr + \int Rd(r^5\rho) = \frac{r^5 dK}{dr} - Kr^4.$$

Maintenant la seconde équation $2\zeta d\zeta d(rRK)\times 2c = 2\zeta d\zeta dr\left[\frac{d(r\varrho)}{dr}\times\frac{2cR\int Rrrdr}{r^2} - \frac{8cR\varrho\int Rrrdr}{r^2} + \frac{2cR\int Rd(r^5\varrho)}{r^4} + 4cRK\right]$ (même pag. 210 de l'*Essai sur la résistance des Fluides*) donne, après avoir multiplié par $\frac{r^4}{2cR.2\zeta d\zeta}$,

$$\frac{r^3\,d\rho\int Rrrdr}{dr} - 3\rho r^2\int Rrrdr + \int R\,d(r^5\rho) = \frac{r^5\,dK}{dr} - Kr^4 + \frac{Kr^5\,dR}{Rdr}.$$

5. Comparant ces deux équations, il viendra $\frac{Kr^5\,dR}{Rdr} = 0$; donc $K = 0$. Donc la force horizontale eſt nulle, & les couches de denſité uniforme ſont de niveau.

6. Nous avions trouvé à la page 210 du même livre, par la comparaiſon des deux équations, l'équation finale $\frac{r^5\,KdR}{R} = Mdr$, qui ne donne pas néceſſairement $K = 0$; mais ſi nous en fuſſions reſtés aux différences premieres, & que nous n'euſſions pas différencié deux fois ſans néceſſité, nous aurions trouvé comme ci-deſſus $\frac{r^5\,KdR}{Rdr} = 0$, & par conſéquent $K = 0$. Ce n'eſt donc aucune faute de raiſonnement, mais ſimplement une inadvertance de calcul qui nous a induit en erreur à ce ſujet. Quoi qu'il en ſoit, notre aſſertion générale ſubſiſte toujours; ſçavoir, qu'il n'eſt point néceſſaire que les couches de même denſité ſoient de niveau, ſi ce n'eſt dans quelques loix particulieres d'équilibre; ce que nous verrons encore ci-deſſous, d'une maniere plus générale.

7. D'après ces remarques, on peut ſimplifier les équations qui ſe trouvent, page 229 & ſuivantes de la troiſiéme partie de nos *Recherches ſur le ſyſtême du Monde.* Il ſuffira pour cela de faire dans ces équations $K = 0$,

& $M=0$. On aura donc, en conservant les mêmes noms que dans l'endroit cité,

$$ddD + dD \times \left(\frac{2r^2 \Delta dr}{\int \Delta rrdr}\right) + D \times \left(-\frac{12dr^2}{r^2} + \frac{2\Delta rdr^2}{\int \Delta rrdr}\right) = 0;$$

$$ddC = Cdr^2\left(\frac{6}{rr} - \frac{2Rr}{\int Rrrdr}\right) - \frac{2RrrdrdC}{\int Rrrdr};$$

& enfin $d\left[\frac{-B}{rr}\int \Delta rrdr + \frac{\int \Delta(r^4 B)}{3r^3} + \frac{\int \Delta d(r^4 D)}{5r^3} + \frac{\beta - \int \Delta d(rB)}{3} + \frac{\vartheta - \int \Delta d(rD)}{5}\right] = d\left[\frac{6\int \Delta d(r^6 D)}{5 \cdot 7 r^5} - \frac{3D\int \Delta rrdr}{5r^2}\right]$ en mettant pour $\frac{3r^2}{7}\left[\varepsilon - \int \Delta d\left(\frac{D}{r}\right)\right]$ sa valeur $\frac{3D\int \Delta rrdr}{r^2} - \frac{3\int \Delta d(r^6 D)}{7r^5}$; équation d'où il est aisé de tirer la valeur de B, dès que celle de D sera connue par l'intégration de la premiere équation.

8. Au reste, il est évident, par l'équation $\frac{Kr^5 dR}{Rdr} = 0$, que si $dR = 0$, c'est-à-dire, si le fluide est homogene, alors K ne sera point nécessairement $= 0$, mais pourra être tout ce qu'on voudra ; & pour lors, suivant le calcul fait à la page 210 de notre *Essai sur la résistance des Fluides*, on aura $dd\rho - \rho dr^2 \times \left(\frac{6}{rr} - \frac{2Rr}{\int Rrrdr}\right) + \frac{2Rrrdrd\rho}{\int Rrrdr} = \frac{r^2}{\int Rrrdr} \times d\left[\frac{d(Kr^4)}{r^4}\right]$; c'est-à-dire, égale à une fonction différentielle quelconque de r; & par conséquent ρ sera tout ce qu'on voudra ; ce qui est

d'ailleurs évident, puiſque le fluide étant homogène, les couches de même denſité peuvent être ſuppoſés avoir une courbure quelconque & à volonté, l'équilibre ſubſiſtant toujours.

9. J'ai donné, dans l'art. 167 de mon *Eſſai ſur la réſiſtance des Fluides*, les équations néceſſaires pour déterminer la courbure des couches où la denſité eſt ſuppoſée la même, la loi de peſanteur étant donnée. Pour rendre ces équations en même-temps plus générales & plus ſimples, au lieu de prendre la force ſuivant $PC = \rho' + \alpha\rho'' Z'$ (*Fig.* 1) comme nous l'avons fait dans l'endroit cité, c'eſt-à-dire, égale à une fonction de $CA = r$, & de z, il faut la ſuppoſer égale à une fonction de CP & de z; c'eſt-à-dire, de $r + \alpha\rho Z$ & de z; on prendra donc (ſelon les noms donnés dans l'art. 167 de l'Ouvrage cité) la force ſuivant $PC = \rho' + \frac{d\rho'}{dr} \times \alpha\rho Z + \alpha\rho'' Z'$; & on aura l'équation finale

$$\frac{dZ}{dz} d(\delta\rho\rho') - Z'' d(\delta r \rho''') = \delta\rho'' dr . \frac{dZ'}{dz} + \delta\rho d\rho' \times \frac{dZ}{dz} + \delta\rho' d\rho . \frac{dZ}{dz}.$$

Cette équation ſe réduit à

$$\frac{dZ}{dz} \rho\rho' d\delta - Z'' d(\delta\rho''' r) = \delta\rho'' dr \frac{dZ'}{dz}.$$

10. Si cette équation a lieu quand δ eſt uniforme, c'eſt-à-dire, quand $d\delta = 0$, alors en ſuppoſant δ variable à volonté, les couches de même denſité ſeront de niveau. En effet, on aura, par la premiere condition, $Z''\delta \times$

$d(\rho'''r)+\delta\rho''\frac{dr\,dZ'}{dz}=0$; & par la seconde $\rho\rho'\frac{dZ}{dz}-r\rho'''Z''=0$, ce qui donne (art. 167 de l'Ouvrage cité) la force horizontale $=0$, & par conséquent les couches de niveau.

11. C'est ce que M. de la Grange a déja remarqué, & ce qu'on peut aussi démontrer d'une autre maniere en cette sorte. Soit $Pp\pi\varpi$ (*Fig.* 2) un canal infiniment petit en équilibre ; δ la densité dans la couche $\pi\varpi$, ainsi que dans les colonnes $P\varpi$, & $p\pi$; φ la force suivant $P\varpi$; & ψ la force suivant $\varpi\pi$; enfin, $\delta+d\delta$ la densité en Pp ; on aura

$\delta\varphi.P\varpi+\delta\psi.\varpi\pi=(\delta+d\delta)(\psi+d\psi)Pp+\delta\times(\varphi+d\varphi)p\pi$.

Or, rendant le fluide homogène & de la densité $n\delta$, & supposant l'équilibre dans le canal $Pp\pi\varpi$, on aura $n\delta\varphi.P\varpi+n\delta\psi.\varpi\pi=n\delta(\psi+d\psi)Pp+n\delta(\varphi+d\varphi)p\pi$; donc multipliant la premiere équation par n, & comparant ensuite les deux équations, on aura $\psi d\delta=0$; & $\psi=0$; donc, &c.

12. Au reste, d'après notre formule générale de l'article 9, on voit évidemment que les couches de même densité ne sont pas toujours de niveau dans les différentes hypothèses de pesanteur qu'on peut faire ; en effet, le niveau des couches n'aura lieu que quand on aura $\rho\rho'\frac{dZ}{dz}-\rho'''rZ''=0$, d'où résulte (art. 9) $\delta Z''d(\rho'''r)+\delta\rho''\frac{dr\,dZ'}{dz}=0$, c'est-à-dire, $\frac{dZ'}{Z''dz}=-\frac{\rho''dr}{d(\rho''r)}$.

Or comme z & r ſont variables & indépendans l'un de l'autre, les deux membres de cette équation ne peuvent être égaux, à moins qu'ils ne ſoient chacun égaux à une conſtante A; donc dZ' doit être $= AZ''dz$, & $d(\rho'''r) = -\frac{\rho''dr}{A}$.

13. Soit en général $CP = r + \alpha N$, (*Fig.* 1); la force ſuivant $PC = K + \frac{dK}{dr} \times \alpha N, + \alpha\Delta$ (a); la force perpendiculaire à $CP = \alpha M$; Δ, N, M étant des fonctions de r & de z, & K une fonction de r; on aura la force ſuivant $P'P = \frac{\alpha K dN}{r dz} - M\alpha$, & la force ſuivant $pP = (K + \frac{\alpha N dK}{dr} + \alpha\Delta) \times (dr + \frac{\alpha dN}{dr} dr$; donc, en regardant α comme très-petite, & négligeant en conſéquence le quarré de α, on aura $\frac{d(\delta K \frac{dN}{dz} - \delta M r)}{dr} = \frac{d(\Delta\delta)}{dz} + \frac{d(\delta N \frac{dK}{dr})}{dz} + \frac{d(K\delta \frac{dN}{dr})}{dz} = \frac{d[\Delta\delta + \delta d \frac{(KN)}{dr}]}{dz}$.

14. Donc faiſant $dK = R\,dr, dN = Adr + Bdz, dM = Cdr + Ddz, d\Delta = Edr + Fdz, d\delta = R'dr$, on aura $R'(KB - Mr) + \delta(\frac{KdB}{dr} + BR - M - Cr) = \delta(RB + F + \frac{KdA}{dz})$, qui ſe réduit (à cauſe de $\frac{dB}{dr} = \frac{dA}{dz}$) à $R'(KB - Mr) = \delta(F + M + Cr)$;

(a) Je ſuppoſe qu'on ait ici ſous les yeux l'endroit cité de l'*Eſſai ſur la réſiſtance des Fluides*, art. 167.

ou

ou $\frac{d\delta}{dr}\left(\frac{KdN}{dz}-Mr\right)=\delta\left(\frac{d\Delta}{dz}+M+\frac{rdM}{dr}\right)$; ou enfin $\frac{d\delta}{dr}\times\frac{KdN}{dz}-\frac{d(Mr\delta)}{dr}=\frac{\delta d\Delta}{dz}$. C'eſt la forme la plus ſimple, & en même-temps la plus générale ſous laquelle on puiſſe préſenter l'équation néceſſaire pour l'équilibre des couches.

15. Si dans cette équation on a la force horizontale $\frac{aKdN}{rdz}-Ma=0$, ou $\frac{KdN}{dz}=Mr$, on aura $-\frac{\delta d(Mr)}{dr}=\frac{\delta d\Delta}{dz}$, ou $-M-\frac{rdM}{dr}=\frac{d\Delta}{dz}$; & réciproquement, ſi cette derniere équation a lieu, les couches d'une même denſité ſeront de niveau. De plus il eſt à remarquer, que comme r & z ſont variables & indépendans l'un de l'autre, les équations $\frac{dN}{Mdz}=\frac{r}{K}$ & $-M-\frac{rdM}{dr}=\frac{d\Delta}{dz}$ doivent être identiques & indépendantes des valeurs de r & de z.

16. Donc $M=\frac{BK}{r}$, & $\frac{dM}{dz}=\frac{K}{r}\times\frac{dB}{dz}$; donc $\frac{R}{r}\left(-B-\frac{dB}{dz}\right)=\frac{d\Delta}{dz}$; donc $\Delta=-\frac{R}{r}(\int Bdz+B)+\varphi r$; donc prenant pour N une fonction quelconque de r & de z telle que $dN=Adr+Bdz$, on aura par les formules précédentes les valeurs qu'il faut donner à M & à Δ pour que les couches ſoient de niveau.

17. L'équation de l'art. 14, quoique très-générale, peut

cependant le devenir encore davantage, en ſuppoſant que les couches APP', app', qu'on avoit priſes chacune en particulier de denſité uniforme, varient en denſité dans toute leur étendue, enſorte que $d\delta$ au lieu d'être ſimplement $R'dr$, ſoit $R'dr + D'dz$; en ce cas, il faudra, dans l'art. 14, ajouter au ſecond membre $\delta\left(RB + F + \frac{KdA}{dz}\right)$ la quantité $D'(NR + \Delta + KA)$, ce qui donne $\frac{d\delta}{dr} \times \frac{KdN}{dz} - \frac{d(Mr\delta)}{dr} = \frac{\delta d\Delta}{dz} + \frac{d\delta}{dz}\left(\frac{NdK}{dr} + \Delta + \frac{KdN}{dr}\right) = \frac{\delta d\Delta}{dz} + \frac{d\delta}{dz}\left[\Delta + \frac{d(KN)}{dr}\right] = \frac{d(\Delta\delta)}{dz} + \frac{d\delta}{dz} \times \frac{d(KN)}{dr}$; & il faut obſerver que dans cette équation, ainſi que dans les précédentes, les deux membres doivent toujours être identiques, parce que l'équation doit être vraie pour quelque valeur que ce ſoit de r & de z.

18. Il ne faut pas non plus oublier de remarquer, que quand le fluide eſt ainſi compoſé de couches, d'égale ou de différente denſité, il faut que $\int \pi dz = 0$ dans une couche de même denſité priſe toute entiere, π étant la force qui agit dans la direction de la couche même, & dz l'élément de la couche : d'où l'on voit que π doit être tel qu'en faiſant $z = 360^\circ$ on ait $\int \pi dz = 0$, & en général $\int \pi \delta dz = 0$, ſi la denſité δ n'eſt pas la même dans tous les points de la couche ; ce qui limite un peu les ſuppoſitions qu'on peut faire ſur la valeur de la force verticale & de la force horizontale, mais non pas juſ-

qu'au point de rendre néceſſairement les couches de niveau.

19. Cette derniere remarque ſur la néceſſité de $\int \pi \, dz = 0$ lorſque $z = 360°$ eſt très-importante ; & faute d'y avoir égard, on pourroit ſouvent tomber en erreur ſur les loix de l'équilibre des fluides. Pour le faire ſentir par un exemple très-ſimple, je ſuppoſe un fluide ſphérique & homogène, renfermé dans un vaſe, & dont les parties peſent vers le centre *C*, (*Fig.* 3) avec une force proportionnelle à une fonction quelconque de la diſtance, & outre cela ſoient animées par des forces perpendiculaires aux rayons *CP*, *Cp*, & réciproquement proportionnelles à ces rayons ; il eſt très-évident que les canaux *PP'*, *pp'* ſeront en équilibre, ainſi que les canaux *Pp*, *P'p'*, & qu'ainſi le canal quelconque *PP'p'p* ſera en équilibre ; cependant le canal circulaire total *PP'QP* ne ſera pas en équilibre, puiſqu'il y aura de *P* vers *P'* & *Q* un courant perpétuel à cauſe de la force conſtante qui agit perpendiculairement à *CP*.

20. De-là on voit encore, que quoique le canal *PP'p'p* ſoit en équilibre, cependant le canal *PCP'* aboutiſſant au centre n'eſt pas en équilibre ; ce qui peut paſſer pour une eſpéce de paradoxe. M. Clairaut, dans ſa théorie *de la Figure de la Terre*, pag. 88 & ſuivantes, examinant un cas ſemblable en quelque choſe à celui-ci, paroît conclure de l'équilibre du canal quelconque *PP'p'p*, celui du canal *PCP'*, par la raiſon, dit-il, que la force du canal circulaire $\varpi\varpi'$ dans le ſens $\varpi\varpi'$

ſera toujours la même quelque peu d'étendue qu'ait ce canal, & qu'ainſi elle doit, ſelon lui, être encore la même au point C, où l'étendue du canal $= 0$. J'avoue que je ne puis admettre cette aſſertion; car quoique M. Clairaut ajoute, pour la confirmer, que la force de la goutte qui eſt en C eſt infinie, étant en raiſon inverſe du rayon, il me ſemble que dès qu'on eſt parvenu au centre C, il n'y a plus abſolument aucune force; d'ailleurs, cette force s'exerçant (*hyp.*) perpendiculairement au rayon, s'exerceroit donc au centre C ſuivant tous les ſens poſſibles à-la-fois, puiſque tous les rayons partent du centre; or cette direction infiniment multipliée me paroît choquante. Il ne doit pas au reſte paroître ſurprenant que la force du canal $\varpi\varpi'$ qui eſt conſtante tant que PP' n'eſt pas nul, s'évanouiſſe lorſque $\varpi\varpi' = 0$; il arrive la même choſe que dans l'équation de l'hyperbole $xy = aa$, où l'aire xy eſt conſtante tant que x n'eſt pas $= 0$, & devient évidemment nulle lorſque $x = 0$.

21. Voici encore une autre concluſion non moins importante, qui réſulte de ce que nous venons de remarquer ſur la néceſſité de $\int \pi dz = 0$ lorſque $z = 360°$. Soit la force perpendiculaire à CP (*Fig.* 4) $= \frac{A}{CP}$; & ſoient les coordonnés $CQ = y$, $QP = x$: ſoit de plus la force ſuivant $PC =$ à une fonction de $CP = \varphi(\sqrt{[xx+yy]})$; la force ſuivant PQ ſera $\frac{yA}{\sqrt{(xx+yy)}} +$

$\frac{x\phi(\sqrt{[xx+yy]})}{\sqrt{(xx+yy)}}$, & celle ſuivant $QC = \frac{y\phi(\sqrt{[xx+yy]})}{\sqrt{(xx+yy)}}$ $- \frac{Ax}{\sqrt{(xx+yy)}}$; multipliant la premiere de ces forces par dx & la ſeconde par dy, il eſt aiſé de voir que la ſomme ſera une différentielle complette, & qu'ainſi ſuivant le principe de M. Clairaut (pag. 37 de l'Ouvrage cité) il devroit y avoir équilibre. Cependant il eſt évident, par l'art. 19, que l'équilibre n'a pas lieu; donc M. Clairaut a énoncé la régle de l'équilibre trop généralement, quand il a dit que ſi P eſt la force parallèle aux y, & Q la force parallèle aux x, il y aura équilibre quand $Pdy+Qdx$ ſera une différentielle complette.

22. Mais, dira-t-on, comment ſe peut-il que cette régle ſoit trop générale dans ſon énoncé? Car dès que $Pdy+Qdx$ eſt une différentielle complette, le poids d'un canal quelconque $P'P$ ne dépend évidemment que de la poſition des points P, P'; par conſéquent (*Fig.* 5) tout canal PP', $P\pi P'$, terminé aux points P, P', aura le même poids, par conſéquent il y aura équilibre dans toute l'étendue du fluide.

23. Je réponds que l'intégrale de $Pdy+Qdx$ peut-être telle qu'elle ait pluſieurs valeurs qui répondent aux mêmes coordonnées x & y; comme il y a dans le cercle pluſieurs arcs répondans aux mêmes ſinus & coſinus; & qu'en ce cas il pourra arriver que le poids des canaux PP', $P\pi P'$, ſoit dirigé de maniere que le fluide PP' agiſſe ſuivant PP', & le fluide $P'\pi P$ ſuivant $P'\pi P$,

c'eſt-à-dire, dans le même ſens que PP', enſorte qu'il ne pourra y avoir d'équilibre. Or c'eſt préciſément ce qui arrive ici ; l'intégrale de $\frac{xdx+ydy}{\sqrt{(xx+yy)}} \times \varphi(\sqrt{[xx+yy]}) + \frac{A(ydx-xdy)}{xx+yy}$ eſt $\Delta(\sqrt{[xx+yy]}) + A$ multiplié par l'angle dont la tangente eſt $\frac{y}{x}$; donc le poids de $P'P$ (*Fig.* 4) $= A(AP'-AP)$ ou bien $= A(AP'+360^\circ - AP)$; de ces deux quantités, la premiere eſt le poids de l'arc PP', la ſeconde celui de ſon complément à 360 degrés.

24. La même choſe auroit lieu quand même APB ne ſeroit pas un arc de cercle ni A une quantité conſtante, pourvû que la force perpendiculaire à CP fût toujours $= \frac{A}{\sqrt{(xx+yy)}}$, A étant une fonction quelconque de la quantité $\frac{\int(ydx-xdy)}{xx+yy}$, ou, ce qui revient au même, de l'angle dont la tangente eſt $\frac{y}{x}$.

25. Il eſt donc à propos pour l'équilibre, non-ſeulement que $Pdy+Qdx$ ſoit une différentielle complette, mais encore que ſon intégrale ſoit telle qu'elle ne dépende ni de la rectification, ni de la quadrature d'une courbe ovale; car autrement il pourroit ſe faire qu'un canal quelconque, rentrant en lui-même, ne fût pas en équilibre, & qu'il y eût dans ce canal un courant perpétuel.

26. De-là on doit conclure encore que l'équation $\int Qy\,dx + \int Y\,dy - \frac{fzz}{2r} = A$ donnée par M. Clairaut (pag. 82 de l'Ouvrage cité, pour l'équibre des sphéroïdes, y représentant les rayons qui partent d'un point fixe, & x les angles compris entre ces rayons) doit être telle que $\int Qy\,dx$ soit $= 0$, non-seulement lorsque l'angle $x = 0$, mais encore lorsque $x = 360^\circ$ pris tant de fois qu'on voudra ; ce qui, en effet, est d'ailleurs évident, puisque le rayon y & l'ordonnée z étant toujours les mêmes pour une valeur quelconque de x augmentée de 360° tant de fois qu'on voudra, il est évident que $\int Qy\,dx$ doit conserver la même valeur quel que soit le nombre de circonférences dont l'angle x soit supposé augmenté. Il faut encore, & pour ainsi dire, à plus forte raison, que la valeur de la force Q soit la même en augmentant x de tant de fois 360° qu'on voudra. Mais il est bon de remarquer que cette seconde condition pourroit être observée sans que la premiere le fût ; ce qui arriveroit, par exemple, si Q étoit $= \frac{a + b \sin. x}{y}$, & en général, si Q est l'ordonnée d'une courbe dont $\int y\,dx$ soit l'abscisse, & qui, comme la cycloïde & une infinité d'autres courbes qu'on peut imaginer, coupe son axe en une infinité de points, sans avoir des branches alternatives au-dessus & au-dessous de l'axe. Mais les deux conditions seront remplies à-la-fois, si Q est l'ordonnée d'une courbe dont $\int y\,dx$ soit l'abscisse, (y étant supposé

repréſenter un parametre conſtant) & qui ait des branches alternatives égales & ſemblables au-deſſus & au-deſſous de l'axe. C'eſt à quoi il eſt aiſé de parvenir, au moyen de la rectification ou de la quadrature d'une courbe rentrante en elle-même, comme dans le problême des cordes vibrantes. Voyez les Mémoires de l'Académie de Berlin de 1747.

27. Au reſte, avec cette limitation même, que $\int Qydx$ ſoit $=0$ lorſque $x=360°$, je doute que l'équation $\int Qy\,dx+\int P\,dy-\frac{fzz}{2r}=A$ puiſſe indiquer un véritable équilibre, tant que Qy ſera $=$ à une fonction de x, & P à une fonction de y; par la raiſon qu'alors les canaux rectilignes, aboutiſſans au centre, ne ſeroient pas en équilibre; car il réſulte de ce que nous avons remarqué ci-deſſus, qu'en ce cas $\int Qy\,dx=0$ dans ces canaux rectilignes, & qu'ainſi on auroit à-la-fois l'équation $\int Qy\,dx+\int P\,dy-\frac{fzz}{2r}=A$ pour un canal curviligne aboutiſſant du centre à la ſurface, & l'équation $\int P\,dy-\frac{fzz}{2r}=A$ pour les canaux rectilignes terminés au centre.

28. Il faut donc pour l'équilibre, que $\int Qy\,dx$ qui exprime le poids du canal circulaire renfermé entre les canaux rectilignes CP, CP', ſoit $=0$ lorſque $CP=0$, c'eſt-à-dire, que l'intégrale de $\int Qy\,dx$ priſe en regardant x comme variable & y comme conſtante, ſoit $=0$ lorſque

que $y = 0$; ou enfin, ce qui revient au même, que $Qydx$ ne contienne aucun terme qui renferme x sans y ; d'où il s'ensuit que $Qydx + Pdy$ aura la même intégrale que Pdy en faisant x constant dans P ; il faut donc que P soit une fonction de x & de y, telle 1°. qu'en intégrant Pdy & ne faisant varier que y, puis différentiant l'intégrale & ne faisant varier que x, cette différentiation produise une quantité égale à $Qydx$. 2°. Que la quantité $Qydx$ ne contienne aucune puissance négative de y, car autrement $\int Qydx$ ne seroit pas $= 0$ quand $y = 0$. 3°. Que cette intégrale supposée $= 0$ lorsque $x = 0$, soit aussi $= 0$ lorsque x sera augmentée d'autant de fois 360° qu'on jugera à propos.

29. Soit donc prise une fonction quelconque de y & de sinus ou cosinus de x, dans laquelle il pourra se trouver des termes qui renferment y sans x, mais aucun qui renferme x sans y, & aucun qui contienne des puissances négatives de y, au moins parmi les termes où se trouvera x ; soit ensuite différentiée cette fonction, ensorte que la différentielle soit $Mdx + Ndy$; on fera $P = M$, & $Q = \frac{N}{y}$. Avec ces conditions, l'équation $\int Qydx + \int Pdy - \frac{fzz}{2r} = A$ exprimera réellement la loi de l'équilibre.

30. Les équations $P = xxy$, & $Q = xy$, ou $P = \frac{x}{\sqrt{(aa + xy)}}$ & $Q = \frac{1}{\sqrt{(aa + xy)}}$, que M. Clairaut a supposées, pag. 85 de son Ouvrage, satisfont bien à la pre-

miere & à la seconde des trois conditions de l'art. 28, mais non pas à la troisiéme ; il falloit prendre, par exemple, $P = y(\text{sin. } x)^2$ & $Q = y \text{ sin. } x \frac{d \text{ sin. } x}{dx}$, ou $P = \frac{\text{sin. } x}{\sqrt{(aa + y \text{ sin. } x)}}$ & $Q = \frac{d(\text{sin. } x)}{dx\sqrt{(a^2 + y \text{ sin. } x)}}$, & ainsi des autres cas.

31. Au reste, cette troisiéme condition, que l'intégrale de $\int Qy\,dx$ soit également $= 0$, non-seulement lorsque $x = 0$, mais encore lorsque $x = 360°$, n'exige pas absolument, que quand le fluide en équilibre forme un solide de révolution, les courbes APa, AQa, (*Fig.* 6) alors égales, semblables & semblablement placées par rapport à l'axe de révolution ACa de ce solide, appartiennent à la même équation ; il suffit, pour que $\int \pi dz = 0$ dans tout le canal $APaQA$, que la force Q soit dirigée en sens contraire dans ces deux courbes. Mais une condition non moins essentielle, c'est qu'il faut que la valeur de la force Q aux points A & a soit égale à 0; autrement les points A, a, seroient chacun poussés en sens contraires & perpendiculairement à ACa par deux forces égales & opposées ; donc alors la direction des points A, a seroit rigoureusement AC, tandis que celle d'un point α, pris aussi près qu'on voudroit de A, seroit avec αC un angle fini ; ce qui seroit choquant.

32. Par une raison semblable, il n'est nullement nécessaire que les deux parties AB, Ba appartiennent à une même courbe, même quand on supposeroit, ce qui

n'eſt pas néceſſaire, que le poids de ABa fût nul; il ſuffiroit, pour cette condition, que le poids de APB fût égal à celui de Ba & dirigé en ſens contraire, enſorte que l'effort perpendiculaire à CB, agiſſant au point B, fût $=0$.

33. Par la même raiſon encore, ſi on prend dans l'arc AB deux parties quelconques AP, PB, il ſuffira, pour que le poids de APB ſoit nul, que le poids de AP ſoit égal & contraire au poids de PB, & que la force perpendiculaire à CP au point P ſoit $=0$.

34. En général, ſoit z une indéterminée quelconque, & ſoit Z l'ordonnée variable d'une courbe quelconque qui ait z pour abſciſſe, cette courbe pouvant être tracée comme on voudra, & même à la main, ſi l'on veut, ſans aucune eſpéce de régularité; ſoit priſe enſuite une fonction algébrique quelconque de x & de y, que j'appelle $\varphi(x, y)$; ſoit cette fonction $= z$, & $Adx + Pdy$ ſa différentielle, on aura $(Adx + Bdy)\frac{d(Z)}{dz} =$ à une différentielle complette; cette différentielle pourra repréſenter le poids d'un arc quelconque AP, & ſon intégrale pourra être $=0$ en tant de points qu'on voudra, pourvû qu'elle le ſoit lorſque l'angle $ACP = 360^{\circ}$.

35. Il faudra ſeulement obſerver que dans la courbe qui a pour coordonnées z & Z, il n'y ait aucun point où les deux parties de la courbe faſſent un angle entr'elles; en effet, $\frac{dZ}{dz}$ auroit deux valeurs en ce point, & par

conséquent il y auroit un point du fluide où les forces verticale & horizontale, c'est-à-dire, les forces suivant PC & suivant PP', (*Fig.* 1) auroient deux valeurs à-la-fois; ce qu'on ne sauroit supposer.

36. Il résulte de tout ce que nous avons remarqué jusqu'ici, que si dans une masse fluide en équilibre, on suppose les couches APP', app' de densité uniforme, & qu'on nomme δ cette densité, φ la force suivant pP, ψ la force suivant PP', il faut que l'intégrale de $\varphi\delta \times pP$, prise en ne faisant varier que CP, & laissant z constant, soit la même (à une constante près) que celle de $\psi\delta \times PP'$ prise en ne faisant varier que z; cette constante sera une fonction de r, & représentera le poids du canal CA.

37. Il est bon de remarquer encore que la condition énoncée ci-dessus, art. 27, que $\int Qy\,dx$ soit $= 0$ lorsque $y = 0$, ne seroit pas essentielle à l'équilibre (les autres conditions étant observées) s'il y avoit au centre C une masse solide de quelque étendue; parce qu'alors l'inconvénient remarqué, art. 19 & 20, n'auroit plus lieu; d'où résulte cette vérité assez singuliere, qu'on peut imaginer une loi de pesanteur, suivant laquelle une masse *totalement fluide* ne seroit pas en équilibre, mais y seroit infailliblement, en supposant qu'une partie quelconque de ce fluide, si petite qu'on voudroit, se durcît autour du centre.

38. Une autre paradoxe, non moins remarquable, c'est qu'il peut arriver que dans une masse fluide, un canal quelconque rentrant en lui-même, & qui ne ren-

fermeroit point le centre de tendance, fût en équilibre, & que cependant le fluide n'y fût pas ; par la seule raison que $\int Qy\,dx$ (art. 28) peut n'être pas $=0$ lorsque $x=360^{\circ}$; quoique $P\,dy+Qy\,dx$ soit d'ailleurs une différentielle complette.

39. Ces réflexions suffisent pour montrer quelles précautions on doit prendre avant d'assurer qu'une masse fluide, homogene ou non, animée par un systême de forces données, sera ou ne sera pas en équilibre. Nous remarquerons encore que si un fluide $ABEF$ (*Fig.* 7) de masse finie, est renfermé dans un vase de figure quelconque, & que les surfaces AB, FE soient parallèles, il peut se faire que les forces en AB & FE soient parallèles à CD, & ne le soient point ailleurs. Car soit $CP=x$, $PO=y$, Q la force parallèle aux x, P la force parallèle aux y ; il faudra 1°. que $P\,dy+Q\,dx$ soit une différentielle complette, ensorte que faisant $Pdy+Qdx=d\omega$, on ait $P=\frac{d\omega}{dy}$, & $Q=\frac{d\omega}{dx}$; 2°. que $P=0$ lorsque $x=0$, & $x=CD=b$, quelle que soit y ; 3°. que $\int Q\,dx=0$ lorsque $x=0$, & lorsque $x=CD$. Or il est aisé de satisfaire à ces conditions ; 1°. en faisant $P=$ à une fonction de x, de y & de $b-x$, qui soit $=0$, quand $x=0$, & quand $x=b$; ce qui est très-facile ; 2°. en faisant $\int Q\,dx=$ à une fonction de x, de y & de $b-x$ qui soit aussi $=0$, lorsque $x=0$ & $x=b$; 3°. enfin, en prenant Q & P tels que $\frac{dP}{dx}=\frac{dQ}{dy}$; or soit prise

une fonction ω de x, de $b-x$ & de y, telle 1°. que si on la différentie en faisant varier y seulement, la différentielle soit $=0$ lorsque $x=0$, & lorsque $x=b$; 2°. que si dans la fonction supposée on fait $x=0$ & $x=b$, elle soit $=0$ quelle que soit y (conditions très-faciles à remplir, & qui demandent seulement que la fonction choisie renferme des puissances de x & de $b-x$ qui ne soient pas plus petites que l'unité, & n'ait aucun terme qui ne contienne que la seule variable y); cette fonction satisfera aux trois conditions énoncées ci-dessus; il suffira pour cela de faire $Q=\frac{d\omega}{dx}$, & $dP=\frac{d\omega}{dy}$. Il est très-aisé de voir que Q peut être finie & variable quand $x=0$ & $b-x=0$, quoique P soit $=0$ dans ces cas-là; car soit, par exemple, $\omega=x(b-x)y$; on aura $Q=(b-x)y-xy$, qui est $=by$ quand $x=0$, & $=-by$ quand $x=b$; & on aura $P=x(b-x)$, qui est $=0$ lorsque $x=0$ & lorsque $x=b$. Ainsi, lorsque les forces parallèles à y sont nulles à la surface supérieure & inférieure du fluide, il n'est pas nécessaire que les forces parallèles à x soient égales entr'elles à cette surface supérieure; ce qui paroît d'abord contraire à la proposition démontrée, art. 36 de notre *Traité des Fluides*; mais il faut prendre garde que dans cette proposition on suppose que la fonction P parallèle aux y est égale à zero dans toute l'étendue de la masse fluide.

Appendice sur la Figure de la Terre.

40. A ces réflexions sur les loix de l'équilibre des fluides, j'en ajouterai par occasion quelques-unes sur la figure de la terre, qui, comme l'on sait, a beaucoup de rapport à ce sujet.

41. J'ai démontré dans mes *Recherches sur le systême du Monde*, troisiéme partie, pag. 178 & suivantes, que si on appelle r le demi-axe de la terre, & qu'un rayon quelconque soit $r + \alpha r(A + Bk + Ck^2 + Dk^3)$ α marquant une petite quantité, & k le cosinus de l'angle que le rayon fait avec l'axe, l'attraction perpendiculaire au rayon sera $= \alpha\,(MB\sqrt{(1-kk)} + QD\sqrt{(1-k^2)}$ $NCk\sqrt{(1-kk)} + DPk^2\sqrt{[1-kk]})$ M, Q, N, P, étant des constantes qu'on a déterminées à l'endroit cité. Or l'attraction dirigée vers le centre, que nous nommons attraction verticale, étant décomposée en deux forces, l'une perpendiculaire à la surface, l'autre perpendiculaire au rayon, cette derniere est $\frac{4\pi r}{3} \times (B\sqrt{(1-kk)} + 2Ck\sqrt{(1-kk)} + 3Dk^2\sqrt{[1-kk]})$ 2π étant le rapport de la circonférence au rayon; & cette force doit être égale à la précédente, pour que le sphéroïde soit en équilibre. D'où il est aisé de conclure que D doit être $= 0$; car, par l'endroit déja cité, P n'est pas $= 4\pi r$, comme il le devroit être pour que D ne fût pas $= 0$.

42. D'où l'on voit qu'un pareil sphéroïde supposé homogene ne pourroit pas être en équilibre.

43. Mais il pourra y être si $D = 0$, soit qu'on fasse $B = 0$ ou non ; car on trouve encore, par l'endroit cité, que $M = \frac{4\pi r}{3}$.

44. Dans le cas où $D = 0$, la courbe du méridien est une ellipse ; si B est $= 0$, le point qu'on a appellé le centre du sphéroïde, est celui de l'ellipse même ; sinon il ne l'est pas, & il partage l'axe en deux parties inégales, dont la différence est $2 \cdot Br$; mais dans les deux cas, l'équilibre a également lieu ; ce qui est d'ailleurs évident, puisqu'un sphéroïde étant une fois en équilibre, cet équilibre doit subsister à quelque point de l'axe qu'on rapporte les rayons, & la direction des forces relativement à ces mêmes rayons.

45. A l'égard du coefficient C, il peut être déterminé dans tous les cas par le moyen de la valeur $\varphi k\sqrt{(1-kk)}$ de la force centrifuge, décomposée perpendiculairement au rayon, & ajoutée à l'attraction horizontale.

46. On voit assez par le calcul précédent, qu'un fluide étant supposé homogene, il y a une infinité de figures à lui supposer, qui ne pourroient pas conserver l'équilibre ; mais on peut demander s'il y a une autre figure possible d'équilibre que la figure elliptique. M. Maclaurin a démontré que l'équilibre avoit lieu dans cette figure, quelque grande qu'on supposât la différence des axes. On peut démontrer de plus, que si une masse de fluide homogene est d'abord supposée sphérique, & qu'ensuite on suppose qu'elle tourne autour de son axe avec

avec une force centrifuge très-petite par rapport à la pesanteur, elle prendra la figure d'une ellipse. Car j'ai démontré dans mes *Recherches sur les Vents*, art. 28, que ce fluide, dans ses oscillations, pouvoit prendre successivement la figure d'une infinité d'ellipses de plus en plus applaties jusqu'à celle qui donne l'équilibre ; donc puisqu'il peut prendre toutes ces figures, il s'ensuit qu'il les prendra en effet ; car son mouvement est déterminé, & il n'y a pour ce corps qu'une façon possible de se mouvoir.

47. Mais si on suppose que le fluide en mouvement ne parte pas de la figure sphérique, mais qu'il acquerre tout-à-coup la figure nécessaire pour être en équilibre, alors il paroît difficile de démontrer en rigueur que la figure elliptique est la seule avec laquelle l'équilibre puisse subsister. La difficulté sera même à peu près aussi grande si le fluide part de la figure sphérique, & que la force centrifuge ne soit pas très-petite par rapport à la pesanteur. Voici quelques recherches sur ce sujet.

48. Les mêmes noms & la même figure étant supposés que dans *les Recherches sur le système du Monde*, Part. II, art. 390, & Part. III, pag. 200, soit (*Fig.* 8) $QP = 6$, $QR = u$, $PR = z$, l'angle $EQR = \Delta$; & soient menées les perpendiculaires RM à CQ, & RB à CP ; on aura $CM = \text{cos.}\, u$; RM (que je suppose la projection de sin. u sur le plan EPC) $= \text{sin.}\, u\, \text{cos.}\, 6$; $MN = RM \times \frac{\text{sin.}\, 6}{\text{cos.}\, 6}$; CB ou cos. $PR = CN \times \text{cos.}\, 6 = (CM - MN)\, \text{cos.}\, 6 = \text{cos.}\, u \,.\, \text{cos.}\, 6 - \text{sin.}\, u \,.\, \text{cos.}\, \Delta\, \text{sin.}\, 6$;

& l'élément de l'attraction horizontale sera (par les principes posés dans les endroits cités) $\frac{du}{2^{\frac{1}{2}}(1 - \text{cof.}\, u)^{\frac{3}{2}}} \times d\Delta\, \text{fin.}\, u \times \text{fin.}\, u\, \text{cof.}\, \Delta \times a\varphi\, (\text{cof.}\, PR)$.

49. Présentement soit $\varphi\, (\text{cof.}\, PR) = A + B\, \text{cof.}\, z + C\, \text{cof.}\, z^2 + D\, \text{cof.}\, z^3$, &c. $+ M\, \text{cof.}\, z^m$; je vois d'abord que l'attraction horizontale produira (*Recherches sur le systême du Monde*, Part. II, pag. 280) pour chacun des termes $M\, \text{cof.}\, z^m$ une différentielle de cette forme $\frac{M du}{2^{\frac{1}{2}}(1 - \text{cof.}\, u)^{\frac{3}{2}}} \times d\Delta\, \text{fin.}\, u \times \text{fin.}\, u\, \text{cof.}\, \Delta \times (-2m\, \text{fin.}\, u\, \text{cof.}\, \Delta\, \text{fin.}\, \beta\, \text{cof.}\, u^{m-1}\, \text{cof.}\, \beta^{m-1} - 2\, \text{fin.}\, u^3\, \text{cof.}\, \Delta^3\, \text{fin.}\, \beta^3\, \text{cof.}\, u^{m-3}\, \text{cof.}\, \beta^{m-3} \times \frac{m.m-1.m-2}{2.3}$, &c.) dont le dernier terme sera, lorsque m est impair, $-2\, \text{fin.}\, u^m\, \text{cof.}\, \Delta^m\, \text{fin.}\, \beta^m$, & lorsque m est pair, $-2m\, \text{fin.}\, u^{m-1}\, \text{cof.}\, \Delta^{m-1}\, \text{fin.}\, \beta^{m-1}\, \text{cof.}\, u\, \text{cof.}\, \beta$.

50. Or en mettant pour $\text{fin.}\, u^2$ sa valeur $1 - \text{cof.}\, u^2$, & pour $\text{fin.}\, \beta^2$ sa valeur $1 - \text{cof.}\, \beta^2$, je vois de plus que l'on aura dans la différentielle un terme de cette forme, qui ne pourra être détruit par aucun autre, $\frac{M du\, \text{fin.}\, u^3}{2^{\frac{1}{2}}(1 - \text{cof.}\, u)^{\frac{3}{2}}} \times \text{fin.}\, \beta\, \text{cof.}\, \beta^{m-1} \times \text{cof.}\, u^{m-1} \times (-2m\, \text{cof.}\, \Delta - \frac{2m.(m-1).(m-2)}{2.3}\, \text{cof.}\, \Delta^3$, &c.) $\times\, d\Delta\, \text{cof.}\, \Delta$; & il est visible aussi que la quantité qui est entre les deux parenthéses est $= (1 - \text{cof.}\, \Delta)^m - (1 + \text{cof.}\, \Delta)^m$.

51. Maintenanr soit $1 - \text{cof.}\, \Delta = x'$, on aura $d\Delta\, \text{cof.}$

$\Delta \times (1 - \text{cos}.\Delta)^m = \frac{(1-x')\,dx'.x'^m}{\sqrt{(2x'-x'x')}}$; de plus $\int \frac{x'^m\,dx'}{\sqrt{(2x'-xx')}} = - \frac{1}{m}(x'^{m-1}\sqrt{[2x'-x'x']}) + \frac{2m-1}{m}\int \frac{x'^{m-1}\,dx'}{\sqrt{(2x'-x'x')}}$.

52. Donc lorsque $x = 2$, on a $\int \frac{x'^m\,dx'}{\sqrt{(2x'-x'x')}} = \frac{2m-1}{m} \times \int \frac{x'^{m-1}\,dx}{\sqrt{(2x'-x'x')}}$; donc $\int \frac{x'^m\,dx'}{\sqrt{(2x'-x'x')}} = \int \frac{dx'}{\sqrt{(2x'-x'x')}} \times (\frac{3}{2}.\frac{5}{3}.\frac{7}{4}.\frac{9}{5}\ldots\ldots\frac{2m-1}{m})$; donc $\int \frac{(1-x').dx'.x'^m}{\sqrt{(2x'-x'x')}} = \int \frac{dx'}{\sqrt{(2x'-x'x')}} \times [\frac{3}{2}.\frac{5}{3}.\frac{7}{4}.\frac{9}{5}\ldots\frac{2m-1}{m} - \frac{3}{2}.\frac{5}{3}.\frac{7}{4}.\frac{9}{5}\ldots\ldots\frac{2m-1}{m}.\frac{2m+1}{1+m}] = \pi \times \frac{3}{2}.\frac{5}{3}.\frac{7}{4}.\frac{9}{5}.\frac{11}{6}\ldots\frac{2m-1}{m} \times - \frac{m}{1+m}$.

53. Si on fait de même $1 + \text{cos}.\,\Delta = u$, on trouvera que $\int d\Delta \text{ cos}.\,\Delta\,(1 + \text{cos}.\,\Delta)^m$, supposé $= 0$, lorsque cos. $\Delta = 1$, devient égal, lorsque cos. $\Delta = -1$, à la même quantité qu'on vient de trouver, avec un signe contraire ; d'où il s'ensuit que $\int d\Delta \text{ cos}.\,\Delta\,[1 - \text{cos}.\,\Delta]^m - \int d\Delta \text{ cos}.\,\Delta\,(1 + \text{cos}.\,\Delta)^m$ est égal lorsque cos. $\Delta = -1$, à $2\pi.\frac{3}{2}.\frac{5}{3}.\frac{7}{4}.\frac{9}{5}\ldots\ldots\frac{2m-1}{m} \times - \frac{m}{1+m}$.

54. C'est ce qu'on peut encore prouver de la maniere suivante. On remarquera, que dans $d\Delta \text{ cos}.\,\Delta\,(1 - \text{cos}.\,\Delta)^m$, tous les termes impairs, à commencer par le premier, sont successivement $d\Delta$ cos. Δ, $B'\,d\Delta \text{ cos}.\,\Delta^3$, $C'\,d\Delta \text{ cos}.\,\Delta^5$, &c. D'où il est aisé de voir que si l'intégrale de ces termes est supposée $= 0$, lorsque cos. $\Delta = 1$,

elle ſera de même $=0$ lorſque coſ. $\Delta = -1$. Donc lorſque coſ. $\Delta = -1$, l'intégrale totale de $d\Delta$ coſ. $\Delta \times (1 - \text{coſ.}\,\Delta)^m$ eſt la même que l'intégrale des termes pairs de cette quantité; d'où il eſt aiſé de conclure que l'intégrale de $d\Delta$ coſ. $\Delta\,[(1 - \text{coſ.}\,\Delta)^m - (1 + \text{coſ.}\,\Delta)^m]$ eſt le double de l'intégrale de $d\Delta$ coſ. $\Delta\,(1 - \text{coſ.}\,\Delta)^m$ lorſque coſ. $\Delta = -1$.

55. Il faut préſentement intégrer $\frac{du\,\text{ſin.}\,u^3}{(1-\text{coſ.}\,u)^{\frac{1}{2}}} \times \text{coſ.}\,u^{m-1}$, ou en général $\frac{du\,\text{ſin.}\,u^3\,\text{coſ.}\,u^n}{(1-\text{coſ.}\,u)^{\frac{3}{2}}}$, ou (en faiſant coſ. $u = x$)

$$-\frac{dx\,(x^n - x^{n+2})}{(1-x)^{\frac{3}{2}}} = -\frac{dx\,(x^n + x^{n+1})}{(1-x)^{\frac{1}{2}}};\ \text{or}\ \int\frac{dx\,.\,x^n}{(1-x)^{\frac{1}{2}}}$$

$$= x^n\,(1-x)^{\frac{1}{2}} \times -\frac{2}{2n+1} + \int\frac{dx\,.\,x^{n-1}}{(1-x)^{\frac{1}{2}}} \times \frac{2n}{2n+1};$$

de plus, $\int\frac{dx}{(1-x)^{\frac{1}{2}}} = \int\frac{-dz}{z^{\frac{1}{2}}}$, en faiſant $1 - x = z$; & cette quantité, lorſque $x = -1$ ou $z = 2$, devient $-2\sqrt{2}$.

56. Donc $\int\frac{x^p\,dx}{(1-x)^{\frac{1}{2}}} = \frac{x^p\,(1-x)^{\frac{1}{2}} \times -2}{2p+1} + \frac{2p}{2p+1} \times$

$$\frac{x^{p-1}\,(1-x)^{\frac{1}{2}} \times -2}{2p-1} + \frac{2p}{2p+1}.\frac{2p-2}{2p-1} \times \frac{x^{p-2}\,(1-x)^{\frac{1}{2}} \times -2}{2p-3} \ldots$$

$$\ldots + \frac{2p}{2p+1}.\frac{2p-2}{2p-1}\ldots\frac{2}{3} \times (1-x)^{\frac{1}{2}} \times -2.$$

57. Donc en ſuppoſant ſucceſſivement $p = 0$, $p = 1$, $p = 2$, &c. on aura pour les valeurs de $\int\frac{x^p\,dx}{(1-x)^{\frac{1}{2}}}$, lorſque $x = -1$

$$-2\sqrt{2}$$
$$+\frac{2\sqrt{2}}{3}-\frac{2\sqrt{2}}{3}.\frac{2}{1}$$
$$-\frac{2\sqrt{2}}{5}+\frac{2\sqrt{2}}{5}.\frac{4}{3}-\frac{2\sqrt{2}}{5}.\frac{4}{3}.\frac{2}{1}$$
$$+\frac{2\sqrt{2}}{7}-\frac{2\sqrt{2}.6}{7.5}+\frac{2\sqrt{2}.6}{7.5}.\frac{4}{3}-\frac{2\sqrt{2}.6.4.2}{7.5.3.1}.$$

58. Donc les valeurs de $\int\frac{x^{m-1}dx}{(1-x)^{\frac{1}{2}}}$ feront successivement, depuis $m=1$, égales à $2\sqrt{2}$ multiplié par les quantités suivantes

pour $m=1$, -1

pour $m=2$, $-\frac{1}{3}$

pour $m=3$, $-\frac{7}{5.3}$

pour $m=4$, $-\frac{27}{7.5.3}$ ou $-\frac{9}{7.5}$

pour $m=5$, $-\frac{107}{9.7.5}$

pour $m=6$, $-\frac{151}{11.9.7}$

pour $m=7$, $-\frac{835}{3.7.11.13}$.

59. Donc $\int\frac{-x^{m-1}dx-x^m dx}{(1-x)^{\frac{1}{2}}}$, ou $\int\frac{-x^p dx-x^{p+1}dx}{(1-x)^{\frac{1}{2}}}$, aura successivement les valeurs suivantes

pour $m=1$, $(1+\frac{1}{3})2\sqrt{2}$

pour $m=2$, $(\frac{1}{3}+\frac{7}{5.3})2\sqrt{2}$

pour $m = 3$, $\left(\frac{7}{5\cdot 3} + \frac{9}{7\cdot 5}\right) 2\sqrt{2}$

pour $m = 4$, $\left(\frac{9}{7\cdot 5} + \frac{107}{9\cdot 7\cdot 5}\right) 2\sqrt{2}$

pour $m = 5$, $\left(\frac{107}{9\cdot 7\cdot 5} + \frac{151}{11\cdot 9\cdot 7}\right) 2\sqrt{2}$

pour $m = 6$, $\left(\frac{151}{11\cdot 9\cdot 7} + \frac{835}{3\cdot 7\cdot 11\cdot 13}\right) 2\sqrt{2}$.

60. Maintenant il faut remarquer 1°. que $\int \frac{-x^p dx}{(1-x)^{\frac{1}{2}}} = \int \frac{dz}{\sqrt{z}}(1-z)^p$ en faiſant $1-x=z$; 2°. que ſi on partage l'intégrale de $\frac{dx(1-z)^p}{\sqrt{z}}$ en deux parties, dont l'une finiſſe au point où $z=1$, les deux parties de cette intégrale feront telles, que la premiere qui commence à $z=0$, & finit à $z=1$, ſera $>$ que l'autre ; parce que $\sqrt{z}$ va toujours en croiſſant, & que $1-z$ a des valeurs égales poſitives & négatives répondantes aux abſciſſes z & $2-z$.

61. Cette ſeconde partie ſera négative ſi p eſt impair, puiſque $(1-z)^p$ eſt alors négatif. Donc ſi on appelle ces deux parties a, a', on aura $\int \frac{-x^p dx}{\sqrt{(-x)}} = a \pm a'$; ſavoir, + ſi p eſt pair & — s'il eſt impair, & dans les deux cas $a > a'$.

62. De plus, il eſt viſible que ſi on prend l'intégrale de $\int \frac{dz(1-z)^{p+1}}{\sqrt{z}}$, les deux parties de cette intégrale feront, la premiere plus petite que a, la ſeconde plus

petite que a' (abstraction faite des signes) ; par la raison que $1 - z$ étant supposé < 1, $\frac{dz(1-z)^{p+1}}{\sqrt{z}}$ est $< \frac{dz(1-z)^p}{\sqrt{z}}$. Donc si on suppose $\int \frac{-x^{p+1}dx}{\sqrt{(1-x)}} = b \mp b'$, savoir, $-$ si $p+1$ est impair, & $+$ s'il est pair, on aura $a > b$, & $a' > b'$.

63. Donc si p est pair, on aura $\int \frac{-x^p dx - x^{p+1} dx}{\sqrt{(1-x)}} = a + a' + b - b'$; & si p est impair, ce sera $a - a' + b + b'$.

64. Dans le premier cas, on aura $a + a' + b - b' > a + b > 2b$, & $a + a' + b - b' < a + a' + b < 3a$.

65. Dans le second cas, on aura $a - a' + b + b' < a + b < 2a$; & $a - a' + b + b' > b$.

66. Maintenant lorsque $x = 0$ ou $z = 1$, les formules précédentes donnent $a = \frac{2p.2p-2\ldots 2.2}{2p+1.2p-1\ldots 3} = \frac{2^{p+1}(p.p-1\ldots\ldots 1)}{2p+1.2p-1\ldots\ldots 3}$, & $b = \frac{2p+2}{2p+3}a$; & (à cause de $p = m - 1$) $a = \frac{2^m(m-1.m-2\ldots 1)}{2m-1.2m-3\ldots 3}$ & $b = \frac{2ma}{2m+1}$.

67. Donc le produit de $\frac{1}{2\sqrt{2}}$ & de $\frac{2\pi.3.5.7\ldots 2m-1}{2.3.4\ldots m-1.m} \times - \frac{m}{1+m}$ (que j'appelle ω) par a, sera $- \frac{2\pi.2^m}{(1+m)2\sqrt{2}}$; & le produit de la même quantité par b, sera égal à $\frac{-2\pi.2^{m+1}.m}{2\sqrt{2}(2m+1)(1+m)}$. Il faut maintenant que le produit de $M\omega$ par $\int \frac{-x^p dx - x^{p+1} dx}{\sqrt{(1-x)}} = - \frac{4\pi m}{m} \times M$, pour

que le sphéroïde soit en équilibre ; car le terme M cos. 6^m, donne $-m$ sin. 6 cos. $6^{m-1}\frac{4\pi}{3}.M$, pour l'action de la pesanteur décomposée horizontalement ; & l'attraction horizontale contient, par ce qui précéde, un terme $= M\omega\times$ sin. 6 cos. 6^{m-1}.

68. Donc puisque l'on a, lorsque p est pair ou m impair, $\int\frac{-x^p dx - x^{p+1}dx}{\sqrt{(1-x)}} > 2b$ & $< 3a$; & $\int\frac{-x^p dx - x^{p+1}dx}{\sqrt{(1-x)}} < 2a$ & $> b$, lorsque p est impair ou m pair, il s'ensuit que l'on doit avoir les conditions suivantes.

1°. Quand m est impair, $\frac{4\pi m}{3} > \frac{4\pi m.2^{m+1}}{2\sqrt{2(2m+1)(1+m)}}$, & $\frac{4\pi m}{3} < \frac{4\pi.2^{m-1}.3}{2\sqrt{2(1+m)}}$.

2°. Quand m est pair, $\frac{4\pi m}{3} < \frac{4\pi.2^m}{2\sqrt{2(1+m)}}$, & $\frac{4\pi m}{3} > \frac{4\pi m.2^m}{2\sqrt{2(2m+1)(1+m)}}$.

69. Or quand m est impair, il faut, pour que la premiere condition soit remplie, que 1 soit $> \frac{3.2^{m-\frac{1}{2}}}{(2m+1)(1+m)}$, c'est-à-dire $> \frac{3.2^{m-\frac{3}{2}}}{(1+m)(m+\frac{1}{2})}$, & par conséquent $\frac{3.2^{m-\frac{3}{2}}}{(1+m)(\frac{1}{2}+m)} < 1$.

70. Or $\frac{3(2^{m-\frac{3}{2}})}{(1+m)(\frac{1}{2}+m)}$ est $> \frac{3(2^{m-\frac{3}{2}})}{(1+m)^2}$. Donc la condition

condition dont il s'agit, n'aura pas lieu si $\frac{3(2^{m-\frac{3}{2}})}{(1+m)^2}$ est > 1. C'est ce qui arrivera si $m = 7$; car alors on a $\frac{3.2^{\frac{11}{2}}}{64}$ ou $\frac{3.32.\sqrt{2}}{64}$ ou $\frac{3\sqrt{2}}{2} > 1$.

71. Je dis à présent que depuis $m = 7$, jusqu'à $m = \infty$, on aura toujours $\frac{3(2^{m-\frac{3}{2}})}{(1+m)^2} > 1$. Car dès qu'une fois on aura une valeur de m telle que $\frac{3(2^{m-\frac{3}{2}})}{(1+m)^2} > 1$, il est aisé de faire voir que $\frac{3(2^{m-\frac{3}{2}+1})}{(1+m+1)^2}$ est plus grand que 1. Pour cela il suffit de prouver que $3(2^{m-\frac{3}{2}})$ est $>$ $2(1+m)+1$: or $3(2^{m-\frac{3}{2}})$ (*hyp.*) est $> (1+m)^2$ & $(1+m)^2$ est $> 2(m+1)+1$, tant que m^2 est > 2.

72. Donc quand m est impair & > 5, le sphéroïde ne sauroit être en équilibre, puisqu'il résulte des art. 70 & 71, qu'il n'y a plus d'équilibre dès que $m = 7$ ou > 7.

73. Maintenant quand m est pair, on trouvera de la même maniere que la condition que $\frac{4\pi m}{3}$ soit $>$ $\frac{4\pi m.2^m}{(2m+1)(1+m)2\sqrt{2}}$ demande que $\frac{3(2^{m-\frac{3}{2}})}{(2m+1)(1+m)}$ soit < 1; ce qui n'aura pas lieu si $m = 8$; car $\frac{3(2^{m-\frac{5}{2}})}{(2m+1)(1+m)}$ $= \frac{3(2^{m-\frac{5}{2}})}{(m+\frac{1}{2})(1+m)} > \frac{3(2^{m-\frac{5}{2}})}{(1+m)^2}$. Or quand $m = 8$, $\frac{3(2^{m-\frac{5}{2}})}{(1+m)^2}$ est $= \frac{3.2^{\frac{11}{2}}}{81} = \frac{3.32.\sqrt{2}}{81} > 1$. Donc, &c.

74. Donc lorsque m est impair & > 5, ou pair & > 6, le sphéroïde ne sauroit être en équilibre.

75. On ſait déja (art. 43) que ſi $m = 1$, il y aura équilibre ; & on peut remarquer qu'en effet la figure du ſolide eſt alors ſphérique ; car $r' = r + \alpha (A + B \cos. z)$ ou $r' = r + \alpha (1 - \cos. z)$ eſt l'équation d'un cercle, où le foyer des rayons r' eſt éloigné du centre d'une quantité $= \alpha$.

76. Il ne s'agit plus que de voir ſi dans les cas de $m = 2$, $m = 3$, &c. juſqu'à 6 incluſivement, on a $\frac{4\pi m}{3} = \omega \times \int \frac{-x^p dx - x^{p+1} dx}{\sqrt{(1-x)}}$; c'eſt ſur quoi il eſt facile de s'éclaircir par les formules & par la petite table qu'on a données ci-deſſus (article 59) de la valeur de $\int \frac{-x^{m-1} dx - x^m dx}{\sqrt{(1-x)}}$ depuis $m = 2$, juſqu'à $m = 6$. En effet, la valeur de $\omega \times \int \frac{-x^{m-1} dx - x^m dx}{\sqrt{(1-x)}}$ ſera ſucceſſivement,

lorſque $m = 2$, $\frac{2\pi}{2\sqrt{2}} \times \frac{3}{2} \times \frac{2}{3} \times 2\sqrt{2} \left(\frac{1}{3} + \frac{7}{5.3}\right)$

lorſque $m = 3$, $\frac{2\pi}{2\sqrt{2}} \times \frac{3}{2} \times \frac{5}{3} \times \frac{3}{4} \times 2\sqrt{2} \left(\frac{7}{5.3} + \frac{9}{7.5}\right)$

lorſque $m = 4$, $\frac{2\pi}{2\sqrt{2}} \times \frac{3}{2} \times \frac{5}{3} \times \frac{7}{4} \times \frac{4}{5} \times 2\sqrt{2} \left(\frac{9}{7.5} + \frac{107}{9.7.5}\right)$

lorſque $m = 5$, $\frac{2\pi}{2\sqrt{2}} \times \frac{3}{2} \times \frac{5}{3} \times \frac{7}{4} \times \frac{9}{5} \times \frac{5}{6} \times 2\sqrt{2} \left(\frac{107}{9.7.5} + \frac{151}{11.9.7}\right)$

lorſque $m = 6$, $\frac{2\pi}{2\sqrt{2}} \times \frac{3}{2} \times \frac{5}{3} \times \frac{7}{4} \times \frac{9}{5} \times \frac{11}{6} \times \frac{6}{7} \times 2\sqrt{2} \left(\frac{151}{11.9.7} + \frac{835}{3.7.11.13}\right)$;

& la quantité $\frac{4\pi m}{3}$ eſt ſucceſſivement dans ces mêmes hypothèſes

$$\frac{4\pi . 2}{3}$$
$$\frac{4\pi . 3}{3}$$
$$\frac{4\pi . 4}{3}$$
$$\frac{4\pi . 5}{3}$$
$$\frac{4\pi . 6}{3};$$

d'où il eſt aiſé de voir que dans aucune de ces hypothéſes $\frac{4\pi m}{3}$ ne ſera $= \omega \times \int \frac{-x^p dx - x^{p+1} dx}{\sqrt{(1-x)}}$.

77. De-là il réſulte que ſi on ſuppoſe α très-petit, il n'y a d'équilibre poſſible, lorſque le fluide eſt homogene & ne tourne pas autour de ſon axe, que dans le cas de $C = 0$, $D = 0$, &c. c'eſt-à-dire, (art. 75) quand le fluide forme une maſſe ſphérique; & que ſi le fluide tourne autour de ſon axe, & que α ſoit encore très-petit, il n'y a d'équilibre que quand $D = 0$, & ainſi de ſuite à l'infini, c'eſt-à-dire, quand le fluide forme une maſſe elliptique. Je laiſſe à d'autres à examiner ſi quand α n'eſt pas très-petit, l'équilibre eſt poſſible dans d'autres figures, que la figure ſphérique ou elliptique, le fluide étant ſuppoſé homogene.

78. Si on ſuppoſe $r' = r + \alpha\,(A + B$ coſ. $z + C$ coſ. $z^2 + D$ coſ. $z^3 \ldots + M$ coſ. $z^m)$ on pourra mettre

le sphéroïde en équilibre, en supposant un noyau sphérique au centre, d'un rayon quelconque ρ & de densité convenable Δ; par-là on déterminera M, qui, sans cela, seroit impossible à déterminer; car on aura $\frac{4\pi\rho^2(\Delta-1)}{3} + \frac{4\pi m}{3} = M \times K$, K étant un coefficient égal à $\omega \times \int \frac{-x^p dx - x^{p+1} dx}{\sqrt{(1-x)}}$. A l'égard des autres coefficiens, ils se détermineront par les équations particulieres qu'on trouvera entr'eux & le coefficient M.

79. Soit (*Fig.* 9) PME le quart d'une ellipse, formant autour de CP un sphéroïde; d'un point M quelconque tirant les perpendiculaires MN, MQ aux deux axes, l'attraction en M suivant MQ sera égale (comme l'a démontré M. Maclaurin) à l'attraction en N suivant NC, & l'attraction en M suivant MN, sera égale à l'attraction en Q suivant QC. Soit à présent $CP = 1$, $CE = 1 + \alpha$, 2π le rapport de la circonférence au rayon, l'attraction en P sera $\frac{4\pi}{3}(1 + \Delta\alpha)$; & l'attraction en E, $\frac{4\pi}{3}(1 + \Gamma\alpha)$; donc faisant $CN = x$, $NM = y$, l'attraction suivant MQ sera $= x \times \frac{4\pi}{3} \times (1 + \Delta\alpha)$; & l'attraction suivant $MN = \frac{y}{1+\alpha} \times \frac{4\pi}{3} \times (1 + \Gamma\alpha)$.

80. Si on suppose à présent un noyau sphérique KSL, dont le rayon soit $= r$ & la densité δ, & qu'on fasse

$CM = z$, on aura de plus une attraction suivant $MC = \frac{4\pi r^3}{3z^2} \times (\delta - 1)$; & par conséquent la force suivant MN sera $= \frac{4\pi}{3}\left[\frac{y + y\Gamma\alpha}{1+\alpha} + \frac{r^3 y}{z^3}(\delta - 1)\right]$, & la force suivant $MQ = \frac{4\pi}{3}\left[x(1 + \Delta\alpha) + \frac{r^3 x}{z^3} \times (\delta - 1)\right]$.

81. De plus, nommant φ la force centrifuge en E, la force suivant MN devra être diminuée de la quantité φy.

82. Maintenant, pour que le sphéroïde soit en équilibre, il faut que la force suivant MN soit à la force suivant MQ, comme MN à NR, MR étant perpendiculaire à la courbe en M; donc à cause de $NR = x(1+\alpha)^2$, il faut que $\frac{1+\Gamma\alpha}{1+\alpha} + \frac{r^3}{z^3}(\delta - 1) - \varphi$ soit à $1 + \Delta\alpha + \frac{r^3}{z^3}(\delta - 1)$ comme 1 est à $(1+\alpha)^2$.

83. Or comme z est variable dans cette proportion, & que tout le reste y est constant, il est aisé de voir que cette proportion ne sauroit jamais avoir lieu en toute rigueur. D'où il s'ensuit qu'un sphéroïde elliptique fluide & homogene, ayant à son centre un noyau sphérique d'une autre densité que la sienne, ne sauroit être rigoureusement en équilibre.

84. Mais si α est fort petit, & par conséquent z presque $= 1$, alors l'équation pourra avoir lieu à peu près; & la figure qui donneroit l'équilibre rigoureux ne différera pas sensiblement de la figure elliptique.

85. J'ai même démontré ailleurs que si $\delta = \frac{3}{5}$, & que α soit supposé fort petit & $\varphi = 0$, α pourra être d'ailleurs tout ce qu'on voudra, le sphéroïde ayant la figure à très-peu près elliptique.

86. Il est évident que quoique la figure ne soit pas rigoureusement elliptique dans cette hypothése (art. 83) il n'en est pas moins vrai que le problême a une infinité de solutions; car faisant α très-petit & tel qu'on voudra, & supposant la figure elliptique, il est clair qu'il ne s'en faudra que d'une quantité de l'ordre de α^2 que l'équilibre n'ait lieu; donc l'erreur dans la valeur de α, ou la correction de α, ne peut être que de l'ordre de α^2; donc faisant α indéterminé & arbitraire, mais très-petit, & supposant le sphéroïde elliptique, il n'y aura jamais qu'une correction infiniment petite de l'ordre de α^2 à faire à la figure de ce sphéroïde, pour que l'équilibre y soit rigoureux. Donc le problême aura une infinité de solutions si $\delta = \frac{3}{5}$ & que α soit fort petit.

87. Si on a un noyau elliptique solide, composé de couches hétérogenes, dont l'axe variable soit r', la densité variable Δ, & le rayon de l'équateur $r' + \alpha' r' (1 + C''kk)$, r étant l'axe de la couche supérieure de ce noyau, & $r + \alpha r (1 + C' kk)$ l'axe de l'équateur; l'attraction horizontale exercée par ce sphéroïde sera, comme je l'ai fait voir ailleurs, (*Recherches sur le systême du Monde*, Part. III) égale à $\pi \alpha' \times - k\sqrt{(1 - kk)} \times \frac{8}{5} \times \int \Delta d(r'^5 C'')$; & l'attraction horizontale exercée par le sphéroïde homogene fluide de la densité δ, qu'on sup-

pose couvrir ce noyau, sera égale à $\pi\alpha \times - k(1-kk) \times \frac{8\delta C}{5} - \pi\alpha' C' \times - k\sqrt{(1-kk)} \times \frac{8 r^5 \delta}{5} - \frac{8\pi\alpha'}{5} \int \Delta d(r'^5 C'')$, le demi-axe du sphéroïde fluide étant supposé $= 1$.

88. Or la force verticale est $(4\pi - 4\pi r^3)\frac{\delta}{3} + 4\pi \int \Delta r' r' dr'$; & pour que le sphéroïde soit en équilibre, il faut que cette derniere force multipliée par $- 2\alpha C k \sqrt{(1-kk)}$ soit égale à la force horizontale, à laquelle il faut ajouter le terme $+\phi k \sqrt{(1-kk)}$ venant de la force centrifuge.

89. On aura donc, en supposant $C=1$ & $C'=1$, pour simplifier le calcul, l'équation suivante; $-\pi\alpha \times \frac{8\delta}{5} + \pi\alpha' \times \frac{8 r'^5 \delta}{5} - \frac{8\pi\alpha' \int \Delta d(r^5 C'')}{5} + \phi = -2\alpha \times (4\pi - 4\pi r^3)\frac{\delta}{3} - 8\alpha\pi \int \Delta r' r' dr'$.

90. D'où l'on tire $\alpha = \left(\frac{\pi\alpha' . 8 r^5 \delta}{5} - \frac{8\pi\alpha' \int \Delta d(r^5 C'')}{5} + \phi\right) : \left[\frac{8\pi\delta}{5} - \frac{8\pi\delta}{3} + \frac{8\pi r^3 \delta}{3} - 8\pi \int \Delta r' r' dr'\right]$.

91. Donc lorsque le dénominateur & le numérateur de cette formule seront en même-temps égaux à zero, c'est-à-dire, lorsqu'on aura $\frac{\delta}{5} - \frac{\delta}{3} + \frac{r^3 \delta}{3} - \int \Delta r' r' dr' = 0$, & $\phi + \frac{\pi\alpha' . 8 r^5 \delta}{5} - \frac{\pi\alpha' . 8 \int \Delta d(r^5 C')}{5} = 0$, α pourra être tout ce qu'on voudra, pourvû

que α ſoit ſuppoſé très-petit, & le ſphéroïde elliptique.

92. Donc (art. 86) dans le cas des deux équations précédentes, le ſphéroïde en équilibre ſera à très-peu près elliptique, & la différence des axes pourra être ſuppoſée telle qu'on voudra, pourvû qu'elle ſoit très-petite.

Fin du trentiéme Mémoire.

TRENTE-UNIÉME

TRENTE-UNIEME MÉMOIRE.

Nouvelles Réflexions sur les Loix du mouvement des Fluides.

1. SUPPOSONS, comme dans le quatriéme Mémoire de nos Opuscules, une masse de fluide $ABFE$ (*Fig.* 7) renfermée dans un vase, laquelle j'imagine d'abord sans pesanteur, & recevant à une de ses surfaces AB ou FE une impulsion quelconque; on demande la vîtesse de chaque particule du fluide au premier instant. Soit $CP=x$, $PM=y$, $PO=z$, Q la vitesse parallèle à x, P la vitesse parallèle à y; il est clair que comme le temps n'entre point dans l'expression de la vîtesse au premier instant, on aura pour ce premier instant, 1°. $Q=\varphi(x,z)$, & $P=\psi(x,z)$; 2°. que les particules du fluide animées des vîtesses Q, P en sens contraire, doivent être en équilibre, d'où l'on tire $\frac{dQ}{dz}=\frac{dP}{dx}$; de plus, l'incompressibilité du fluide donnera, comme dans le Mémoire cité, $\frac{dQ}{dx}=-\frac{dP}{dz}$.

2. On aura donc, comme dans ce même Mémoire,

$P = \frac{\phi(x+z\sqrt{-1})+\Delta(x-z\sqrt{-1})}{2}$; & $Q = \frac{\phi(x+z\sqrt{-1})-\Delta(x-z\sqrt{-1})}{2\sqrt{-1}}$; formules d'où l'on tirera abſolument les mêmes concluſions que dans le Mémoire cité ; ſavoir, que le vaſe doit avoir une certaine figure pour que le mouvement du fluide puiſſe être repréſenté par une formule analytique. C'eſt ce qui ſera confirmé par de nouvelles preuves dans la ſuite de ces Recherches.

3. On peut faire encore ſur cette formule les remarques ſuivantes. En premier lieu, pour que Q & P ſoient réels, il eſt néceſſaire que $\phi(x+z\sqrt{-1})$ & $\Delta(x-z\sqrt{-1})$ ſoient des fonctions ſemblables de $x+z\sqrt{-1}$ & $x-z\sqrt{-1}$, de même ou de différens ſignes ; l'une $= A(x+z\sqrt{-1})^m + B(x+z\sqrt{-1})^p + C(x+z\sqrt{-1})^q$, &c. l'autre $= + A(x-z\sqrt{-1})^m + B(x-z\sqrt{-1})^p + C(x-z\sqrt{-1})^q$; &c. ou bien l'une $= A\sqrt{-1}(x+z\sqrt{-1})^m + B\sqrt{-1}(x+z\sqrt{-1})^p + C\sqrt{-1}(x+z\sqrt{-1})^q$, &c. & l'autre $= - A\sqrt{-1}(x-z\sqrt{-1})^m - B\sqrt{-1}(x-z\sqrt{-1})^p - C\sqrt{-1}(x-z\sqrt{-1})^q$, &c.

4. On aura donc $Q = \frac{\phi(x+z\sqrt{-1})}{2\sqrt{-1}} - \frac{\phi(x-z\sqrt{-1})}{2\sqrt{-1}}$;

& $P = \frac{\phi(x+z\sqrt{-1})+\phi(x-z\sqrt{-1})}{2}$;

ou $P = \frac{(\sqrt{-1})\phi(x+z\sqrt{-1})-(\sqrt{-1})\phi(x-z\sqrt{-1})}{2}$;

& $Q = \frac{(\sqrt{-1})\phi(x+z\sqrt{-1})+(\sqrt{-1})\phi(x-z\sqrt{-1})}{2\sqrt{-1}}$;

5. Donc en général la figure du vase doit être telle que quand $z = y$, on ait l'équation $\frac{dx}{dy} = \frac{Q}{P} =$
$\frac{\phi(x+y\sqrt{-1}) - \phi(x-y\sqrt{-1})}{\sqrt{-1}[\phi(x+y\sqrt{-1})+\phi(x-y\sqrt{-1})]}$;
ou $\frac{dx}{dy} = \frac{\phi(x+y\sqrt{-1})+\phi(x-y\sqrt{-1})}{\sqrt{-1}[\phi(x+y\sqrt{-1})-\phi(x-y\sqrt{-1})]}$;
dont l'intégrale est $\psi(x+y\sqrt{-1}) + \psi(x-y\sqrt{-1})$ = à une constante, où $\sqrt{-1}[\psi(x+y\sqrt{-1}) - \psi(x-y\sqrt{-1})]$ = à une constante; c'est-à-dire, en général $\psi(x+y\sqrt{-1}) + \psi(x-y\sqrt{-1})$ = à une constante réelle, où $\psi(x+y\sqrt{-1}) - \psi(x-y\sqrt{-1})$ = à une constante imaginaire.

6. C'est cette derniere équation qui a lieu pour le mouvement des fluides dans des vases dont les deux parties sont égales & semblables; car dans ces vases $z = 0$, doit rendre $P = 0$, donc en ce cas il ne faut point prendre la premiere des deux valeurs de P, savoir $\frac{\phi(x+z\sqrt{-1})+\phi(x-z\sqrt{-1})}{2}$; mais la seconde, savoir $\frac{\sqrt{-1}[\phi(x+z\sqrt{-1})-\phi(x-z\sqrt{-1})]}{2}$; d'où résulte $\psi(x+z\sqrt{-1}) - \psi(x-z\sqrt{-1})$ = à une constante imaginaire.

7. Soit K la force motrice qu'on suppose agir sur la surface AB, pour mouvoir le fluide au premier instant; par exemple, la force d'un piston qui s'exerce sur toute l'étendue de la surface AB; il est clair que $AB \times K$ sera = à la densité du fluide multipliée par la pression

que les forces $-Q$ exercent sur la surface AB. Donc, nommant Δ la densité du fluide, on aura $\frac{AB \times K}{\Delta} = \int dz \int Q\,dx$, en ne faisant varier que x dans $\int Q\,dx$, & ensuite ne faisant varier que z dans $\int dz \int Q\,dx$; après quoi il faudra prendre l'intégrale telle qu'elle soit $= 0$ quand $x = 0$, & complette quand $x = CD$. De plus, comme on peut supposer la force motrice K, représentée par une masse donnée $= h \cdot \Delta$, animée de la vîtesse donnée V, on aura $AB \cdot h \cdot V = \int dz \int Q\,dx$; ou plutôt $CB \cdot h \cdot V = \int dz \int Q\,dx$, en supposant les deux parois ANE, BMF, semblables & égales.

8. Soit donc, par exemple, l'équation du vase représentée par $\frac{dx}{dy} = \frac{A(x+y\sqrt{-1})^m - A(x-y\sqrt{-1})^m}{\sqrt{-1}}$ $\times \frac{1}{A(x+y\sqrt{-1})^m + A(x-y\sqrt{-1})^m}$; on aura ($m$ étant supposé un nombre impair) $CB \cdot h \cdot V = \int dz \times \left[\frac{A(x+z\sqrt{-1})^{m+1}}{(m+1)\sqrt{-1}} - \frac{A(x-z\sqrt{-1})^{m+1}}{(m+1)\sqrt{-1}}\right] =$ (en supposant $CD = a$, & $CB = 6$) $-\frac{A(a+6\sqrt{-1})^{m+2}}{(m+1)(m+2)} - \frac{A(a-6\sqrt{-1})^{m+2}}{(m+1)(m+2)} + \frac{2Aa^{m+2}}{(m+1)(m+2)}$.

9. De-là on tire la valeur de A, exprimée en quantités connues h, V, CB, CD; & ainsi des autres cas.

10. Il faut remarquer de plus qu'il n'y aura jamais qu'une inconnue A à déterminer; car soit, par exemple, $P = A(x+z\sqrt{-1})^m + A(x-z\sqrt{-1})^m + nA(x+$

$z\sqrt{-1})^p + nA(x - z\sqrt{-1})^p + rA(x + z\sqrt{-1})^q + rA(x - z\sqrt{-1})^q +$, &c. les quantités n, r, &c. seront connues par l'équation de la courbe du vase, qui sera $\frac{dx}{dy} = \left[\frac{(x+y\sqrt{-1})^m - (x-y\sqrt{-1})^m}{\sqrt{-1}} + \frac{n(x+y\sqrt{-1})^p - n(x-y\sqrt{-1})^p}{\sqrt{-1}} +, \text{\&c.}\right] : \left[(x + y\sqrt{-1})^m + (x - y\sqrt{-1})^m + n(x + y\sqrt{-1})^p + n(x - y\sqrt{-1})^p, \text{\&c.}\right]$

11. De plus, comme la surface EF n'est point soutenue, il est nécessaire que les forces qui sont détruites le long de cette surface au premier instant, lui soient perpendiculaires; d'où l'on voit que P doit être $= 0$, quel que soit z, lorsque $x = a$. Enfin, comme l'équilibre demande que les forces détruites soient aussi perpendiculaires à la surface AB, il s'ensuit que P devra être aussi $= 0$ quand $x = 0$, quel que soit z. Nouvelles conditions qui limitent encore l'équation du vase, & dont nous parlerons ci-après plus en détail.

12. Si on supposoit que les particules du fluide eussent reçu chacune une impulsion primitive à volonté; soient M & N les vîtesses primitives d'impulsion verticale & horizontale, M & N seront données en x & en z, & on aura par la loi de l'équilibre $\frac{dM}{dz} - \frac{dQ}{dz} = \frac{dN}{dx} - \frac{dP}{dx}$; de plus, on aura toujours $\frac{dQ}{dx} = -\frac{dP}{dz}$, à cause de l'incompressibilité du fluide; donc $Qdz - Pdx$, & $Mdx + Ndz - Qdx - Pdz$ doivent

être des différentielles complettes.

13. J'ai donné dans mes *Recherches sur la cause des Vents* (art. 87) à l'occasion d'une condition semblable à celle-ci, & à laquelle j'étois arrivé dans ces *Recherches*, la méthode de trouver P & Q lorsque M & N sont données. On pourra se servir ici de cette méthode, dont je supprime le détail, parce que la supposition que les particules du fluide ayent reçu chacune au premier instant une impulsion à volonté, est plus mathématique que conforme à ce qui se passe dans la nature.

14. Supposons présentement le fluide animé par la seule force de la pesanteur, ou par des forces accélératrices quelconques; il est d'abord très-clair qu'au commencement du mouvement, lorsque t est infiniment petit, on aura $Q = q\theta$, q étant une fonction de x & de z, & θ exprimant une puissance de t; car les autres termes s'évanouissent par rapport à celui-là; on aura de même $P = p\theta'$, θ' étant une puissance de t, & p une fonction de x & de z. Donc 1°. $\theta = \theta'$, puisque $\frac{dy}{dx}$ doit être $= \frac{q}{p}$, en mettant y pour z dans q & dans p; 2°. si on fait le même raisonnement que dans les *Opuscules Mathématiques*, tome 1, page 138, il est évident qu'on trouvera, pour ce premier instant, $B' = -A$ & $B = A'$; en supposant $dq = A dx + B dz$, & $dp = A' dx + B' dz$.

15. Pour rendre cette vérité encore plus sensible, on

remarquera qu'au commencement du mouvement, on a dans le cas présent $Q = q t^n$, & $P = p t^n$, & que ces vîtesses imprimées en sens contraire doivent faire équilibre avec la pesanteur ; c'est-à-dire que les particules du fluide, animées des vitesses $g - q t^n$, & $- q t^n$, doivent être en équilibre ; donc $\frac{d(g - q t^n)}{dz} = \frac{d(-p t^n)}{dx}$; donc $B = A'$; de plus, la condition $\frac{dq}{dx} = - \frac{dp}{dz}$, ou $A = - B'$ subsiste toujours ; il est donc visible que tout ce qui a été démontré dans le quatriéme Mémoire des *Opuscules Mathématiques* subsiste dans ce premier instant. Donc on ne peut trouver la loi du mouvement du fluide au premier instant, à moins que le vase ne soit assujetti à une figure telle qu'elle a été déterminée dans le Mémoire déja cité, & dans l'art. 5 ci-dessus.

16. On peut remarquer que la puissance t^n doit être $= t$ au commencement du mouvement. Cette proposition est démontrée dans mon *Essai sur la résistance des Fluides*, art. 150. On peut remarquer de plus, qu'au commencement du mouvement, on a (art. 7) $\frac{CB \times p \Delta dt}{\Delta} = \int dz \int Q\, dx$; ou $CB \times p\, dt = \int dz \int q\, dt\, dx$, ou enfin $p \times CB = \int dz \int q\, dx$; d'où l'on tire la valeur de q au premier instant, & par conséquent celle de p, puisque $\frac{dx}{dy} = \frac{p}{q}$.

17. Quand le fluide est indéfini, & qu'on a d'ailleurs $B = A'$ & $B' = - A$, équations qui ont toujours lieu

(au moins dans le premier inſtant) alors ſuppoſant $Q = \theta q$, $p = \theta p$, & $d\theta = T dt$, on ſatisfera toujours (quelle que ſoit la fonction θ) à l'équation $\frac{d(g - B\theta^2 p - A\theta^2 q - qT)}{dz} = \frac{d(-\theta^2 q A' - \theta^2 p B' - pT)}{dx}$. M. de la Grange a remarqué, avec raiſon, que j'avois écrit dans cette formule θ au lieu de θ^2, par une légere mépriſe de calcul qui n'influe en rien ſur le reſte de mes Recherches. Il faut obſerver de plus, 1°. qu'au commencement du mouvement, c'eſt-à-dire, lorſque $t = 0$, l'équation eſt plus ſimple, & ſe réduit à $\frac{d(g - q\theta)}{dz} = \frac{d(-p\theta)}{dx}$: 2°. que la fonction θ doit être $= t$ ou dt (art. 16) : 3°. que comme CD eſt indéfinie, dans le cas dont il eſt queſtion, on ne peut déterminer la quantité q au premier inſtant par l'équation de l'art. 16. Le problême reſte donc indéterminé & comme inſoluble ; &, en effet, en conſidérant la choſe de plus près, il ſaute aux yeux qu'un fluide abſolument & rigoureuſement *indéfini*, tel que nous le ſuppoſons, ne ſauroit être mis en mouvement par la ſeule action de ſa peſanteur, qui ne peut en effet donner de mouvement progreſſif qu'à une maſſe finie. Ce que nous diſons ici de la peſanteur, aura lieu de même, quelle que ſoit la force initiale qu'on ſuppoſe imprimée aux parties du fluide. C'eſt pourquoi nous ſuppoſerons dans les recherches ſuivantes un fluide d'une étendue finie, à moins qu'on ne veuille ſuppoſer (ce qui eſt permis) que le fluide eſt indéfini, & que par quel-

que

que cauſe que ce ſoit, ſon mouvement ſoit parvenu à un état conſtant, enſorte qu'aux mêmes coordonnées x & y, il réponde toujours la même valeur de p & de q.

18. Au commencement du mouvement, les deux ſurfaces étant ſuppoſées horizontales, & le fluide étant ſuppoſé ne recevoir d'impulſion que par la peſanteur, il faut que la force horizontale ſoit nulle dans chacune de ces ſurfaces, afin que la force perdue y ſoit perpendiculaire (art. 11) comme elle le doit être alors. Donc en faiſant $x = 0$, & $x = CD = a$, P doit être $= 0$; c'eſt-à-dire, que P doit être tel qu'en faiſant z quelconque, on ait cette fonction $= 0$, ſi $x = 0$ & ſi $x = a$. Il faut de plus, que la force perdue au commencement du mouvement, ſavoir $g\,dt - q\,dt$, ſoit dirigée de haut en bas pour la ſurface ſupérieure, & de bas en haut pour l'inférieure, ſans quoi il ne pourroit y avoir d'équilibre (*Traité des Fluides*, livre premier, art. 99).

19. Enfin, comme la direction du fluide en A, B, E, F, doit être néceſſairement le long des parois du vaſe, ſi le fluide en ces points a du mouvement, il réſulte de ce que $P = 0$ en A, B, E, F, ou que les parois en A, B, E, F, doivent être perpendiculaires aux ſurfaces AB, EF, dans la ſituation primitive du fluide; ou que la vîteſſe des particules A, B, E, F, doit être abſolument nulle, c'eſt-à-dire, que q & p doivent être l'une & l'autre $= 0$, lorſque $y = 0$. Or de-là il s'enſuit, & on le verra encore dans la ſuite, qu'il eſt abſolument néceſſaire

que le vaſe ait une certaine figure, pour que la ſolution analytique ſoit poſſible.

20. Puiſque $P = A\varphi(x + z\sqrt{-1}) \pm A\varphi(x - z\sqrt{-1})$ (ſavoir + ſi A eſt réel, & − ſi A eſt imaginaire), & qu'en faiſant $x = 0$, on doit avoir $p = 0$, quel que ſoit z; il eſt aiſé de voir, 1°. que φ doit être une fonction impaire dans le cas de $+A$, & une fonction paire dans le cas de $-A$, afin que x ſe trouve à tous les termes; 2°. que par conſéquent lorſque $x = a$, on aura $p = A\varphi(a + z\sqrt{-1}) \pm A\varphi(a - z\sqrt{-1})$; φ étant une fonction impaire ou paire, ſelon que A eſt poſitif ou négatif dans le ſecond membre.

21. Soit $A\varphi(x+u) + A\varphi(x-u)$ une fonction qui doit être $= 0$, lorſque x a deux valeurs différentes a & b; ſoit (*Fig.* 10) $MA = b$, $MB = a$, & ſoit tracée une courbe $BACDO$ indéfinie, à branches égales & alternatives, c'eſt-à-dire de maniere que la partie BA ſoit égale & ſemblable à la partie AC, ſituée en ſens contraire, la partie CD à la partie CA, & ainſi de ſuite; il eſt clair qu'en plaçant l'origine des u en A, & ſuppoſant les coordonnées de cette courbe = à une fonction $\varphi(MR)$ des abſciſſes MR, on aura 1°. $\varphi(b+u) + \varphi(b-u) = 0$; 2°. $\varphi(a+u) + \varphi(a-u) = 0$.

22. Donc, par exemple, ſi on prend pour plus de ſimplicité, l'origine M des x en A, c'eſt-à-dire, $b = 0$, alors la quantité A ſin. $(x+u) + A$ ſin. $(x-u) + B$ ſin. $(x+u)^3 + C$ ſin. $(x-u)^3$, &c. & ainſi de ſuite par expoſans impairs, ſatisfera à la condition propoſée,

pourvû que ſin. $a = o$; & ſi l'origine des M étoit ailleurs qu'en A, enſorte que AM fût $= b$, & $AB = a$, il faudroit mettre au lieu de x la quantité $x - b$, & ſuppoſer le ſinus de $a - b = o$.

23. Donc ſi on a $u = z\sqrt{-1}$, il eſt clair que $\varphi(x + z\sqrt{-1}) + \varphi(x - z\sqrt{-1}) = A$ ſin. $(x + z\sqrt{-1}) + A$ ſin. $(x - z\sqrt{-1}) + B$ ſin. $(x + z\sqrt{-1})^3 + B$ ſin. $(x - z\sqrt{-1})^3$; &c. & il eſt aiſé de voir que cette quantité ſera toujours réelle, puiſque l'expreſſion du ſinus d'un arc quelconque ne contient que des puiſſances impaires de cet arc.

24. On peut remarquer encore que ſin. $(x + z\sqrt{-1})$ $=$ ſin. x coſ. $z\sqrt{-1}$ $+$ coſ. x ſin. $z\sqrt{-1}$ $=$ ſin. $x \times \left(\frac{c^{-z} + c^z}{2}\right) +$ coſ. $x \left(\frac{c^{-z} - c^z}{2\sqrt{-1}}\right)$; & qu'ainſi E ſin. $(x + z\sqrt{-1})^p + E$ ſin. $(x - z\sqrt{-1})^p = E \times \left[\left(\frac{c^{-z} + c^z}{2}\right) \text{ſin. } x + \text{coſ. } x \left(\frac{c^{-z} - c^z}{2\sqrt{-1}}\right)\right]^p + E \times \left[\left(\frac{c^{-z} + c^z}{2}\right) \text{ſin. } x - \text{coſ. } x \left(\frac{c^{-z} - c^z}{2\sqrt{-1}}\right)\right]^p$; quantité dans laquelle il eſt évident que les imaginaires ſe détruiront, & qui ſera de plus évidemment égale à zero, ſi x eſt telle que ſin. $x = o$, & coſ. $x = \pm 1$, c'eſt-à-dire ſi x eſt $=$ à la demi-circonférence ou à la circonférence, priſe tant de fois qu'on voudra.

25. Soit préſentement $A\varphi(x + u) - A\varphi(x - u)$ une fonction qui doive être $= o$ lorſque $x = b$, & lorſque $x = a$; faiſant donc $MA = b$, $MB = a$, ſoit tracée (*Fig.* 11) une courbe continue $BACD$, dont toutes

les parties ſoient égales, ſemblables, & conſécutives comme dans la cycloïde; il eſt aiſé de voir qu'on aura $\varphi(b+u)-\varphi(b-u)=0$, & $\varphi(a+u)-\varphi(a-u)=0$.

26. Donc ſi on fait, par exemple, $\varphi(x+u)-\varphi(x-u)=A\,\text{ſin.}(x+u)^2-A\,\text{ſin.}(x-u)^2+B\times\text{ſin.}(x+u)^4-B\,\text{ſin.}(x-u)^4$, &c. & ainſi de ſuite par les puiſſances paires, en ſuppoſant l'origine *M* des *x* en *A*; cette fonction ſatisfera à la condition propoſée.

27. On peut ſuppoſer auſſi $\varphi(x+u)-\varphi(x-u)=A\,\text{coſ.}(x+u)-A\,\text{coſ.}(x-u)+B\,\text{coſ.}(x+u)^2-B\,\text{coſ.}(x-u)^2+C\,\text{coſ.}(x+u)^3-C\,\text{coſ.}(x-u)^3$; & cette quantité ſatisfera à la condition propoſée, pourvû que coſ. *a* ſoit égal au ſinus total..

28. En général, ſi on joint deux à deux les coordonnées correſpondantes de chacune des deux figures 10 & 11, on formera une courbe qui ſera telle que l'on aura $\varphi(x+u)+\Delta(x-u)=0$ quand $x=b$, & quand $x=a$; $\varphi(x+u)$ étant ſuppoſée $=\psi(x+u)+\Gamma(x+u)$, & $\Delta(x-u)=\psi(x-u)-\Gamma(x-u)$.

29. Il eſt aiſé de tirer de-là, dans l'hypothèſe de $u=z\sqrt{-1}$, une conſtruction qui pourra ſatisfaire au moins à un très-grand nombre de cas, en ſuppoſant $\varphi(x+z\sqrt{-1})+\Delta(x-z\sqrt{-1})=A\,\text{ſin.}(x+z\sqrt{-1})+A\,\text{ſin.}(x-z\sqrt{-1})+B\,\text{ſin.}(2x+2z\sqrt{-1})+B\,\text{ſin.}(2x-2z\sqrt{-1})+C\,\text{ſin.}(3x+3z\sqrt{-1})+C\,\text{ſin.}(3x-3z\sqrt{-1})$, &c. & ainſi de ſuite, ſin. *a* étant $=0$, c'eſt-à-dire *a* égal à la demi-circonférence priſe

tant de fois qu'on voudra ; formule de laquelle il est aisé de faire disparoître les imaginaires par le calcul de l'art. 24 ci-dessus.

30. On pourra supposer encore $\varphi(x + z\sqrt{-1}) + \Delta(x - z\sqrt{-1}) = A \operatorname{cos}.(x + z\sqrt{-1}) - A \operatorname{cos}.(x - z\sqrt{-1}) + B \operatorname{cos}.(2x + 2z\sqrt{-1}) - B \operatorname{cos}.(2x - 2z\sqrt{-1}) + C \operatorname{cos}.(3x + 3z\sqrt{-1}) - C \operatorname{cos}.(3x - 3z\sqrt{-1})$, &c. en supposant a égal à la demi-circonférence prise tant de fois qu'on voudra ; quantité dont on fera aussi disparoître très-aisément les imaginaires, en remarquant que $\operatorname{cos}.(px + pz\sqrt{-1}) = \operatorname{cos}.px\left(\frac{c^{-pz} + c^{pz}}{2}\right) - \operatorname{sin}.px\left(\frac{c^{-pz} - c^{pz}}{2\sqrt{-1}}\right)$. Au reste, cette recherche étant purement algébrique, nous nous proposons de la pousser plus loin dans un des Mémoires suivans, pour ne point trop nous écarter ici de notre sujet.

31. Si au lieu de la pesanteur g, on suppose dans toutes les particules du fluide une force primitive, tant verticale qu'horizontale, égale à une fonction de x, z ; il est d'abord évident qu'au premier instant du mouvement, on aura comme ci-dessus $Q = qT$, $P = pT$, T étant une fonction ou plutôt une puissance de t ; de plus, en nommant M & N les forces verticale & horizontale, on aura l'une de ces deux conditions ; 1°. ou bien $\frac{dM}{dz} = \frac{dN}{dx}$, si T n'est pas $= t$; 2°. ou bien $\frac{dM}{dz} - \frac{dq}{dz} = \frac{dN}{dx} - \frac{dp}{dx}$, si $T = t$; supposition qui doit

en effet avoir lieu, comme il eſt aiſé de le prouver par la démonſtration qui a été rappellée dans l'art. 16.

32. On a de plus $\frac{dp}{dz} = -\frac{dq}{dx}$; donc $q\,dz - p\,dx$ & $q\,dx + p\,dz + M\,dx + N\,dz$ doivent être des différentielles complettes; ſur quoi voyez l'art. 12 ci-deſſus.

33. Il eſt à remarquer que ſi on ſuppoſe $M\,dx + N\,dz$ une différentielle complette, c'eſt-à-dire, $\frac{dM}{dz} = \frac{dN}{dx}$, on pourra ſuppoſer, comme dans le quatriéme Mémoire de nos Opuſcules, $Q = q\theta$, $P = p\theta$, θ étant une fonction de θ déterminable par la figure du vaſe; mais ſi $\frac{dM}{dz}$ n'eſt pas $= \frac{dN}{dx}$, alors θ ne pourra être ſuppoſé égal qu'à t, non-ſeulement dans le premier inſtant du mouvement, mais encore dans tous les autres.

34. Mais on peut demander ſi la ſuppoſition de $Q = q\theta$, $P = p\theta$ eſt exacte & aſſez générale; la preuve que nous en avons donnée dans le quatriéme Mémoire de nos Opuſcules peut d'abord ne pas paroître ſuffiſante; car ſoit $Q = q\theta + q'\theta' + q''\theta''$, &c. $P = p\theta + p'\vartheta' + p''\vartheta''$, &c. q', q'', &c. & p', p'', &c. étant des fonctions de x & de z, qui ſoient $= 0$ quand $z = y$; on aura évidemment $\frac{dx}{dy} = -\frac{q}{p}$; équation d'où la variable t a diſparu.

35. Or ſoit $\varphi(x, y) = 0$, l'équation de la courbe du

vaſe ; il eſt viſible qu'on ſatisfera à la condition exigée pour q', q'', p', p', en prenant ces quantités égales à des fonctions quelconques de $\varphi(x, z)$ leſquelles ſoient $= 0$ en faiſant $\varphi(x, z) = 0$, c'eſt-à-dire, en faiſant $z = y$; ou encore en les prenant égales à $(\varphi x, z)^p$ (p étant poſitif) multiplié par une fonction quelconque de x & de z. Il y a donc une infinité de manieres de faire enſorte que Q ne ſoit point néceſſairement $= q\theta$, ni $P = p\theta$.

36. Mais d'autres conſidérations vont nous aſſurer que la ſuppoſition de $Q = q\theta$, & de $P = p\theta$, pour le mouvement des fluides, eſt une ſuppoſition légitime, & auſſi générale que la nature de la queſtion le comporte.

37. Imaginons un point $\mathcal{C}$ (*Fig.* 12) placé infiniment près des parois du vaſe & à la diſtance infiniment petite α, priſe ſur la ligne des y ; donc puiſque $Q = q\theta$, & $P = p\theta$ quand $\alpha = 0$, & que α eſt ici infiniment petit, il eſt viſible qu'on aura, en ce point $\mathcal{C}$,

$$Q = q\theta + \alpha R,$$
$$P = \theta p + \alpha S,$$

R & S étant des fonctions de x, z, t.

38. De plus, nommant $\alpha\delta$, $\mathcal{C}$, & $\alpha\mathcal{C}$, δ, l'incompreſſibilité du fluide donnera $\left[\mathcal{C}\left(1 + \frac{d(q\theta)\,dt}{dx}\right) + \delta\,\omega . R\,dt\right] \times \left[\delta\left(1 + \frac{d(p\theta)\,dt}{dy}\right) + \alpha\mathcal{C} . S\,dt\right] = \mathcal{C}\delta$.

39. Donc puiſque $\delta\,\omega$ eſt ici $= \frac{\alpha\delta \times P}{Q} = \frac{\mathcal{C}P}{Q}$, on aura $\frac{\delta\mathcal{C}d(q\theta)}{dx} + \frac{\delta\mathcal{C}PR}{Q} + \frac{\mathcal{C}\delta d(p\theta)}{dy} + \mathcal{C}\delta S$

$= o$; ou $\frac{d(q\theta)}{dx} + \frac{Rp}{q} + \frac{d(p\theta)}{dy} + S = o.$

40. On peut remarquer de plus, que la force perdue verticalement pour les points qui sont à la distance $\alpha\beta$ ou δ du vase, est $g - \frac{dQ}{dt} - \frac{dQ.dx}{dx.dt} - \frac{dQ.dy}{dy.dt} - \frac{\delta dR}{dt} - \frac{\delta dR.dx}{dx.dt} - \frac{\delta dR.dy}{dy.dt}$; & la force perdue horizontalement pour les points qui sont à la distance $\delta\,\omega = \alpha'$ des parois du vase, est $- \frac{dP}{dt} - \frac{dP.dx}{dx.dt} - \frac{dP.dy}{dy.dt} - \frac{\alpha' dS}{dt} - \frac{\alpha' dS.dx}{dx.dt} - \frac{\alpha' dS.dy}{dy.dt}$.

41. Donc en mettant dans les numérateurs des fractions, pour dx sa valeur $Qdt + \delta Rdt$, & pour dy sa valeur $Pdt + \delta Sdt$, dans l'expression de la force verticale ; & dans celle de la force horizontale $Qdt + \alpha' Rdt$ au lieu de dx, & $Pdt + \alpha' Sdt$ au lieu de dy, & négligeant le quarré de δ & celui de α', les deux forces perdues seront $g - \frac{dQ}{dt} - \frac{dQ.Q}{dx} - \frac{dQ.P}{dy} - \frac{\delta dQ.R}{dx} - \frac{\delta dQ.S}{dy} - \frac{\delta dR}{dt} - \frac{\delta QdR}{dx} - \frac{\delta PdR}{dy}$; & $- \frac{dP}{dt} - \frac{dP.Q}{dx} - \frac{dP.P}{dy} - \frac{\alpha' dP.R}{dx} - \frac{\alpha' dP.S}{dy} - \frac{\alpha' dS}{dt} - \frac{\alpha' QdS}{dt} - \frac{\alpha' PdS}{dy}$.

42. Les mêmes forces dans les points adhérens aux parois du vase, sont $g - \frac{dQ}{dt} - \frac{QdQ}{dx} - \frac{PdQ}{dy}$,

&

& $-\frac{dP}{dt}-\frac{QdP}{dx}-\frac{PdP}{dy}$.

43. Donc le poids de la colonne $\alpha\delta$, moins le poids de la colonne $6\gamma = (g-\frac{dQ}{dt}-\frac{QdQ}{dx}-\frac{PdQ}{dy})$ $\times\alpha\delta$, moins $(g-\frac{dQ}{dt}-\frac{QdQ}{dx}-\frac{PdQ}{dy}-\frac{\delta dQ.R}{dx}-\frac{\delta SdQ}{dy}-\frac{\delta dR}{dt}-\frac{\delta QdR}{dx}-\frac{\delta PdR}{dy})\times 6'\gamma$; & le poids de la colonne 6α moins celui de la colonne $\gamma\delta = (-\frac{dP}{dt}-\frac{QdP}{dx}-\frac{PdP}{dy})\times 6$, moins $(-\frac{dP}{dt}-\frac{QdP}{dx}-\frac{PdP}{dy}-\frac{\alpha' RdP}{dx}-\frac{\alpha' SdP}{dy}-\frac{\alpha' dS}{dt}-\frac{\alpha' QdS}{dx}-\frac{\alpha' PdS}{dy})\gamma\delta$.

44. Or, par la loi de l'équilibre, ces deux quantités doivent être égales; on aura donc $\frac{d(g-\frac{dQ}{dt}-\frac{QdQ}{dx}-\frac{PdQ}{dy})}{dy}$ $\times 6\delta - (\frac{\delta dQ.R}{dx}+\frac{\delta SdQ}{dy}+\frac{\delta dR}{dt}+\frac{\delta QdR}{dx}+\frac{\delta PdR}{dy})\times 6 = \frac{d(-\frac{dP}{dt}-\frac{QdP}{dx}-\frac{PdP}{dy})}{dy}$ $\times 6\delta - (\frac{\alpha' dP.R}{dx}+\frac{\alpha' dP.S}{dy}+\frac{\alpha' dS}{dt}+\frac{\alpha' QdS}{dx}+\frac{\alpha' PdS}{dy})\times\delta$.

45. Donc mettant pour α' sa valeur $\frac{6P}{Q}$, & pour S sa valeur $-\frac{R.P}{Q}-\frac{dQ}{dx}-\frac{dP}{dy}$ (art. 39); on aura

une équation d'où S disparoîtra ; & qui, en substituant pour Q & P leurs valeurs θq & θp, & pour $\frac{dQ}{dx}$, $\frac{dQ}{dy}$, & $\frac{dP}{dx}$, $\frac{dP}{dy}$, leurs valeurs θA, θB, & $\theta A'$, $\theta B'$, sera de la forme suivante

$$\frac{d(-B\theta^2 p - A\theta^2 q - qT)}{dy} - \left(R\theta A + \frac{dR}{dt} + \frac{\theta q dR}{dx} + \frac{\theta p dR}{dy} - \frac{Rp\theta B}{q} - \theta^2 BA - \theta^2 BB'\right) = \frac{d(-pT - \theta^2 pB' - \theta^2 qA')}{dx}$$
$$- \left[\frac{Rp\theta A'}{q} + \frac{\theta B' p}{q}\left(-\frac{Rp}{q} - A\theta - B'\theta\right) + \frac{p}{q} \times \frac{d\left(-\frac{Rp}{q}\right)}{dt} + \frac{p}{q}\left(-AT - B'T + p\theta \times \frac{d\left(-\frac{Rp}{q} - A\theta - B'\theta\right)}{dx}\right)\right.$$
$$\left. + \frac{\theta p^2}{q} \times \frac{d\left(-\frac{Rp}{q} - A\theta - B'\theta\right)}{dy}\right].$$

46. Or je vais prouver qu'on ne peut satisfaire à cette équation (dont les deux membres doivent être identiques) par aucune autre supposition que par celle de $R = \theta\Lambda$, Λ étant une fonction de x & de z.

47. Car en premier lieu, αR ou $R\,dy$ est la différentielle d'une fonction qui doit être $= 0$ lorsque $z = y$, quel que soit t ; donc $\int R\,dy$ prise en ne faisant varier que y, doit être $= 0$ quel que soit t, lorsque $z = y$; d'où il s'ensuit que R sera nécessairement de cette forme $R = \vartheta\lambda + \vartheta'\lambda' + \vartheta''\lambda''$, &c. ϑ, ϑ', ϑ'' désignant des fonctions de t, & λ, λ', λ'' des fonctions de x & de z, qui soient telles que $\int\lambda\,dy$, $\int\lambda'\,dy$, $\int\lambda''\,dy$, deviennent $= 0$ quand $z = y$.

48. Donc si R n'est pas $= \theta \Lambda$, c'est-à-dire si ϑ, ϑ', ϑ'' sont différens entr'eux & différens de θ, il est aisé de voir qu'on ne pourra satisfaire à l'équation générale de l'art. 45, qu'en supposant $\vartheta = M c^{\int N \theta dt}$, $\vartheta' = M' c^{\int N' \theta dt}$, $\vartheta'' = M'' c^{\int N'' \theta dt}$; &c. M, N, M', N', &c. étant des constantes; car ce n'est que par cette supposition qu'on pourra rendre les membres de l'équation identiques, & avoir des équations de condition indépendantes des valeurs particulieres de x, z & t. Si on donnoit à $\vartheta, \vartheta', \vartheta''$, &c. d'autres valeurs, on auroit plus d'équations de condition qu'on n'a d'inconnues p, q, à déterminer.

49. Cela posé, on auroit, lorsque t est infiniment petit, $\vartheta = M(1 + \int N \theta dt)$; $\vartheta' = M'(1 + \int N' \theta dt)$; $\vartheta'' = M''(1 + \int N'' \theta dt)$, &c.

50. De plus, il est visible que quand t est infiniment petit & $z = y$, on a $Q = q\theta$, & $P = p\theta$, & qu'alors $\theta = t$ (art. 16).

51. Donc t étant infiniment petit, on auroit $\vartheta = M \left(1 + \frac{Nt^2}{2}\right)$, $\vartheta' = M'\left(1 + \frac{N't^2}{2}\right)$, $\vartheta'' = M''\left(1 + \frac{N''t^2}{2}\right)$, &c.

52. Donc lorsque t est infiniment petit, on auroit $Q = qt + \alpha\lambda\left(M + \frac{MNt^2}{2}\right) + \alpha\lambda'\left(M' + \frac{M'N't^2}{2}\right)$ $+$; &c. quantité dans laquelle les termes $\alpha M \lambda$, $\alpha M' \lambda'$, &c. ne renferment point t.

53. Or quand t est égal à zero, on doit avoir $Q = 0$,

& par conséquent $\theta q = 0$, q exprimant une fonction de x & de z. Donc dans les autres termes de l'expression de Q, & par conséquent dans celle de ϑ, les termes où t ne se trouve point doivent disparoître ; d'où il est clair que $\lambda M + \lambda' M' + \lambda'' M'' = 0$. Donc puisque (*hyp.*) M, M', &c. sont des constantes arbitraires, & $\lambda, \lambda', \lambda''$, &c. différentes fonctions de x & de z, on aura $\lambda M = 0$, $\lambda' M' = 0$, $\lambda'' M'' = 0$. Donc si R n'est pas $= \theta \Lambda$, on aura $\vartheta = 0$, $\vartheta' = 0$, $\vartheta'' = 0$.

54. Maintenant si $R = \theta \Lambda$, il est visible qu'on aura $Q = q\theta + \theta \Lambda$, ou plus simplement $Q = \theta q'$, q' étant une fonction de x & z, comme on l'a supposé ; donc aussi à cause de $S = -\frac{Rp}{q} - \frac{dQ}{dx} - \frac{dP}{dy}$, on aura $P = p'\theta$.

55. Donc la supposition de $Q = q\theta$ & $P = p\theta$ est légitime dans tous les cas.

56. On peut ajouter (en confirmation de la démonstration précédente) que si R n'étoit pas $= \theta \Lambda$, alors substituant pour R la valeur $M\lambda c^{N\int \theta dt} + M'\lambda' c^{\int N' \theta dt} + M''\lambda'' c^{\int N'' \theta dt} +$, &c. on auroit différentes équations pour λ & λ', λ'', &c. dont chacune seroit de la forme suivante, $\lambda MA + MN\lambda + \frac{qMd\lambda}{dx} + \frac{Mpd\lambda}{dy} - \frac{MpB\lambda}{q} = \frac{MpA'\lambda}{q} - \frac{MppB'\lambda}{qq} - \frac{MNpp\lambda}{qq} - \frac{pMd\left(\frac{p\lambda}{q}\right)}{dx} - \frac{ppM}{q} \frac{d\left(\frac{p\lambda}{q}\right)}{dy} = 0$; d'où l'on tire-

roit la valeur de λ en p & en q, dp & dq. Or Rdy ou αR eſt la différence d'une fonction de x & de y, laquelle eſt $= 0$. Donc $\int R\,dy + X = 0$. Donc mettant dans cette équation pour R ſa valeur $\vartheta\lambda + \vartheta'\lambda' + \vartheta''\lambda''$, &c. & au lieu de λ, λ', λ'', &c. leurs valeurs en p & en q, on auroit une équation de condition entre p & q, ce qui limiteroit encore plus la nature des fonctions p & q, que ne ſont les équations $dq = Adx + Bdz$, & $dp = Bdx - Adz$, tirées de la condition $Q = q\theta$, & $P = p\theta$. Donc les ſuppoſitions de $Q = q\theta$, & $P = p\theta$, ſont légitimes, ainſi que les conſéquences qu'on en a tirées.

57. On voit donc que dans l'hypothèſe même d'un fluide homogene, il y a une infinité de cas où le problême eſt inſoluble. Suppoſons maintenant que le fluide ſoit hétérogene, la denſité Δ de chaque particule ne pourra être repréſentée algébriquement, que par une fonction de x & de z. Or il eſt viſible que cette maniere de repréſenter la denſité ſeroit illuſoire, puiſque les parties du fluide, en changeant de place, conſervent toujours leur même denſité. Ainſi l'inſolubilité du problême eſt, pour ainſi dire, encore plus grande dans ce cas que dans celui de l'homogenéité du fluide.

58. Dans l'art. 110 de notre *Traité des Fluides*, nouvelle édition (*a*), & dans l'appendice de la premiere édition, pag. 452 & ſuivantes, nous avons taché d'expliquer, pourquoi un fluide qui ſe meut dans un vaſe en

(*a*) Cette nouvelle édition eſt ſous preſſe.

vertu de ſa peſanteur, conſerve ſenſiblement ſa ſurface ſupérieure horizontale. La raiſon que nous en avons donnée eſt fondée ſur ce que les forces verticales Q ſont égales ou à peu près égales à tous les points de la ſurface ſupérieure, & cette égalité eſt fondée ſur ce que les forces P, s'il y en avoit, ſeroient détruites à la ſurface par la force d'adhérence des parties du fluide. Or, pour l'exactitude de la démonſtration, il eſt néceſſaire (Mémoire 30 précédent, art. 39) que la force d'adhérence détruiſe les forces P, non-ſeulement à la ſurface, mais dans l'intérieur du fluide; ſuppoſition qui n'a rien en ſoi que de fort naturel; car dès qu'on ſuppoſe que la force d'adhérence détruit à la ſurface les forces P, pourquoi ne les détruiroit-elle pas de même dans l'intérieur du fluide? D'ailleurs, l'expérience confirme cette ſuppoſition; car puiſqu'elle nous fait voir qu'en effet toutes les tranches du fluide deſcendent horizontalement, il s'enſuit que la force verticale Q eſt la même dans tous les points de chaque tranche horizontale, & que par conſéquent la force horizontale P eſt $= 0$. Si on n'a point d'égard à l'adhérence, ni à aucune cauſe qui détruiſe les forces P, & que les parois du vaſe ne ſoient pas parallèles à CD (*Fig.* 7) en A, B, F, E, en ce cas il faudra néceſſairement (art. 19) que P & Q ſoient $= 0$ en ces quatre points, afin que la force perdue, qui eſt ici la peſanteur, ſoit dirigée verticalement. Donc en ſuppoſant $P = \frac{\phi(x+z\sqrt{-1})-\phi(x-z\sqrt{-1})}{2\sqrt{-1}}$,

& $Q = \frac{\varphi(x+z\sqrt{-1})+\varphi(x-z\sqrt{-1})}{2}$, il faudra qu'en faisant $x=0$, $z=CB$, & $x=CD$, $z=DF$, on ait P & $Q=0$. Or je vois d'abord qu'en E & qu'en F, la force perdue g, égale à la pesanteur, seroit dans cette supposition dirigée de haut en bas, au lieu que pour l'équilibre, elle doit être dirigée de bas en haut; d'où il s'ensuit que les parois du vase doivent être nécessairement parallèles à CD aux points E, F, pour que le mouvement du fluide puisse être représenté (même au premier instant) par une formule analytique. Il suffira donc que $x=0$ donne $P=0$; & de plus, $Q=0$ lorsque $z=CB$. Il faut donc 1°. que $\varphi(x+z\sqrt{-1})$ & $\varphi(x-z\sqrt{-1})$ soient $=0$ quand $x=0$ & quand $z=CB$; il faut de plus, 2°. que $\varphi(x+z\sqrt{-1})$ soit $=\varphi(x-z\sqrt{-1})$ quand $x=0$, quelle que soit z. 3°. Enfin, il faut que quand $x=CD$, $\varphi(x+z\sqrt{-1})$ soit $=\varphi(x-z\sqrt{-1})$, quel que soit z. Nous avons déja donné, & nous donnerons encore plus bas, des méthodes pour trouver les valeurs de φx, qui satisfont à la seconde & à la troisiéme de ces conditions; il faudra de plus prendre φx telle qu'elle satifasse à la premiere. Nouvel objet de recherche pour les Géometres, & qui limite encore la solution du problême, en diminuant le nombre des cas où le mouvement du fluide peut être représenté par une formule analytique.

59. Nous terminerons ces remarques par une considération plus approfondie des loix du mouvement des

fluides, & par une maniere plus générale de parvenir à l'équation $B' = -A$, qui renferme une de ces loix. Soient (*Fig.* 12) les lignes AD, BF, CH perpendiculaires à AC; DE, FG parallèles à AC; $AB = a$, $BC = b$, $EF = \delta$, $GH = e$; il est visible que le triangle DFH est égal à $ABFD + BFHC - ACHD = DEF + EFHO - DOH = \frac{a\delta}{2} + b\left(\delta + \frac{e}{2}\right) - (a+b)\left(\frac{\delta + e}{2}\right) = \frac{b\delta}{2} - \frac{ae}{2}$.

60. Or, en supposant AD parallèle à la ligne des x, & AC à celle des y, il est visible qu'après l'instant dt, la quantité a devient $a + \frac{adt.dp}{dy} + \frac{\delta dt.dp}{dx}$; que la quantité b devient de même $b + \frac{bdt.dp}{dy} + \frac{edt.dp}{dx}$; que la quantité δ devient $\delta + \frac{\delta dt.dq}{dx} + \frac{adt.dq}{dy}$; & que la quantité e devient $e + \frac{edt.dq}{dx} + \frac{bdt.dq}{dy}$; donc en mettant pour $\frac{dq}{dx}$, $\frac{dq}{dy}$, $\frac{dp}{dx}$, $\frac{dp}{dy}$, leurs valeurs A, B, A', B', il faudra, à cause de l'incompressibilité du fluide, que l'on ait $b\delta - ae = (b + bdt \times B' + edt.A') \times (\delta + \delta dt.A + adt.B) - (a + adt \times B' + \delta dt.A') \times (e + edt.A + bdt.B)$; ou en négligeant le quarré de dt, $\delta bB' + e\delta A' + Ab\delta + Bba - B'ae - A'\delta e - Aea - Bba = 0$; ou $A'(\delta b - ea) + B'(\delta b - ea) = 0$. Donc $B' = -A$, ou $\delta b - ea = 0$; or l'équation $\delta b - ea = 0$ donneroit $\frac{\delta}{a} = \frac{e}{b}$, ou

ou $\frac{EF}{ED} = \frac{GH}{FG}$, & par conséquent les points D, F, H seroient en ligne droite. Mais on suppose que les points D, F, H, sont disposés entr'eux d'une maniere quelconque; il s'ensuit donc qu'on doit avoir nécessairement $B' = -A$.

61. Si $GH(e)$ est $= 0$, c'est-à-dire, si FH est parallèle à l'axe des y, la quantité $b\delta - ae$ ou $b\delta$, devient dans le second instant $(b + bdt . B') \times (\delta + \delta dt . A + adt . B) - aBbdt$; & cette derniere quantité $- abBdt$ n'est $= 0$ que dans le cas où $a = 0$, c'est-à-dire où DF est parallèle à l'axe des x, comme FH l'est supposé à l'axe des y; nous disons dans le cas où $a = 0$; car e étant $= 0$, & $FH = b$, on ne pourroit supposer $b = 0$ dans la quantité $- abBdt$, sans anéantir le triangle DFH, qui ne doit point ici être supposé nul.

62. On voit donc que la quantité $b\delta$ ne devient $(b + bB'dt) \times (\delta + \delta Adt)$ après l'instant dt, que dans le cas où $a = 0$, c'est-à-dire, où DFH est un triangle rectangle en F. Lorsque l'angle F n'est pas droit, alors δ devient après l'instant dt, $\delta + A\delta dt + Badt$, comme il est d'ailleurs aisé de le voir; mais, en ce cas, il faut retrancher la quantité $aBbdt$ du produit $(b + B'bdt) \times (\delta + A\delta dt + Badt)$, pour parvenir dans tous les cas à la même équation $B' = -A$.

63. Cette remarque nous a paru nécessaire pour aller au-devant d'une difficulté. Il semble que lorsque $e = 0$, & que par conséquent FH est horizontale, le triangle

DFH devienne après l'inſtant dt, $(b+bdt.B')$ $(\delta+A\delta dt+Badt)$, ce qui ne donneroit pas l'équation $B'=-A$; mais il faut remarquer que quand l'angle F n'eſt pas droit, le triangle DFH n'eſt véritablement le produit de $\frac{FH}{2}$ par DO (*Fig.* 13), que lorſque FH eſt véritablement & rigoureuſement perpendiculaire à DO. Si par exemple FH prenoit la ſituation Fh, le triangle DFh ou $\frac{b\delta-ae}{2}$ ſeroit égal (à cauſe de $e=-Oo$) à $\frac{Fh'\times DO+FO\times Oo}{2}$, quantité qui n'eſt $=\frac{Fh'\times DO}{2}$ que dans le cas où $FO=0$, c'eſt-à-dire quand l'angle F eſt droit ou infiniment peu différent d'un droit.

64. On voit donc que lorſque l'on a quatre points du fluide, D, F, G, H, (*Fig.* 14) qui forment un parallélogramme rectangle dans un inſtant quelconque, on a raiſon de ſuppoſer, comme nous l'avons fait, que dans l'inſtant ſuivant le parallélogramme $DFHG$, devient le produit de la nouvelle hauteur $(\delta+A\delta dt)$ par la nouvelle baſe $(b+B'bdt)$; il n'en ſeroit pas ainſi ſi l'angle en F n'étoit pas droit, le calcul deviendroit un peu plus compliqué; mais le réſultat (art. 60) ſeroit toujours le même.

65. Il eſt encore à propos de remarquer que tous les points qui ſont dans la même ligne droite DF, ainſi que dans les droites DG, GH, HF, n'y ſont plus après l'inſtant dt, mais forment un arc de courbe; cependant comme l'arc formé par les points de la ligne DF, eſt

égal & ſemblable (à un infiniment petit du troiſiéme ordre près) à l'arc formé par les points de la ligne *GH*, & qu'il en eſt de même des arcs formés par les points des lignes *DG*, *FH*, les ſegmens correſpondans, formés par ces arcs & par leurs cordes, ſeront cenſés égaux, puiſqu'ils ne différeront que d'un infiniment petit du quatriéme ordre; & par conſéquent la figure curviligne, formée par le parallélogramme *DGHF* après l'inſtant *dt*, ſera cenſée égale (à un infiniment petit du quatriéme ordre près) à la figure rectiligne formée par les cordes des arcs.

66. Nous avons cru que ces différentes remarques ne ſeroient pas inutiles pour répondre à quelques difficultés qu'on pourroit ſe former contre notre théorie du mouvement des fluides; difficultés fondées ſur la figure rigoureuſe que le parallélogramme rectangle *DGHF* doit prendre après l'inſtant *dt*; nous venons de prouver ſuffiſamment que cette figure (conſidérée telle qu'elle eſt en rigueur) ne change rien au réſultat de nos calculs.

Fin du trente-uniéme Mémoire.

TRENTE-DEUX^{ME} MÉMOIRE.

Suite des mêmes Recherches.

§. I.

Sur le mouvement d'un Fluide dans un Tuyau Cylindrique.

1. SOIT un vase rectangulaire $ABDC$, (*Fig.* 15) terminé par la partie rectiligne $CEFD$, & ayant l'ouverture EF par où l'eau s'écoule; soit $HB = k$, $GF = nk$, $OG = mk$, p la pesanteur, γdt la vîtesse de la surface AB du fluide au premier instant, $HP = x$; $OP = z$, $pm = u$; on aura au premier instant $pdt \times (HG) = \gamma dt \left(\int \frac{kdx}{Pn} + \int \frac{kdz}{u}\right) = \gamma dt \left(HO + \int \frac{kdz}{u}\right) > \gamma dt (HO + \int dz) = \gamma dt (HG)$; donc $\gamma < p$.

2. Soit à présent remarqué que $u = pS - Sm = k - z \times \frac{Dq}{Fq} = k - z \times \frac{k - nk}{mk} = k - z\left(\frac{1-n}{m}\right)$; d'où il est aisé de voir que la quantité $\int \frac{kdz}{u} =$

$\frac{km}{1-n}$ log. $\left[\frac{k}{k-k(1-n)}\right] = \frac{km}{1-n}$ log. $\frac{1}{n} = OG \times \frac{1}{1-n}$ log. $\frac{1}{n}$.

3. Pour faire uſage de cette formule, on ne doit pas oublier de remarquer, que quand on aura trouvé par les tables le logarithme de $\frac{1}{n}$, il faudra le diviſer par la ſoutangente 0,434294 de la logarithmique des tables; ou ce qui eſt la même choſe, le multiplier par 2,302585. En effet, quand on ſuppoſe que $\int \frac{dx}{x}$ eſt égal à log. x; ou $\int \frac{-dx}{x}$ égal à log. $\frac{1}{x}$, en prenant la ſoutangente de la logarithmique = à l'unité, en ce cas le log. de 10, ou le rapport du logarithme de 10 à l'unité, c'eſt-à-dire à la ſoutang. de la logarithmique, ſera, comme l'on ſait, égal à 2,30258509299404456; or comme on le ſuppoſe que 1,00000000000000000 eſt le logarithme de 10 dans les tables, c'eſt-à-dire, que le logarithme de 10, dans la logarithmique des tables, eſt = à 1; il s'enſuit que ſi t eſt la ſoutangente de la logarithmique des tables, on aura, par la propriété des logarithmiques comparées entr'elles, $\frac{1}{t} = 2,302585$, &c. Donc $t = 0,4342944819$, donc $\int \frac{dx}{x} = 2,30258$, lorſque $x = 10$, & 4,60516, lorſque $x = 100$, &c.

4. Donc ſi le logarithme de $\frac{1}{n}$, pris dans les tables,

eſt appellé q, on aura $\gamma = \frac{pHG}{HO + \frac{OG}{1-n} \times q \times 2,302585} =$ $\frac{p \times HG}{HG + OG(q \times \frac{2,302585}{1-n} - 1)}$.

5. Il eſt très-aiſé de voir, en conſidérant que la logarithmique eſt toute convexe vers ſon axe, que le rapport du logarithme q de $\frac{1}{n}$, à $1 - n$, eſt plus grand que le rapport de la ſoutangente de la logarithmique à l'unité, c'eſt-à-dire, que 0,434294 ou $\frac{1}{2,302585}$; ainſi; $\frac{q \times 2,302585}{1-n}$ eſt toujours > 1, & par conſéquent le dénominateur de la valeur de γ ſera plus grand que HG & $\gamma < p$; c'eſt ce que nous avons d'ailleurs prouvé dans notre *Traité des Fluides* d'une maniere générale, quelles que ſoient les lignes CE, FD, droites ou courbes.

6. Si $n = \frac{1}{10}$, on aura $\frac{q \times 2,3}{1-n} - 1 = \frac{23}{9} - 1 = \frac{14}{9}$. Si $n = \frac{1}{100}$, on aura $\frac{q \times 2,3}{1-n} - 1 = \frac{20 \times 23}{99} - 1 = \frac{361}{99}$. Dans ce dernier cas, ſi $OG = \frac{HG}{10}$; la valeur de γ ſera à très-peu près $\frac{p}{1 + \frac{36}{99}} =$ à très-peu près $\frac{p \times 100}{136} = \frac{p \times 25}{34} =$ à très-peu près $\frac{p \times 3}{4}$, & par conſéquent beaucoup plus petite que p. Si $n = \frac{1}{50}$, on trouve, par les tables, $q =$ à très-peu près $\frac{17}{10}$,

& par conséquent $\frac{9\times 2,3}{1-n} - 1 = \frac{17.23}{2.49} - 1 = \frac{293}{2.49}$;
donc si $OG = \frac{HG}{5}$, on aura $\gamma = \frac{p}{1+\frac{29}{49}} = \frac{49p}{78} = \frac{p}{2} + \frac{10p}{78}$, quantité qui est évidemment beaucoup plus petite que p.

7. Pour avoir une construction géométrique facile de la valeur de $\frac{km}{1-n}\log.\frac{1}{n}$; on construira d'abord une logarithmique quelconque $BGML$ (*Fig.* 16); & on remarquera, 1°. qu'en prenant $\frac{BA}{GF} = \frac{1}{n}$, on aura $\log.\frac{1}{n} = \frac{AF}{b}$, b étant la soutangente de cette logarithmique; 2°. que par conséquent, si on fait $AB = km$, on aura $BH = km(1-n)$, & par conséquent encore $\frac{km}{1-n}\log.\frac{1}{n} = k^2m^2 \times \frac{HG}{b.BH} =$ (en supposant $AK = b$) $\frac{BA^2}{AK}\times\frac{AV}{BA} = BA\times\frac{AV}{AK} = AO$, en menant VO parallèle à la tangente BK.

8. Donc si on veut que $\gamma = \rho p$, ρ exprimant une fraction quelconque, on aura $\frac{HG}{HG+AO} = \rho$, & par conséquent $AO = \frac{HG(1-\rho)}{\rho}$. Prenant donc $AO =$ à cette valeur, & en même-temps $BA = km$, & tirant d'abord la tangente BK, & OV parallèle à cette tangente, & ensuite la ligne BGV par les points B, V, le

point G donnera la demi-largeur que le trou du vaſe doit avoir, pour que $\gamma = pp$: car cette demi-largeur ſera à la demi-largeur du vaſe cylindrique, comme GF eſt à AB.

9. Si on fait (*Fig.* 15) $OG = n\,HG$, on remarquera que $OG \times \frac{1}{1-n}$ log. $\frac{1}{n}$ = (en faiſant $\frac{1}{n} = k'$) $\frac{HG}{k'-1}$ log. k'. Or il eſt aiſé de voir, par la nature de la logarithmique, que cette quantité va toujours en diminuant; car ſoit (*Fig.* 17) $CA = 1$, & $DB = k'$, on aura $\frac{\log. k'}{k'-1} = \frac{EC}{DE}$, quantité qui va toujours en diminuant, parce que la logarithmique eſt toujours convexe vers ſon axe, & lui devient enfin perpendiculaire lorſque $k' = \infty$. De-là il s'enſuit que ſi OG (*Fig.* 15): $HG :: EF : CD$, γ ſera d'autant plus près d'être égal à p que EF ſera plus petit, & la valeur de $\frac{\gamma}{p}$ ſera en général = à très-peu près $\frac{1}{1 + \frac{2,3 \log. k'}{k'-1}}$.

10. Si OG étoit toujours $= \pi \times GF$, π étant une conſtante, on auroit $\frac{OG}{1-n}$ log. $\frac{1}{n} = \frac{\pi \times n \times OD}{1-n}$ log. $\frac{1}{n} = \pi \times OD \times \frac{\log. k'}{k'-1}$, & par conſéquent encore d'autant plus petit que GF ſeroit plus petit.

11. Si les lignes CE, DF, au lieu d'être droites, étoient convexes vers OG, alors il eſt aiſé de voir que $\int \frac{k\,dz}{u}$ ſeroit $> \frac{OG}{1-n}$ log. $\frac{1}{n}$; & au contraire, ſi ces courbes

courbes étoient concaves ; bien entendu qu'on ſuppoſe, dans tous ces cas, qu'il n'y a dans la partie *CEFD* aucune portion du fluide qui ſoit ſtagnante proche des parois, & que toutes les tranches deſcendent horizontalement. Je n'entrerai point là-deſſus dans un plus grand détail ; il me ſuffit d'avoir prouvé que y, quoiqu'en rigueur toujours $< p$, peut être, ou auſſi petit, ou auſſi peu différent de p qu'on voudra, ſelon les hypothèſes qu'on pourra faire ſur les valeurs de *OG* & de *EF*, & leur rapport avec les lignes *HG*, *CD*.

12. Il eſt donc très-poſſible, quoique la choſe ſemble être paradoxe, que dans un vaſe cylindrique, l'eau qui ſort par une très-petite ouverture *EF*, deſcende dans les premiers inſtans avec une vîteſſe ſenſiblement égale à celle des corps qui tombent librement ; comme il eſt poſſible auſſi que l'eau deſcende avec une vîteſſe ſenſiblement moindre ; tout cela dépend du rapport entre *HG*, *OG*, *CD*, *EF*, & de la courbure des lignes *CE*, *DF*, que la théorie ne ſauroit déterminer. En un mot, tout ſe réduit à ſavoir, ſi dans un vaſe cylindrique on peut ſuppoſer $\int \frac{dx}{y}$ à peu près égal à *HG*. Or cette ſuppoſition paroît très-permiſe, & même aſſez vraiſemblable. Car puiſque toutes les particules deſcendent verticalement & parallélement aux côtés du vaſe, juſqu'à une fort petite diſtance de l'ouverture ; donc y eſt $= k$ juſqu'à une fort petite diſtance de l'ouverture ; donc $\int \frac{dx}{y}$ peut être cenſé $= \int \frac{dx}{k}$.

13. Soit ω la distance de l'ouverture, où les particules du fluide commencent à se rapprocher de l'ouverture par une direction oblique ; & soit supposée a la hauteur entiere du fluide au-dessus de l'ouverture, on aura $\int \frac{dx}{y} < \frac{a-\omega}{k} + \frac{\omega}{K} = \frac{a}{k} + \frac{\omega}{K} - \frac{\omega}{k}$. Donc si $\frac{\omega}{K}$ est beaucoup plus petit que $\frac{a}{k}$, ou ce qui revient au même, si $\frac{\omega}{a}$ est beaucoup plus petit que $\frac{K}{k}$; $\int \frac{dx}{y}$ sera sensiblement $= \frac{a}{k}$; & quand même $\frac{\omega}{a}$ ne seroit pas beaucoup plus petit que $\frac{K}{k}$, $\int \frac{dx}{y}$ pourroit être encore sensiblement égal à $\frac{a}{k}$, parce que $\int \frac{dx}{y}$ pourroit être beaucoup plus petit que $\frac{a-\omega}{k} + \frac{\omega}{K}$; car $\int \frac{dx}{y} = \frac{a-\omega}{k} + \int \frac{d\omega}{u}$; or $\int \frac{d\omega}{u}$ peut être, & même est vraisemblablement beaucoup plus petit que $\int \frac{d\omega}{K}$ ou $\frac{\omega}{K}$, puisqu'il est vraisemblable que u n'est sensiblement égal à K qu'extrêmement près de l'ouverture.

14. Au reste, que $\int \frac{dx}{y}$ soit à peu près égal ou non à $\frac{a}{k}$, la proposition avancée & prouvée dans l'art. 108 de notre *Traité des Fluides* n'en est pas moins vraie ; savoir qu'au bout d'un temps très-court, la vîtesse avec laquelle le fluide sort, quand l'ouverture est fort petite ;

est égale à celle qu'il auroit acquise en tombant de toute sa hauteur.

15. Il est aisé de voir, que dans un vase de figure quelconque, la surface supérieure du fluide s'accélérera plus vîte au premier instant que les corps pesans qui tombent librement, si $\frac{a}{k}$ est $> \int \frac{dx}{y}$; mais nous avons fait voir ailleurs (*Traité des Fluides*, art. 98) qu'en faisant abstraction de la tenacité, on doit avoir $\frac{a}{k} < \int \frac{dx}{y}$ ou $= \int \frac{dx}{y}$ tout au plus; ainsi l'accélération de la surface supérieure aux premiers instans ne sauroit être plus grande que celle d'un corps pesant, que dans le cas où 1°. $\frac{a}{k}$ seroit $> \int \frac{dx}{y}$. 2°. Dans le cas où la plus grande valeur négative de $\int \left(p\,dt - \frac{k\,dv}{y}\right) \times \frac{dx}{dt}$ (dv étant la vîtesse initiale de la surface supérieure) ne sera pas plus grande que la force d'adhérence des parties; ce qui arrivera, si (en faisant $\frac{dv}{dt} = p\alpha$) $px - \int \frac{kp\alpha\,dx}{y}$ (qu'on suppose une quantité négative) n'est pas plus grande que la quantité qui doit représenter la force d'adhérence des particules; soit $p\beta$ cette quantité, il faudra donc que $k\alpha \int \frac{dx}{y} - x$, ne soit nulle part plus grande que β, & que par conséquent $k\alpha \int \frac{dx}{y}$ ne soit nulle part plus grand que $\beta + x$.

§. II.

Sur le mouvement d'un Fluide dans un Tuyau quelconque.

1. Soit une courbe *BFM* (*Fig.* 18) qui ait pour équation (suivant la théorie précédemment exposée) $\psi(x+y\sqrt{-1})-\psi(x-y\sqrt{-1})=2A\sqrt{-1}$, & dans laquelle outre cela $\frac{dy}{dx}$ soit $=0$ à tous les points des surfaces supérieure & inférieure CB, & $D\Gamma$, suivant l'art. 19 du trente-uniéme Mémoire, ensorte que $\varphi x+y\sqrt{-1}-\varphi(x-y\sqrt{-1})$ soit $=0$ (quel que soit y) lorsque $x=0$, & lorsque $x=CD$. Soit ensuite imaginée une autre courbe $B'M'F'$ extrêmement proche de celle-ci, & dans laquelle les mêmes conditions soient observées, de maniere que, dans cette seconde courbe, A soit $=A'=A+\alpha$, α étant une très-petite quantité.

2. Imaginons présentement un fluide pesant renfermé dans le tuyau infiniment étroit $BMFF'M'B'$, & soit $d\psi x=dx\varphi x$, comme on le suppose dans l'art. 5 du trente-uniéme Mémoire ; il est clair par tout ce qui a été dit ci-dessus; 1°. que la vîtesse verticale au premier instant sera en un point quelconque $M=\frac{G}{2}[\varphi x+y\sqrt{-1}+\varphi(x-y\sqrt{-1})]dt$, G étant une constante qu'on déterminera dans la suite ; 2°. que la vîtesse horizontale sera $\frac{Gdt}{2}[\varphi(x+y\sqrt{-1})-\varphi(x-y\sqrt{-1})]\sqrt{-1}$.

3. Or puisque $\psi(x+y\sqrt{-1})-\psi(x-y\sqrt{-1}) = 2A\sqrt{-1}$, & que $\psi(x+y'\sqrt{-1})-\psi(x-y'\sqrt{-1}) = 2A+2\alpha\sqrt{-1}$; donc en faisant $MM'=\omega$, on aura $\omega\sqrt{-1}\,[\varphi(x+y\sqrt{-1})+\varphi(x-y\sqrt{-1})] = \alpha$; donc $\omega = \frac{2\alpha}{\varphi(x+y\sqrt{-1})+\varphi(x-y\sqrt{-1})}$ ou $\omega = \frac{2\alpha}{Q}$; d'où l'on voit que la vîtesse verticale Q, au point M, est en raison inverse de la petite largeur horizontale MM' du canal en ce point M.

4. D'où il est aisé de conclure, que si on mene une ligne OM' perpendiculaire aux parois, la vîtesse suivant OM sera en raison inverse de MO'; & cette vîtesse sera évidemment égale à $\sqrt{(PP+QQ)}$.

5. De-là il s'ensuit qu'au premier instant le poids du canal BMF, animé des forces $\sqrt{(PP+QQ)}$, sera $= dt\int\frac{R.kds}{OM'}$, en nommant Rdt la vîtesse en B, & faisant $BB'=k$, & $BM=s$; donc on aura (art. 7 du trente-uniéme Mémoire) $p\times CD = Rk\int\frac{ds}{OM'}$.

6. Pour avoir une expression plus facile à calculer; on remarquera que $\int ds\sqrt{(PP+QQ)} = \int Pdy + Qdx$; d'où l'on aura $\int ds\sqrt{(PP+QQ)}$ ou $R\int\frac{kds}{OM'} =$
$\left[\frac{\psi(x+y\sqrt{-1})+\psi(x-y\sqrt{-1})}{2} - \frac{\psi(CB\sqrt{-1}+\psi(-CB\sqrt{-1})}{2}\right]G$.

7. Donc on aura G en faisant cette derniere quantité $=$ à $p\times CD$; & supposant que x devienne CD, & y, DF.

8. Or on a $\psi(x+y\sqrt{-1})-\psi(x-y\sqrt{-1}) =$

$2A\sqrt{-1}$, & $\psi(CB\sqrt{-1}) - \psi(-CB\sqrt{-1}) = 2A\sqrt{-1}$, donc en appellant CD, X, & DF, Y, on aura $p \times X = [\psi(X + Y\sqrt{-1}) - \psi(CB\sqrt{-1})]G$.

9. Cette derniere quantité n'eſt point imaginaire, comme on pourroit d'abord le penſer. En effet, ſoit $\psi(x + y\sqrt{-1}) = \psi x + y\sqrt{-1}\,.\,X + y^2 X'' + y^3 \times \sqrt{-1}\,.\,X'''$, &c. on aura à cauſe de $\psi(x + y\sqrt{-1}) - \psi(x - y\sqrt{-1}) = 2A\sqrt{-1}$, la quantité $2y\sqrt{-1} + 2y^3\sqrt{-1}\,.\,X''' +$, &c. $= 2A\sqrt{-1}$; & par la même raiſon, la partie de $\psi(CB\sqrt{-1})$ qui contiendra l'imaginaire $\sqrt{-1}$, ſera $= 2A\sqrt{-1}$; donc les imaginaires ſe détruiront dans la quantité $\psi(x + y\sqrt{-1}) - \psi(CB\sqrt{-1})$.

10. Puiſque la vîteſſe verticale eſt $\frac{G}{2}[\varphi(x + y\sqrt{-1}) + \varphi(x - y\sqrt{-1})]$ elle ſera donc $\frac{p \times CD}{\psi(X + Y\sqrt{-1}) - \psi(CB\sqrt{-1})} \times [\varphi(x + y\sqrt{-1}) + \varphi(x + y\sqrt{-1})]$ ou $2p \times CD \times [\varphi(x + y\sqrt{-1}) + \varphi(x - y\sqrt{-1})] : [\psi(X + Y\sqrt{-1}) + \psi(X - Y\sqrt{-1}) - \psi(CB\sqrt{-1}) - \psi(-CB \times \sqrt{-1})]$.

11. Soient deux vaſes infiniment étroits $C\mathfrak{C}\mu\varphi DC$, $BMFF'M'B$, tels que $C\mathfrak{C}$ ſoit à $BB' :: P\mu : MM' :: D\varphi : FF'$; ſoit même pour plus de ſimplicité $C\mathfrak{C} = BB'$, & par conſéquent $P\mu = MM'$ & $D\varphi = FF'$; & ſoit ſuppoſée encore la direction du fluide en B & en F verticale, c'eſt-à-dire perpendiculaire à CB & DF au premier inſtant; il eſt viſible que la vîteſſe

en $C\mathfrak{C}$ sera $= \frac{p.CD}{\int \frac{C\mathfrak{C}.dx}{P\mu}}$; & la vîteſſe en $BB' =$ $\frac{p.CD}{\int \frac{BB'.ds}{M'O}} =$ (à cauſe de $\frac{dx}{ds} = \frac{M'O}{MM'}$) $\frac{p.CD}{\int \frac{BB'.MM'.dx}{M'O^2}}$ $= \frac{p.CD}{\int \left(\frac{BB'dx}{MM'} . \frac{MM'^2}{M'O^2}\right)}$; d'où à cauſe de $\frac{BB'}{MM'} = \frac{C\mathfrak{C}}{P\mu}$, & de $MM' > M'O$, il eſt clair que la vîteſſe en $C\mathfrak{C}$ ſera plus grande que la vîteſſe en BB', en raiſon de $\int \frac{ds^2}{dx.P\mu}$ à $\int \frac{dx}{P\mu}$.

12. Ce ſeroit donc une erreur de ſuppoſer que tous les points de la ſurface CB du fluide deſcendiſſent également vîte, & de regarder en même-temps le fluide comme ſe mouvant de la maniere que s'il étoit renfermé dans des tuyaux $CD\phi\mathfrak{C}$, $BFF'B'$, dont les largeurs horizontales fuſſent toujours en même proportion. On peut remarquer, ce qui nous ſera utile dans la ſuite, que ſi les largeurs horizontales correſpondantes n'étoient pas proportionnelles dans les deux tuyaux, alors ſuppoſant, ce qui eſt toujours permis, $BB' = C\mathfrak{C}$, on auroit la vîteſſe en BB' égale ou $<$ ou $>$ qu'en $C\mathfrak{C}$, ſelon que $\int \frac{dx.MM'}{M'O^2}$ ſera $=$ $>$ ou $<$ que $\int \frac{dx}{P\mu}$. Par exemple, les vîteſſes en B & en C ſeroient égales ſi $P\mu$ étoit $= M'K$, (*Fig.* 19) OK étant ſuppoſée perpendiculaire à MM'. Car $\frac{M'O^2}{MM'} = M'K$; par la même raiſon, la vîteſſe en B eſt $<$ ou $>$ que la vîteſſe en C, ſi $P\mu$ eſt $<$ ou $>$ $M'K$.

13. Il n'eſt pas difficile d'ailleurs de faire voir, par nos formules, que la ſuppoſition des tuyaux fictifs, de largeurs proportionnelles, & celle de l'égalité de vîteſſe dans tous les points de la ſurface CB, n'eſt point exacte, au moins dans la rigueur de la théorie analytique.

14. En effet, il eſt évident que dans ce cas, la vîteſſe primitive verticale, dans les différens points de la ſurface CD, c'eſt-à-dire lorſque $x = 0$, ſera proportionnelle (art. 10) à $[\varphi(CB\sqrt{-1}) + \varphi(-CB\sqrt{-1})]$: $[\psi(X + Y\sqrt{-1}) - \psi(CB\sqrt{-1})]$; or on a $\psi(X + Y\sqrt{-1}) - \psi(X - Y\sqrt{-1}) = 2A\sqrt{-1} = \psi(CB \times \sqrt{-1}) - \psi(-CB\sqrt{-1})$; d'où l'on tire une valeur de CB en A, & une de Y en X & en A; & la ſubſtitution de ces valeurs, dans l'expreſſion de la vîteſſe, donnera une quantité où ſe trouvera la variable A & la conſtante X. Donc, &c.

15. Soit, par exemple, $\psi x = A'(a-x) + B'(a-x)^3$; a étant $= X$, & le vaſe étant ſuppoſé avoir un fond à la partie ſupérieure CB, afin que P ne ſoit pas néceſſairement $= 0$ lorſque $x = 0$, mais ſeulement lorſque $x = X$. En ce cas on aura $\psi(x + y\sqrt{-1}) = A'(a - x - y\sqrt{-1}) + B'(a - x - y\sqrt{-1})^3$; donc à cauſe de $\psi(x + y\sqrt{-1}) - \psi(x - y\sqrt{-1}) = 2A\sqrt{-1}$, on aura $-2A'y - 6B'(a-x)^2 y - 2B'y^3 = 2A$; & à la ſurface CB où $x = 0$, $-2A'.CB - 6B'a^2.CB - 2B'.CB^3 = 2A$; de plus, φx ou $\frac{d\psi x}{dx} = -A' - 3B'(a-x)^2$; & par conſéquent $\varphi(CB\sqrt{-1}) + \varphi(-CB\sqrt{-1}) = -2A' - 3B'(a - CB\sqrt{-1})^2 -$

3 B'

$3B'(a+CB\sqrt{-1})^2 = -2A' - 6B'a^2 + 6B'.CB^2$; donc l'expreſſion de la vîteſſe initiale eſt proportionnelle à $[-2A' - 6B'.a^2 + 6B'.CB^2]:[A'(-Y\sqrt{-1}) + B'(-Y\sqrt{-1})^3 - A'(a-CB\sqrt{-1}) - B'(a-CB\sqrt{-1})^3]$. Or à cauſe de $X=a$, on a $-A'.Y - B'Y^3 = A; -A'.CB - 3B'a^2.CB - B'.CB^3 = A$; d'où il eſt aiſé de voir que le dénominateur de la quantité précédente eſt $A\sqrt{-1} - A'a - B'a^3 + 3B'a.CB^2 - A\sqrt{-1} = -A'a - B'a^3 + 3B'a.CB^2$; donc l'expreſſion de la vîteſſe trouvée ci-deſſus ſe réduit à $\frac{2}{a} + 4B'a \times \frac{1}{A' + B'a^2 - 3B'.CB^2}$, qui eſt évidemment une quantité variable, à cauſe de la variable CB.

16. En général, ſoit $\psi(X+Y\sqrt{-1}) = \psi(a - X - Y\sqrt{-1})$, on aura, lorſque $X=a$, $\psi(a-X-Y\sqrt{-1}) = -\psi(a-X+Y\sqrt{-1})$ ſi ψx eſt une fonction impaire; par conſéquent $\psi(X+Y\sqrt{-1}) = A\sqrt{-1}$. De plus, chaque terme de cette forme $B'(a-x)^m$ que contiendra ψx, donnera (comme il eſt aiſé de le voir) au numérateur de l'expreſſion de la vîteſſe, le terme $-2B'm(a^{m-1} - \frac{(m-1).(m-2)}{2}a^{m-3}CB^2 + \frac{(m-1).(m-2).(m-3).(m-4)}{2.3.4}a^{m-5}CB^4$, &c.) & au dénominateur le terme $-B'(a^m - \frac{m.m-1}{2}a^{m-2}CB^2 + \frac{m.m-2.m-3.m-4}{2.3.4}a^{m-4}CB^4$, &c.) ſans compter un terme tout conſtant $-A\sqrt{-1}$, qui équivaut à

tous les termes où CB se trouve seule, élevée à une puissance impaire, & qui sera détruit par le terme $+A\sqrt{-1}$, égal à $\psi(X+Y\sqrt{-1})$.

17. D'où il est aisé de conclure que l'expression de la vîtesse initiale, aux différens points de la surface CB, renferme la variable CB, & par conséquent est variable selon la distance du point B au point C.

18. Au reste, ceci n'est vrai qu'en général, & en embrassant tous les cas possibles ; car il peut y avoir quelques cas où la valeur de la vîtesse verticale soit la même, quelle que soit CB. Par exemple, soit $\psi x = \sin.(a-x)$, on aura $\psi(X+Y\sqrt{-1}) = \sin.(a-X-Y\sqrt{-1}) = \sin.(-Y\sqrt{-1})$, & $\psi(a-CB\sqrt{-1}) = \sin.(a-CB\sqrt{-1})$. Donc $\varphi x = -\cos.(a-x)$; donc $\varphi(CB\sqrt{-1}) + \varphi(-CB\sqrt{-1}) = -\cos.(a-CB\sqrt{-1}) - \cos.(a+CB\sqrt{-1}) = -2\cos.a\cos.CB\sqrt{-1}$; or $\psi(X+Y\sqrt{-1}) - \psi(X-Y\sqrt{-1}) = 2A\sqrt{-1}$; & $\psi(a-CB\sqrt{-1}) - \psi(a+CB\sqrt{-1}) = 2A\sqrt{-1}$. Donc on aura, 1°. $-\sin.(Y\sqrt{-1}) = A\sqrt{-1}$; 2°. $\sin.(a-CB\sqrt{-1}) - \sin.(a+CB\sqrt{-1}) = 2A\sqrt{-1}$, c'est-à-dire $-\cos.a\sin.CB\sqrt{-1} = A\sqrt{-1}$. Donc le numérateur de la valeur de la vîtesse verticale en CB sera $-2\cos.a\cos.CB\sqrt{-1}$, & le dénominateur $\psi(X+Y\sqrt{-1}) - \psi(a-CB\sqrt{-1})$ ou $\sin.(-Y\sqrt{-1}) - \sin.(a-CB\sqrt{-1}) = A\sqrt{-1} - \sin.a\cos.CB\sqrt{-1} + \cos.a\sin.CB\sqrt{-1} = -\sin.a\cos.CB\sqrt{-1}$. Donc le numérateur divisé par le dénominateur se réduit à la quantité cons-

tante $\frac{2 \text{ cos. } a}{\text{sin. } a} = 2 \text{ cot. } a$.

19. Cette conséquence n'est point contraire à ce que nous avons prouvé ci-dessus (art. 12) que la vîtesse en B est plus petite que la vîtesse en C, dans la supposition des tuyaux fictifs $C\mathfrak{G}\varphi D$, $BB'F'F$, dont les largeurs correspondantes soient proportionnelles ; l'article précédent prouve seulement que la supposition de pareils tuyaux est purement précaire, puisque cette supposition rendroit inégales, dans tous les cas possibles, des vîtesses qui peuvent être égales dans certains cas ; mais en même-temps l'art. 17 & les deux qui le précédent, prouvent que la vîtesse n'est pas égale dans tous les cas à tous les points de la surface CB.

20. Il est aisé de voir, par ce qui a été dit dans les articles 2 & 3 ci-dessus, que le fluide peut, au moins dans le premier instant, être supposé se mouvoir dans des tuyaux isolés infiniment petits $BB'F'F$, dans lesquels MM' est en raison inverse de la vîtesse verticale, & $M'O$ en raison inverse de la vîtesse absolue ; mais l'équation générale des courbes du fluide, $\psi(x+y\sqrt{-1}) - \psi(x-y\sqrt{-1}) = 2A\sqrt{-1}$, ne donne point (au moins nécessairement & dans tous les cas) la proportion $C\mathfrak{G} : BB' :: P\mu : MM'$: car de ce que $\psi(x+y\sqrt{-1}) - \psi(x-y\sqrt{-1}) = 2A\sqrt{-1}$, ou $\psi A'\sqrt{-1} - \psi - A'\sqrt{-1}$ (en supposant $y = A'$ lorsque $x = 0$) il ne s'ensuit nullement que $\frac{\phi(x-y\sqrt{-1})+\phi(x-y\sqrt{-1})}{\phi A'\sqrt{-1}+\phi A\sqrt{-1}}$ soit égal à une fonction de la seule quantité x, en différen-

tiant le haut & le bas de la fraction $\frac{\psi(x-y\sqrt{-1})-\psi(x-y\sqrt{-1})}{\psi A'\sqrt{-1}-\psi-A'\sqrt{-1}}$ $=1$ (y & A' seuls étant supposés variables) & ôtant les différentielles. Or cette quantité $\frac{\phi(x+y\sqrt{-1})+\phi(x-y\sqrt{-1})}{\phi A'\sqrt{-1}+\phi-A'\sqrt{-1}}$ représente le rapport des vîtesses en M & en B ; ou ce qui est la même chose (art. 3) le rapport de BB' à MM'. Donc il ne s'ensuit nullement de l'équation $\psi(x+y\sqrt{-1})-\psi(x-y\sqrt{-1})=2A\sqrt{-1}$, que le rapport $\frac{MM'}{BB'}$ soit égal à une fonction de x indépendante de y & de A'.

21. Nous pourrions entrer dans de plus grands détails sur les loix de ce mouvement, ainsi que sur les conséquences qui résultent de l'équation $\psi(x+y\sqrt{-1}-\psi(x-y\sqrt{-1})=2A\sqrt{-1}$, & de l'équation $\phi(x+y\sqrt{-1})-\phi(x-y\sqrt{-1})=0$, qui doit avoir lieu lorsque $x=0$, & lorsque $x=CD$. Mais en voilà assez pour mettre nos Lecteurs sur la voie de pousser ces recherches plus loin, s'ils le jugent à propos. Nous nous contenterons de dire en finissant, qu'il faut avoir attention que l'équation $\psi(x+y\sqrt{-1})-\psi(x-y\sqrt{-1})=2A\sqrt{-1}$, qui exprime la nature des parois du vase, donne une valeur de y qui aille en diminuant lorsque x augmente. Car si le vase alloit en s'élargissant de haut en bas, le fluide descendroit au premier instant du mouvement comme une masse solide continue, & quitteroit les parois du vase.

On trouvera dans le Mémoire suivant, & aussi dans la

seconde édition de notre Traité des Fluides, *qui est actuellement sous presse, quelques autres remarques sur le mouvement des fluides dans des vases.*

§. III.

Des endroits où un fluide qui coule doit se diviser.

1. Les mêmes noms étant conservés que dans l'art. 91 de notre *Traité des Fluides*, soit KZ (*Fig.* 20) $= y$, $Oo = dx$; & soient les petits espaces $KZ\zeta k$, $k\zeta\zeta X$, $X\zeta\xi x$ égaux entr'eux, on aura $k\zeta = y + dy$, $X\zeta = y + 2dy + ddy$, $o\omega = dx + ddx$, $\omega\lambda = dx + 2ddx + d^3x$, & $y\,dx = (y+dy)(dx+ddx) = (y+2dy + ddy)(dx+2ddx+d^3x)$; donc $\frac{dx+ddx}{dx+2ddx+d^3x} = \frac{y+2dy+ddy}{y+dy}$.

2. Or $\frac{um}{y}$ étant la vîtesse de la tranche KZ, & $\frac{um}{y+dy}$ celle de la tranche $k\zeta$, $\frac{um}{y} + p\,dt$ sera la vîtesse de la tranche KZ lorsqu'elle sera parvenue en $k\zeta$, & $\frac{um}{y+dy} + p\,dt$, sera la vîtesse de la tranche $k\zeta$ lorsqu'elle sera parvenue en $X\zeta$.

3. Maintenant, pour que le fluide ne se sépare pas, il faut que $\frac{o\omega}{\frac{um}{y}+p\,dt}$ soit $=$ ou $< \frac{\omega\lambda}{\frac{um}{y+dy}+p\,dt}$, c'est-à-dire à cause de $\frac{o\omega}{\omega\lambda} = \frac{y+2dy+ddy}{y+dy}$, que

$\frac{y+2dy+ddy}{\frac{um}{y}+pdt}$ soit $=$ ou $<$ $\frac{y+dy}{\frac{um}{y+dy}+pdt}$; d'où l'on tire $um + um\frac{dy+ddy}{y+dy} + pdt(dy+ddy) =$ ou $< um + \frac{umdy}{y}$; & par conséquent, en ôtant ce qui se détruit, & en négligeant les quantités qui sont infiniment petites par rapport aux autres, $\frac{umdy^2}{y} - \frac{umdy^2}{y^2} + pdtdy = 0$ ou négatif.

4. Donc toutes les fois que cette quantité ne sera positive & réelle en aucun endroit, le fluide ne se divisera pas.

5. Ce n'est pourtant pas à dire qu'il doive se diviser toujours, lorsque cette quantité aura quelques valeurs positives. Car soit, par exemple, un vase *ABHFKM* (*Fig.* 21) rempli de fluide depuis *AB* jusqu'en *KM*; & supposons que ce fluide se meuve au premier instant par l'effort seul de sa pesanteur; il est très-aisé de voir que dans la partie *FHNP*, $\frac{dx}{v}$ va toujours en croissant, & qu'ainsi cette partie, si elle étoit seule, se détacheroit du vase; mais à cause de la partie supérieure *ABHF*, il n'en est pas ainsi. Soit $a\beta =$ à la force de la gravité p, & soit imaginée une courbe $bqpm$, dont les ordonnées soient en raison inverse des largeurs du vase; soit enfin l'aire $abqpn = a\beta pn$, il est visible que la partie *FHNP* se mouvra sans se diviser d'avec la partie *ABHF*, &

qu'il n'y aura que la partie $NPMK$ qui se séparera du reste du fluide.

6. Et si le vase & le fluide étoient continués, ensorte que le reste du vase eût la figure $KMZVTXK$, & que l'aire $npyxt$ fût $= nput$, en ce cas la partie $NPKM$ se mouvroit en ne formant qu'une seule masse avec $KMVT$, & le tout ensemble n'en formeroit qu'une seule avec $ABPN$.

7. Si la courbe bln (*Fig.* 22), qui représente les forces dv, est telle que quand $x = 0$, c'est-à-dire au point a, on ait $dv = 0$, ensorte que la courbe bln devienne $alsn$, il y aura nécessairement une partie du fluide ai qui se séparera du reste. Car si elle ne se séparoit pas, soit ab la vîtesse que prendra la surface supérieure, donc $-ab$ sera la vîtesse détruite; ce qui est évidemment impossible, la vîtesse détruite en a devant toujours être positive, ou au moins nulle.

8. Donc, en supposant la courbe $blnq$, dont les ordonnées soient en raison inverse des largeurs du vase, & ao la hauteur du fluide; il faudra placer cette courbe $blnq$, de maniere que l'aire $ilrnqo = ilsnpo$; la partie io se mouvra sans se diviser, & la partie ai, ou se divisera en plusieurs portions, ou du moins quittera les parois du vase.

9. Si $qlmn$ (*Fig.* 23) est la courbe des dv, ensorte que $\int dv\, dx$ ait quelque valeur négative, il est évident que le point k sera le point d'où partiront deux pressions égales & opposées, l'une négative suivant ka, &

proportionnelle à l'aire $kml - aql$, l'autre positive suivant ko, & proportionnelle à l'aire kon; laquelle (à cause de $\int dv\,dx = 0$ lorsque $x = ao$) sera $= klm - aql$. Or de-là & de l'art. précédent il s'ensuit, qu'il y aura dans le fluide au moins deux portions, répondantes à krs, kno, qui se sépareront du reste, & qui se sépareront aussi l'une de l'autre.

10. On pourroit aisément pousser plus loin les détails de cette solution : nous les abandonnons quant à présent à d'autres Géometres; mais nous devons avertir, que pour rendre la solution complette, il faut non-seulement déterminer les endroits où le fluide se sépare, les parties séparées faisant chacune à part une masse continue; il faut encore déterminer les parties du fluide, dont les tranches doivent se séparer les unes des autres, & pour ainsi dire s'éparpiller en tombant, ou du moins quitter les parois du vase, en restant unies. Sans cette attention, la solution seroit imparfaite.

§. IV.

Sur la contraction & la figure de la veine de fluide.

1. Pour déterminer la figure de la veine de fluide à la sortie du vase d'où le fluide s'écoule, on peut employer différentes méthodes.

2. On peut d'abord faire abstraction de la pesanteur, dont en effet l'action sera peu sensible, sur-tout quand on supposera la veine peu étendue, & sortant horizontalement.

talement. En ce cas, il eſt aiſé d'employer la méthode que nous avons donnée pour un cas analogue à celui-ci dans notre *Eſſai ſur la Réſiſtance des Fluides* (art. 140 & ſuiv.). On nommera donc x la diſtance de la ſection de la veine à l'ouverture par où le fluide s'écoule, y la largeur de la veine, ds le petit côté de la courbe qu'elle forme, & on aura $y\,dx = a\,ds$, d'où l'on tire $dx = -\frac{a\,dy}{\surd(yy-aa)}$; je mets $-$, parce que x croiſſant, y diminue.

3. Il eſt aiſé de conclure de cette équation, 1°. que $x = a \log. \left(\frac{b+\surd(bb-aa)}{y+\surd(yy-aa)}\right)$, en ſuppoſant $y=b$ lorſque $x=0$; ou ce qui eſt encore plus ſimple, $x = a \log. \left(\frac{y-\surd(yy-aa)}{b-\surd(bb-aa)}\right)$; 2°. que la largeur y de la veine ne ſauroit être $< a$; 3°. que ſans la réſiſtance de l'air, la veine ſe prolongeroit juſqu'à la diſtance où $y=a$, & $x = a \log. \left(\frac{a}{b-\surd(bb-aa)}\right)$, après quoi elle demeureroit toujours de la largeur a.

4. Il faut de plus remarquer que dy ne doit avoir le ſigne $-$, que dans le cas où la direction du fluide, en ſortant de l'ouverture, ſera telle, que ſes parties tendront à ſe rapprocher les unes des autres, c'eſt-à-dire, dans le cas où la premiere valeur de $\frac{dx}{dy}$ ſera négative; ce qui doit en effet arriver dans le plus grand nombre des cas. Mais ſi la figure du vaſe étoit telle que ſes parois fuſſent

divergentes à leurs extrémités, ou même si l'on adaptoit à l'ouverture un tuyau divergent, alors dy à l'origine seroit positif, & on auroit $dx = + \frac{a\,dy}{\sqrt{(yy - aa)}}$, & la largeur de la veine iroit toujours en augmentant.

5. Dans le cas où la veine se contracte, on a $ds = -\frac{y\,dy}{\sqrt{(yy - aa)}}$, & $s = \sqrt{(bb - aa)} - \sqrt{(yy - aa)}$; donc faisant $y = a$, la longueur totale est $\sqrt{(bb - aa)}$; qui doit être évidemment plus grande que la valeur correspondante de x. De-là il est aisé de voir que plus l'excès de b sur a sera petit, moins la contraction de la veine aura d'étendue; puisque s, & à plus forte raison x, en seront d'autant plus petits.

6. Si la veine est verticale, & qu'on veuille avoir égard à la pesanteur, on aura pour lors, comme dans l'art. 144 de l'*Essai sur la Résistance des Fluides*, $dds = \frac{py^2\,dx^2}{v^2\,a^2} \times \frac{dx}{ds}$, a étant le diametre de l'ouverture, p la pesanteur, & $v = \sqrt{(2ph)}$ la vîtesse du fluide à la sortie du tuyau; d'où l'on tire, comme dans l'art. cité, en faisant $x + h = n$, l'équation $dn^2 + dy^2 = \frac{y^2\,n\,dn^2}{h\,a^2}$, & la construction approchée qu'on trouve au même article; avec cette seule attention, qu'il faudra prendre $dx = \mp \frac{a\,dy}{\sqrt{(yy - aa)}}$, selon que la veine à sa sortie sera convergente ou divergente.

7. On peut mettre l'équation $dn^2 + dy^2 = \frac{y^2 ndn^2}{ha^2}$ ſous la forme ſuivante, $An = \frac{1}{y^2} + \frac{1}{z^2 y^2}$; en ſuppoſant $dn = z\,dy$, & A égale à une conſtante connue, ce qui donne $Az\,dy = d\left(\frac{1}{y^2} + \frac{1}{z^2 y^2}\right)$; & ſuppoſant $zy = u$, $\frac{A\,u\,dy}{y} = d\left(\frac{1}{y^2} + \frac{1}{u^2}\right)$, ou (en faiſant $y^2 = t^{-1}$ & $u^2 = s^{-1}$) $ds + dt = -\frac{A\,dt}{2t\sqrt{s}}$. C'eſt la forme la plus ſimple qu'il ſemble qu'on puiſſe donner à l'équation propoſée; mais ſous cette forme même, l'intégration n'en paroît pas encore facile.

8. Dans les ſolutions précédentes, on ſuppoſe que la vîteſſe verticale ſoit la même dans tous les points d'une même tranche parallèle à l'ouverture, ce qui n'eſt pas exactement vrai. Pour réſoudre donc exactement le problême propoſé, il faut donner d'abord à la veine l'équation générale trouvée par notre théorie du mouvement des fluides, ſavoir $\psi(x + y\sqrt{-1}) - \psi(x - y\sqrt{-1}) = 2A\sqrt{-1}$. Il faut enſuite conſidérer que ſi on différentie $\psi(x + y\sqrt{-1})$, & que $\Delta(x + y\sqrt{-1})$ ſoit le coefficient fini de cette différentielle, on aura $P = K \times \frac{\Delta(x + y\sqrt{-1}) - \Delta(x - y\sqrt{-1})}{\sqrt{-1}}$; & $Q = K\Delta(x + y\sqrt{-1}) + \Delta(x - y\sqrt{-1})$; K étant une conſtante qui eſt la même pour toutes les tranches. Il faut de plus obſerver, que le long de la courbe qui forme la veine, la vîteſſe du fluide $\sqrt{(PP + QQ)}$ doit être conſtante;

d'où l'on tire $PP+QQ=B$; donc on aura $\Delta(x+y\sqrt{-1})\times\Delta(x-y\sqrt{-1})=C$, C étant une constante. Soit maintenant $\psi x=z$, on aura $\psi(x\pm y\sqrt{-1})=z\pm\frac{y\sqrt{-1}.dz}{dx}-\frac{y^2d^2z}{2dx^2}\mp\frac{y^3\sqrt{-1}d^3z}{2.3dx^3}$, &c. & (à cause de $\Delta x=\frac{d\psi x}{dx}=\frac{dz}{dx}$) $\Delta(x\pm y\sqrt{-1})=\frac{dz}{dx}\pm\frac{y\sqrt{-1}d^2z}{dx^2}-\frac{y^2d^3z}{2dx^3}\mp\frac{y^3\sqrt{-1}.d^4z}{2.3dx^4}$, &c. Faisant les substitutions, on aura deux équations de cette forme $\frac{ydz}{dx}-\frac{y^3d^3z}{2.3.dx^3}+\frac{y^5d^5z}{2.3.4.5dx^5}-\frac{y^7d^7z}{2.3.4.5.6.7dx^7}$, &c. $=A$; & $\left(\frac{dz}{dx}-\frac{y^2d^3z}{2dx^3}+\frac{y^4d^5z}{2.3.4dx^5}\text{, \&c.}\right)^2+\left(\frac{yd^2z}{dx^2}-\frac{y^3d^4z}{2.3.dx^4}+\frac{y^5d^6z}{2.3.4.5dx^6}\text{, \&c.}\right)^2=C$. Faisant évanouir y, on aura une équation différentielle en z, x & constantes, qui donnera la valeur de z en x. On aura donc ψx. Mais il est évident que cette solution ne pourra être qu'approchée, à cause des series infinies qui constituent les équations.

9. Il est aisé de voir aussi que la valeur de z ou ψx renfermera les constantes A & C; mais on remarquera que ces constantes n'appartiennent qu'à la courbe qui forme les parois de la veine; les courbes de l'intérieur de la veine seront désignées par l'équation $\psi(x+y\sqrt{-1})-\psi(x-y\sqrt{-1})=2A'\sqrt{-1}$, dans laquelle ψx contient, à la vérité, A & C; mais la constante A', qui entre dans le second membre, est différente suivant cha-

que courbe, & elle n'est égale à A que pour la courbe qui termine la veine ; ensorte que, par exemple, dans le milieu de la veine, où le fluide se meut en ligne droite, on aura $A' = 0$, & ainsi du reste.

10. Si l'on veut avoir égard à la pesanteur du fluide ; alors au lieu de l'équation $PP + QQ = B$, il faut faire $PP + QQ = 2p(x + h)$, d'où résultera un calcul à peu près semblable au précédent, excepté que C ne sera plus constante, mais $= p(x + h)$; & on pourra simplifier les équations en mettant n pour $x + h$, ce qui donnera pn au lieu de C, & dn au lieu de dx.

11. Voici maintenant une solution du problême de l'art. 8, qui paroît assez simple & assez générale, du moins en faisant abstraction de la pesanteur, à laquelle en effet (art. 2) on peut ici n'avoir point d'égard. Soit $x + y\sqrt{-1} = u$, $x - y\sqrt{-1} = u'$, on aura $\psi(u) - \psi(u') = K$, & $\frac{d\psi(u)}{du} \times \frac{d\psi(u')}{du'} = M$, M exprimant une constante : soit $\psi(u) = V$, $\psi(u') = V'$, on aura $V - V' = K$, & $\frac{dV}{du} \times \frac{dV'}{du'} = M$. Faisant donc $\frac{dV}{du} = q$, $\frac{dV'}{du'} = q'$, il faut qu'il y ait entre q & V, une équation telle, que si on met V' ou $V - K$ pour V, & q' pour q, la valeur de q' soit égale à $\frac{M}{q}$; c'est à quoi on parviendra en formant une équation dans laquelle q & $\frac{M}{q}$ entrent de la même maniere, & dans laquelle

outre cela il n'entre que des fonctions de V, telles que si on met dans ces fonctions $V \pm K$ pour V, elles ne changent point de valeur. C'est à quoi on parviendra par la méthode exposée dans le IVe volume des *Opuscules*, vingt-huitiéme Mémoire, §. II. Par ce moyen, on aura une équation entre $\frac{dV}{du}$ & V; d'où l'on tirera la valeur de du en V & dV, & par conséquent celle de u en V, & celle de V en u. Donc on aura $\downarrow(x + y\sqrt{-1})$.

12. Il est bon de remarquer encore que la courbe qui forme les parois de la veine, doit former une courbe continue avec la courbe des parois du vase; par la même raison que les parois du vase elles-mêmes doivent être assujetties à une courbure continue; c'est pourquoi si le problême de la figure de la veine paroît indéterminé par la solution qui précéde, il cessera de l'être, en considérant que l'équation de la veine & celle des parois du vase doivent être les mêmes. Or de-là il est aisé de conclure que la vîtesse du fluide, qui est constante dans les parois de la veine, doit être constante aussi dans les parois du vase; car comment pourroit-on imaginer des fonctions algébriques $PP + QQ$, qui fussent d'abord variables dans la premiere courbe, & ensuite constantes dans la seconde, quoique assujettie à la même équation que la premiere?

Fin du trente-deuxiéme Mémoire.

XXXIIIme MÉMOIRE.

Sur l'équation qui exprime la loi du mouvement des Fluides.

§. I.

Recherches analytiques sur cette équation.

1. Nous reprendrons d'abord les recherches où nous en sommes restées à la fin de l'art. 30 du trente-uniéme Mémoire, pour trouver les cas où $\varphi(b + z\sqrt{-1}) \pm \varphi(b - z\sqrt{-1}) = 0$, b étant une constante donnée, & z étant tout ce qu'on voudra. Nous avons vu (art. 21 & 25 *du Mémoire cité*) comment on détermine les cas où $\varphi(b + z) \pm \varphi(b - z) = 0$. Or je dis que ces cas sont les mêmes que ceux où $\varphi(b + z\sqrt{-1}) \pm \varphi(b - z\sqrt{-1}) = 0$.

2. Pour le démontrer, je prends en général la quantité $\varphi(b + mz) + \Delta(b + nz)$ qui doive être $= 0$, b étant donnée, & z étant quelconque; il est aisé de voir que

cette quantité se réduit à la forme suivante $B + \mathfrak{C} + mzB' + nz\mathfrak{C}' + m^2 z^2 B'' + n^2 z^2 \mathfrak{C}'' + m^3 z^3 B''' + n^3 z^3 \mathfrak{C}'''$, &c. B, B', B'', &c. & $\mathfrak{C}$, $\mathfrak{C}'$, $\mathfrak{C}''$, &c. étant des fonctions de b. Or puisque cette quantité doit être $= 0$, quel que soit z, on aura $B + \mathfrak{C} = 0$, $mB' + n\mathfrak{C}' = 0$, $m^2 B'' + n^2 \mathfrak{C}'' = 0$; &c. & ces équations auront également lieu, & donneront absolument les mêmes résultats, m & n étant imaginaires ou réels; de sorte que si $\varphi(b + mz) + \Delta(b + nz) = 0$, on aura de même $\varphi(b + mz\sqrt{-1}) + \Delta(b + nz\sqrt{-1}) = 0$. Donc, &c.

3. C'est pourquoi, après avoir tracé, comme dans les fig. 10 & 11, des courbes qui soient telles que $\varphi(b+u) \pm \varphi(b-u) = 0$, ces mêmes courbes seront aussi telles que $\varphi(b + u\sqrt{-1}) \pm \varphi(b - u\sqrt{-1})$ sera $= 0$. Nous verrons dans la suite comment on peut déterminer la quantité $\varphi(x + z\sqrt{-1}) \pm \varphi(x - z\sqrt{-1})$, φx étant donnée par l'équation ou la construction d'une de ces courbes.

4. Sans entrer pour le présent dans ce détail, il est évident, par la condition $\varphi(b+u) \pm \varphi(b-u) = 0$, que la quantité φb, & par conséquent aussi la quantité φx doit être assujettie à une certaine loi, pour que la solution soit possible, & que cette loi est représentée par les courbes tracées dans les fig. 10 & 11. D'où il s'ensuit (si l'on a $\varphi(b+u) + \varphi(b-u) = 0$) que φb doit être $= 0$, & $\varphi nb = 0$, n étant un nombre entier positif, la courbe devant couper son axe à tous les points dans lesquels $x = b$ ou nb. Donc, pour pouvoir déterminer analytiquement

lytiquement le mouvement d'un fluide dans un vaſe, il faut que la figure de ce vaſe ſoit aſſujettie à une certaine équation, dépendante de la forme de φx, forme qui dépend elle-même de la condition $\varphi(b+u) \pm \varphi(b-u)=0$.

5. Si l'on veut (art. 19 du trente-uniéme Mémoire) que non-ſeulement p, mais auſſi q ſoit $=0$, quand $z=y$; & lorſqu'on a de plus $x=0$ & $x=b$, il eſt aiſé de voir qu'en ce cas on aura $\varphi(b+y\sqrt{-1}) \pm \varphi(b-y\sqrt{-1}) =0$; donc les courbes des fig. 10 & 11 doivent être telles, qu'en prenant $x=0$, & $x=b$, & enſuite de part & d'autre de x les valeurs égales de y, la courbe rencontre ſon axe en ces endroits-là. Cette condition de $q=0$ lorſque $z=y$, doit avoir lieu lorſque les parois en B, F (*Fig.* 18) ne ſont pas parallèles à l'axe CD.

6. Si la quantité $\varphi(b+u) \pm \varphi(b-u)$, ou en général $\varphi(x-u) \pm \varphi(x-u)$ ne doit être $=0$, que pour une ſeule valeur de x que je ſuppoſe $=X$, alors le problême ſeroit très-facile; il faudroit (dans le cas où on auroit $+$) que φx repréſentât une courbe qui eût ſimplement deux branches égales, ſemblables, & ſituées l'une au-deſſus, l'autre au-deſſous de l'axe (comme la premiere parabole cubique) à commencer du point où $x=X$; & ſi on avoit $-$, il faudroit que la courbe fût compoſée de deux moitiés égales, ſemblables & ſemblablement poſées, à commencer du point où $x=X$.

7. Si la ſurface CB eſt couverte d'un corps ſolide, en ce cas il ne ſera pas néceſſaire que dans les points de

cette surface, P soit $=0$ lorsque $t=0$; il suffira que P soit $=0$ dans les différens points de la surface inférieure DF: d'où l'on voit qu'il suffira que $\varphi(X+Y\sqrt{-1})-\varphi(X-Y\sqrt{-1})=0$, quel que soit Y.

8. Il ne faut pas omettre une remarque assez essentielle. De ce que $\varphi(a+z\sqrt{-1})\pm\varphi(a-z\sqrt{-1})=0$, & $\varphi(b+z\sqrt{-1})\pm\varphi(b-z\sqrt{-1})=0$, ($a$ & b étant supposées en général les valeurs de x, correspondantes à la premiere & à la derniere surface); il est aisé de voir que les courbes des fig. 10 & 11 ont trois parties égales & semblables, placées, ou alternativement comme dans la fig. 10, ou de suite comme dans la fig. 11. Or de-là il est aisé de prouver (*Opusc. Math.* tom. 1, pag. 30) que toutes les autres branches de ces courbes seront de même semblables, égales, & situées ou alternativement ou de suite.

9. En effet, pour que $\varphi(x+u)-\varphi(x-u)$, par exemple, soit $=0$, x étant 0 au point D, (*Fig.* 24) & x étant aussi $=DC$, il faut que la partie GF soit $=$ & semblable à AF, & celle-ci à AB; or cela posé, on peut prouver que la courbe aura de telles branches à l'infini, égales, semblables & consécutives. Car soit $DO=x$; la valeur de y en x ne contiendra donc que des puissances paires; soit ensuite $CO=z$, la valeur de y en z ne contiendra aussi que des puissances paires. Or soit $CD=a$, on aura $z=a-x$; donc puisque la valeur de y en x ne contient que des puissances paires, il s'ensuit qu'en substituant $a-x$ au lieu de z dans la va-

leur de y en z, les puiſſances impaires de x diſparoîtront; or dans tous ces termes, a eſt élevé à une puiſſance impaire, puiſque tous les termes de la fonction de $a - x$ ne contiennent que des puiſſances paires. Donc ces termes diſparoîtront de même en mettant $a + x$ au lieu de z, c'eſt-à-dire en faiſant $DL = DC$, & tranſportant l'origine des z en L. Donc faiſant $a + x = \zeta$, & mettant l'origine des ζ en L, toutes les puiſſances de ζ ſeront paires; donc, à commencer du point L, les branches ſeront encore égales & ſemblables. On démontrera la même choſe par un raiſonnement analogue, en tranſportant l'origine en M. Le même raiſonnement aura lieu dans le cas de $\varphi(x + u) + \varphi(x - u) = 0$.

10. S'il n'y a que la valeur de $DC = X$, qui donne $\varphi(x + u) - \varphi(x - u) = 0$; en ce cas la courbe ſera ſimplement compoſée de deux parties AF, AB (*Fig.* 25) égales & ſemblables, & pourra même être géometrique, au lieu qu'elle ne peut l'être dans les cas précédens, puiſqu'elle eſt compoſée d'une infinité de branches ſemblables, conſécutives ou alternatives.

11. Si φx eſt telle que $\varphi(x + u) - \varphi(x - u) = 0$, dans les cas exprimés ci-deſſus (art. 9), $\int dx\, \varphi x$ ou ψx repréſentera l'ordonnée d'une courbe $F'A'B'$, (*Fig.* 26) dont les parties $F'A'$, $A'B'$ ſeront égales, ſemblables & différemment ſituées par rapport à l'axe CQ; il y aura un point d'inflexion en A', & toutes ces parties égales & ſemblables ſe répéteront à l'infini.

12. Mais ſi la courbe FAB (*Fig.* 25) dont on ſup-

pose que les ordonnées soient φx, n'a que deux parties égales & semblables, continuées à l'infini, la courbe $F'A'B'$ (*Fig.* 26) dont on suppose que les ordonnées soient $\int dx\,\varphi x$ ou ψx, n'aura non plus que deux parties égales & semblables $A'F'$, $A'B'$ continuées à l'infini, comme la premiere parabole cubique.

13. On peut rendre la solution de l'art. 10 encore plus générale, en cherchant les valeurs de φx qui donneroient $\varphi(b+z) \pm \varphi(b-z) = 2Q$; dans le premier cas; c'est-à-dire dans le cas du signe $+$, il faut augmenter les ordonnées de la courbe de la quantité Q, c'est-à-dire reculer l'axe des z de la quantité Q; à l'égard du second cas, c'est-à-dire de $\varphi(b+z) - \varphi(b-z) = 2Q$, il ne sauroit avoir lieu à moins que Q ne soit $= 0$, puisque $z = 0$ donne $\varphi b - \varphi b = 0$, & par conséquent $Q = 0$.

14. Si les parois du vase sont formés par une ligne droite parallèle à l'axe des x, on a $P = 0$, lorsque $y = 0$, & lorsque $y = a$, a étant la largeur du vase; donc (art. 5 du trente-uniéme Mémoire) on aura, ou bien $\varphi(x + z\sqrt{-1}) + \varphi(x - z\sqrt{-1}) = 0$, ou bien $\varphi(x + z\sqrt{-1}) - \varphi(x - z\sqrt{-1}) = 0$, en faisant successivement $z = 0$ & $z = a$. D'où il est visible qu'il ne faut prendre que la seconde de ces équations, puisque la premiere donneroit $\varphi x = 0$. Dans ce second cas, l'équation des parois sera $\sqrt{-1}\,[\psi(x + a\sqrt{-1}) - \psi(x - a\sqrt{-1})] = Q$, Q étant une constante.

15. Mais pour donner à cette équation une forme plus commode dans le cas présent, on considérera,

comme dans l'art. 2 du trente-uniéme Mémoire, que pour satisfaire aux deux conditions, que $Q\,dx + P\,dz$ soit une différentielle complette, & $Q\,dz - P\,dx$ une différentielle complette, il faut prendre pour l'intégrale de la premiere $\varphi(z + x\sqrt{-1}) + \Delta(z + x\sqrt{-1})$, auquel cas on aura, lorsque $y = a$, l'équation $\Delta(a + x\sqrt{-1}) + \Delta(a - x\sqrt{-1}) = N$; or cela posé, on déterminera $\Delta(a)$ par les méthodes données ci-dessus.

16. En général, dans ces cas-là, on a (art. 2 du 31e Mémoire) $P = \varphi(z + x\sqrt{-1}) + \Delta(z - x\sqrt{-1})$; or P doit être $= 0$ lorsque $z = 0$, & lorsque $z = a$, quelle que soit x; d'où il est aisé de voir par la théorie expliquée ci-dessus, que $\varphi\,x$ doit être représentée par l'ordonnée d'une courbe à branches égales, semblables & alternatives à l'infini, laquelle rencontrera son axe aux points où $x = 0$, & où $x = a$.

§. II.

Suite des Recherches analytiques sur le mouvement des Fluides.

1. Au lieu de la forme $\varphi(x + y\sqrt{-1}) - \varphi(x - y\sqrt{-1}) = 2M\sqrt{-1}$, trouvée dans les Mémoires précédens pour l'équation du mouvement d'un fluide dans un vase, on peut donner d'autres formes à cette équation, & ces formes auront leurs avantages.

2. En premier lieu, puisque $p\,dz + q\,dx$ est une différentielle complette, donc $p\,dz + \frac{q}{\sqrt{-1}}\,dx\sqrt{-1}$ est

une différentielle complette ; & puisque $-q\,dz + p\,dx$ est une différentielle complette, donc $q\,dz - p\,dx$ l'est aussi ; donc aussi $\frac{q\,dz}{\sqrt{-1}} - \frac{p\,dx}{\sqrt{-1}}$ ou $\frac{q\,dz}{\sqrt{-1}} + p\,dx \times \sqrt{-1}$; donc $\left(p + \frac{q}{\sqrt{-1}}\right)(dz + dx\sqrt{-1})$, & $\left(p - \frac{q}{\sqrt{-1}}\right)(dz - dx\sqrt{-1})$ seront des différentielles complettes. Donc $\left(p + \frac{q}{\sqrt{-1}}\right) = \phi(z + x\sqrt{-1})$; & $p - \frac{q}{\sqrt{-1}} = \phi'(z - x\sqrt{-1})$; donc $p = \frac{\phi(z+x\sqrt{-1})}{2} + \frac{\phi'(z-x\sqrt{-1})}{2}$, & $q = \sqrt{-1}\left[\frac{\phi(z+x\sqrt{-1})}{2} - \frac{\phi'(z-x\sqrt{-1})}{2}\right]$; & afin que p & q soient réelles, il faudra que ϕ & ϕ' désignent des fonctions semblables. Donc à cause de $\frac{q\,dz}{\sqrt{-1}} + p\,dx\sqrt{-1} = 0$, on aura $\Delta(z + x\sqrt{-1}) - \Delta'(z - x\sqrt{-1}) = 2M\sqrt{-1}$.

3. On peut aussi donner aux différentielles complettes $p\,dz + q\,dx$, & $q\,dz - p\,dx$ la forme $q\,dx\sqrt{-1} + p\,dz\sqrt{-1}$, & $q\,dz + p\sqrt{-1}\,.\,dx\sqrt{-1}$; d'où il s'ensuit que $(q + p\sqrt{-1})(dz + dx\sqrt{-1})$, & $(q - p\sqrt{-1})(dz - dx\sqrt{-1})$ seront des différentielles complettes ; donc $q = \frac{\phi(z+x\sqrt{-1}) + \phi'(z-x\sqrt{-1})}{2}$, & $p = \frac{\phi(z+\sqrt{-1}) - \phi'(z-x\sqrt{-1})}{2\sqrt{-1}}$; donc $\Delta(z + x\sqrt{-1}) + \Delta'(z - x\sqrt{-1}) = 2M$.

4. On peut enfin mettre les quantités $p\,dz + q\,dx$, &

$q\,dz - p\,dx$ sous la forme $q\sqrt{-1}.dx + p\,dz\sqrt{-1}$, & $-q\sqrt{-1}.dz\sqrt{-1} - pdx$; d'où l'on tire $q\sqrt{-1} + p = \varphi(x + z\sqrt{-1})$, & $-q\sqrt{-1} + p = \varphi'(x - z\sqrt{-1})$; & par conséquent $\Delta(x + z\sqrt{-1}) + \Delta'(x - z\sqrt{-1}) = 2M$.

5. C'est une chose assez remarquable ; que les équations des filets du fluide puissent être supposées indifféremment,

$\Delta(x + z\sqrt{-1}) - \Delta'(x - z\sqrt{-1}) = 2M\sqrt{-1}$
ou $\Delta(x + z\sqrt{-1}) + \Delta'(x - z\sqrt{-1}) = 2M$
ou $\Delta(z + x\sqrt{-1}) - \Delta'(z - x\sqrt{-1}) = 2M\sqrt{-1}$
ou $\Delta(z + x\sqrt{-1}) + \Delta'(z - x\sqrt{-1}) = 2M$;

Si le vase est composé de deux parties égales & semblables, on pourra supposer dans le premier cas $\Delta' = \Delta$, dans le troisiéme $\Delta' = \Delta$, & $\Delta(x)$ une fonction paire ; dans le quatriéme $\Delta' = \Delta$, & $\Delta(x)$ une fonction impaire ; la seconde équation ne pourra avoir lieu dans ce cas-là, puisque $z = 0$ rend $\Delta x = M$, ce qui est impossible.

6. En général, si on suppose que α soit l'intégrale de $q\,dz - p\,dx$, on aura $\frac{d\alpha}{dz} = q$; $\frac{d\alpha}{dx} = -p$; donc à cause de $\frac{dp}{dx} = \frac{dq}{dz}$, on aura $\frac{dd\alpha}{dx^2} = -\frac{dd\alpha}{dz^2}$; donc $\alpha = A\varphi(\gamma x + \delta z)$, A étant une constante quelconque, & γ, δ étant telles que $\frac{\gamma^2}{\delta^2} = -1$. Donc l'équation de la courbe des parois sera en général $A\varphi(\gamma x \pm \gamma z\sqrt{-1}) + B\varphi'(\rho\gamma x \pm \rho\gamma z\sqrt{-1})$, &c. $= C$,

c'eſt-à-dire qu'on pourra toujours ſuppoſer que le premier membre de cette équation eſt compoſé de pluſieurs paires de quantités $A\varphi(\gamma x \pm \gamma z \sqrt{-1}) \pm A'\varphi'(\gamma' x \pm \gamma' z \sqrt{-1})$ leſquelles ſeront égales à $2M + 2N\sqrt{-1}$, M & N étant des quantités réelles.

7. Ce n'eſt pas tout : il eſt aiſé de voir que les quantités telles que $A\varphi[\gamma(x+a) \pm \gamma(y+b)\sqrt{-1}]$ ſatisferont à l'équation $\frac{dd\alpha}{dx^2} = -\frac{dd\alpha}{dz^2}$, en mettant dans les différens termes $x+a$ au lieu de x, & $y+b$ au lieu de y ; & cette obſervation peut être utile dans certains cas, ſelon qu'il ſera plus commode de ſuppoſer à la ſurface ſupérieure $x=0$ ou $x=$ à une quantité finie. Par exemple, ſi on ſuppoſoit $(x+y\sqrt{-1})^3 - (x-y\sqrt{-1})^3 = 2M\sqrt{-1}$, il eſt aiſé de voir que $x=0$ donneroit y infinie ; mais ſi on veut, ſans rien changer à la figure du vaſe, que y ſoit finie à la premiere ſurface, il faudra mettre pour lors l'équation ſous cette forme $(a+x+y\sqrt{-1})^3 - (a+x-y\sqrt{-1})^3 = 2M\sqrt{-1}$: car en faiſant $x=0$ à la ſurface ſupérieure, on aura y finie.

8. En général, ſoit α égal à une ſuite de quantités de cette forme, $A\varphi(\gamma x + \delta z + \omega)$, A, γ, δ, ω étant des quantités conſtantes, qui ſoient ou réelles, ou ſimples imaginaires, ou mixtes imaginaires, avec cette ſeule condition, que dans chacune de ces quantités $\frac{\gamma^2}{\delta^2} = -1$; on aura $\alpha = F \pm G\sqrt{-1}$ pour l'équation des filets du fluide.

9. Il

9. Il faut remarquer que dans cette équation on doit faire les quantités réelles du premier membre $= F$, & les quantités imaginaires $= G\sqrt{-1}$, ce qui donnera deux équations en x & en y; & ces deux équations doivent être telles qu'elles appartiennent aux mêmes courbes. On peut faire sentir aisément que cette condition est possible; car soit, par exemple, $\varphi(x+y\sqrt{-1}) + \Delta(x+\zeta y\sqrt{-1}) = F + G\sqrt{-1}$, & soit $\varphi x = z$, & $\Delta x = u$, on aura $z + u - \frac{yy\,d^2 z}{2dx^2} - \frac{\zeta^2 y^2 d^2 u}{2dx^2} + \frac{y^4 d^4 z}{2.3.4dx^4} + \frac{\zeta^4 y^4 d^4 z}{2.3.4dx^4}$, &c. $= F$, & $y\,dz + \zeta y\,du - \frac{y^3 d^3 z}{2.3dx^2} - \frac{\zeta^3 y^3 d^3 u}{2.3dx^2}$, &c. $= Gdx$; faisant évanouir y, on aura une équation entre z, u & leurs différentielles, qui sera la condition de relation entre φx & Δx. Mais laissant à d'autres Géometres, ou remettant à d'autres temps ces recherches analytiques, nous allons considérer sous un point de vue plus simple l'équation du mouvement des fluides.

§. III.

Suite des mêmes Recherches.

1. Au lieu de prendre $P = \frac{\phi(x+z\sqrt{-1})+\phi(x-z\sqrt{-1})}{2}$ & $Q = \frac{\phi(x+z\sqrt{-1})-\phi(x-z\sqrt{-1})}{2\sqrt{-1}}$, il est clair, par l'art. 3 du §. précédent, qu'on peut prendre $P =$

$\frac{\phi(z+x\sqrt{-1})-\phi(z-x\sqrt{-1})}{2\sqrt{-1}}$ & $Q=\frac{\phi(z+x\sqrt{-1})+\phi(z-x\sqrt{-1})}{2}$;
car ces valeurs satisferoient également aux équations $\frac{dQ}{dz}=\frac{dP}{dx}$; & $\frac{dQ}{dx}=-\frac{dP}{dz}$; & dans ce cas, l'équation de la courbe seroit $\psi(y+x\sqrt{-1})+\psi(y-x\sqrt{-1})=2M$; or cela posé, la condition de $P=0$, lorsque $z=y$, & lorsque $x=a$ & $=b$, pour les deux surfaces supérieure & inférieure du fluide, donneroit en général cette équation à résoudre $\phi(y+c\sqrt{-1})-\phi(y-c\sqrt{-1})=0$, c étant une quantité constante donnée.

2. Soit maintenant $\phi y=k$, on aura $\phi(y\pm c\sqrt{-1})=k\pm c\sqrt{-1}.\frac{dk}{dy}-\frac{cc.ddk}{2dy^2}\mp\frac{c^3\sqrt{-1}.d^3k}{2.3dy^3}+$ &c. & par conséquent la condition proposée donnera $\frac{cdk}{dy}-\frac{c^3d^3k}{2.3dy^3}+$, &c. $=0$. J'ai fait voir dans les Mémoires de Berlin de 1748 & 1750, que cette équation avoit pour intégrale $k=Ae^{fy}+Be^{f'y}+De^{f''y}+$, &c. les quantités A, B, D, étant des coëfficiens constans quelconques, e le nombre dont le logarithme est 1, & f, f', f'', les racines de l'équation $cf-\frac{c^3f^3}{2.3}+\frac{c^5f^5}{2.3.4.5}-$, &c. $=0$, dont f est l'inconnue.

3. Or cette quantité est l'expression du sinus de l'angle cf; donc elle sera $=0$ toutes les fois que cf sera $=n\pi$, π étant la demi-circonférence, & n un nombre entier positif ou négatif, en y comprenant même zero.

Donc k eſt égal à la ſomme de tant de quantités $A e^{fy}$ qu'on voudra, dans leſquelles A ſera quelconque, & $f = \frac{n\pi}{c}$; donc $\varphi(y \pm c\sqrt{-1})$ eſt égal à la ſomme d'une ſuite de quantités de la forme $A e^{\frac{n\pi}{c} y \pm n\pi\sqrt{-1}}$; & comme il faut que dans le cas où le vaſe a deux parties ſemblables & égales ANE, BMF (*Fig.* 7) on ait $P = 0$, lorſque $y = 0$, il s'enſuit que l'on aura $A(e^{n\pi\sqrt{-1}} - e^{-n\pi\sqrt{-1}}) = 0$, ce qui a lieu en effet, puiſque $e^{n\pi\sqrt{-1}} - e^{-n\pi\sqrt{-1}} = (2 \text{ ſin. } \pi n)\sqrt{-1} = 0$. Donc $\varphi(y + c\sqrt{-1}) - \varphi(y - c\sqrt{-1})$ eſt égal à une ſuite de quantités de la forme $A \text{ ſin. } n\pi \text{ coſ. } \frac{n\pi y\sqrt{-1}}{c}$; A étant une conſtante quelconque, & $n\pi = 0$ ou la demi-circonférence priſe un nombre entier de fois, poſitif ou négatif.

4. Cette ſolution paroît générale, & cependant elle ne l'eſt pas; en effet, il eſt aiſé de voir que la condition de $P = 0$, lorſque $z = y$, & $x = a$ ou b, donne encore (art. 20 & ſuiv. du trente-uniéme Mémoire) $\varphi(c + y\sqrt{-1}) \pm \varphi(c - y\sqrt{-1}) = 0$. Or ſoit ſin. $c = 0$, & $\varphi c = (\text{ſin. } c)^m$, m exprimant un nombre quelconque entier ou rompu, poſitif ou négatif, on aura ſin. $(c \pm y\sqrt{-1}) = \pm \text{ ſin. } y\sqrt{-1} = \pm\left(\frac{c^{-y} - c^{+y}}{2\sqrt{-1}}\right)$; donc $\varphi(c \pm y\sqrt{-1}) = \pm\left(\frac{c^{-y} - c^{+y}}{2\sqrt{-1}}\right)^m$; & par conſéquent ſin. $(c + y\sqrt{-1})^m + \text{ ſin. } (c - y\sqrt{-1})^m = 0$, m étant un nombre quelconque entier ou rompu, po-

fitif ou négatif; & en général, $A \sin.(qc + qy\sqrt{-1})^m + A \sin.(qc - qy\sqrt{-1})^m + A' \sin.(q'c + q'y \times \sqrt{-1})^{m'} + A' \sin.(q'c - q'y\sqrt{-1})^{m'}$, &c. $= 0$, A, A', &c. étant des coëfficiens quelconques, q, q', &c. des nombres entiers positifs ou négatifs, & m, m', &c. des nombres quelconques entiers ou rompus, positifs ou négatifs. Or il est évident que cette formule est beaucoup plus générale que celle de l'art. 3 ci-dessus.

5. Il y a plus; nous avons prouvé dans ce Mémoire-ci, §. I, art. 1 & suiv. que la condition $\varphi(c + y\sqrt{-1}) \pm \varphi(c - y\sqrt{-1}) = 0$, donnoit la même valeur de φc que celle-ci, $\varphi(c+y) \pm \varphi(c-y) = 0$; ce qui donne encore pour φc une valeur beaucoup plus générale que celle de $\varphi c = (\sin. c)^m$ ou $(\text{cof.}\, c)^m$; nouvelle preuve que la solution de l'art. 3 n'est pas générale; mais pourquoi ne l'est-elle pas?

6. Voici, ce me semble, le dénouement de cette question. C'est, 1°. que la quantité $\frac{\phi(z + x\sqrt{-1}) - \phi(x - z\sqrt{-1})}{2\sqrt{-1}}$ ne représente pas de la maniere la plus générale (art. 6 du §. précédent) la valeur de P: 2°. que la méthode de l'art. 2, pour réduire $\varphi(y + c\sqrt{-1})$ en ferie, ne donne pas la valeur réelle & générale de cette quantité. Car soit en général proposée la quantité $\varphi(x+a)$, on ne sauroit la supposer égale dans tous les cas à $\varphi x + \frac{a\, d\phi x}{dx} + \frac{a\, d\, \phi x}{2dx^2} +$, &c. Voyez, Tome IV des *Opuscules*, le vingt-cinquiéme Mémoire, second Supplément, art. 18, & le §. II du vingt-huitiéme Mémoire.

7. Au reste, que cette solution de l'art. 2 soit générale ou ne le soit pas, elle ne seroit pas plus difficile, si on proposoit de faire ensorte que $\varphi(x+b) \pm \varphi(x-b)$ fut $=2Q$, Q étant une constante ; car soit supposé $d\varphi x = dx \Delta x$, & soit differentiée l'équation $\varphi(x+b) \pm \varphi(x-b) = 2Q$, en faisant varier x, on aura $\Delta(x+b) \pm \Delta(x-b) = 0$, & le problême se réduira à celui de l'art. 2. Passons maintenant à d'autres considérations.

8. Il est aisé de voir que dans l'équation $\varphi(x+y\sqrt{-1}) - \varphi(x-y\sqrt{-1}) = 2M\sqrt{-1}$, (voyez le trente-uniéme Mémoire) la constante M est ce qui distingue les courbes décrites par les filets du fluide ; d'où il s'ensuit que cette constante M ne doit point entrer dans le premier membre de l'équation $\varphi(x+y\sqrt{-1}) - \varphi(x-y\sqrt{-1}) = 2M\sqrt{-1}$. Donc $\varphi(x)$ doit être telle qu'elle ne renferme point M. On peut considérer d'ailleurs que cette quantité M est variable pour chaque courbe; donc si elle entroit dans φx, le premier membre de l'équation seroit variable pour chaque courbe ; or il ne le doit pas être, car $\varphi(x+y\sqrt{-1})$, & $\varphi(x-y\sqrt{-1})$ sont des fonctions de x & de y, dans lesquelles il n'y a point d'autres variables.

9. Donc lorsque $y=f+hx$, le terme $\frac{M \log.(f+hx)}{\theta\pi}$, qui peut alors entrer dans la valeur de φx, comme nous l'avons fait voir ailleurs, (Mém. de Turin, T. III, p. 383) doit être omis, puisque M ne sauroit entrer dans φx.

10. Il est à remarquer que ce terme $\frac{M \log.(f+hx)}{\theta\pi}$ pa-

roît être la ſeule reſtriction à ce que nous avons avancé, pag. 385 des mêmes Mémoires, que ſi y eſt $=0$ pour quelque valeur de x, on aura $M=0$; en effet, ſoit $y=f+hx$, & $\varphi x = M \frac{\log.(f+hx)}{\theta\pi}$, on aura $\varphi(x+y\sqrt{-1})-\varphi(x-y\sqrt{-1})=2M\sqrt{-1}$, M n'étant pas $=0$, quoique $y=f+hx$ donne $y=0$, lorſque $x=-\frac{f}{h}$. Mais comme on vient de voir que M doit diſparoître de φx, il eſt clair que M doit toujours être $=0$, lorſque y eſt $=0$ pour quelque valeur finie de x.

11. Ainſi, en ſuppoſant même que l'équation ou ſerie infinie, tirée de l'équation $\varphi(x+y\sqrt{-1})-\varphi(x-y\sqrt{-1})=2M\sqrt{-1}$, donne une ſolution poſſible; cette ſolution ſeroit ſouvent illuſoire pour toute autre courbe que celle des parois du vaſe; car ſoit $x=0$, $y=g$, on aura $2M\sqrt{-1}=\varphi(g\sqrt{-1})-\varphi(-g\sqrt{-1})$; & cette valeur de M, particuliere à la courbe des parois, entrera ſouvent dans la valeur de φx; comme il arrive, par exemple, lorſque $y=f\pm hx$; & pour lors l'équation $\varphi(x+y\sqrt{-1})-\varphi(x-y\sqrt{-1})=2M\sqrt{-1}$ ne pourra repréſenter que la courbe des parois du vaſe, & non les autres.

12. Au reſte, il faut toujours ſe ſouvenir de ce que nous avons déja remarqué pluſieurs fois, que l'équation $\varphi(x+y\sqrt{-1})-\varphi(x-y\sqrt{-1})=2M\sqrt{-1}$ n'exprime pas en général & ſans reſtriction le mouvement du fluide; ainſi, quand la figure du vaſe ſera donnée, il faudra chercher parmi les équations générales de

l'art. 8, §. II de ce Mémoire, celle qui peut convenir le mieux pour représenter le mouvement du fluide.

§. IV.

Suite des mêmes Recherches.

1. Dans les Mémoires de Turin déja cités, j'ai donné, pag. 382 & suivantes, une méthode assez simple pour trouver φx, lorsque $\varphi(x+y\sqrt{-1})-\varphi(x-y\sqrt{-1}) = 2M\sqrt{-1}$, M étant une constante, & y étant $= f+hx$. J'ajouterai ici quelques remarques à ce que j'ai dit alors sur ce sujet, & je supposerai pour ne point me répéter qu'on ait l'ouvrage sous les yeux.

2. Quand on a l'équation de la courbe des parois en x & en y, & qu'on fait $x+y\sqrt{-1}=u$, & $x-y\sqrt{-1}=v$, ce qui donne $x=\frac{u+v}{2}$, & $y=\frac{u-v}{2\sqrt{-1}}$; il ne faut pas conclure que l'équation n'est pas réductible à la forme $\varphi u - \varphi v = 2M\sqrt{-1}$, de ce que l'équation en u & en v, à laquelle on parvient, ne se présente pas sous cette forme.

3. En effet, soit par exemple $x=y$; on aura $\frac{u+v}{2}=\frac{u-v}{2\sqrt{-1}}$, & $\frac{u}{2}\left(1-\frac{1}{\sqrt{-1}}\right)-\frac{v}{2}\left(1+\frac{1}{\sqrt{-1}}\right)=0$. Or cette équation ne sauroit se rapporter à la forme $\varphi u - \varphi v = 2M\sqrt{-1}$, même en supposant $M=0$; mais en faisant $u\left(1-\frac{1}{\sqrt{-1}}\right)=$

$v\left(1+\frac{1}{\sqrt{-1}}\right)$, & élévant les deux membres à la quatriéme puissance, on verra aisément que $\left(1-\frac{1}{\sqrt{-1}}\right)^4=\left(1+\frac{1}{\sqrt{-1}}\right)^4$, & qu'ainsi $x=y$, donne $Au^4-Av^4=0$; A étant tout ce qu'on voudra; ce qui retombe dans la forme demandée.

4. Il est possible encore que l'équation n'ait pas en apparence cette forme demandée, & que cependant elle puisse s'y réduire; car si on avoit, par exemple, $uu-vv+B(uu-vv)^2+C(uu-vv)^3+$, &c. $=A+BA^2+CA^3$; &c. il est aisé de voir que l'équation se réduiroit à $uu-vv=A$; & la chose a lieu en général, si on a entre u & v une équation, dont une des racines soit ou puisse être $\varphi u-\varphi v-A=0$.

5. Il peut se faire aussi, que par quelque préparation, on réduise l'équation proposée à $\varphi u-\varphi v=A$; par exemple, soit $3y^2x-x^3+Bx=A$, on aura en substituant $u^3-v^3+Bu-Bv=2A$; qui a la condition requise: donc si on avoit $3y-\frac{x^2}{y}+\frac{B}{y}=\frac{A}{xy}$; il faudroit, pour réduire l'équation à la forme prescrite, la multiplier par xy ou par $\frac{uu-vv}{4\sqrt{-1}}$.

6. En général, soit $A(a+bu^m)^p=Q(a+bv^m)^q$, équation qui ne paroît pas se réduire à la forme $\varphi u-\varphi v=2M\sqrt{-1}$; elle s'y réduira en considérant que $\frac{(a+bu^m)^p}{(a+bv^m)^p}=\frac{Q}{A}$, d'où l'on tire log. $(a+bu)^m$ — log. $(a+bv)^m$

—

$= \frac{1}{p}$ (log. Q — log. A), qui se réduit à la forme demandée; ce qui sera vrai de même de toute équation de cette forme $A(\Gamma u) = Q(\Gamma v)$.

7. Il est aisé de voir que l'on peut supposer $\frac{A+Bx+By\sqrt{-1}}{A+Bx-By\sqrt{-1}}$ $= M + N\sqrt{-1}$, en déterminant M & N convenablement, ensorte que l'on ait $y = P + Qx$, P & Q étant réels; car on aura $\frac{A+BP\sqrt{-1}}{A-BP\sqrt{-1}} = \frac{B+BQ\sqrt{-1}}{B-BQ\sqrt{-1}}$; ce qui donne $\frac{P}{A} = \frac{Q}{B}$, ou $\frac{P}{Q} = \frac{A}{B}$, & $M + N \times$ $\sqrt{-1} = \frac{(A+BP\sqrt{-1})^2}{A^2+B^2P^2}$; d'où l'on tire aisément $M = \frac{A^2-B^2P^2}{A^2+B^2P^2}$, & $N = \frac{2ABP}{A^2+B^2P^2}$. De-là il est évident que l'on aura log. $(A+Bu)$ — log. $(A+Bv)$ $=$ log. $(M+N\sqrt{-1})$, qui se réduit à la forme demandée, quoique la seconde équation $y = P + Qx$, qui dans le fond est la même, ne se réduise pas à cette forme, puisqu'elle donneroit $\frac{u-v}{2\sqrt{-1}} = P + Q\left(\frac{u+v}{2}\right)$ ou $\frac{u}{2}\left(Q - \frac{1}{\sqrt{-1}}\right) - \frac{v}{2}\left(-Q - \frac{1}{\sqrt{-1}}\right) = -P$.

8. Soit de même $\sqrt[2]{u} - \sqrt[2]{v} = A\sqrt{-1}$ qui a la forme requise, on aura $u + v - 2\sqrt{(uv)} = -A^2$, & $(u + v + A^2)^2 = 4uv$; d'où l'on tire $uu - 2uv + v^2 + 2A^2(u+v) + A^4 = 0$, qui n'a plus la forme requise, & qui revient à $-4y^2 + 4A^2x + A^4 = 0$. On voit donc par ces différens exemples, qu'en substituant pour

x & y leurs valeurs en u & v, la réduite peut ne pas se présenter sous cette forme $\varphi u - \varphi v = A$, quoiqu'au fond elle s'y réduise, puisque dans ce cas-ci l'équation $uu - 2uv + v^2 + 2A^2(u+v) + A^4 = 0$, est dérivée de $\sqrt[2]{u} - \sqrt[2]{v} = A\sqrt{-1}$.

§. V.

Suite des mêmes Recherches.

1. Pour trouver la valeur de φx, telle que $\varphi(x + y\sqrt{-1}) - \varphi(x - y\sqrt{-1}) = 2M\sqrt{-1}$, y étant égal à une fonction donnée de x; on considérera qu'en supposant $\varphi x = q$, on aura $M = \frac{y\,dq}{dx} - \frac{y^3\,d^3q}{2.3\,dx^3} + \frac{y^5\,d^5q}{2.3.5\,dx^5}$, &c.

2. Donc, si on peut trouver la valeur de q en x, en supposant $M = 0$, & $y = X$, on trouvera par les méthodes enseignées dans le tome III des Mémoires de Turin, pag. 179 & 381, l'intégrale de cette équation, M étant une constante quelconque.

3. La difficulté est de savoir, 1°. si l'équation $M = \frac{y\,dq}{dx} - \frac{y^3\,d^3q}{2.3\,dx^3}$, &c. représente assez exactement par le moyen d'une suite infinie, l'équation $\varphi(x + y\sqrt{-1}) - \varphi(x - y\sqrt{-1}) = 2M\sqrt{-1}$. 2°. Si cette équation est possible, c'est-à-dire, si on peut toujours assigner la valeur de dq, quel que soit y, M étant $= 0$.

4. Quant à la premiere difficulté, il eſt certain que nous avons fait voir ci-deſſus par pluſieurs exemples l'inconvénient de la réduction de $\varphi(x \pm y\sqrt{-1})$ en ſerie. Quant à la ſeconde difficulté, qui ne peut être pleinement réſolue que quand on aura réſolu la premiere, j'en laiſſe pour le préſent l'examen aux Géometres.

5. Au reſte, on pourra, dans un grand nombre de cas, déterminer à peu près la valeur de la fonction φx; car ſoit ſuppoſé $\varphi(x+y\sqrt{-1}) = A(x+y\sqrt{-1})^m + B(x+y\sqrt{-1})^n + C(x+y\sqrt{-1})^q$, &c. m, n, q, &c. étant des expoſans pris à volonté, & A, B, C, &c. des coefficiens indéterminés; on prendra ſur la courbe des parois autant de coordonnées x, y, &c. qu'on voudra; & par leur moyen, on déterminera les coefficiens A, B, C, &c. par une méthode ſemblable à celle qu'on employe pour les courbes de genre parabolique. La conſtante $2M\sqrt{-1}$ ſera (en prenant $x = 0$, & $y = b$) $A(b\sqrt{-1})^m + B(b\sqrt{-1})^n + C(b\sqrt{-1})^q$, &c. $- A(-b\sqrt{-1})^m - B(-b\sqrt{-1})^n - C(-b\sqrt{-1})^q$, &c. d'où l'on voit que m, n, q, &c. doivent être des nombres impairs, afin que le radical $\sqrt{-1}$ diſparoiſſe des deux membres, & que M ne ſoit pas $= 0$.

6. Si au lieu de donner à l'équation de la courbe des parois la forme $\varphi(x+y\sqrt{-1}) - \varphi(x-y\sqrt{-1}) = 2M\sqrt{-1}$, on lui donnoit celle-ci $\varphi(y+x\sqrt{-1}) \pm \varphi(y-x\sqrt{-1}) = C$, ce qui eſt toujours permis, comme on l'a fait voir ci-deſſus; alors ſuppoſant $\varphi y = t$, on auroit une valeur approchée de t, par la réduction

de la quantité précédente en serie, à cause que x étant supposée très-petite, on pourra ne prendre que les premiers termes de cette serie. Cette méthode pourroit en certains cas être plus commode que l'autre; car en faisant $\varphi y = t$, on a $\varphi(y \pm x\sqrt{-1}) = t \pm \frac{x\sqrt{-1}.dt}{dy} - \frac{x^2 ddt}{dy^2} \mp \frac{x^3 \sqrt{-1}.d^3 t}{dy^3}$; &c. donc puisque x est supposée donnée en y, & que x est très-petite, on pourra se borner aux termes où x ne passe pas la seconde puissance, & on aura dans les cas les plus compliqués $At + \frac{Bx^2 ddt}{dy^2} = C$. Soit $x = Y$, & $t = c^{\int p dy}$, on aura $A + BY^2 \frac{dp}{dy} + BY^2 p^2 = 0$, équation qui tombe dans le cas de celle de Riccati.

7. Il est aisé de voir que dans le cas dont il s'agit x ou $Y = b(a-y) + y'$, a étant la valeur de y, lorsque $x = 0$, b un coefficient constant, & y' une fonction très-petite de y; donc en faisant $a - y = z$, on aura la transformée suivante, $A + (b^2 Bzz + 2Bbzy') \times (-\frac{dp}{dz} + p^2) = 0$; & d'abord il est clair qu'on peut intégrer l'équation $A + Bb^2 zz \times (-\frac{dp}{dz} + p^2) = 0$, qui étant mise sous cette forme $\frac{Adz}{pp} - \frac{Bb^2 dp.z^2}{p^2} + Bb^2 z^2 dz = 0$, devient homogene, & par conséquent intégrable en faisant $\frac{1}{p} = u$; maintenant soit ϖ la va-

leur de p qui ſatisfait à l'équation $A + Bb^2z^2\left(-\frac{dp}{dz} + p^2\right) = 0$, & ſoit $p = \varpi + k$, on aura, en négligeant le quarré de k, & faiſant les ſubſtitutions dans l'équation $A + (Bb^2z^2 + 2Bb^2zy') \times \left(-\frac{dp}{dz} + p^2\right) = 0$, une équation qui ne contiendra que dk & k, & qui s'intégrera par les méthodes connues.

8. On peut ainſi trouver p & q par approximation; en diviſant le vaſe en un aſſez grand nombre de petites parties. Mais en voilà aſſez ſur ce ſujet.

§. VI.

Suite & concluſion des Recherches Analytiques ſur le mouvement des Fluides.

1. Lorſque le mouvement d'un fluide indéfini, qui coule dans un vaſe, eſt ſuppoſé parvenu à un état conſtant, on aura pour un point quelconque, par exemple, pour chacun de ceux où $z = 0$, la valeur de $Q = \varphi x$; par conſéquent ſi on ſuppoſe Q connue par l'état du mouvement du fluide, on aura la valeur de φx exprimée, ou algébriquement, ou par la conſtruction d'une courbe; or cela poſé, je vais donner la maniere de trouver, pour chaque valeur de x & de z, celle de $\varphi(x + z\sqrt{-1}) + \varphi(x - z\sqrt{-1})$ ou de $\sqrt{-1}\,[\varphi(x + z\sqrt{-1}) - \varphi(x - z\sqrt{-1})]$.

2. La difficulté ſe réduit évidemment à trouver la

valeur de $\varphi(x+z\sqrt{-1})$, celle de φx étant donnée; car soit $\varphi(x+z\sqrt{-1})=M+N\sqrt{-1}$, on aura $\varphi(x-z\sqrt{-1})=M-N\sqrt{-1}$; donc la quantité cherchée est $2M$ dans le premier cas, & $-2N$ dans le second.

3. Soit donc $m+n\sqrt{-1}=\varphi(p+q\sqrt{-1})$; on demande la valeur de m & de n, celles de p & de q étant données.

Premier cas. Si $\varphi(p+q\sqrt{-1})$ est donné algébriquement, j'ai enseigné ailleurs (Mémoires de Berlin 1746) le moyen de changer $\varphi(p+q\sqrt{-1})$ en $A+B\sqrt{-1}$, A & B étant deux quantités réelles; cela posé, $\varphi(p-q\sqrt{-1})$ sera $=A-B\sqrt{-1}$, & on aura $m=A$, & $n=B$.

Second cas. Mais il peut se faire que $\varphi(p+q\sqrt{-1})$, ne soit pas donné par une expression algébrique. Je m'explique. Supposons qu'on ait une équation algébrique quelconque entre $m+n\sqrt{-1}$ & $p+q\sqrt{-1}$, on aura $m+n\sqrt{-1}=\varphi(p+q\sqrt{-1})$, sans que $\varphi(p+q\sqrt{-1})$ soit exprimé algébriquement; or c'est dans ce cas qu'on demande la valeur de m & celle de n.

4. Pour y parvenir, on remarquera qu'à cause des quantités imaginaires & des réelles, l'équation algébrique qu'on suppose entre $m+n\sqrt{-1}$ & $p+q\sqrt{-1}$, donnera deux équations séparées & différentes l'une de l'autre; d'où l'on tirera une équation entre m, p, q, & une autre entre n, p, q. Or chacune de ces équations algébriques, est à une surface courbe, qui étant construite par les régles ordinaires, donnera la valeur de m

& celle de n, répondantes à p & q.

5. Si on n'a besoin que de savoir la valeur de $\varphi(p+q\sqrt{-1})+\varphi(p-q\sqrt{-1})$, la valeur de m suffira, sans avoir égard à celle de n; & si on n'a besoin que de savoir la valeur de $\sqrt{-1}\,[\varphi(p+q\sqrt{-1})-\varphi(p-q\sqrt{-1})]$, il faudra s'en tenir à celle de n.

6. Si on a une équation quelconque entre $m+n\sqrt{-1}$ & $\int(dp+dq\sqrt{-1})\times[\Delta(p+q\sqrt{-1})]$, on changera d'abord (par les méthodes que j'ai données pour cela dans les Mémoires de Berlin déja cités) $\Delta(p+q\sqrt{-1})$ en $A+B\sqrt{-1}$, & $\int(dp+dq\sqrt{-1})(A+B\sqrt{-1})$ deviendra $\int Adp-Bdq+(Bdp+Adq)\times\sqrt{-1}=M+N\sqrt{-1}$, M & N étant des quantités qu'on trouvera par les quadratures, & qui seront connues dès que p & q le seront; l'équation proposée sera donc entre $m+n\sqrt{-1}$, & $M+N\sqrt{-1}$, & le problême se réduira au cas précédent.

7. Il est bon de remarquer, que pour avoir les quantités $\int Adp-Bdq$ & $\int Bdp+Adq$ par les quadratures, il ne sera pas nécessaire d'avoir la valeur de dp en dq; car puisque $(dp+dq\sqrt{-1})\,\Delta(p+q\sqrt{-1})$ est une différentielle complette, $Adp-Bdq+(Bdp+Adq)\sqrt{-1}$, sera aussi une différentielle complette; & on aura $\frac{dA}{dq}+\sqrt{-1}\,\frac{dB}{dq}=-\frac{dB}{dp}+\sqrt{-1}\times\frac{dA}{dp}$; donc puisque A & B sont réelles ainsi que p & q, on aura les quantités imaginaires & les quantités

réelles égales séparément ; donc $\frac{dA}{dq} = -\frac{dB}{dp}$; & $\frac{dB}{dq} = \frac{dA}{dp}$; donc $Adp - Bdq$ est une différentielle complette d'une fonction de p & de q, ainsi que $Bdp + Adq$; donc on trouvera facilement ces fonctions par les quadratures.

8. Si on a une équation entre $\frac{dm + dn\sqrt{-1}}{dp + dq\sqrt{-1}}$ & $p + q\sqrt{-1}$, on fera $\frac{dm + dn\sqrt{-1}}{dp + dq\sqrt{-1}} = \zeta + \omega\sqrt{-1}$, ce qui est toujours possible ; & le problême se réduira au second cas, ensorte qu'on connoîtra la valeur de ζ, & celle de ω en p & en q ; ensuite on aura $dm = \zeta dp - \omega dq$, & $dn = \zeta dq + \omega dq$, quantités qui devant être l'une & l'autre des différentielles exactes, feront connoître m & n sans qu'il soit nécessaire d'avoir la valeur de dq en dp.

9. Si l'équation étoit entre $dm + dn\sqrt{-1}$ & $(dp + dq\sqrt{-1})\,\Delta\,(p + q\sqrt{-1})$, on la réduiroit aisément à une équation entre $\frac{dm + dn\sqrt{-1}}{dp + dq\sqrt{-1}}$ & $p + q \times \sqrt{-1}$, comme il est aisé de changer une équation entre dx & Ydy en une autre entre $\frac{dx}{dy}$ & y ; parce que dans cette équation, la somme des puissances de dx & dy dans chaque terme sera évidemment la même, & qu'ainsi l'équation se divisera par dx^k ou dy^k, k étant la somme de ces puissances, de maniere que l'équation se trouvera

trouvera ordonnée par rapport à $\frac{dx}{dy}$ ou $\frac{dy}{dx}$.

10. Soit $\int(dp+dq\sqrt{-1})\times\Delta(p+q\sqrt{-1})=M+N\sqrt{-1}$, & $\int(dm+dn\sqrt{-1})\times\Gamma(m+n\sqrt{-1})=\mu+\nu\sqrt{-1}$; Δ & Γ représentant des fonctions dont la forme est connue; supposons ensuite une équation algébrique donnée entre $M+N\sqrt{-1}$ & $\mu+\nu\sqrt{-1}$; c'est encore un cas de l'équation $m+n\sqrt{-1}=\varphi(p+q\sqrt{-1}$. Dans ce cas, on aura M en p & q, & N en p & q; μ en M & N, & ν en M & N; & par conséquent μ & ν en p & en q. De plus, on aura deux surfaces courbes, dont l'une donnera μ en m & n, l'autre ν en m & n; donc puisque μ & ν sont supposées connues en p & en q, on aura m & n au moins par une construction géométrique; car en prenant dans chacune des surfaces les courbes qui sont représentées par l'équation entre μ, m, n (μ étant constant) & par celle entre ν, m, n (ν étant constant), l'intersection de ces courbes, transportées chacune sur un même plan, donnera la valeur de m & de n; ou ce qui revient au même, on imaginera que l'axe des μ & celui des ν soient pris sur la même ligne; & après avoir construit les deux surfaces courbes sur ce même axe, les points où ces surfaces se rencontreront, donneront les valeurs de m & de n.

11. Si dans les équations des art. précédens, on avoit p au lieu de m, & q au lieu de n, & réciproquement, on auroit une équation entre p, m & n, & une autre entre q, m & n; donc construisant les surfaces courbes que re-

présentent ces équations, on trouveroit facilement m & n, p & q étant toujours supposées données.

12. Comme la courbe représentée (*hyp.*) par l'équation $Q = \varphi x$ peut n'être pas donnée immédiatement par une équation (même transcendante) entre x & Q, mais par une équation entre ces variables & plusieurs autres intermédiaires, par exemple, entre x & v, entre v & t, entre t & Q; en ce cas, on supposera de même des équations analogues, entre $p + q\sqrt{-1}$ & $v + v'\sqrt{-1}$, $v + v'\sqrt{-1}$ & $t + t'\sqrt{-1}$, $t + t'\sqrt{-1}$ & $m + n\sqrt{-1}$; & on trouvera, par les méthodes précédentes, les valeurs de v & de v' en p & q; celles de t & t' en v & v', &c. & ainsi de suite; ce qui n'ajoutera au problême aucune difficulté nouvelle.

13. Il est visible que par toutes ces méthodes on parviendra aisément à trouver la valeur de $\varphi(p + q\sqrt{-1})$, dès que la courbe dont les coordonnées sont x & Q, & qui représenteroit l'équation $Q = \varphi x$, sera donnée & construite au moyen de tant d'équations qu'on voudra, algébriques ou transcendantes.

14. Nous avons donné dans le tome III des Mémoires de la Société Royale des Sciences de Turin, pag. 391 & suivantes, une autre méthode par laquelle on pourra aisément trouver la valeur de $\varphi(p + q\sqrt{-1})$, en supposant seulement la construction ou description méchanique de la courbe dont l'équation est $Q = \varphi x$, sans qu'on connoisse l'équation de cette courbe, sans même que la courbe soit assujettie à aucune équation.

Nous renvoyons à cet Ouvrage pour connoître en quoi notre méthode consiste : nous nous bornerons ici à la simplifier pour en rendre l'usage plus commode ; & d'abord nous donnerons une méthode simple pour trouver les coefficiens A, B, &c. indiqués à la page 392 du volume cité, & qui doivent être tels que $\varphi(x+mt) - m\varphi(x+(m-1)t) + \frac{m.m-1}{2}\varphi(x+(m-2).t) - \frac{m.(m-1).(m-2)}{2.3}\varphi(x+(m-3).t) +$ &c. $= \frac{A t^m d^m \phi x}{dt^m} + \frac{B t^{m+1} d^{m+1} \phi x}{dt^{m+1}}$, &c.

15. Soit $\varphi(x+t) - \varphi x = t d\varphi x + \frac{t^2 d^2 \phi x}{2 dx^2} + \frac{t^3 d^3 \phi x}{2.3.dx^3} +$ &c. $=0$. En mettant $x+t$ au lieu de x, le premier membre deviendra $\varphi(x+2t) - \phi(x+t)$, & le second $t\, d\phi(x+t) + \frac{t^2 d^2 \phi(x+t)}{2} + \frac{t^3 d^3 \phi(x+t)}{2.3}$, &c. c'est-à-dire $t\left(\frac{d\phi x}{dx} + \frac{t d^2 \phi x}{dx^2} + \frac{t^2 d^3 \phi x}{2dx^3} + \frac{t^3 d^4 \phi x}{2.3 dx^4}\right.$, &c.$\left.\right) + \frac{t^2}{2}\left(\frac{d^2 \phi x}{dx^2} + \frac{t d^3 \phi x}{dx^3} + \frac{tt d^4 \phi x}{2dx^4} + \frac{t^3 d^5 \phi x}{2.3 dx^5}\right.$, &c.$\left.\right) + \frac{t^3}{2.3}\left(\frac{d^3 \phi x}{dx^3} + \frac{t d^4 \phi x}{dx^4} + \frac{t^2 d^5 \phi x}{2dx^5} + \frac{t^3 d^6 \phi x}{2.3 dx^6} +\right.$ &c. $\left.\right) +$ &c.

16. En général, si on a une quantité de cette forme $a\, dx^n d^n \phi x + b\, dx^{n+1} d^{n+1} \phi x + c\, dx^{n+2} d^{n+2} \phi x +$ &c. & qu'on y mette pour x, $x+dx$ ou $x+t$; elle

ſera augmentée de $a\,dx^{n+1}\,d^{n+1}\phi x + a\,dx^{n+2}\,d^{n+2}\phi x + \frac{a\,dx^{n+3}d^{n+3}\phi x}{2} + \frac{a\,dx^{n+4}d^{n+4}\phi x}{2.3}$, &c. $+ b\,dx^{n+2} \times d^{n+2}\phi x + b\,dx^{n+3}\,d^{n+3}\phi x + \frac{b\,dx^{n+4}\,d^{n+4}\phi x}{2} + \frac{b\,dx^{n+5}\,d^{n+5}\phi x}{2.3}$, &c. $+ c\,dx^{n+3}\,d^{n+3}\phi x + c\,dx^{n+4} \times d^{n+4}\phi x +$ &c. &c.

17. Donc ſi on a $\phi(x+nt) + 6\phi(x+(n-1).t) + \gamma\phi(x+(n-2).t) +$ &c. $= \frac{a\,t^n d^n\phi x}{dx^2} + \frac{b\,t^{n+1}\,d^{n+1}\phi x}{dx^{n+1}} + \frac{c\,t^{n+2}\,d^{n+2}\phi x}{dx^{n+2}}$, &c. on aura (en mettant $x+t$ pour x) $\alpha\phi(x+(n+1).t) + 6\phi(x+nt)$ &c. $= \frac{a\,t^n d^n\phi x}{dx^n} + \frac{b\,t^{n+1}\,d^{n+1}\phi x}{dx^{n+1}} + \frac{c\,t^{n+2}\,d^{n+2}\phi x}{dx^{n+2}}$, &c. $+ a\,t^{n+1} \times \frac{d^{n+1}\phi x}{dx^{n+1}} + (a+b)\frac{d^{n+2}\phi x\,.\,t^{n+2}}{dx^{n+2}} + \left(\frac{a}{2}+b+c\right)\frac{d^{n+3}\phi x\,.\,t^{n+3}}{dx^{n+3}} + \left(\frac{a}{2.3}+\frac{b}{2}+c\right) \times \frac{d^{n+4}\phi x\,.\,t^{n+4}}{dx^{n+4}}$, &c.

18. Donc $\alpha\phi(x+(n+1)t) + 6\phi(x+nt) + \gamma\phi(x+(n-1).t)$ &c. $- \alpha\phi(x+nt) - 6\phi(x+(n-1)t) - \gamma\phi(x+(n-2).t)$, &c. $= \frac{a.\,t^{n+1}\,d^{n+1}\phi x}{dx^{n+1}} + (a+b)\frac{t^{n+2}\,d^{n+2}\phi x}{dx^{n+1}} + \left(\frac{a}{2}+b+c\right)\frac{t^{n+3}\,d^{n+3}\phi x}{dx^{n+3}} + \left(\frac{a}{2.3}+\frac{b}{2}+c+d\right)\frac{t^{n+4}\,d^{n+4}\phi x}{dx^{n+4}}$, &c. On peut auſſi remarquer en paſſant, que dans cette équation, le

premier membre ſimplifié devient $\alpha\phi(x+(n+1).t)$ $+(6-\alpha)\phi(x+nt)+(\gamma-6)\phi(x+(n-1).t)$ $+$ &c.

19. Maintenant, ſi la premiere quantité eſt $\phi(x+t)$ $-\phi x$, la ſeconde ſera (en mettant dans la premiere $x+t$ au lieu de x, & en retranchant cette premiere) $\phi(x+2t)-2\phi(x+t)+\phi x$; la troiſiéme ſera de même $\phi(x+3t)-3\phi(x+2t)+3\phi(x+t)-\phi x$; la quatriéme $\phi(x+4t)-4\phi(x+3t)+6\phi(x+2t)-4\phi(x+t)+\phi x$, &c. Ainſi en général la n^e quantité ſera $\phi(x+nt)-n\phi(x+(n-1).t)+\frac{n.n-1}{2}\phi(x+(n-2).t)-\frac{n.n-1.n-2}{2.3}\phi(x+(n-3).t)$, &c.

20. Donc auſſi puiſque $\phi(x+t)-\phi x=td\phi x+\frac{t^2d^2\phi x}{2dx^2}+\frac{t^3d^3\phi x}{2.3dx^3}+$, &c. a étant $=1$, $b=\frac{1}{2}$, $c=\frac{1}{2.3}$, &c. on aura $\phi(x+2t)-2\phi(x+t)+\phi x=t^2d^2\phi x+(1+\frac{1}{2})\frac{t^3d^3\phi x}{dx^3}+(\frac{1}{2}+\frac{1}{2}+\frac{1}{2.3})\frac{t^4d^4\phi x}{dx^4}+$ &c. On trouvera de même les coefficiens a', b', c', &c. de $\frac{t^n d^n\phi x}{dx^n}$, $\frac{t^{n+1}d^{n+1}\phi x}{dx^{n+1}}$, $\frac{t^{n+2}d^{n+2}\phi x}{dx^{n+2}}$, &c. dans la valeur de $\phi(x+nt)-n\phi(x+(n-1).t)+\frac{n.n-1}{2}\phi(x+(n-2).t)$

— &c. Car ces coefficiens dépendent toujours des coefficiens correſpondans a, b, c, &c. qui ſont dans la quantité précédente, a' étant $= a$, $b' = a + b$, $c' = \frac{a}{2} + b + c$, $d' = \frac{a}{2.3} + \frac{b}{2} + c + d$, &c.

21. Mais on peut les trouver encore plus ſimplement en cette ſorte; on conſidérera, 1°. que dans $(x + n t)^p - p(x + (n - 1).t)^p + \frac{p.p-1}{2}(x + (n-2).t)^p - \frac{p.p-1.p-2}{2.3}(x + (n-3).t)^p$, &c. on doit avoir tous les termes nuls, juſqu'à celui qui contient t^n excluſivement. 2°. que ce terme ſera égal à $\frac{p.p-1.p-2....p-n+1}{2.3.4....n} \times n t^n$; d'où il eſt aiſé de voir que toute cette quantité $(x + n t)^p - p(x + (n-1).t)^p +$, &c. aura pour premier terme $\frac{p.p-1.p-2....p-n+1}{2.3....n} \times t^n \times (n^n - p.(n-1)^n + \frac{p.p-1}{2}(n-2)^n - \frac{p.p-1.p-2}{2.3}(n-3)^n$, &c.). Maintenant cette quantité doit être $=$ à $\frac{\gamma t^n d^n \phi x}{d x^n}$, γ étant un coefficient qui ſera toujours le même, quel que ſoit ϕx; or lorſque $\phi x = (x + n t)^p$, on a $\frac{d^n \phi x}{d x^n} = \frac{d^n x^n}{d x^n} = n.n-1 \times n-2.....1$; donc on aura $\gamma = \frac{1}{2.3.4....n} \times \frac{(p.p-1...p-n+1)t^n}{n.n-1.n-2...1} \times (n^n - p(n-1)^n + \frac{p.p-1}{2}$

$\times (n-2)^n$, &c.) $= \frac{p.p-1....p-n+1}{2^2.3^2.4^2....n^2} \times t^n (n^n -$ $p.(n-1)^n + \frac{p.p-1}{2}.(n-2)^n -$, &c.); le coefficient du terme suivant, qui contient t^{p+1}, se trouvera en mettant $p+1$ au lieu de p, dans la formule qui donne la valeur de γ, & ainsi de suite.

22. Par le moyen de ce calcul si simple, les coefficiens a, b, c, &c. a', b', c', &c. (pag. 393 des Mém. de Turin, tome III) seront connus; & on achevera le reste de la solution comme on a fait dans l'Ouvrage cité.

23. Si dans le calcul de la page 393 des Mémoires de Turin déja cités, on multiplioit la premiere équation par un coefficient indéterminé N, ainsi qu'on a fait les autres, on auroit $N\varphi(x+t\sqrt{-1}) - N\varphi x + \nu[\varphi(x+t) - \varphi x] + \nu'[\varphi(x+2t) - 2\varphi(x+t) + \varphi x]$ &c. $=0$, en prenant $N\sqrt{-1} + \nu = 0$, $-\frac{N}{2} + \frac{\nu}{2} + a\nu' = 0$, $+\frac{N\sqrt{-1}}{2.3} + \frac{\nu}{2.3} + b\nu' + c\nu'' = 0$, &c.

24. Mais cette généralisation apparente ne produiroit rien de plus que le cas de $N=1$, comme il est aisé de s'en assurer; car les valeurs de ν, ν', ν'', renfermeront toujours N à chaque terme, & par conséquent N disparoîtra toujours de la valeur de $\varphi(x+t\sqrt{-1})$.

25. Pour rendre cette recherche tout-à-la-fois plus simple & plus générale, on appellera pour abréger $\varphi(x \pm t)$, $\varphi(x \pm 2t)$, &c. la somme des quantités $\varphi(x+t)+$

$\phi(x-t), \phi(x+2t)+\phi(x-2t)$, &c. & prenant v, v', v'', &c. pour des coefficiens indéterminés, on aura les équations ſuivantes, dans les deux dernieres deſquelles nous avons ſupprimé, pour la facilité de l'impreſſion, les dénominateurs des termes du ſecond membre, ces dénominateurs étant aiſés à ſuppléer.

$$\phi(x \pm t\sqrt{-1}) - 2\phi x = -\frac{2t^2 d^2 \phi x}{2dx^2} + \frac{2t^4 d^4 \phi x}{2 \cdot 3 \cdot 4 dx^4} - \frac{2t^6 d^6 \phi x}{2 \cdot 3 \cdot 4 \cdot 5 \cdot 6 dx^6}, \text{ \&c.}$$

$$v(\phi(x \pm t) - 2\phi x) = -\frac{2vt^2 d^2 \phi x}{2dx^2} + \frac{2vt^4 d^4 \phi x}{2 \cdot 3 \cdot 4 dx^4} + \frac{2vt^6 d^6 \phi x}{2 \cdot 3 \cdot 4 \cdot 5 \cdot 6 dx^6}, \text{ \&c.}$$

$$v'\phi(x \pm 2t) - 2v'\phi(x \pm t) + 2v'\phi x = 2av't^2 d^2 \phi x + 2cv't^4 d^4 \phi x + 2cv't^6 d^6 \phi x, \text{ \&c.}$$

$$v''\phi(x \pm 3t) - 3v''\phi(x \pm 2t) + 3v''\phi(x \pm t) - 2v''\phi x = 2b'v''t^4 d^4 \phi x +, \text{ \&c.}$$

&c. . . . . . &c.

26.

26. Donc ſi on ſuppoſe que les coefficiens ν, ν', &c. ſoient tels que la ſomme des premiers membres ſoit $=0$, la ſomme des ſeconds membres doit l'être auſſi. Donc $-1+\nu+2a\nu'=0$; $\frac{1}{2.3.4}+\frac{\nu}{2.3.4}+c\nu'+b'\nu''=0$; $-\frac{1}{2.3.4.5.6}+\frac{\nu}{2.3.4.5.6}+e\nu'+$&c. $=0$, & ainſi de ſuite.

27. On voit donc, 1°. qu'on aura aiſément les valeurs de ν', ν'', ν''', &c. par des équations très-ſimples; 2°. que ν ſera tout ce qu'on voudra, & ſi on le ſuppoſe $=+1$, on aura $\nu'=0$, ce qui ſimplifiera ces équations; mais on remarquera que ν étant ſuppoſé tel qu'on voudra, donne de la facilité pour rendre les ſeries le plus convergentes qu'il eſt poſſible. Cependant la ſuppoſition de $\nu=+1$, qui donne $\nu'=0$, paroît en général la plus commode, parce qu'elle fait diſparoître, de la ſomme des deux premieres équations, les termes où ſeroit t^{2n}, n étant un nombre impair; ce qui ſimplifie le calcul.

28. M. de la Grange, dans le volume cité des Mémoires de Turin, a donné une très-belle méthode pour réſoudre le problême que nous venons de nous propoſer. Il trouve que $\phi(x+t\sqrt{-1})+\phi(x-t\sqrt{-1}) = a[\phi(x+t)+\phi(x-t)]+b[\phi(x+2t)+\phi(x-2t)]+c[\phi(x+3t)+\phi(x-3t)]$ &c. a, b, c, &c. étant des coefficiens qu'il détermine d'une maniere auſſi élégante qu'ingénieuſe. On peut conſulter ſon Mémoire, pag. 213 & ſuivantes. Je me contenterai de remarquer que ſa méthode peut encore être généraliſée. Car pre-

nant pour m, n, p, &c. tout ce qu'on voudra, sans s'assujettir à faire $m=1$, $n=2$, $p=3$, &c. on pourra toujours supposer $\varphi(x+t\sqrt{-1})+\varphi(x-t\sqrt{-1})+a\varphi(x+mt)+a\varphi(x-mt)+b\varphi(x+nt)+b\varphi(x-nt)+c\varphi(x+pt)+c\varphi(x-pt)+f\varphi(x+qt)+f\varphi(x-qt)$ &c. $=2\varphi x(1+a+b+c$&c.$)$, a, b, c, &c. étant tels que l'on ait $-1+m^2a+n^2b+p^2c+q^2f$, &c. $=0$, $1+m^4a+n^4b+p^4c+q^4f$, &c. $=0$, $-1+m^6a+n^6b+p^6c+q^6f$, &c. $=0$; après quoi on pourra déterminer les coefficiens a, b, c, &c. par une méthode analogue à celle dont s'est servi le grand Géometre que nous venons de citer.

29. Au reste, cette méthode, ou la nôtre, ou toute autre qu'on y substitueroit, ne pourroit avoir lieu dans les fonctions discontinues; car soit, par exemple, une courbe dans laquelle, à une certaine valeur de x, on ait deux différentes valeurs de $d\varphi x$; alors $+td\varphi x$, & $-td\varphi x$ ne se détruiront pas; ce qui est nécessaire pour que la solution précédente ait lieu.

30. En général, si φx est tel qu'il y ait un saut dans quelque $\frac{d^n\varphi x}{dx^n}$, alors la méthode précédente ne pourra plus être mise en usage.

31. De-là on pourroit conclure, comme je l'ai déja remarqué dans les Mémoires de Turin déja cités, que cette méthode est plus curieuse qu'utile, puisqu'elle ne peut être employée, si φx ou quelqu'une des valeurs de $\frac{d^n\varphi x}{dx^n}$ est discontinue; & que si cet inconvénient n'a

pas lieu, il faut néceſſairement que ϕx ſoit une fonction algébrique, auquel cas on employera les méthodes données précédemment pour ce cas-là.

32. Une autre raiſon qui peut empêcher qu'on n'employe avec ſuccès ces méthodes purement méchaniques, c'eſt qu'il peut arriver que $\phi(x \pm nt)$ ne ſoit pas réel, quoique $x \pm nt$ le ſoit; par exemple, ſi $\phi(x+nt)$ eſt $= \sqrt{[-A^2 - (x+nt)^2]}$, & dans mille autres cas ſemblables. Alors il faut néceſſairement que la courbe ait une équation analytique, afin qu'on puiſſe ſuppoſer $\phi(x+nt\sqrt{-1}) = A + B\sqrt{-1}$, A & B étant des quantités réelles qui ſe détermineront par les méthodes expoſées ci-deſſus.

33. Enfin, une derniere raiſon qui peut faire douter de la ſûreté & de la généralité de ces méthodes, c'eſt qu'elles ſont fondées ſur la réduction de $\phi(x+\alpha y)$ à $\phi x + \frac{\alpha y d\phi x}{dx} + \frac{\alpha^2 y^2 d^2 \phi x}{2 dx^2} +$ &c. Or nous avons prouvé ailleurs que cette réduction ne repréſente, ni aſſez exactement, ni aſſez généralement, la valeur de $\phi(x+\alpha y)$.

Fin du trente-troiſiéme Mémoire.

XXXIVME MÉMOIRE.

Suite des Recherches sur le mouvement des Fluides.

§. I.

Paradoxe proposé aux Géometres sur la Résistance des Fluides.

1. SUPPOSONS un corps composé de quatre parties égales & semblables, placé au milieu d'un fluide indéfini, lequel fluide soit renfermé dans un vase rectiligne. Imaginons que ce corps soit fixe & immobile, & que les parties du fluide reçoivent toutes une impulsion égale, parallèle aux côtés du vase & à l'axe du corps; d'abord il est évident que les particules du fluide à la partie antérieure, doivent se détourner & glisser le long du corps, & former des courbes d'autant plus approchantes de la ligne droite, qu'elles seront plus éloignées du corps, jusqu'à une certaine distance (qui sera au moins celle des parois du vase) où elles se mouvront en ligne droite.

2. Si le ſolide n'eſt pas terminé en pointe fort aigue, de maniere qu'à l'origine, $\frac{dy}{dx}$ ſoit ou infini ou fini, il y aura ou il pourra y avoir une petite portion de fluide ſtagnante à cette partie antérieure, ſuivant que je l'ai dit dans *l'Eſſai ſur la Réſiſtance des Fluides*, art. 36, nº. 3. Mais pour éviter même cette difficulté, je ſuppoſe $\frac{dy}{dx} = 0$ à l'origine, enſorte que la pointe du corps ſoit infiniment aigue; alors il n'y aura plus de fluide de ſtagnant, & le fluide coulera le long de la ſurface antérieure, juſqu'au point où dy redevient de nouveau parallèle à l'axe.

3. A l'égard de la partie poſtérieure, il ſemble d'abord que le mouvement y doive être différent de la partie antérieure; parce qu'à la partie antérieure, le fluide n'eſt pas libre de ſuivre ſa direction primitive, & qu'il l'eſt à la partie poſtérieure. Cependant, ſuppoſons pour un moment que les particules du fluide ayent en effet le même mouvement à cette partie poſtérieure qu'à la partie antérieure; on trouvera aiſément par notre théorie du mouvement des fluides, que dans cette ſuppoſition, les loix de l'équilibre & de l'incompreſſibilité du fluide ſeront parfaitement obſervées; car la partie poſtérieure étant (*hyp.*) ſemblable & égale à la partie antérieure, il eſt aiſé de voir que les mêmes valeurs de p & de q; qui donneront au premier inſtant l'équilibre & l'incompreſſibilité du fluide à la partie antérieure, donneront les mêmes réſultats à la partie poſtérieure. Donc la ſup-

poſition dont il s'agit n'a rien que de légitime; donc le fluide peut en effet ſe mouvoir ainſi à la partie poſtérieure. Or, s'il le peut, il le doit, car le fluide n'a qu'une façon poſſible d'être mu par la rencontre du corps.

4. Dans cet état, le fluide exercera ſur le corps une preſſion, laquelle, ſi elle n'eſt pas nulle (ce que nous diſcuterons dans un moment) n'aura aucun effet pour déranger le corps de ſa place, puiſque (*hyp.*) le corps eſt immobile & fixement arrêté au milieu du fluide. Soit u la vîteſſe imprimée au fluide, la preſſion, s'il y en a au premier inſtant, s'exercera à la partie antérieure du corps, & ſera ku, k étant une quantité qui dépend de la figure du corps.

5. Soit uq la vîteſſe du fluide parallèle à l'axe, up ſa vîteſſe perpendiculaire à l'axe; puiſqu'il eſt ſuppoſé animé dans toutes ſes parties au premier inſtant de la vîteſſe de tendance u parallèle à l'axe, & qu'il change cette vîteſſe dans les vîteſſes uq & up, parallèles & perpendiculaires à l'axe, & variables pour chaque partie, la preſſion du fluide ſur le corps ſera la même, que ſi le fluide étoit en repos & animé des vîteſſes $u - uq$ & $-up$, parallèles & perpendiculaires à l'axe. Or en vertu de la vîteſſe u, la preſſion qu'il exerceroit ſeroit, par les principes d'hydroſtatique, dans la direction contraire à u, & ſeroit $= Mu$, M étant la maſſe du corps; & en vertu des vîteſſes $-uq$, $-up$, la preſſion qu'il exerceroit ſeroit dans une direction contraire à la preſſion Mu, & égale à $4u\int dy \int ds \sqrt{(pp + qq)}$, comme il eſt

aisé de le voir, en supposant $\int ds \sqrt{(pp+qq)} = 0$, & $\int dy \int ds \sqrt{(pp+qq)} = 0$, à celui des deux points où $dy = 0$, & qui n'est pas le sommet du corps, c'est-à-dire au point où la tangente est parallèle à l'axe, sans coincider avec l'axe même; car il est visible, pour le dire en passant, que puisque (*hyp.*) $dy = 0$, lorsque $x = 0$, & que le corps est composé de quatre parties égales & semblables, il doit y avoir de chaque côté de l'axe un autre point où $dy = 0$, & que ce point est placé vis-à-vis le milieu de l'axe. Donc, supposant cette quantité $\int dy \int ds \sqrt{(pp+qq)} = R$ dans sa totalité, on aura $k = \frac{1}{4}R - M$.

6. Dans les instans suivans, les parties du fluide conservent évidemment les vîtesses uq, up, parallélement & perpendiculairement à l'axe; d'où il est aisé de voir, par notre théorie de la résistance des fluides, que la pression du fluide sur le corps sera absolument nulle; la pression sur la surface antérieure étant égale & contraire à la pression sur la surface postérieure.

7. Et si on supposoit qu'une force γ, constante ou variable à chaque instant, mais la même à chaque instant pour toutes les parties du fluide, animât toutes ces parties; elles n'en continueroient pas moins à décrire les mêmes lignes, avec une vîtesse qui seroit augmentée en raison de γdt à u; & il n'en résulteroit qu'une nouvelle pression exercée sur la surface du corps, & $= k\gamma$.

8. Supposons présentement le fluide en repos, & que le corps y soit poussé avec la vîtesse v, dont il ne garde

que la partie u. Donnons à tout le ſyſtême du corps & du fluide le mouvement u en ſens contraire, le corps ſera en repos dans l'eſpace abſolu; il aura en avant la force de tendance $M(v-u)$, & le fluide exercera ſur lui dans le même ſens une preſſion $=ku$, laquelle contrebalancera & détruira la force $M(v-u)$. Donc on aura $ku=(v-u)M$; & $u=\frac{Mv}{k+M}=\frac{Mv}{4R}$, valeur de u au premier inſtant.

9. Suppoſons enſuite que le corps continue à ſe mouvoir dans le fluide avec une vîteſſe qui décroiſſe à chaque inſtant de la quantité γdt, enſorte que $du=-\gamma dt$, & ſuppoſons auſſi que le ſyſtême du corps & du fluide ſe meuve en ſens contraire avec cette vîteſſe décroiſſante; il eſt viſible que le corps ſera en repos, & que la preſſion à chaque inſtant ſera $k\gamma$ ou kdu, laquelle doit contrebalancer Mdu; on aura donc $Mdu=du(4R-M)$ ou $Mdu=2Rdu$.

10. Donc on aura, ou $du=0$, ou $2R=M$.

11. Si $du=0$, le corps ſe mouvra d'un mouvement uniforme, & on aura la vîteſſe primitive $u=\frac{Mv}{4R}$.

12. Si $2R=M$, on aura $u=\frac{v}{2}$, & la quantité du reſteroit indéterminée; elle pourroit par conſéquent être ſuppoſée nulle, & devroit même être ſuppoſée telle, puiſqu'il n'y a point d'autre condition pour la déterminer, que l'équation $Mdu=2Rdu$.

13. Ainſi, la plus grande altération qui puiſſe arriver au

au mouvement primitif du corps, c'eſt que la vîteſſe v, qu'on ſuppoſe lui avoir été imprimée, ſoit changée au premier inſtant en $\frac{Mv}{4R}$, après quoi il ſe mouvra ſans éprouver aucune réſiſtance de la part du fluide.

14. Si la figure du corps eſt telle que $\int dy \int ds \sqrt{(pp + qq)}$ ou R ſe trouve $= \frac{M}{4}$, alors u ſeroit $= v$; d'où il s'enſuivroit que la preſſion du fluide $ku = u(4R - M)$, au premier inſtant, ſeroit $= 0$, & qu'ainſi le corps, au premier inſtant, ne perdroit rien de ſa vîteſſe. C'eſt auſſi ce que l'expérience paroît confirmer; comme il réſulte de l'art. 55 de notre *Eſſai ſur la Réſiſtance des Fluides.*

15. Je n'examine point ſi les quantités p & q, trouvées par la théorie, ſeront en effet telles que $4R = M$, quelle que ſoit la figure du corps, ce qui me paroît très-douteux; je n'examinerai pas même ſi $4R$ ne pourroit pas, dans certaines figures, être $> M$, & dans d'autres $< M$, enſorte que u ſeroit $< v$ dans le premier cas, & $u > v$ dans le ſecond, ce qui paroît dans le premier cas contraire à l'expérience, & dans le ſecond contraire au bon ſens; je veux donc bien ſuppoſer que p & q ſoient toujours tels que $4R = M$; en ce cas on auroit $du = 0$; & il s'enſuivroit de notre théorie cette conſéquence, que le corps, ſuppoſé de quatre parties égales & ſemblables, n'éprouveroit aucune réſiſtance de la part du fluide.

16. Et quelque rapport qu'on ſuppoſe entre $4R$ & M, il eſt viſible que la vîteſſe v ne ſouffriroit tout au plus d'altération que dans le premier inſtant, & qu'enſuite elle

demeureroit uniforme. Ce ſeroit bien pis ſi 4 *R* étoit $< M$, car alors la vîteſſe initiale ſeroit d'abord augmentée, & enſuite demeureroit uniforme.

17. Je ne vois donc pas, je l'avoue, comment on peut expliquer par la théorie, d'une maniere ſatisfaiſante, la réſiſtance des fluides. Il me paroît au contraire que cette théorie, traitée & approfondie avec toute la rigueur poſſible, donne, au moins en pluſieurs cas, la réſiſtance abſolument nulle ; paradoxe ſingulier que je laiſſe à éclaircir aux Géometres.

§. II.

Sur la Vîteſſe du Son.

1. J'ai remarqué le premier, pag. 248 des Mémoires de Berlin de 1747, qu'on pouvoit ſe ſervir pour calculer la vîteſſe du ſon, des mêmes formules dont on ſe ſert pour calculer les mouvemens d'une corde ſonore, & que ces deux problêmes étoient abſolument du même genre. Je ne pouſſai pas alors plus loin cette remarque, parce qu'il me paroiſſoit que la recherche analytique de la vîteſſe du ſon ſe trouveroit ſuſceptible de difficultés ſemblables à celles qu'on rencontre dans le problême des cordes vibrantes, difficultés que j'ai expoſées & détaillées dans le premier Mémoire de mes *Opuſcules*, & auxquelles j'en ai depuis encore ajouté d'autres qui font l'objet du 25e Mémoire, Tome IV. Je vais entrer ici dans une diſcuſſion plus approfondie au ſujet de la

vîtesse du son ; discussion d'après laquelle il me semble que ce problême ne peut gueres être soumis au calcul analytique.

2. Soit pris le commencement d'une ligne sonore en un point quelconque, & soient x les parties de cette ligne, t le temps écoulé depuis le premier instant du mouvement, y les excursions de chaque particule, p la pesanteur, λ la hauteur d'une ligne d'air d'une densité égale à l'air que nous respirons, laquelle ligne représente le poids de l'atmosphere ; on aura donc $p\lambda$ pour la force avec laquelle les parties de l'air sont tendues ; soit de plus a l'espace qu'un corps pesant parcourt dans un temps donné θ, on aura, par la théorie des vibrations exposée dans les Mémoires de Berlin 1747, $\frac{ddy}{dt^2} = \frac{p\lambda \times ddy \times 2a}{pdx^2 . \theta^2}$, d'où l'on conclura que $y = \varphi\left(x + \frac{\sqrt{(2a\lambda)}}{\theta} \times t\right) + \Gamma\left(x - \frac{\sqrt{(2a\lambda)}}{\theta} \times t\right)$.

3. Or au commencement du mouvement, lorsque $t = 0$, y est $= 0$, quel que soit x, puisque lorsque $t = 0$, aucune particule n'est encore en mouvement ; donc $+ \Gamma x = - \varphi x$; donc $y = \varphi\left(x + \frac{t\sqrt{(2a\lambda)}}{\theta}\right) - \varphi\left(x - \frac{t\sqrt{(2a\lambda)}}{\theta}\right)$; donc $\frac{dy}{dt}$, c'est-à-dire la vîtesse u, sera $\frac{\sqrt{(2a\lambda)}}{\theta} \times \left[\Delta\left(x + \frac{t\sqrt{(2a\lambda)}}{\theta}\right) + \Delta\left(x - \frac{t\sqrt{(2a\lambda)}}{\theta}\right)\right]$; & lorsque $t = 0$, la vîtesse sera $\frac{\sqrt{(2a\lambda)}}{\theta}$

$\times 2 \Delta x$; Δx étant $= \frac{d \phi x}{d x}$.

4. Cela posé, soit A (*Fig.* 27) le point de l'air qui a été mis en mouvement par le corps sonore, & supposons que l'agitation s'étende dans le premier instant jusqu'en B & C; la courbe BDC, des vîtesses initiales, sera telle que faisant $AP = x$, $PM = \frac{dy}{dt}$, on aura $PM = 2 \Delta x$; ensorte que Δx sera $= 0$, si x est $> + AC$ ou $> - AB$. Donc si on prend un point O quelconque hors de l'axe BC, la vîtesse du point O après le temps t, sera $=$ (en prenant $O\pi$ & $Op = \frac{t \sqrt{(2a\lambda)}}{\theta}$) $\Delta (A\pi) + \Delta (Ap) =$ (à cause de $\Delta (A\pi) = 0$) $\Delta (Ap) = \frac{Pm}{2}$;

5. Par la même raison, si on suppose le point O tel que AO soit $= \frac{t \sqrt{(2a\lambda)}}{\theta}$, le point O étant placé où l'on voudra, la vîtesse en O, au bout du temps t, sera $= \frac{AD}{2}$, c'est-à-dire à la moitié de la vîtesse initiale.

6. Par-là il semble d'abord qu'on peut expliquer comment le son se propage, & comment il se formera successivement de part & d'autre des points B, C, & dans des temps égaux, des fibres sonores égales en longueur à la fibre initiale BC, & qui auront la moitié de la vîtesse de chaque point correspondant de cette fibre initiale. C'est au moins ce que de très-grands Géometres ont pensé. Mais cette conséquence est fondée sur bien des hypothéses sujettes à contestation.

7. En premier lieu, les mêmes difficultés que nous avons exposées ailleurs, & dont il paroît qu'on a reconnu la solidité, prouvent que la courbe qui représente les vîtesses initiales, doit être telle que toutes ses branches soient assujetties à une même équation, & liées par la loi de continuité. Or c'est ce qui n'a point lieu ici; car l'équation $u = 2 \Delta x$, est telle que quand $x > AC$ ou $> -AB$, u est $= 0$; or il n'y a point de fonction algébrique qui puisse représenter cette condition.

8. Cette difficulté deviendroit encore plus grande, si les deux parties BD, CD de la courbe des vîtesses initiales n'étoient pas assujetties à la même équation; or c'est une supposition qu'il paroît bien difficile d'admettre, que l'identité d'équation pour ces deux parties. En effet, si on applique à la ligne sonore les mêmes raisonnemens que nous avons faits sur le mouvement initial de la courbe vibrante, pag. 246 des Mémoires de Berlin 1747, on trouvera que si on prend les parties de l'axe AC, en progression arithmétique, les ordonnées correspondantes seront en progression géométrique décroissante, & qu'il en sera de même pour les parties de l'axe AB; d'où l'on voit, 1°. que les deux parties BD, DC ne seront pas assujetties à la même équation. 2°. que ces deux parties feront un angle au point D, & qu'ainsi le problême du mouvement de la ligne sonore sera insoluble, par la même raison qui, de l'aveu de tous les Géometres, rend insoluble le problême des cordes vibrantes, lorsqu'il se trouve des angles dans la figure ini-

tiale de la corde. 3°. En ce cas, les points *B*, *C* doivent s'éloigner à l'infini, puiſqu'une progreſſion géométrique décroiſſante ne parvient jamais à un terme qui ſoit = o. Nous examinerons dans un moment les conſéquences qui réſultent de cet éloignement à l'infini des points *B*, *C*.

9. Si on veut, ce qui eſt encore une hypothéſe aſſez plauſible, que toutes les parties *AC* ſoient également condenſées, & les parties *AB* également dilatées par le mouvement du point *A* vers *C*, alors *DC* & *DB* ſeront deux lignes droites faiſant un angle en *D*, & les mêmes difficultés auront lieu.

10. Mais pour éviter toute hypothéſe précaire, & réduire tout au cas le plus favorable, ſuppoſons, ce qui eſt au moins mathématiquement poſſible, que la courbe des vîteſſes initiales s'étende à l'infini, comme dans les fig. 28 & 29, enſorte qu'elle ait *BC* pour aſymptote, & que de plus les branches *BD*, *DC*, ſoient aſſujetties à une même équation ; ſuppoſons de plus que les ordonnées, à une aſſez petite diſtance de part & d'autre du point *A*, ſoient très-petites par rapport à *AD*, afin de pouvoir expliquer comment le ſon n'eſt d'abord ſenſible qu'à une petite diſtance du corps ſonore *A*, quoiqu'à la rigueur toute la maſſe de l'air ſoit ébranlée, ou puiſſe être cenſée ébranlée dès le premier inſtant ; en ce cas, le ſon qui réſultera du mouvement du point *O* (*Fig.* 29) commencera à être ſenſible lorſque *AO* ſera telle qu'en prenant $OP = \frac{tV(2a\lambda)}{\theta}$, $AP = x -$

$\frac{t\sqrt{(2a\lambda)}}{\theta}$ sera fort petit, parce qu'il n'y a (*hyp.*) que les abscisses très-petites AP, dont les ordonnées PM ayent une longueur sensible & comparable à AD.

11. Pour expliquer donc dans cette hypothése la propagation du son, qui est à peu près toujours la même, selon les Physiciens, soit que le son initial soit fort ou foible, il faudra supposer que les courbes DB, DC convergent très-promptement vers leur axe, quelque grande que soit l'ordonnée initiale AD.

12. Je laisse à d'autres à examiner si cette conséquence n'est pas contraire aux expériences journalieres sur la propagation du son; & si le mouvement primitif des parties de la ligne sonore peut permettre de supposer que les branches BD, DC, soient assujetties à la loi de continuité, & qu'elles ayent BC pour asymptote, quoiqu'elles convergent très-promptement vers leur axe. Quoiqu'il en soit, on remplira ces conditions en prenant, par exemple, la ligne $Du = z$, $AD = a$, & $(uM)^2 = \frac{Az^n}{(a-z)^q} + \frac{Bz^m}{(a-z)^k}$, &c. n, m, q, k étant impairs, afin que la courbe n'ait point d'autres branches réelles que BD, BC.

13. Soit $A\delta$ la vîtesse du son le plus foible qu'on puisse entendre, il s'ensuit de la théorie précédente, que si la vîtesse du son initial est $= 2A\delta$, le son se propagera à l'infini; car en prenant $AO = \frac{t\sqrt{(2a\lambda)}}{\theta}$, on aura, lorsque $x = AO$, u égale à la moitié de l'ordonnée qui

répond au point A, c'eſt-à-dire à $\frac{2A\delta}{2}$, plus à la moitié de l'ordonnée qui répond au point o, tel que $Ao = 2AO = x + \frac{t\sqrt{(2a\lambda)}}{\theta}$; donc u ſera un peu plus grand que $\frac{2A\delta}{2}$, c'eſt-à-dire, que $A\delta$; autre conſéquence qui ne paroît pas facile à admettre, puiſqu'un ſon, ſelon l'expérience, ſe propage d'autant moins loin qu'il eſt plus foible.

14. Une autre conſéquence qui réſulte de la théorie précédente, c'eſt que la vîteſſe u eſt toujours réelle & poſitive, puiſqu'elle eſt toujours égale à la ſomme de deux ordonnées réelles & poſitives; d'où il s'enſuit que la vîteſſe des particules ſera toujours dirigée dans le même ſens; & que par conſéquent la fibre ſonore ira toujours en ſe condenſant de A vers C, & en ſe dilatant de A vers B. Or cette conſéquence eſt abſolument contraire à la loi de la propagation du mouvement dans un fluide élaſtique.

15. Si les courbes DB, DC ne s'étendoient pas à l'infini, alors après un certain temps, différent pour chaque particule, on trouveroit que la vîteſſe de cette particule ſeroit $= o$, & qu'elle ceſſeroit-là ſans devenir négative; autre conſéquence choquante de nos formules analytiques.

16. On voit donc qu'en faiſant même les ſuppoſitions les plus favorables au calcul, il ne paroît pas poſſible de réduire à des formules analytiques exactes les loix du mouvement des particules de l'air, ni par conſéquent de rendre

rendre raiſon par ces formules de la propagation du ſon, telle que l'expérience nous l'a fait connoître.

17. A l'occaſion de ces remarques ſur le ſon, j'en ferai une qui n'a qu'un rapport éloigné à cette matiere, ſur la preſſion & la denſité des différentes couches de l'atmoſphere. Les formules que nous avons données pour cet objet (art. 79 de notre Traité des Fluides) ſuppoſent que quand un reſſort eſt infiniment peu contracté ou dilaté, la force qui tend à le rétablir eſt infiniment petite du *ſecond* ordre; c'eſt-à-dire qu'il faut une force infiniment plus petite pour comprimer ou dilater infiniment peu un reſſort qui eſt dans ſon état naturel, que pour le comprimer ou dilater auſſi infiniment peu, lorſqu'il eſt déja comprimé ou dilaté aſſez ſenſiblement. Or cette ſuppoſition, quoiqu'elle paroiſſe aſſez vraiſemblable, n'eſt cependant pas démontrée; & il ſe pourroit faire, (ce que l'expérience ſeule doit décider) que les deux forces fuſſent comparables entr'elles, quoiqu'il ſoit évident que la premiere doive toujours être plus petite que la ſeconde, & d'autant plus petite que le reſſort eſt dans le ſecond cas déja plus comprimé ou plus dilaté.

18. Par exemple, ſi dans l'art. 79 de l'Ouvrage cité, on ſuppoſoit $y = \frac{n(a-u)}{u}$, n étant un nombre très-petit, on trouveroit pour l'équation des denſités des couches de l'atmoſphere $\int z dx = \frac{n(dt - dx)}{dx}$, ou en mettant pour $n\,dt$ ſa valeur $z\,dx$, $\int z\,dx = z - n$ ou $\int z\,dx + n = z$, pour la loi entre les denſités & les hauteurs des

couches de l'atmoſphere. Voyez ce que nous avons dit au ſujet de cette derniere loi ou équation, dans l'art. 81 de l'Ouvrage cité, & dans l'art. 81 de nos *Recherches ſur la cauſe des Vents*. Voyez auſſi plus bas, ſur les loix de la compreſſion des reſſorts, le 36e Mémoire, §. I.

§. III.

Sur le ſolide de la moindre réſiſtance.

1. J'ai donné le premier en 1744 dans mon *Traité de l'Equilibre & du mouvement des Fluides*, page 376, art. 370, la véritable équation du ſolide de la moindre réſiſtance, en ayant égard à la maſſe du ſolide; condition eſſentielle au problême, envisagé ſous ſon véritable point de vûe, c'eſt-à-dire dans l'hypothéſe d'un ſolide qui ſouffre en effet de la réſiſtance dans ſon mouvement, & dont par conſéquent le mouvement ſe ralentit peu-à-peu, & non pas d'un ſolide qui ſe meut uniformément, étant pouſſé par une force qui contrebalance la réſiſtance du fluide. La formule que j'ai donnée dans l'endroit cité, conſiſte à faire la différentielle de $\frac{y\,dy^3\,dx}{ds^4}$ proportionnelle à $y\,dy$, x & y étant les coordonnées du ſolide, & s les arcs correſpondans.

2. Depuis la publication de cette ſolution, d'habiles Géometres ont traité le même problême dans l'hypothéſe dont il s'agit, & leurs réſultats s'accordent avec le mien. Il reſtoit à faire une obſervation qui paroît leur avoir échappé, & qui m'avoit échappé à moi-même lorſque je réſolus ce problême il y a plus de 24 ans, mais

que j'ai eu depuis occasion de faire dans l'Encyclopédie à l'article *Résistance*, Tome XIV, pag. 177. Voici en quoi cette observation consiste. Quoique la solution dont il s'agit donne le véritable solide de la moindre résistance, cependant il faut employer dans la théorie de la construction des navires, la solution ordinaire qui consiste à faire = o la différentielle $d\left(\frac{ydy^3dx}{ds^4}\right)$ de l'impulsion, & non pas à la faire proportionnelle à ydy. Car dans la théorie de la résistance du navire, on suppose que le navire marche uniformément, ensorte que l'action de l'eau sur la surface soit contrebalancée par l'action du vent sur les voiles; d'où l'on voit aisément que la masse du vaisseau ne doit entrer pour rien dans la considération de l'effet que la résistance doit produire; l'action du vent étant donnée, la vîtesse uniforme du vaisseau sera la plus grande, lorsque $d\left(\frac{ydy^3dx}{ds^4}\right)$ sera = o, c'est-à-dire, lorsque l'intensité de la résistance sera un *minimum*; puisque cette intensité multipliée par le quarré de la vîtesse doit être = à l'action du vent. Mais si on fait abstraction de toute force qui contrebalance la résistance, & qu'on cherche le solide qui étant mu dans un fluide avec une vîtesse initiale donnée, & continuellement diminuée par la résistance du fluide, parcourra le plus grand espace dans un temps donné; il est clair qu'il faut employer la solution où l'on a égard à la masse du solide. Car soit K l'intensité de la résistance, M la masse du solide, u la vîtesse à chaque instant dt, & x l'espace parcouru, on aura $du = -\frac{Kuudt}{M}$, & $-\frac{du}{u} = \frac{Kdx}{M}$; donc $\frac{1}{u} = \frac{Kt}{M} + \frac{1}{g}$, g étant la vîteſſe initiale, & $\frac{Kdt}{M} : \left(\frac{Kt}{M} + \frac{1}{g}\right) = \frac{Kdx}{M}$, ou $dx = dt : \left(\frac{Kt}{M} + \frac{1}{g}\right)$; donc puiſque $\frac{K}{M}$ eſt ſuppoſé un *minimum*, il eſt aiſé de voir qu'à égale valeur de t, x ſera un *maximum*. Et c'eſt-là, encore une fois, le véritable point de vûe de la queſtion propoſée, quoique ce ne ſoit peut-être pas celui ſous lequel elle eſt ſuſceptible de l'application la plus utile.

§. IV.

Sur la poſition des Aîles des Moulins à Vent.

1. J'ai donné auſſi le premier en 1744 dans mon *Traité de l'Equilibre & du mouvement des Fluides*, art. 369, les vrais principes ſur leſquels doit être fondé le calcul des moulins à vent, & de la diſpoſition la plus avantageuſe de leurs aîles. La nouveauté de la méthode que j'ai propoſée dans l'article cité, eſt fondée ſur deux choſes ; 1°. ſur la maniere dont je détermine l'action du vent ſur l'aîle, & les précautions qu'il faut prendre pour l'évaluer exactement. 2°. Sur le raiſonnement très-ſimple par lequel je parviens à la véritable équation qui renferme la condition du problême, c'eſt-à-dire, qui doit donner la vîteſſe de l'aîle égale à un *maximum* ; équation qui n'avoit point encore été trouvée. Les recherches que

quelques Auteurs ont faites depuis ſur ce ſujet, m'ayant encore donné lieu de penſer à cette matiere, m'ont fait naître pluſieurs réflexions que j'ai crues dignes d'être propoſées aux Géometres, & qui confirment pleinement ma premiere ſolution, dont l'exactitude paroît avoir été révoquée en doute par d'habiles Mathématiciens.

2. Je conſidérerai d'abord, pour commencer par le cas le plus ſimple, l'aîle comme un parallélogramme rectangle d'une hauteur & d'une largeur très-petite, placé à la diſtance donnée a; je conſerverai les noms & la figure de l'article cité, & j'aurai d'abord pour l'impulſion perpendiculaire à l'aîle, $A\left(\frac{bt}{a} - \gamma\right)^2 \times \frac{aa}{aa+tt}$, A étant l'intenſité de l'impulſion; or cette impulſion étant multipliée par $\frac{a}{\sqrt{(aa+tt)}}$, coſinus de l'angle que l'aîle fait avec l'axe, il en réſulte la force qui tend à faire tourner l'aîle, laquelle ſera $A\left(\frac{bt}{a} - \gamma\right)^2 \times \frac{a}{(aa+tt)^{\frac{3}{2}}}$. Et ſi on nomme θ le temps, & qu'on faſſe l'angle de l'aîle avec l'axe $= \omega$, on aura $\frac{t}{a} = \frac{\text{ſin.}\,\omega}{\text{coſ.}\,\omega}$, $\frac{a}{\sqrt{(aa+tt)}} = \text{coſ.}\,\omega$; & $d\gamma = A\,d\theta\,\text{coſ.}\,\omega^3\left(\frac{b\,\text{ſin.}\,\omega}{\text{coſ.}\,\omega} - \gamma\right)^2$, d'où l'on tire, en intégrant & ne faiſant varier que γ & θ, qui ſont en effet les ſeules variables, l'équation complettée $\frac{1}{\frac{b\,\text{ſin.}\,\omega}{\text{coſ.}\,\omega} - \gamma} = A\theta\,\text{coſ.}\,\omega^3 + \frac{\text{coſ.}\,\omega}{b\,\text{ſin.}\,\omega}$; & $\gamma = \frac{b\,\text{ſin.}\,\omega}{\text{coſ.}\,\omega} - \frac{b\,\text{ſin.}\,\omega}{\text{coſ.}\,\omega + A\,\theta\,b\,\text{ſin.}\,\omega\,\text{coſ.}\,\omega^3} = \frac{A\,\theta\,b^2\,\text{ſin.}\,\omega^2\,\text{coſ.}\,\omega}{1 + A\,\theta\,b\,\text{ſin.}\,\omega\,\text{coſ.}\,\omega^2}$.

3. Il eſt aiſé de voir, par ces différentes équations, 1°. que la vîteſſe y de l'aîle doit toujours aller en augmentant juſqu'à ce que $y = \frac{bt}{a}$ ou $\frac{b \text{ ſin. } \omega}{\text{coſ. } \omega}$; ce qui n'arrivera (comme il réſulte auſſi de ces mêmes équations) qu'au bout d'un temps infini; 2°. qu'en ſuppoſant A & b conſtans, & prenant θ fini & conſtant à volonté, la valeur de y ſera d'autant plus grande, que $\frac{\text{ſin. } \omega^2 \text{ coſ. } \omega}{1 + A\theta b \text{ ſin. } \omega \text{ coſ. } \omega^2}$ ſera plus grand; d'où il s'enſuit, en faiſant ſin. $\omega = x$, qu'on aura, loſque y eſt un *maximum*, l'équation $d(x^2 \surd[1 - xx])[1 + A\theta bx - A\theta bx^3] = d(A\theta bx - A\theta bx^3)(x^2 \surd[1 - xx])$, ce qui donnera la valeur de x par l'équation $2 - 3x^2 + A\theta bx - A\theta bx^3 = 0$. Or cette équation donne $\theta = \frac{3x^2 - 2}{Ab(x - x^3)}$. D'où l'on voit, 1°. que quand $\theta = 0$, on a $3x^2 - 2 = 0$; c'eſt-à-dire, que pour que la vîteſſe, au premier inſtant, ſoit la plus grande qu'il eſt poſſible, il faut que le ſinus de l'angle $\omega = \surd \frac{2}{3}$, d'où réſulte, comme l'on ſait, $\omega = 54°$ environ; c'eſt le ſeul cas dont on ait parlé juſqu'ici; mais on voit que cette poſition n'a d'autre avantage, ſinon que la vîteſſe infiniment petite que reçoit l'aîle, au premier inſtant, eſt la plus grande qu'il eſt poſſible; ce qu'il eſt d'ailleurs aiſé de voir directement; car puiſqu'au premier inſtant $y = 0$, on aura $dy = Ad\theta(b \text{ ſin. } \omega^2 \text{ coſ. } \omega) = Ad\theta(bx^2 \surd[1 - xx])$ qui eſt évidemment un *maximum* quand $x = \surd \frac{2}{3}$.

4. Si $x = 1$, alors θ eſt égal à l'infini, c'eſt-à-dire, que

si $x = 1$, la vîtesse au bout du temps infini θ sera la plus grande qu'il est possible; ce qui n'est pourtant pas vrai à la rigueur; car il est aisé de voir que si x est rigoureusement $= 1$, c'est-à-dire si le plan de l'aîle est perpendiculaire à l'axe, & par conséquent (*hyp.*) à la direction du vent, l'aîle seroit plutôt renversée, que mise en mouvement autour de l'axe; mais on voit du moins clairement que si x est fort près de l'unité, la plus grande vîtesse y à laquelle l'aîle arrivera au bout du temps fini θ supposé très-grand, sera à peu près égale à $\frac{b \text{ sin. } \omega}{\text{cos. } \omega} = \frac{bx}{\sqrt{(1 - xx)}}$, c'est-à-dire très-grande.

5. On voit par-là, qu'en considérant le problême dans le cas même le plus simple, faisant abstraction des frottemens, & n'ayant égard, ni à la largeur, ni même à la longueur de l'aîle, la valeur de $x = \sqrt{\frac{2}{3}}$ ne donne point la plus grande vîtesse de l'aîle, comme on l'avoit cru jusqu'ici, mais seulement la vîtesse initiale infiniment petite la plus grande qu'il est possible. On voit encore que plus l'angle ω du plan de l'aîle avec l'axe approchera d'être égal à 90°, sans cependant être tout-à-fait égal à cet angle, plus la vîtesse que prendra l'aîle sera grande, ensorte qu'au bout d'un temps, à la vérité très-grand, elle pourra être très-considérable. Cette espéce de paradoxe peut aisément s'éclaircir, en considérant que si $x = 1$, c'est-à-dire si cos. $\omega = 0$, on aura $y = 0$; au lieu que si cos. ω n'est pas $= 0$, quelque petit qu'il soit d'ailleurs, on pourra prendre θ si grand que $A\theta b$ sin. ω cos. ω^3 soit plus

grand qu'aucune quantité donnée à volonté ; d'où il est aisé de voir que la plus grande valeur de y, ou plutôt la limite de cette plus grande valeur, sera $\frac{b \sin. \omega}{\cos. \omega}$.

6. Jusqu'à présent, ou du moins jusqu'à la solution que j'ai donnée du problême dont il s'agit dans mon *Traité des Fluides*, on s'étoit contenté, pour trouver la position des aîles la plus avantageuse, de chercher la position où la force motrice étoit la plus grande, en supposant la vîtesse finie ou comme infinie par rapport à celle de l'aîle ; or cette solution étoit illusoire. Car outre que la vîtesse du vent n'est point infinie & ne sauroit l'être, il est clair que dans cette supposition même, la force motrice agissant toujours (puisqu'elle ne pourroit jamais être nulle, la vîtesse du vent étant infinie) la vîtesse de l'aîle doit être continuellement accélérée, ce qui est contraire à l'expérience. D'ailleurs, il est évident que la vîtesse respective du vent & de l'aîle est ce qui constitue la force motrice, & c'est à cette vîtesse respective que nous avons eu égard, comme on le doit, dans la solution du problême dont il s'agit.

7. Examinons maintenant, toujours dans l'hypothése que la largeur & la longueur de l'aîle soient infiniment petites, quel doit être le mouvement de l'aîle en ayant égard au frottement. Soit β le rayon de l'axe où les aîles sont attachées, & qu'on suppose ici avoir une certaine épaisseur ; le frottement vient évidemment de la rotation de l'axe, dont les points ont une vîtesse $= \frac{\beta y}{a}$; imaginant

imaginant donc, suivant l'hypothése communément admise, que le frottement soit proportionnel à cette vîtesse, il sera $= \frac{C\beta\gamma}{a}$, C étant une constante que l'expérience doit donner; cette résistance agira par un bras de levier $= \beta$, ainsi que la force motrice $A\left(\frac{bt}{a} - \gamma\right)^2 \times \frac{a^3}{(aa+tt)^{\frac{3}{2}}}$ par un bras de levier $= a$, & il faudra, pour que le mouvement de l'aîle parvienne à l'uniformité, que l'on ait l'équation $Aa\left(\frac{bt}{a} - \gamma\right)^2 \times \frac{a^3}{(aa+tt)^{\frac{3}{2}}} = \frac{C\beta\beta\gamma}{a}$; ou $Aaa \operatorname{cos.} \omega^3 \left(\frac{b \operatorname{sin.} \omega}{\operatorname{cos.} \omega} - \gamma\right)^2 = C\beta^2\gamma$; d'où l'on tire $\gamma = + \frac{b \operatorname{sin.} \omega}{\operatorname{cos.} \omega} + \frac{C\beta^2}{2Aaa \operatorname{cos.} \omega^3} \pm \sqrt{\left(\frac{bC\beta^2 \operatorname{sin.} \omega}{Aaa \operatorname{cos.} \omega^4} + \frac{C^2\beta^4}{4A^2a^4 \operatorname{cos.} \omega^6}\right)}$. Pour déterminer de la maniere la plus simple le cas où γ est un *maximum*, on considérera que l'on aura l'équation $Aab^2 \operatorname{sin.} \omega^2 \operatorname{cos.} \omega - 2Aab\gamma \operatorname{sin.} \omega \operatorname{cos.} \omega^2 + Aa\gamma^2 \operatorname{cos.} \omega^3 - C\beta\beta\gamma = 0$; laquelle étant différenciée, on aura, en supposant $d\gamma = 0$, une seconde équation $b^2 d(\operatorname{sin.} \omega^2 \operatorname{cos.} \omega) - 2b\gamma d(\operatorname{sin.} \omega \operatorname{cos.} \omega^2) + \gamma^2 d(\operatorname{cos.} \omega^3) = 0$; ces deux équations combinées, donneront la valeur de ω & celle de γ : ou ce qui est encore plus simple, on fera égale à zero, la différentielle de la valeur de γ trouvée ci-dessus, après l'avoir mise auparavant sous la forme suivante, qui est plus commode pour le calcul, & qui donne, en supposant a égal à l'unité, $\gamma = bt +$

$$\frac{C\epsilon^2(1+tt)^{\frac{3}{2}}}{2A} \pm \sqrt{\left(\frac{Cb\epsilon^2 t(1+tt)^{\frac{1}{2}}}{A} + \frac{C^2\epsilon^4(1+tt)^3}{4A^2}\right)};$$

d'où l'on tire aiſément, en faiſant $dy = 0$, l'équation qui donnera la valeur de t, & dont je laiſſe le détail & la diſcuſſion au Lecteur.

8. Si on ſuppoſoit le frottement proportionnel au quarré de la vîteſſe au lieu de la vîteſſe ſimple, on auroit alors une équation de cette forme D coſ. $\omega^3 \times \left(\frac{b \text{ ſin. } \omega}{\text{coſ. } \omega} - y\right)^2 = E y^2$, & P coſ. $\omega \left(\frac{b \text{ ſin. } \omega}{\text{coſ. } \omega} - y\right) = \frac{Q y}{\sqrt{(\text{coſ. } \omega)}}$, P & Q étant des conſtantes ; donc $y = \frac{P b \text{ ſin. } \omega}{P \text{ coſ. } \omega + \frac{Q}{\sqrt{(\text{coſ. } \omega)}}}$; donc faiſant coſ. $\omega = z^2$, la valeur de y ſera un *maximum*, quand la différence de $\frac{z\sqrt{(1-z^4)}}{P z^3 + Q}$ ſera égale à zero ; ce qui donnera pour z une valeur réelle ; car il eſt aiſé de voir que quand ſin. $\omega = 0$, on a $y = 0$, & que quand ſin. $\omega = 1$, & coſ. ω ou $z = 0$, la valeur de y eſt auſſi $= 0$.

9. On peut faire de même une grande quantité d'autres hypothéſes ſur la valeur du frottement, & en tirer les équations convenables ; mais quelque ſuppoſition qu'on faſſe, il faut, ce me ſemble, exclure celle où la force du frottement ſeroit abſolument & uniquement conſtante, & où la vîteſſe n'entreroit pas ; puiſqu'il eſt évident qu'il n'y a point de frottement où il n'y a aucune vîteſſe.

10. On pourroit cependant, à d'autres égards, ſuppo-

ſer conſtante, non pas, à proprement parler, la force qui vient du frottement, mais la force avec laquelle la machine réſiſte à être miſe en mouvement, & qui ſous ce point de vûe, peut être regardée comme une force conſtante, puiſque l'expérience fait voir qu'il faut d'abord une certaine force pour mettre une machine en mouvement, & qu'une force infiniment petite n'y ſuffiroit pas. En ce cas, l'équation de la machine dont il s'agit ſeroit D coſ. $\omega^3 \left(\frac{b \text{ ſin.}\, \omega}{\text{coſ.}\, \omega} - \gamma\right)^2 = E$, ou $P b$ ſin. $\omega - P \gamma$ coſ. $\omega = \frac{Q}{\sqrt{(\text{coſ.}\, \omega)}}$; d'où l'on tire $\gamma = \frac{b \text{ ſin.}\, \omega}{\text{coſ.}\, \omega} - \frac{Q}{P (\text{coſ.}\, \omega)^{\frac{3}{2}}}$; ou $\gamma = b t - \frac{Q}{P} (1 + tt)^{\frac{3}{4}}$, & la vîteſſe ſera la plus grande, lorſque $b - \frac{3t}{2} \times \frac{Q}{P} \times (1 + tt)^{-\frac{1}{4}}$ ſera $= 0$; ce qui donnera la valeur de t & par conſéquent celle de ω. Au reſte, l'hypothéſe de la réſiſtance proportionnelle à une quantité conſtante, ne paroît plus ſuffire quand une fois le corps eſt en mouvement, & il paroît évident que la force du frottement qui s'y joint pour lors dépend de la vîteſſe. Mais c'eſt un objet que je laiſſe aux Phyſiciens à diſcuter. Il y a ſeulement apparence, d'après ce que nous avons dit ci-deſſus, que la force totale, qui retarde le mouvement des corps, eſt en partie conſtante, & en partie proportionnelle à une puiſſance, ou à une fonction de la vîteſſe reſpective avec laquelle les ſurfaces ſe meuvent.

11. Pour déterminer dans les calculs précédens (art.

1 & suivans) la constante A, on supposera, 1°. que la vîtesse $b = \sqrt{(2ph)}$, p étant la pesanteur; 2°. que cette vîtesse soit acquise au bout du temps T; 3°. que la résistance directe du fluide à la surface de l'aile, mue en ligne droite avec cette vîtesse b, soit mp, & l'on aura $A = \frac{\sqrt{(2ph)}}{T} \times \frac{m}{b^2}$; de sorte qu'en mettant pour b sa valeur $\sqrt{(2ph)}$, on aura $Ab^2 = \frac{m\sqrt{(2ph)}}{T}$, & par conséquent $Ab^2 = \frac{mb}{T}$, & $Ab = \frac{m}{T}$; ainsi, dans l'art. 2, on aura $\gamma = \frac{b \sin. \omega}{\cos. \omega} - \frac{b \sin. \omega}{\cos. \omega + \frac{m}{T} \sin. \omega \cos. \omega^3}$, T étant le temps qu'un corps pesant mettroit à acquérir la vîtesse b.

12. Supposons maintenant que la longueur de l'aile soit finie & $= n$, comme dans l'art. 369 de l'Ouvrage cité, sa largeur étant toujours supposée très-petite, & les noms étant encore supposés les mêmes que dans cet article; on aura la force motrice perpendiculaire à l'aile $= A\left(\frac{bt}{a} - \frac{\gamma x}{a}\right)^2 \frac{a^2}{aa+tt}$, ou plutôt $\frac{mp}{b^2}\left(\frac{bt}{a} - \frac{\gamma x}{a}\right)^2 \times \frac{aa}{aa+tt}$; & si on n'a point d'égard au frottement, le calcul pour déterminer γ, n & t, sera le même que dans l'art. cité. Dans ce cas, il est absolument inutile de décomposer la force motrice en une autre dans le sens suivant lequel l'aile se meut, ce qui donneroit $\frac{a^3}{(aa+tt)^{\frac{3}{2}}}$ au lieu de $\frac{aa}{aa+tt}$; il n'est pas même

néceſſaire, pour parvenir à l'équation eſſentielle du problême, d'avoir égard au facteur $\frac{aa}{aa+tt}$, parce que ce facteur, ainſi que le facteur $\frac{a^3}{(aa+tt)^{\frac{3}{2}}}$, ſe trouvant affecter tous les termes d'une quantité qu'on fait égale à zero, peut & doit être négligé, ainſi que nous l'avons fait à l'endroit cité dans le dernier réſultat de notre calcul. C'eſt pourquoi, ſi on fait abſtraction du frottement, comme nous l'avons fait dans l'endroit cité avec tous ceux qui avoient tenté juſqu'alors de réſoudre ce problême, la ſolution que nous en avons donnée eſt très-exacte.

13. Si on veut avoir égard au frottement, & qu'on ſuppoſe ce frottement proportionnel à une fonction φ de la vîteſſe $\frac{6\gamma}{a}$, (fonction qui peut, ſi l'on veut, renfermer une conſtante) alors il faudra décompoſer la force motrice dans le ſens où l'aîle ſe meut, & on aura, d'après les calculs faits dans l'art. cité, l'équation $\left(\frac{b^4 t^4}{6\gamma^2} - \frac{n^2 b^2 t^2}{2} + \frac{2 b\gamma t n^3}{3} - \frac{\gamma\gamma n^4}{4}\right) \times \frac{a}{(aa+tt)^{\frac{3}{2}}} - 6 \times \varphi\left(\frac{\gamma 6}{a}\right) = 0$. Après quoi, on achevera le reſte du calcul comme dans l'endroit cité, pour trouver les conditions qui rendent γ un *maximum*.

14. Ainſi la méthode que nous avons donnée (art. 369 du *Traité des Fluides*) pour le cas où le frottement $= 0$, s'applique aiſément au cas où l'on voudra avoir égard

au frottement ; c'eſt-à-dire, qu'il faudra faire = o le moment des forces accélératrices moins celui du frottement, & trouver enſuite la plus grande ordonnée y de la ſurface courbe qui réſulte de cette équation.

15. Il n'eſt point du tout néceſſaire, & il ſeroit même illuſoire de chercher ici l'équation différentielle qui donne la valeur de dy, 1°. parce que la vîteſſe de l'aîle étant ſuppoſée, comme elle l'eſt ici, parvenue à l'état d'uniformité, il ſuffit de trouver l'équation qui établit cet état d'uniformité, & c'eſt l'équation précédente (art. 13); 2°. parce qu'on ſe tromperoit en croyant que pour trouver la plus grande valeur poſſible de y, il faille faire = o la différentielle de la quantité qui exprime la force motrice. En effet, ſuppoſons qu'on ait $dy = K\,dt$, K étant une fonction de y, n, t & de conſtantes ; on a déja (*hyp.*) $K = 0$ pour exprimer la condition que la vîteſſe de l'aîle ſoit parvenue à l'état d'uniformité ; ainſi, la ſuppoſition de $dK = 0$, pour faire K à un *maximum*, ſeroit illuſoire.

16. Pour le faire ſentir encore mieux, ſuppoſons pour un moment la force du frottement conſtante, enſorte que $K = K' - B$, B étant conſtant, & K' une fonction de y, n & t, laquelle réſulte de la force motrice produite par l'impulſion du vent ; la condition de $K = 0$, donnera $K' - B = 0$, ou $K' =$ à une conſtante B ; & celle de K égal à un *maximum*, donneroit auſſi K' égal à un *maximum* ; ce qui eſt contradictoire, puiſque K' eſt ſuppoſé égal à une conſtante B.

17. En ſuppoſant $K = o$, & $dK = A'dn + B'dt + C'd\gamma$ (A', B' & C' étant des fonctions de γ, n, t), on aura en général $A'dn + B'dt + C'd\gamma = o$; donc faiſant γ un *maximum*, & par conſéquent $d\gamma = o$ dans cette derniere équation, on aura $B' = o$, $A' = o$. Ces équations ſont précisément les mêmes qu'on auroit, en ne faiſant point varier γ dans la quantité K, & en faiſant cette quantité K égale à un *maximum*. Mais ces conditions $A' = o$, $B' = o$, ne donnent point pour cela la quantité K réellement $=$ à un *maximum*, puiſque cette quantité K eſt véritablement ſuppoſée égale à zero dans la ſolution du problême.

18. On aura donc pour déterminer γ, n, t, les trois équations $K = o$, $A' = o$, $B' = o$: & nous remarquerons de plus en paſſant, que quoiqu'on ne prenne point la différence de γ dans la différentiation de K, cependant il faudra bien ſe garder, avant de différencier K, d'y ſubſtituer la valeur de γ tirée de l'équation $K = o$; car cette ſubſtitution donneroit $o = o$, & la différentiation de K, en ne faiſant que n & t variables, donneroit auſſi $o = o$; ce qui ne feroit rien connoître. Il faut donc laiſſer ſubſiſter la quantité γ dans K pour prendre la différence $dK = A'dn + B'dt + C'd\gamma = o$, ou ſimplement $A'dn + B'dt = o$.

19. Dans les calculs précédens, où j'ai eu égard à la longueur de l'aîle, j'ai ſuppoſé que l'aîle touchoit immédiatement l'axe, enſorte que les intégrales fuſſent $= o$ lorſque $x = o$. Si on vouloit rendre les réſultats plus gé-

néraux, on n'auroit qu'à ſuppoſer avec d'autres Géometres que b fût la diſtance de l'extrémité inférieure de l'aîle à l'axe du moulin ; & il n'y auroit d'autres changemens à faire dans les calculs précédens, que d'ajouter des conſtantes, telles que les intégrales fuſſent nulles quand $x=b$; l'équation du problême contiendra alors quatre indéterminées y, u, t, b, & on aura $K=0$, $A'dn+B'dt+D'db=0$; ou $A'=0$, $B'=0$, $D'=0$. Ce qui donnera la valeur des quatre inconnues pour le cas où y eſt un *maximum*.

20. Si on vouloit avoir égard à la largeur de l'aîle, les calculs, pour déterminer la réſiſtance & les momens des forces, feroient plus compliqués ; mais la ſolution ſe réduiroit toujours à faire $=0$ la ſomme des momens des forces accélératrices, moins le moment du frottement, & à faire enſuite $=0$ les coefficiens de dn, dt, db, $d\lambda$, en appellant λ la largeur de l'aîle, & faiſant toujours $dy=0$.

21. Dans le cas où il n'y a que trois variables y, n, t, les équations qui donneront $dy=0$, ſont préciſément celles qui donneroient $y=$ à un *maximum* dans la courbe qui a pour ordonnées y & n, t étant conſtant, & $y=$ à un *maximum* dans la courbe qui a pour ordonnées y & t, n étant conſtant ; en effet, la premiere condition donneroit $dy=\frac{A'dn}{C'}$, & par conſéquent $A'=0$, & la ſeconde $dy=\frac{B'dt}{C'}$, & $B'=0$. Or on ſait que pour avoir la plus grande ordonnée d'une courbe, il ne ſuffit pas toujours de faire $=0$ le coefficient de la différentielle

tielle qui en exprime la valeur ; il en eſt de même pour les plus grandes ordonnées des ſurfaces ; & l'on peut voir ſur ce ſujet un ſavant Mémoire de M. de la Grange dans le premier volume de la Société des Sciences de Turin. Il pourroit donc ſe faire que la méthode propoſée ci-deſſus, & qui conſiſte à faire = o les coefficiens de dn, dt, &c. eût beſoin de quelque modification ; ce qui ſe verra aiſément en achevant les calculs indiqués pour la ſolution de ce problême ; calculs dont le détail nous meneroit trop loin quant à préſent.

§. V.

Sur la réfraction des Corps ſolides.

1. Dans le même *Traité des Fluides* déja cité, j'ai expoſé en détail les loix de la réfraction des corps ſphériques ou circulaires, & j'ai indiqué les principes pour trouver celles de la réfraction des corps de figure quelconque. Voyez cet Ouvrage, liv. III, chap. II, & les art. *364*, *365*, *366*. Voici quelques nouvelles réflexions ſur ce ſujet ; elles ſerviront ſur-tout à faire voir comment on peut expliquer, par la ſeule réſiſtance du fluide, les ricochets qu'on forme ſur l'eau avec des corps à ſurface plane.

2. Soit AB (*Fig.* 30) une ligne droite, qui atteigne la ſurface d'un fluide, en ſe mouvant ſuivant CL dans un plan perpendiculaire à cette ſurface ; & ſoit menée la verticale CQ. Il eſt très-aiſé de voir, 1°. que ſi l'angle

LCQ eſt $< QCB$, la premiere action de la réſiſtance vers *B*, lorſque la ligne *AB* commence à entrer dans le fluide, tendra à pouſſer le centre *C* ſuivant *CK* perpendiculaire à *AB*, & à faire tourner en même-temps la ligne *AB* autour du centre *C* de *B* vers *O*; 2°. que cela continuera ainſi juſqu'à ce que le point *C* ſoit arrivé ſur la ſurface du fluide, & même encore quelque temps après qu'il l'aura traverſée; 3°. que quand toute la ligne *AB* ſera enfoncée, & même dès auparavant ce moment, l'action de la réſiſtance ſur la partie *AC* étant évidemment plus forte que ſur la partie *AB*, (parce que les points de la partie *AC* frappent le fluide avec plus de vîteſſe abſolue, en vertu du mouvement de rotation combiné avec le mouvement direct) le centre *C* éprouvera bien toujours une action ſuivant *CK*; mais la force qui tendoit à faire tourner la verge de *B* vers *O* tendra à la faire tourner en ſens contraire. D'où l'on voit, 1°. que la courbe décrite par le centre *C* ſera d'abord convexe vers la perpendiculaire *CQ*, & qu'elle pourra même devenir perpendiculaire à *CQ*, & avoir enſuite une branche qui remonte de bas en haut; 2°. que la réſiſtance, ou la force de rotation qui en réſulte, s'exercera ſur la ligne *AC* pour la faire d'abord tourner de *B* vers *O*, enſuite qu'elle agira en ſens contraire.

3. Par-là on pourra déterminer la route que ſuit la ligne *AB*; & on verra aiſement 1°. comment la courbe convexe, décrite par le centre *C*, peut faire remonter ce centre & toute la ligne *AB*, de maniere qu'elle reſſorte

du fluide ; 2°. comment la résistance produit en même-temps dans la ligne AB un pirouettement de B vers O. Pour ne point embrasser trop de difficultés à-la-fois, nous supposerons que la résistance soit en raison du quarré de la vîtesse, ou même (ce qui rendra les calculs plus faciles) de la simple vîtesse ; que la ligne AB soit entiérement enfoncée dans le fluide, ensorte que le point A touche la surface, & qu'elle ait déja acquis un mouvement de rotation de B vers O par la résistance qu'elle a éprouvée en traversant le fluide ; enfin, que CL soit sa direction dans l'instant où nous commençons à chercher son mouvement, ou en général dans un des instans quelconques qui suivent celui-là. Nous allons donner les équations par lesquelles on pourra trouver la courbe décrite par le centre, au moins tant que la ligne AB est entiérement plongée dans le fluide ; ce qui suffira pour notre objet.

4. Soit $CB = b$, la vîtesse du centre C suivant $CL = u$, l'angle $LCB = A$, la vîtesse du point B suivant l'arc BO, pour tourner autour du point C, centre de cet arc, égale à v, $CI = x$, f l'intensité de la résistance à une surface $= a$, mue avec la vîtesse V ; il est aisé de voir que la vîtesse avec laquelle le point I frappe perpendiculairement le fluide, est u sin. $A - \frac{vx}{b}$, ou (en faisant $b = 1 = a$ pour simplifier le calcul) u sin. $A - vx$; donc, 1°. en supposant la résistance comme le quarré de la vîtesse, l'action totale qui résultera de cette résistance

ſuivant CK, ſera égale à $\int \frac{f}{V^2} (u \sin. A - v x)^2 dx + \int \frac{f}{V^2} (u \sin. A + v x)^2 dx$, en ayant attention (*Traité des Fluides*, art. 367) que ces deux intégrales ſoient de même ſigne, c'eſt-à-dire en prenant l'intégrale de maniere qu'elle ſoit $= 0$ quand $x = 0$, & complette quand $x = b = 1$; ce qui donne $= \frac{2f}{V^2} (u^2 \sin. A^2 + \frac{v^2}{3})$; & le moment total des forces ſera $\int \frac{f}{V^2} (u \sin. A - v x)^2 x dx - \int \frac{f}{V^2} (u \sin. A + v x)^2 x dx$; on aura donc, en prenant l'intégrale avec les mêmes précautions, $\frac{f}{V^2} \times - \frac{4uv \sin. A . b^3}{3} = - \frac{4fuv \sin. A}{3V^2}$, pour ce moment.

5. Si on ſuppoſoit la réſiſtance proportionnelle à la ſimple vîteſſe, il faudroit dans les quantités précédentes mettre ſimplement $u \sin. A \mp v x$, au lieu de $(u \sin. A \mp v x)^2$, & on auroit la force totale ſuivant $CK = \frac{2fu \sin. A}{V}$, & le moment total $= - \frac{2fvb^3}{3V}$.

6. Donc ſi on nomme φ la premiere de ces quantités, & ψ la ſeconde, θ le temps pendant lequel la peſanteur p feroit parcourir l'eſpace a, & $d\lambda$ l'angle infiniment petit parcouru par le point B, on aura d'abord $\frac{2b^3 dd\lambda}{3}$ ou ſimplement $\frac{2dd\lambda}{3} = \frac{2a\psi dt^2}{p\theta^2}$; enſuite nommant x & y les coordonnées verticale & horizontale de la

courbe décrite par le point C, & ω l'angle de CB avec la verticale, on aura, en ayant égard à la pesanteur, la force verticale $= p - \varphi$ sin. ω, & la force horizontale $= \varphi$ cos. ω; ce qui donne $ddx = \frac{2adt^2(p - \varphi \text{ sin.} \omega)}{p\theta^2}$, & $ddy = \frac{2adt^2 \cdot \text{cos.} \omega}{p\theta^2}$.

7. Soit maintenant $\mathcal{E}$ l'angle que CB fait au premier instant avec la ligne de direction du centre C, z l'angle que la direction du centre C a parcouru pendant le temps t; il est aisé de voir qu'au bout du temps t, l'angle A sera $= \mathcal{E} - z + \lambda$; & si on nomme ρ l'angle que la direction du centre C forme avec la verticale au premier instant, on aura $\omega = \rho + z + A = \rho + \mathcal{E} + \lambda$; on aura enfin $\frac{dy}{dx} =$ tang. $(\rho + z)$; & on fera attention que $d\lambda = v\,dt$, & $\sqrt{(dx^2 + dy^2)} = u\,dt$, ou $dx = u\,dt$ cos. $(\rho + z)$.

8. On aura donc les équations suivantes, dans l'hypothése de la résistance comme le quarré de la vîtesse, & de $b = 1$,

$$\frac{2dd\lambda}{3} = \frac{2adt^2}{p\theta^2} \times - \frac{4f}{3V^2} \times \text{sin.}(\mathcal{E} - z + \lambda) \times \frac{d\lambda}{dt} \times \frac{dx}{dt\,\text{cof.}(\rho + z)};$$

$$2\,bddx = \frac{2adt^2}{p\theta^2}\Big[p - \Big(\frac{2f}{V^2} \times \frac{dx^2}{dt^2} \times \frac{1}{\text{cof.}(\rho + z)^2} \times (\text{sin.}[\mathcal{E} - z + \lambda])^2 + \frac{d\lambda^2 \cdot 2f}{3dt^2 V^2}\Big) \times \text{sin.}(\mathcal{E} + \rho + \lambda)\Big];$$

$2\,bddx$ tang. $(\rho + z) + 2\,b\,dx\,d($tang. $(\rho + z)) =$

$\frac{2adt^2}{p\theta^2} \times \left[\frac{2f}{V^2}\left(\frac{dx^2}{dt^2} \times \frac{1}{\text{cof.}(\rho+z)^2} \times \text{fin.}(\zeta - z + \lambda)^2 + \frac{d\lambda^2}{3dt^2}\right) \times \text{cof.}(\zeta + \rho + \lambda)\right]$.

9. On peut ſimplifier ces équations, en faiſant $\frac{dx}{\text{cof.}(\rho+z)}$ = à l'arc ds de la courbe décrite par le centre C, ce qui donne $dy = \frac{dx.\text{fin.}(\rho+z)}{\text{cof.}\,\rho+z} = ds\,\text{fin.}(\rho+z)$; & l'on aura

$$2dd\lambda = \frac{-8fadt^2}{p\theta^2} \times \text{fin.}(\zeta - z + \lambda) \times \frac{d\lambda}{dt} \times \frac{ds}{dt}.$$

$$d(ds\,\text{cof.}(\rho+z)) = \frac{2adt^2}{p\theta^2} \times \left[p - \left(\frac{2fds^2}{V^2dt^2} \times \text{fin.}(\zeta - z + \lambda)^2 + \frac{2fd\lambda^2}{3V^2dt^2}\right)\text{fin.}(\zeta + \rho + \lambda)\right]$$

$$d(ds\,\text{fin.}(\rho+z)) = \frac{2adt^2}{p\theta^2} \times \left[\frac{2f}{V^2} \times \left(\frac{ds^2}{dt^2} \times \text{fin.}(\zeta - z + \lambda)^2 + \frac{d\lambda^2}{3dt^2}\right) \times \text{cof.}(\zeta + \rho + \lambda)\right].$$

Je laiſſe aux Analyſtes l'intégration de ces équations, qui ne paroît pas facile, pour m'arrêter à un cas plus ſimple, qui ſera l'objet de l'article ſuivant.

10. Si la réſiſtance étoit ſuppoſée proportionnelle à la ſimple vîteſſe, & qu'on fît abſtraction de la peſanteur, les équations ſeroient beaucoup plus ſimples & plus faciles à intégrer; car on auroit,

1°. $2b^3dd\lambda = \frac{2adt^2}{p\theta^2} \times -\frac{2fb^3d\lambda}{Vdt}$; d'où l'on tire aiſément la valeur de λ en t;

2°. $2bd(ds \operatorname{cof.}(\rho + z)) = -\frac{2adt^2}{p\theta^2} \times \frac{2fds \operatorname{fin.}(6 - z + \lambda)}{Vdt}$;

3°. $2bd(ds \operatorname{fin.}(\rho + z)) = \frac{2adt^2}{p\theta^2} \times \frac{2fds \operatorname{cof.}(6 - z + \lambda)}{Vdt}$.

11. La feconde de ces équations donnera une valeur de $\frac{dds}{ds} = -d(\operatorname{cof.} \rho + z) - B\,dt \operatorname{fin.}(6 - z + \lambda)$, B étant une conftante, & λ étant connue en t par la premiere équation; la troifiéme équation donne auffi $\frac{dds}{ds}$ $= -d \operatorname{fin.}(\rho + z) + B\,dt \operatorname{cof.}(6 - z + \lambda)$.

12. On aura donc, en fuppofant $\lambda = T$, c'eft-à-dire à une fonction connue de t, l'équation $+ dz(\operatorname{cof.} \rho \operatorname{cof.} z - \operatorname{fin.} \rho \operatorname{fin.} z + \operatorname{fin.} \rho \operatorname{cof.} z + \operatorname{fin.} z \operatorname{cof.} \rho) = B\,dt$ $[\operatorname{fin.}(6 + T) \operatorname{cof.} z - \operatorname{fin.} z \operatorname{cof.}(6 + T) + \operatorname{cof.}(6 + T) \operatorname{cof.} z + \operatorname{fin.} z \operatorname{fin.}(6 + T)]$.

13. On peut rendre l'équation précédente encore plus fimple en confidérant, 1°. que fin. 45° = cof. 45°; 2°. que l'équation $d(\operatorname{cof.} \rho + z - \operatorname{fin.} \rho + z) = -B\,dt(\operatorname{fin.} 6 - z + \lambda + \operatorname{cof.} 6 - z + \lambda)$ eft la même chofe que $d[\operatorname{cof.} 45° \operatorname{cof.}(\rho + z) - \operatorname{fin.} 45° \operatorname{fin.}(\rho + z)] = -B\,dt[\operatorname{cof.} 45° \operatorname{fin.}(6 - z + \lambda) + \operatorname{fin.} 45° \operatorname{cof.} 6 - z + \lambda)]$ ou $d(\operatorname{cof.}(\rho + z + 45°)) = -B\,dt \operatorname{fin.}(6 - z + \lambda + 45°)$, ou en fuppofant $\rho + z + 45° = \varpi$, & $6 + \rho + 90° + \lambda = T'$, $d \operatorname{cof.} \varpi = -B\,dt \operatorname{fin.}(T' - \varpi)$, T' étant une fonction connue de t; c'eft l'équation qu'il faut intégrer, & à laquelle nous allons donner encore une autre forme plus commode dans l'article fuivant.

14. On remarquera d'abord que la premiere équation,

qu'on peut mettre ſous cette forme $dd\lambda = - E d\lambda dt$, donne $\lambda = \frac{A}{E}(1 - c^{-Et})$, A étant la valeur de $\frac{d\lambda}{dt}$, lorſque $t = 0$. De plus, la force qui agit ſur le point C perpendiculairement à CB, étant $= \frac{2fu \text{ ſin. } A}{V}$ ou $\frac{Fds}{dt}$ ſin. $(6 - z + \lambda)$ (en prenant F pour une conſtante) il eſt très-aiſé de voir que la force qui en réſulte dans la direction de ds ſera $\frac{Fds}{dt}[\text{ſin.}(6 - z + \lambda)]^2$, & que celle qui en réſulte perpendiculairement à ds, pour faire parcourir au centre C le petit angle dz, ou plutôt la petite ligne $ds\,dz$, eſt $\frac{Fds}{dt}$ ſin. $(6 - z + \lambda)$ coſ. $(6 - z + \lambda)$. On aura donc $-2bdds = \frac{Fds}{dt} \times [\text{ſin.}(6 - z + \lambda)^2] \times dt^2$, & $2bds\,dz = \frac{Fds}{dt} \times$ ſin. $(6 - z + \lambda)$ coſ. $(6 - z + \lambda)\,dt^2$.

15. Donc ſuppoſant $6 - z + \lambda = \rho$, on aura $-\frac{2bdds}{ds} = Fdt(\text{ſin.}\,\rho)^2$; $2b(d\lambda - d\rho) = F$ ſin. ρ coſ. $\rho \cdot dt$; & faiſant la tangente de $\rho = x$, on aura, en prenant $b = 1$, $2[d\lambda(1 + xx) - dx] = Fx\,dt$.

16. Or il eſt très-facile de s'aſſurer que $F = E$; donc ſuppoſant $\frac{E}{2} = H$, on aura, à cauſe de $d\lambda = Ac^{-Et}dt$, $2dt(1 + xx)Ac^{-Et} = 2dx + Ex\,dt = 2c^{-Ht}d(xc^{Ht})$; donc $dt(1 + xx)c^{-Ht} = d(xc^{Ht})$; donc ſuppoſant $c^{Ht} = u$, on aura $\frac{du}{Huu}(1 + xx) = d(xu)$;

$d(xu)$; & faiſant $xu = z$, on aura $du(zz + uu) = Hu^4 dz$; & faiſant encore $u^{-3} = y$, on aura une équation de cette forme $Cz^2 dy + D y^{-\frac{2}{3}} dy = H dz$, équation qui ne tombe dans aucun des cas intégrables de l'équation de Ricati, à laquelle elle ſe rapporte.

17. Il ne paroît donc pas poſſible (au moins par les méthodes connues) de trouver la courbe décrite par le centre C, dans l'hypothéſe (la plus ſimple qu'on puiſſe faire pour le calcul) de la réſiſtance proportionnelle à la ſimple vîteſſe. Au reſte, 1°. on peut toujours trouver le mouvement de rotation de la ligne CB autour du centre C, au moins tant que la ligne ACB eſt entiérement plongée dans le fluide. 2°. On peut avoir, par pluſieurs points & par une eſpéce d'approximation, la courbe décrite par le centre C, en remarquant que $\sin.\rho \cos.\rho = \frac{\sin. 2\rho}{2} = \frac{\sin. 2(\zeta + \lambda - z)}{2} =$ à très-peu près $\frac{\sin. (2\zeta + 2\lambda)}{2} - z \cos. (2\zeta + 2\lambda)$, en ſuppoſant z peu conſidérable ; ce qui donne un moyen facile de conſtruire la courbe par parties, & de connoître à peu près la route du centre C.

18. Quoi qu'il en ſoit, la théorie précédente ſuffit pour faire entendre comment des corps à ſuperficie plane, lancés ſur l'eau avec une direction oblique & ſuivant une certaine poſition, y ſont réfléchis. Je dis *lancés ſuivant une certaine poſition*. Car il eſt aiſé de voir par ce qui a été dit ci-deſſus, que ſi l'angle initial LCQ étoit $> BCQ$ au lieu d'être plus petit, la direction de la force

qui agit sur le centre *C* seroit dans un sens contraire à *CK*, & que par conséquent la courbe décrite par ce centre seroit concave vers la perpendiculaire *CQ*, ensorte que la ligne *AB*, au lieu d'être réfléchie par la surface du fluide, tendoit à s'y enfoncer toujours de plus en plus. Ce qui serviroit à prouver de nouveau, s'il étoit nécessaire, combien on a eu tort de croire qu'en général tout corps passant dans un milieu plus résistant se réfractera en s'éloignant de la perpendiculaire; il est visible, par ce nouvel exemple, que tout dépend de la figure du corps, & de la direction qu'il a quand il entre dans le nouveau milieu.

19. On peut employer une méthode semblable à celle de l'art. 17, pour trouver le mouvement du corps dans quelque hypothése de résistance que ce soit, ce corps étant entiérement plongé ou non dans le fluide. Mais il est bon de remarquer, que l'hypothése de la résistance proportionnelle à toute autre fonction de la vîtesse que le quarré, est susceptible de difficultés, même purement mathématiques, dont je pourrai parler ailleurs, & qui ont lieu sur-tout dans le cas où la direction de la résistance est oblique à la surface choquée.

Fin du trente-quatriéme Mémoire.

XXXVME MÉMOIRE.

Réflexions ſur les Suites & ſur les Racines imaginaires.

§. I.

Réflexions ſur les ſuites divergentes ou convergentes.

1. SI on éleve $1+\mu$ à la puiſſance m, le terme n^e de la ſerie ſera $\mu^{n-1}\times\frac{m(m-1)\ldots(m-n+2)}{2.3.4\ldots n-1}$, & le ſuivant, c'eſt-à-dire le $(n+1)^e$, ſera $\mu^n\times\frac{m(m-1)\ldots(m-n+2)(m-n+1)}{2.3.4\ldots n-1.n}$; donc le rapport du $(n+1)^e$ terme au n^e ſera $\frac{\mu(m-n+1)}{n}$; or pour que la ſerie ſoit convergente, il faut que ce rapport (abſtraction faite du ſigne qu'il doit avoir) ſoit $<$ que l'unité.

2. Remarquons d'abord que la formule précédente donnera le moyen de former très-promptement les termes d'une ſuite : par exemple, ſi $m=\frac{1}{2}$, il faudra multiplier le premier terme par $\mu\times\frac{1}{2}$ pour avoir le ſecond;

le second par $-\mu(1-\frac{1}{4})$ pour avoir le troisiéme; le troisiéme par $-\mu(1-\frac{3}{6})$ pour avoir le quatriéme, & ainsi de suite, ce qui donne

$$1+\frac{\mu}{2}-\frac{\mu\mu}{2.4}+\frac{\mu^3.3}{2.4.6}-\frac{\mu^4.3.5}{2.4.6.8}+\frac{\mu^5.3.5.7}{2.4.6.8.10}, \&c.$$

Si $m=\frac{1}{3}$, on aura de même $1+\frac{\mu}{3}-\frac{2\mu\mu}{3.6}+\frac{\mu^3.2.4}{3.6.8}-\frac{\mu^4.2.4.6}{3.6.8.10}+\frac{\mu^5.2.4.6.8}{3.6.8.10.12}$, &c.

3. Et en général, si $m=\frac{p}{q}$, il faudra toujours multiplier le dernier terme trouvé par $\mu(-1+\frac{p+q}{qn})$. Voyons maintenant les conditions qui rendent la serie convergente.

4. Soit $\mu=\pm(1\pm\nu)$, ce qui repréſentera toutes les series possibles; on remarquera d'abord que dans le cas où l'on a $1-\nu$, il faut supposer $\nu<1$; car si ν étoit >1, alors $+(1-\nu)$ retomberoit dans le cas de $-1-\nu$, ou $-1+\nu$, ν étant dans ce dernier cas <1; & $-(1-\nu)$ retomberoit dans le cas de $+1+\nu$, ou $+1-\nu$, ν étant dans ce dernier cas <1.

5. Cela posé, si $\frac{m+1}{n}$ est >1, le rapport trouvé ci-dessus du $(n+1)^e$ terme au n^e, sera $\pm(1\pm\nu)(\frac{m+1}{n}-1)$, ou abstraction faite du signe $\pm$, $(1\pm\nu)(\frac{m+1}{n}-1)$; & si $\frac{m+1}{n}$ est <1, le rapport sera $(1\pm\nu)$

$(1 - \frac{m+1}{n})$. La feconde de ces formules fert pour les termes avancés dans la ferie ; car il eft évident que plus n fera grand, plus $\frac{m+1}{n}$ diminuera.

6. Or pour que le premier de ces rapports foit < 1, il faut, en fuppofant $n = 1 + \omega$, que $1 \pm \nu$ foit $< \frac{1+\omega}{m-\omega}$; & pour le fecond rapport, il faut que $1 \pm \nu$ foit $< \frac{1+\omega}{\omega-m}$.

7. Maintenant, comme ω eft toujours un nombre entier pofitif, puifque le nombre entier $n = 1 + \omega$ ne fauroit être < 1, il réfulte des deux formules précédentes, 1°. que dans le cas où m n'eft pas un nombre entier pofitif, feul cas où la ferie $(1 + \mu)^m$ ait une infinité de termes, la ferie fera convergente dans fes derniers termes fi on a $\mu = 1 - \nu$; car en faifant $\omega = \infty$ dans la feconde formule, on a $\frac{1+\omega}{\omega-m} = 1$, & par conféquent $1 - \nu < \frac{1+\omega}{\omega-m}$, au moins vers les derniers termes ; 2°. qu'au contraire la ferie fera divergente vers fa fin, fi on a $\mu = 1 + \nu$.

8. D'où il s'enfuit que la ferie donnera *faux*, toutes les fois que μ, pris pofitivement ou négativement, fera > 1, puifque la ferie fera alors divergente à fon extrémité ; & qu'au contraire, lorfque μ fera < 1, la ferie pourra toujours être employée, puifqu'elle fera con-

vergente à ſon extrémité, & que ſon dernier terme ſera infiniment petit.

9. Les formules $1 \pm \nu < \frac{1+\omega}{m-\omega}$, & $1 \pm \nu < \frac{1+\omega}{\omega-m}$ donnent les deux conditions $\pm \nu < \frac{1+2\omega-m}{m-\omega}$; & $\pm \nu < \frac{1+m}{\omega-m}$; la premiere formule ſervira pour le cas où ω eſt $< m$, & la ſeconde pour celui où ω eſt $> m$.

10. Si m eſt négatif, il faudra toujours employer la ſeconde formule, parce qu'alors ω (qui eſt toujours ou zero ou un nombre entier poſitif) eſt $> m$.

11. Si μ eſt < 1, & par conſéquent ν négatif & < 1, on aura dans la premiere formule $-\nu < \frac{1+2\omega-m}{m-\omega}$, 1°. ſi le numérateur eſt poſitif, c'eſt-à-dire, en ſuppoſant $m = \omega + \rho$, ſi $1 + \omega$ eſt $> \rho$; 2°. ſi le numérateur eſt négatif, & tel que $\frac{\rho-1-\omega}{\rho}$ ſoit une fraction plus petite que ν ; donc $1 - \nu < \frac{1+\omega}{\rho}$, ou $\mu < \frac{1+\omega}{\rho}$. Donc ſi $1 + \omega$ eſt $< \rho$, & que μ ſoit $> \frac{1+\omega}{\rho}$, la ſerie ſera divergente dans ſes premiers termes.

12. Or comme ω ne ſauroit être < 0, il faut, pour que $1 + \omega$ ſoit $< \rho$, que ρ ſoit > 1, & par conſéquent à cauſe de $m = \omega + \rho$, que m ſoit auſſi > 1. Donc ſi m eſt poſitif & plus petit que 1, la ſerie ſera toujours convergente dans l'hypothéſe de ν négatif & < 1.

13. Dans la même hypothéſe de $\mu < 1$, la ſeconde

formule donnera $-\nu < \frac{1+m}{\omega-m}$, 1°. si m est positif, 2°. si m est négatif, & qu'en faisant $m = \omega - \rho$, on ait $-\nu < \frac{1+\omega-\rho}{\rho}$, ou à cause de $\rho > \omega$, $\frac{\rho-\omega-1}{\rho} < \nu$, ou à cause de $\nu = 1 - \mu$, $\mu < \frac{1+\omega}{\rho}$.

14. Nous n'avons pas besoin d'examiner les cas où μ seroit > 1; car nous avons vû que dans ces cas-là la serie seroit divergente dans ses derniers termes, & par conséquent donneroit *faux*, quoiqu'elle pût paroître convergente dans ses premiers termes, ce qui arriveroit, par exemple, si on avoit $\mu = 2$, & $n = \frac{1}{3}$; car alors les deux premiers termes de la serie seroient 1, & $+\frac{2}{3}$, & cependant la serie donneroit *faux*.

15. Cette convergence des premiers termes peut même être poussée fort loin dans une serie qui d'ailleurs finira par être divergente, & qui par conséquent donnera *faux*; par exemple, si on éleve $1 + \frac{200}{199}$ à la puissance $\frac{1}{2}$, la serie ne commencera à diverger qu'après le terme dont le quantiéme n soit tel que $\left(1 + \frac{1}{199}\right)\left(1 - \frac{3}{2n}\right)$ soit > 1, c'est-à-dire tel que n soit > 300.

16. En général, si $\frac{1}{\nu} + 1$ est $=$ à un nombre entier positif, que j'appelle k, ce qui donne $\nu = \frac{1}{k-1}$ & $1 + \nu = \frac{k}{k-1}$, la serie convergera jusqu'à un terme dont

l'expoſant n ſoit tel, qu'on ait $n > (1+m)(1+\frac{1}{\nu})$ ou $(1+m)k$.

17. On auroit donc tort de croire une ſerie véritablement convergente, parce qu'elle converge, même fort avant, dans ſes premiers termes. Il faut néceſſairement, pour que la ſerie ne donne pas faux, que μ ſoit <1.

18. Par la même raiſon, il eſt clair qu'une ſerie peut être divergente dans ſes premiers termes, quoique convergente dans ſes derniers, & par conſéquent bonne & non fautive, pourvu qu'on la pouſſe aſſez loin pour cela; par exemple, ſoit $a+b$ élevé à la puiſſance -3, & $b > \frac{a}{3}$, mais $< a$, la ſerie ſe trouvera dans le cas dont nous parlons. En général, pour que la ſerie ſoit toujours convergente, il faut que $-\nu$ ſoit toujours $< \frac{1+2\omega-m}{m-\omega}$, ou $< \frac{1+m}{\omega-m}$. Soit par exemple $\mu = 1 - \frac{1}{k}$, m un nombre négatif $= -p$, on aura pour condition de la convergence, $-\frac{1}{k} > \frac{1-p}{\omega+p}$ & $\frac{1}{k} > \frac{p-1}{\omega+p}$; donc ſi ω eſt $< kp-k-p$, la ſerie ſera divergente. Soit par exemple $k=100$, $p=2$, la ſerie ſera divergente juſqu'au 99e terme; car on aura $kp-k-p = 200-100-2=98$; donc, tant que n ou $1+\omega$ ſera <99, on aura $\omega < kp-k-p$.

19. On peut remarquer encore, que puiſque le rapport du $(n+1)^e$ terme au n^e eſt $\mu\left(\frac{m+1}{n}-1\right)$ ou $\mu\left(\frac{m-\omega}{1+\omega}\right)$, ces

ces deux termes ſeront de même ſigne, 1°. ſi μ eſt poſitif & $m > \omega$; 2°. ſi μ eſt négatif & $m < \omega$; & au contraire de différens ſignes, ſi μ eſt poſitif & $m < \omega$, ou ſi μ eſt négatif & $m > \omega$.

20. Donc ſi μ eſt négatif, les termes de la ſerie ſeront de même ſigne, à commencer au terme n, tel que n ou $1 + \omega$ ſoit $> 1 + m$; au contraire, ſi μ eſt poſitif, les termes ſeront de ſignes alternatifs, à commencer par celui où n eſt $> 1 + m$.

21. Pour qu'une ſerie ſoit la plus parfaite qu'il eſt poſſible, il faut, 1°. que tous ſes termes aillent en diminuant depuis le premier terme; 2°. que ces termes, s'il eſt poſſible, ſoient de même ſigne; puiſqu'une ſerie, dont il faut ajouter tous les termes, eſt évidemment plus convergente, toutes choſes d'ailleurs égales, qu'une ſerie dont il faut ajouter & ſouſtraire les termes alternativement. On peut toujours abſolument remplir la premiere condition, en partageant la quantité donnée $1 \pm \mu$ en deux, dont l'une ſoit auſſi petite qu'on voudra par rapport à l'autre; par exemple, ſoit propoſé d'extraire la racine quarrée de 2; on pourra mettre $\sqrt{2}$ ſous cette forme $\sqrt{(4 - 2)}$ ou $2\sqrt{(1 - \frac{1}{2})}$, ou $\sqrt{\left(\frac{9 - 1}{4}\right)} = \frac{3}{2} \times \sqrt{(1 - \frac{1}{9})}$, ou &c. Mais il n'eſt pas de même toujours poſſible de rendre tous les termes de même ſigne; puiſque μ étant ſuppoſée donnée, on n'eſt pas toujours le maître de faire enſorte que μ & $m - \omega$ ſoient de même ſigne.

22. Si les termes de la ſerie ſont de même ſigne, à

commencer au terme n, tel que n soit $> 1 + m$, il est aisé de voir que la somme de la serie, à commencer au n^e terme que je nomme A, est $< A + A\mu + A\mu^2 + A\mu^3$, &c. & au contraire $> A + A\mu\left(\frac{\omega - m}{1+\omega}\right) + A\mu^2 \times \left(\frac{\omega - m}{1+\omega}\right)^2 + A\mu^3\left(\frac{\omega - m}{1+\omega}\right)^3$, &c.

23. Donc la somme des termes, à commencer de A, sera $< \frac{A}{1-\mu}$, & $> \frac{A}{1-\mu\left(\frac{\omega-m}{1+\omega}\right)} = \frac{A}{1-\mu+\frac{\mu(m+1)}{1+\omega}}$; ce qui donne un moyen assez commode d'avoir la somme d'une suite par approximation; l'erreur sera moindre que $\frac{A\mu(m+1)}{(1-\mu)(1+\omega-\omega\mu+\mu m)}$.

24. Par exemple, si on veut tirer la racine quarrée de 2, on mettra d'abord $\sqrt{2}$ sous cette forme $\sqrt{\left(\frac{9-1}{4}\right)} = \frac{3}{2}\sqrt{\left(1-\frac{1}{9}\right)}$; donc (en mettant à part le coefficient $\frac{3}{2}$) si on fait $n = 10$, ou $\omega = 9$, on aura $A = \frac{1.3.5.7.9.11.13.15}{9^9.2.4.6.8.10.12.14.16.18}$; & après avoir ajouté ensemble les neuf premiers termes, le reste de la serie sera $< \frac{A}{1-\frac{1}{9}}$ & $> \frac{A}{1-\frac{1}{9}+\frac{11.3}{9.20}}$.

25. Si on faisoit seulement $n = 5$, on auroit $A = \frac{1.3.5}{9^4.2.4.8}$, & on aura la valeur de la serie par les formules précédentes, ensorte que l'erreur sera moindre que $\frac{A.3}{9.10\times\frac{8}{9}\times\left(\frac{8}{9}+\frac{1}{10}\right)}$.

26. La méthode que je viens de donner, pour ſommer une ſuite par approximation, peut être utile en pluſieurs cas, & j'ai le premier employé une ſemblable méthode dans la théorie de l'action de Jupiter & de Saturne. Voyez mes *Recherches ſur le ſyſtême du Monde*, Partie II, pag. 59 & ſuivantes.

27. Voici encore un autre moyen de rendre en pluſieurs cas une ſerie plus approchée qu'elle ne le ſeroit naturellement & ſans transformation. Soit $a - t$ élevé à la puiſſance m, t étant beaucoup plus petit que a. Soit ka la plus grande valeur de t, on mettra d'abord $a - t$ ſous cette forme $a - ka - (t - ka)$; or t étant ſuppoſé d'abord $< ka$, $\frac{a - ka}{ka - t}$ ſera $> \frac{a}{t}$, dès que $at - kat$ ſera $> kaa - at$, c'eſt-à-dire $t > \frac{ka}{2 - k}$; ce qui n'empêchera pas qu'on n'ait $t < ka$, puiſque ka étant ſuppoſé fort petit par rapport à a, $\frac{ka}{2 - k}$ eſt ſeulement tant ſoit peu plus grand que $\frac{ka}{2}$. De-là il réſulte, que pour avoir la valeur la plus approchée de $(a - t)^m$, il faut d'abord réduire à l'ordinaire en ſerie $(a - t)^m$, enſuite, lorſque t eſt égal à $\frac{ka}{2 - k}$, réduire en ſerie la quantité équivalente $[a - ka - (t - ka)]^m$, ou $(a' + t')^m$, en faiſant $a - ka = a'$, & $t' = ka - t$. La combinaiſon de ces deux ſeries donnera la valeur la plus approchée, & en même-temps la plus ſimple qu'il ſera poſſible de la quantité qu'on cherche.

28. Si à la place de $a-t$, on écrivoit $a+ka-(t+ka)$, on auroit $\frac{a+ka}{t+ka} < \frac{a}{t}$; puisque $at+kat < at+kaa$. De-là il s'ensuit que si on veut élever $a-t$ à la puissance m, il sera bon, lorsque t sera $> \frac{ka}{2-k}$, de mettre $a-t$ sous la forme $(a-ka)-(t-ka)$ préférablement à toute autre; puisque la serie en sera plus convergente dès que t sera plus grand que $\frac{ka}{2-k}$.

29. Si on avoit $a+t$ à élever à la puissance m, on remarqueroit d'abord que $\frac{a-ka}{t+ka} < \frac{a}{t}$, & qu'ainsi il ne faut pas changer $a+t$ en $a-ka+t+ka$; mais si on change $a+t$ en $a+ka+t-ka$, on verra facilement que $\frac{a+ka}{ka-t} > \frac{a}{t}$, si $at+kat > kaa-at$, c'est-à-dire si $t > \frac{ka}{2+k}$; c'est pourquoi si l'on a à développer en serie $(a+t)^m$, & que t soit $> \frac{ka}{2+k}$, on écrira au lieu de $(a+t)^m$, pour rendre la serie plus convergente, la quantité $[a+ka+(t-ka)]^m$, ou $(a'-t')^m$, a' étant $=a+ka$, & $t'=ka-t$.

30. Les recherches précédentes sur la convergence ou divergence des series, peuvent servir de supplément à un Mémoire imprimé parmi ceux de l'Académie en 1715, & où M. Varignon n'a fait qu'effleurer cette matiere; car non-seulement il n'y a pas parlé des exposans fractionnaires; il ne fait même mention, relativement à

la divergence, que des cas où a eſt $< b$ dans le développement de la quantité $(a+b)^{-m}$, & ne remarque point que la ſerie peut, en pluſieurs cas, être divergente dans un grand nombre de ſes premiers termes, ſi a eſt $< mb$, & ainſi du reſte.

31. Ces réflexions ſur la divergence des ſeries en pluſieurs cas, paroiſſent mériter attention de la part des Géometres dans les démonſtrations qu'ils donnent de certaines vérités. Je n'en citerai qu'un exemple. On ſait que l'expreſſion du ſinus z d'un angle x, eſt $z = x - \frac{x^3}{2 \cdot 3} + \frac{x^5}{2 \cdot 3 \cdot 4 \cdot 5} - \frac{x^7}{2 \cdot 3 \cdot 4 \cdot 5 \cdot 7}$, &c. Il eſt évident que cette expreſſion, à laquelle on peut parvenir par différentes routes, ne peut être cenſée exacte, qu'autant qu'elle eſt convergente, au moins dans ſes derniers termes; or le n^e terme de cette ſuite étant $\frac{x^{2n+1}}{2 \cdot 3 \ldots\ldots 2n+1}$, eſt au précédent comme $\frac{x^2}{2n(2n+1)}$ eſt à l'unité; d'où il eſt viſible que ſi on prend $x =$ à un arc très-grand $k\pi$, π étant la demi-circonférence, & k un nombre très-grand, entier ou rompu, la ſerie ſera divergente, juſqu'à ce qu'on arrive à un terme $\frac{x^{2n+1}}{2 \cdot 3 \ldots\ldots 2n+1}$, où $k^2 \pi^2$ ſoit plus petit que $2n(2n+1)$. De-là il s'enſuit, que comme on peut toujours arriver à un pareil terme, la ſerie dont il s'agit exprimera toujours le ſinus d'un arc quelconque x, pourvu qu'on la pouſſe à un très-grand nombre de termes ſi x eſt fort grand; mais ſi on veut avoir une ſerie

très-convergente dès les premiers termes, il faudra, si x est plus grand que la circonférence, substituer dans la formule au lieu de x, $x - 2n\pi$, n exprimant un nombre entier positif, & $2n\pi$ un arc égal à la circonférence, prise tant de fois qu'on voudra, de maniere que $2n\pi$ soit $< x$, & $(2n+1)\pi > x$; & si $x - 2n\pi$ est > 90 degrés (car les arcs x & $180 - x$ ont le même sinus), il faudra mettre dans cette derniere formule $180 - x + 2n\pi$, au lieu de $x - 2n\pi$.

32. La démonstration que M. Bernoulli a donnée dans ses Œuvres, Tome IV, pages 20 & 21, de la somme de la serie $1 + \frac{1}{4} + \frac{1}{9} + \frac{1}{16} + \frac{1}{25}$, &c. est fondée sur l'expression $x - \frac{x^3}{2.3}$, &c. du sinus par l'arc; il étoit, ce me semble, nécessaire pour n'avoir aucun scrupule sur cette démonstration, d'être assuré que cette expression, poussée à l'infini, donne en effet la valeur de l'arc; précaution que M. Bernoulli, & personne que je sache, n'avoit encore prise. Elle étoit néanmoins d'autant plus essentielle, que l'expression de l'arc par le sinus, fondée sur la serie connue qui est l'intégrale de $\frac{dx}{\sqrt{(1-xx)}}$, ne peut être regardée comme exacte, c'est-à-dire comme représentant à-la-fois tous les arcs qui ont le même sinus; puisque cette serie ne représente évidemment qu'un seul des arcs qui répondent au sinus dont il s'agit, savoir le plus petit de ces arcs, celui qui est inférieur ou tout au plus égal à 90 degrés. Cependant c'est d'un autre côté une sorte de paradoxe remarquable, que l'expression de l'arc

par le ſinus ne repréſentant qu'un ſeul arc de 90 degrés au plus, l'expreſſion du ſinus par l'arc, qu'on peut déduire (par la méthode du retour des ſuites), de l'expreſſion de l'arc par le ſinus, repréſente exactement, étant pouſſée à l'infini, le ſinus de tous les arcs poſſibles, plus petits ou plus grands que 90°, & même que la circonférence ou demi-circonférence priſe tant de fois qu'on voudra. Je laiſſe à d'autres Géometres le ſoin d'éclaircir ce myſtere, ainſi que pluſieurs autres qui peuvent ſe rencontrer dans la théorie des ſuites; théorie qui me paroît encore très-imparfaite, & quant à la partie analytique, & quant à la partie métaphyſique. Pour moi, j'avoue que tous les raiſonnemens & les calculs fondés ſur des ſeries qui ne ſont pas convergentes, ou qu'on peut ſuppoſer ne pas l'être, me paroîtront toujours très-ſuſpects, même quand les réſultats de ces raiſonnemens s'accorderoient avec des vérités connues d'ailleurs.

§. II.

Sur l'expreſſion de certaines quantités imaginaires, & à cette occaſion ſur les racines des équations du troiſiéme degré dans le cas irréductible.

1. J'ai démontré ailleurs, que ſi on éleve $a + b\sqrt{-1}$ à la puiſſance m, on aura pour réſultat $(aa + bb)^{\frac{m}{2}} \times (g + h\sqrt{-1})$, h étant le ſinus, & g le coſinus d'un angle $= mA$, lequel angle A a pour tangente $\frac{a}{b}$, & pour

rayon $\sqrt{(aa+bb)}$, c'eſt-à-dire pour ſinus $\frac{b}{\sqrt{(aa+bb)}}$, & pour coſinus $\frac{a}{\sqrt{(aa+bb)}}$. Comme le ſinus b & le coſinus a appartiennent, non-ſeulement à l'angle A, mais à l'angle $A \pm n.\ 360^\circ$, n étant un nombre entier tel qu'on voudra, il eſt aiſé de conclure de-là, que ſi on propoſe une quantité telle que $(a+b\sqrt{-1})^{\frac{1}{p}}$, cette quantité aura p valeurs, correſpondantes aux différentes valeurs de ſin. $\frac{1}{p}(A \pm n.\ 360)$, & coſ. $\frac{1}{p}(A \pm n.\ 360)$, leſquelles, comme l'on ſait, ſont au nombre de p.

2. Comme on a $\frac{-b}{-a} = \frac{b}{a}$, (& qu'ainſi la tangente de l'angle, qui a $-b$ pour ſinus & $-a$ pour coſinus, eſt la même que celle de l'angle qui a b pour ſinus & a pour coſinus), on pourroit croire que l'angle A eſt non-ſeulement celui qui a pour ſinus $\frac{b}{\sqrt{(aa+bb)}}$, & pour coſinus $\frac{a}{\sqrt{(aa+bb)}}$, mais encore $\frac{-b}{\sqrt{(aa+bb)}}$ & $\frac{-a}{\sqrt{(aa+bb)}}$; c'eſt-à-dire l'angle $A \pm n.\ 180^\circ$, d'où il s'enſuivroit que le ſinus b & le coſinus a appartiendroient à l'angle $A \pm n.\ 180^\circ$; ce qui donneroit $2p$ valeurs à $(a+b\sqrt{-1})^{\frac{1}{p}}$.

3. Mais il faut remarquer, que quoique la tangente $\frac{-b}{-a}$ de l'angle $A \pm n.\ 180$ ſoit égale à $\frac{b}{a}$, on ne doit pas

pas, lorsque l'expression $(a+b\sqrt{-1})^m$ est réduite à $A+B\sqrt{-1}$ par nos méthodes, prendre b & a avec des signes contraires à ceux qu'ils ont; en voici la preuve.

4. Soit $m=\frac{1}{3}$, $b=0$, $a=1$, on aura $(a+b\sqrt{-1})^m = 1^{\frac{1}{3}}$; c'est-à-dire $\sqrt[3]{1}$, $\sqrt[3]{1}\left(\frac{-1+\sqrt{3}}{2}\right)$, & $\sqrt[3]{1}\times\left(\frac{-1-\sqrt{3}}{2}\right)$; comme on le sait d'ailleurs par la résolution de l'équation du 3e degré $x^3-1=0$, dont les trois racines sont telles qu'on vient de les donner. Ce qui s'accorde avec la formule générale; car l'angle dont la tangente est $\frac{0}{a}$ est $=0$, ou $0+360$, ou $0+360\times 2$; les sinus & cosinus, représentés par B & A, sont donc ici, sin. $\frac{0}{3}=0$, cos. $\frac{0}{a}=1$; sin. $\frac{360}{3}=$ sin. $120 = +\frac{\sqrt{3}}{2}$; & cos. $\frac{360}{3}=$ cos. $120=-\frac{1}{2}$; sin. $\frac{360.2}{3} =$ sin. $240=$ sin. $180+60=-\frac{\sqrt{3}}{2}$; & cos. $\frac{360.2}{3} =$ cos. $240=-\frac{1}{2}$. Après quoi cette suite recommence.

5. Mais si on prenoit en général l'angle dont la tangente est 0, alors cet angle seroit également l'angle dont la tangente est $\frac{0}{a}$, & $\frac{0}{-a}$; or l'angle dont la tangente est $\frac{0}{-a}=180^\circ$, ensorte qu'on auroit outre les trois formules précédentes, ces trois-ci; sin. $\left(\frac{180}{3}\right)=$ sin. $60=\frac{\sqrt{3}}{2}$; cos. $\left(\frac{180}{3}\right)=$ cos. $60=\frac{1}{2}$; sin.

$\left(\frac{180+360}{3}\right)$ = ſin. 180 = 0, coſ. $\left(\frac{180+360}{3}\right)$ = coſ. 180 = − 1; ſin. $\left(\frac{180+360.2}{3}\right)$ = ſin. 300 = − $\frac{\sqrt{3}}{2}$, & coſ. 300 = $\frac{1}{2}$. Ce qui donne − 1; $\left(\frac{1}{2}+\frac{\sqrt{-3}}{2}\right)$; $\left(\frac{1}{2}-\frac{\sqrt{-3}}{2}\right)$, qui ſont les racines cubiques de − 1, & non de 1.

6. Ainſi, dans la page 142 des *Réflexions ſur les Vents*, il ne faut pas prendre en général, pour la valeur de $\int\frac{adb-bda}{aa+bb}$, l'angle dont la tangente eſt $\frac{b}{a}$, mais l'angle dont le ſinus eſt b & le coſinus a.

7. De même, dans l'expreſſion de $A+B\sqrt{-1}$ qui repréſente $(a+b\sqrt{-1})^m$, il ne faut pas prendre l'angle dont la tangente eſt $\frac{B}{A}$, mais l'angle dont le ſinus eſt B & le coſinus A.

8. Il faut remarquer de plus, que dans la formule qui exprime la valeur de $(a+b\sqrt{-1})^m$, trouvée ci-deſſus, les quantités $\sqrt{(aa+bb)}$, & $(aa+bb)^{\frac{m}{2}}$ doivent toujours être ſuppoſées réelles & poſitives; précaution néceſſaire pour ne donner à la formule précédente que l'étendue qu'elle doit avoir. Car ſoit propoſée, par exemple, la quantité $(\text{coſ. } 3a+\text{ſin. } 3a\sqrt{-1})^{\frac{1}{3}}$ laquelle ſera, par la formule précédente, $=\sqrt[6]{1}\,(\text{coſ. } a+\text{ſin. } a\times\sqrt{-1}$; or comme $\sqrt{(aa+bb)}$ eſt ici $\sqrt{[(\text{coſ. } 3a)^2+(\text{ſin. } 3a)^2]}=\sqrt{1}=\pm 1$, & que $\sqrt[6]{1}$ a d'un autre côté

ſix valeurs, tant réelles qu'imaginaires, il s'enſuivroit donc que $(\text{coſ. } 3\alpha + \text{ſin. } 3\alpha\sqrt{-1})^{\frac{1}{3}}$ auroit beaucoup au-delà de trois valeurs, ce qui n'eſt pas.

9. Pour le faire ſentir, ſuppoſons $(\text{coſ. } 3\alpha + \text{ſin. } 3\alpha \sqrt{-1})^{\frac{1}{3}} = \sqrt[6]{1}\,(\text{coſ. } \alpha + \text{ſin. } \alpha\sqrt{-1})$; en élévant au cube, on aura $+1 = \sqrt{1}$, ce qui montre que $\sqrt{1}$ doit être pris poſitivement dans le ſecond membre de cette derniere équation, & par conſéquent auſſi $\sqrt[6]{1}$ dans le ſecond membre de la premiere. On voit auſſi que $\sqrt{(aa + bb)}$ ou $\sqrt{(\text{coſ. } 3\alpha^2 + \text{ſin. } 3\alpha^2)}$, doit être pris poſitivement; car ſi on le prenoit négativement, alors $\frac{b}{\sqrt{(aa+bb)}}$ ſeroit $= \frac{\text{ſin. } 3\alpha}{-1} = -\text{ſin. } 3\alpha$, & de même $\frac{\text{coſ. } 3\alpha}{-1} = -\text{coſ. } 3\alpha$; donc au lieu de coſ. α, & ſin. α dans le ſecond membre, on auroit $-$ coſ. α & $-$ ſin. α. On auroit donc $(\text{coſ. } 3\alpha + \text{ſin. } 3\alpha\sqrt{-1})^{\frac{1}{3}} = \sqrt[6]{1} \times (-\text{coſ. } \alpha - \text{ſin. } \alpha\sqrt{-1})$; ce qui n'eſt pas, à moins qu'on ne faſſe $\sqrt[6]{1} = \sqrt[3]{(-\sqrt{1})}$, c'eſt-à-dire négatif. Voy. plus bas l'art. 18.

10. Il eſt d'autant plus eſſentiel de ne prendre que trois valeurs de $\sqrt[6]{1}$, que ſans cela on trouveroit une infinité de valeurs à $(\text{coſ. } 3\alpha + \text{ſin. } 3\alpha\sqrt{-1})^{\frac{1}{3}}$, quoiqu'il n'y en ait réellement que 3. Car $\sqrt[6]{1}$ a ſix valeurs différentes, comme l'on ſait, ce qui donneroit déja ſix valeurs, en ne donnant même qu'une ſeule valeur à coſ. $\alpha +$ ſin. $\alpha\sqrt{-1}$, quoiqu'il y en ait trois, ſavoir outre la précédente, coſ. $\alpha + 120 +$ ſin. $(\alpha + 120)\sqrt{-1}$, coſ. $\alpha +$

$240 +$ fin. $(\alpha + 240)\sqrt{-1}$; de plus, en mettant $\sqrt[6]{1}$ fous cette forme $\sqrt[6]{}$ (cof. $n.\,360 +$ fin. $n.\,360\sqrt{-1}$) (n étant un nombre entier pofitif), on trouveroit $(aa + bb)^{\frac{1}{2m}} = \sqrt[12]{1}$ (cof. $n.\,60 +$ fin. $n.\,60\sqrt{-1}$), ce qui augmenteroit encore les valeurs à l'infini.

11. Mais, dira-t-on, puifque $\sqrt[6]{1}$ a au moins trois valeurs dans la formule $\sqrt[6]{1}$ (cof. $\alpha +$ fin. $\alpha\sqrt{-1}$), & que cof. $\alpha +$ fin. $\alpha\sqrt{-1}$ en a trois, il y auroit donc au moins neuf valeurs poffibles de (cof. $3\alpha +$ fin. $3\alpha\sqrt{-1})^{\frac{1}{3}}$, quoique felon vous il n'y en ait que trois? A cela, je réponds que ces neuf valeurs reviennent à trois feulement, comme on le va voir.

12. En effet, les trois valeurs de (cof. $3\alpha +$ fin. $3\alpha\sqrt{-1})^{\frac{1}{3}}$ font, 1°. cof. $\alpha +$ fin. $\alpha\sqrt{-1} =$ (cof. $\alpha +$ fin. $\alpha\sqrt{-1}) \times \sqrt[3]{1}$; 2°. cof. $\alpha + 120 +$ fin. $(\alpha + 120)\sqrt{-1}$ $=$ (à caufe de cof. $120 = -\frac{1}{2}$, & fin. $120 = \frac{\sqrt{3}}{2}$) $\frac{\text{cof.}\,\alpha \times -1}{2} - \frac{\text{fin.}\,\alpha\sqrt{3}}{2} + \frac{\text{fin.}\,\alpha \times -\sqrt{-1}}{2} + \frac{\text{cof.}\,\alpha\sqrt{3}.\sqrt{-1}}{2} =$ (cof. $\alpha +$ fin. $\alpha\sqrt{-1}$) $\left(\frac{-1}{2} + \frac{\sqrt{3}}{2}.\sqrt{-1}\right) =$ (cof. $\alpha +$ fin. $\alpha\sqrt{-1}$) $\left(\frac{-1}{2} + \frac{\sqrt{-3}}{2}\right)$ $=$ (cof. $\alpha +$ fin. $\alpha\sqrt{-1}) \times \sqrt[3]{1}$; 3°. cof. $\alpha + 240 +$ fin. $(\alpha + 240)\sqrt{-1} =$ (à caufe de cof. $240 = -\frac{1}{2}$, & de fin. $240 = -\frac{\sqrt{3}}{2}$) cof. $\alpha \times -\frac{1}{2} + \frac{\text{fin.}\,\alpha\sqrt{3}}{2} + \frac{\text{fin.}\,\alpha \times -\sqrt{-1}}{2} - \frac{\text{cof.}\,\alpha\sqrt{3}.\sqrt{-1}}{2} =$ (cof. $\alpha +$ fin. α

$\sqrt{-1})\left(\frac{-1}{2}-\frac{\sqrt{3}.\sqrt{-1}}{2}\right)=(\text{cos}.\,a+\text{sin}.\,a\sqrt{-1})$
$\left(\frac{-1-\sqrt{-3}}{2}\right)=(\text{cos}.\,a+\text{sin}.\,a\sqrt{-1})\sqrt[3]{1}.$

13. On remarquera de plus que $\left(\frac{-1+\sqrt{-3}}{2}\right)^2 = \frac{-2-2\sqrt{-3}}{4} = \frac{-1-\sqrt{-3}}{2}$; & que $\left(\frac{-1-\sqrt{-3}}{2}\right)^2 = \frac{-2+2\sqrt{-3}}{4} = \frac{-1+\sqrt{-3}}{2}$; qu'enfin $\frac{-1+\sqrt{-3}}{2} \times \frac{-1-\sqrt{-3}}{2} = 1$. Ainsi les trois valeurs de cos. $3\,a$ + sin. $3\,a\sqrt{-1}$ seront $\sqrt[6]{1}$ (cos. a + sin. $a\sqrt{-1}$) ; $\sqrt[6]{1}$ (cos. $a + 120$ + sin. $(a+120)\sqrt{-1}$) ; $\sqrt[6]{1}$ (cos. $a + 240$ + sin. $(a+240)\sqrt{-1}$), en prenant dans chacun des cas $\sqrt[6]{1}$ égal à 1, ou $\frac{-1-\sqrt{-3}}{2}$, ou $\frac{-1+\sqrt{-3}}{2}$, c'est-à-dire aux trois racines cubiques de 1 ; chacun de ces trois cas donnera les trois mêmes valeurs trouvées ci-dessus.

14. D'où l'on voit de nouveau, comme il a déja été observé plus haut, que la valeur de $\sqrt[6]{1}$ doit être prise telle que $\sqrt[6]{1}$ élevé au cube soit toujours $= 1$, c'est-à-dire, que des deux quantités $\sqrt[3]{(\sqrt{1})}$ ou $\sqrt[3]{1}$ & $\sqrt[3]{-1}$ que $\sqrt[6]{1}$ représente, il ne faut prendre que la premiere dans les différens cas que renferme la formule (cos. $3\,a$ + sin. $3\,a\sqrt{-1})^{\frac{1}{3}} = \sqrt[6]{1}$ (cos. a + sin. $a\sqrt{-1}$).

15. En général, (cos. $m\,a$ + sin. $m\,a\sqrt{-1})^{\frac{1}{m}} = \sqrt[2m]{1} \times \left(\text{cos}.\left(a+\frac{n.\,360}{m}\right)+\text{sin}.\left(a+\frac{n.\,360}{m}\right)\sqrt{-1}\right)$

$=$ [en mettant pour $\sqrt[2m]{1}$ sa valeur $\sqrt[m]{1} = \sqrt[m]{}$ (cof. n'. $360 +$ fin. $n'. 360 . \sqrt{-1}) =$ cof. $\left(\frac{n'.360}{m}\right) +$ fin. $\left(\frac{n'.360}{m}\right)\sqrt{-1}$), & en remarquant que (cof. $\omega +$ fin. $\omega\sqrt{-1}$) (cof. $\theta +$ fin. $\theta\sqrt{-1}$) = cof. $(\omega + \theta) +$ fin. $(\omega + \theta)\sqrt{-1}$] cof. $\left(a + \frac{(n+n')\,360}{m}\right) +$ fin. $\left(a + \frac{(n+n')\,360}{m}\right)\sqrt{-1}$; ce qui ne peut donner jamais que m valeurs poſſibles.

16. Pour prouver d'une maniere directe que $\sqrt{(aa+bb)^m}$ doit être tel que $\sqrt{(aa+bb)}$ ſoit pris poſitivement, on obſervera qu'en faiſant $(a+b\sqrt{-1})^m = A + B\sqrt{-1}$, on aura $\sqrt{(AA+BB)} = \sqrt{(aa+bb)^m}$; or cela ne peut être à moins que les deux radicaux ne ſoient de même ſigne ; donc puiſque le rayon $\sqrt{(AA+BB)}$ eſt toujours pris poſitivement, il s'enſuit que $\sqrt{(aa+bb)^m}$ doit auſſi être pris poſitivement.

17. Cependant on pourra prendre $\sqrt{(aa+bb)^m}$ négativement, pourvu que l'on prenne auſſi négativement les quantités A & B. Car comme $\sqrt{(AA+BB)} = \sqrt{(aa+bb)^m}$, & qu'en prenant A & B négativement, $\sqrt{(AA+BB)}$ eſt auſſi négatif, il eſt viſible que la quantité $(aa+bb)^{\frac{m}{2}}$, qui eſt $= \sqrt{(AA+BB)}$, doit auſſi alors être négative.

18. C'eſt pourquoi ſi on a, par exemple, à trouver la valeur de (cof. $3a +$ fin. $3a\sqrt{-1})^{\frac{1}{3}}$, & qu'on pren-

ne $\sqrt[6]{1}$ négativement, il faudra faire alors la quantité proposée $= \sqrt[6]{1} \times (-\text{cof.}\, a - \text{fin.}\, a\sqrt{-1})^{\frac{1}{3}}$; d'où résulte cette autre conséquence, que dans la valeur de $(a+b\sqrt{-1})^{\frac{1}{p}}$, on peut faire l'angle dont la tangente eſt $\frac{b}{a}$, égal à $A \pm n.\ 180$, n étant un nombre quelconque poſitif, pourvu que dans les cas où n eſt impair, on prenne $\sqrt{(aa+bb)^{\frac{1}{p}}}$ négativement; parce qu'alors les valeurs de A & de B ſeront négatives; par ce moyen, on n'aura jamais que p valeurs de $(a+b\sqrt{-1})^{\frac{1}{p}}$, comme cela doit être.

19. Les remarques précédentes nous donneront lieu d'en faire une ſur la formule de Cardan pour la réſolution du troiſiéme degré. Cette formule qu'on peut réduire à la forme $\sqrt[3]{(A+B\sqrt{-1})} + \sqrt[3]{(A+B\sqrt{-1})}$, repréſente en effet (quoique pluſieurs Géometres ayent avancé le contraire) les trois racines de l'équation; car en regardant A & B (ce qui eſt toujours poſſible) comme le coſinus & le ſinus d'un angle $= A'$, ou $A' + 360^\circ$, ou $A' + 2 \cdot 360^\circ$, on aura $\sqrt[3]{(A \pm B\sqrt{-1})} = \text{cof.}\, \frac{A'}{3} \pm \text{fin.}\, \frac{A'}{2}\sqrt{-1}$, ou $\text{cof.}\left(\frac{A'+360}{3}\right) \pm \text{fin.}\left(\frac{A'+360}{3}\right).\sqrt{-1}$, ou $\text{cof.}\left(\frac{A'+2.360}{3}\right) \pm \text{fin.}\left(\frac{A'+2.360}{3}\right).\sqrt{-1}$, ce qui donnera les trois valeurs qu'on cherche, ſans qu'il y en ait réellement d'autres de poſſibles.

20. Si on ſuppoſoit $\sqrt[3]{(A+B\sqrt{-1})}=\alpha+\beta\sqrt{-1}$, ce qui donne $\sqrt[3]{(A-B\sqrt{-1})}=\alpha-\beta\sqrt{-1}$, on auroit $A=\alpha^3-3\alpha\beta^2$, & $B=3\alpha^2\beta-\beta^3$, donc $A+3\alpha\beta^2=\frac{B+\beta^3}{3\beta}\times\alpha$; donc $\alpha=A:(\frac{B+\beta^3}{3\beta}-3\beta^2)=\frac{3A\beta}{B-8\beta^3}$; ſubſtituant cette valeur dans $B=3\alpha^2\beta-\beta^3$, on voit que l'équation montera au neuviéme degré ; & par conſéquent α paroîtra avoir neuf valeurs poſſibles, quoique réellement il n'en ait que trois qui ſatisfaſſent à l'équation $\sqrt[3]{(A+B\sqrt{-1})}=\alpha+\beta\sqrt{-1}$. Ces neuf valeurs apparentes de α ſont d'autant plus capables d'induire en erreur, que la valeur de $\sqrt[3]{(A+B\sqrt{-1})}+\sqrt[3]{(A-B\sqrt{-1})}$ qui repréſente les trois racines de l'équation, étant $=\alpha+\beta\sqrt{-1}+\alpha-\beta\sqrt{-1}=2\alpha$, il s'enſuivroit de-là que l'équation a neuf racines, quoiqu'elle n'en ait réellement que trois. On ne réſoudroit pas cette difficulté, en diſant qu'à cauſe de l'équation ſuppoſée $\sqrt[3]{(A+B\sqrt{-1})}=\alpha+\beta\sqrt{-1}$, il ne faut prendre parmi les valeurs de α que celles qui ſont réelles; car quoiqu'en élevant au cube l'équation $\sqrt[3]{(A+B\sqrt{-1})}=\alpha+\beta\sqrt{-1}$, nous ayons fait ſéparément égales les quantités qui renferment $\sqrt{-1}$, & celles qui ne le renferment pas, cependant les équations $A=\alpha^3-3\alpha\beta^2$, & $B=3\alpha^2\beta-\beta^3$, qui réſultent de cette hypothéſe, ne ſuppoſent point néceſſairement que α & β ſoient réelles, puiſque α & β étant indéterminées, on peut prendre α & β de telle nature qu'on voudra ; il ſuffira que α & β ſoient telles que l'équation $A+B\sqrt{-1}=\alpha^3+3\alpha^2\beta\sqrt{-1}$ —

$-3\alpha\beta^2-\beta^3\sqrt{-1}$ ait toujours lieu. En effet, on peut toujours ſuppoſer $\sqrt[3]{(A+B\sqrt{-1})}=\alpha+\beta\sqrt{-1}$, & $\sqrt[3]{(A-B\sqrt{-1})}=\alpha-\beta\sqrt{-1}$, ſans qu'il ſoit néceſſaire que α & $\beta\sqrt{-1}$ ſoient réels; comme on peut ſuppoſer deux quantités quelconques inconnues M, N égales, l'une à $x+y$, l'autre à $x-y$, ſans ſavoir ſi les inconnues x & y, quoique déſignées ſous une forme réelle, ſont en effet ou réelles ou imaginaires, ce qu'on ne pourra connoître qu'après la ſolution des deux équations qui renferment les inconnues x & y. Or dans cette hypothéſe générale & illimitée de $(A\pm B\sqrt{-1})^{\frac{1}{3}}=\alpha\pm\beta\sqrt{-1}$, on aura $A+B\sqrt{-1}=\alpha^3+3\alpha^2\beta\sqrt{-1}-3\alpha\beta^2-\beta^3\sqrt{-1}$, & $A-B\sqrt{-1}=\alpha^3-3\alpha^2\beta\sqrt{-1}-3\alpha\beta^2+\beta^3\sqrt{-1}$; équations dont la ſeconde étant ſucceſſivement ajoutée & retranchée de la premiere, donne $A=\alpha^3-3\alpha\beta^2$, & $B=3\alpha^2\beta-\beta^3$; ces deux dernieres équations reviennent au même que les deux précédentes, ſans que nous ayons été obligés, pour y parvenir, de faire ſéparément égales les quantités qui contiennent $\sqrt{-1}$, & celles qui ne le contiennent pas.

21. Il faut donc employer d'autres moyens pour démêler, dans les neuf valeurs de α, celles qui doivent entrer dans la valeur de la racine, & celles qui doivent être rejettées. C'eſt à quoi on parviendra aiſément par les conſidérations ſuivantes.

22. Si on appelle x le ſinus du tiers de l'angle a, on aura, comme l'on ſait, ſin. $x^3-\frac{3}{4}$ ſin. $x+\frac{\text{ſin.}\,a}{4}$

$= 0$, ou, en rendant le tout homogene, & prenant f pour sinus total, $\text{sin.}\, x^3 - \frac{3ff\,\text{sin.}\, x}{4} + \frac{ff\,\text{sin.}\, a}{4} = 0$. Donc si on a $z^3 - pz + q = 0$, on aura $ff = \frac{4p}{3}$ ou $f = \frac{2\sqrt{p}}{\sqrt{3}}$, & $\frac{ff\,\text{sin.}\, a}{4}$ ou $\frac{4p\,\text{sin.}\, a}{4 \cdot 3} = q$; donc $\text{sin.}\, a = \frac{3q}{p}$, & $\frac{\text{sin.}\, a}{f} = \frac{3q\sqrt{3}}{p\sqrt{4p}}$; d'où il s'ensuit, que comme $\frac{\text{sin.}\, a}{f}$ ne sauroit jamais être $>$ 1, il faut que $3q\sqrt{3}$ soit $=$ ou $< p\sqrt{(4p)}$, ou $\frac{p^3}{27} =$ ou $> \frac{1}{4}qq$; ce qu'on sait d'ailleurs.

23. Ayant donc cherché en nombres la valeur de $\frac{3q\sqrt{3}}{p\sqrt{(4p)}}$, qui sera égale à l'unité ou à une fraction, cette valeur exprimera le sinus d'un angle a. Soit k le sinus du tiers d de cet angle, & on aura d'abord $\text{sin.}\, x = fk = \frac{2k\sqrt{p}}{\sqrt{3}}$; ensuite les autres racines seront $f(\text{sin.}\, x + 120)$, & $f(\text{sin.}\, x + 240)$, c'est-à-dire $f(\text{sin.}\, x \times \frac{-1}{2} + \frac{\text{cos.}\, x . \sqrt{3}}{2})$, & $f(\text{sin.}\, x \times \frac{-1}{2} - \frac{\text{cos.}\, x . \sqrt{3}}{2})$, ou $\frac{2\sqrt{p}}{\sqrt{3}}(\frac{-k}{2} + \frac{\sqrt{3} . \sqrt{(1-kk)}}{2})$, & $\frac{2\sqrt{p}}{\sqrt{3}}(\frac{-k}{2} - \frac{\sqrt{3} . \sqrt{(1-kk)}}{2})$. Donc supposant k & $\sqrt{(1-kk)}$ $=$ au sinus & au cosinus de d, les trois valeurs de x seront $\frac{2\sqrt{p}}{\sqrt{3}}\text{sin.}\, d$, $\frac{\sqrt{p}}{\sqrt{3}}(-\text{sin.}\, d + \text{cos.}\, d\sqrt{3})$, $\frac{\sqrt{p}}{\sqrt{3}}(-\text{sin.}\, d - \text{cos.}\, d\sqrt{3})$; la somme des racines (en changeant

les signes) est $=0$; la somme des produits deux à deux est $\frac{4p}{3}\left(-\frac{kk}{2}-\frac{kk}{2}+\frac{4kk-3}{4}\right)=-p$, comme elle le doit être ; & le produit des trois racines est $\frac{8p\sqrt{p}}{3\sqrt{3}}\times -k\times\left(\frac{4kk-3}{4}\right)$; or à cause de $k=\frac{\text{fin. } x}{f}$, on a $-k\times\left(\frac{4kk-3}{4}\right)=-\frac{\text{fin. } x^3}{f^3}+\frac{3}{4}\times\frac{\text{fin. } x}{f}=\frac{\text{fin. } a}{4f}=\frac{3q\times\sqrt{3}}{4p.2\sqrt{p}}$; donc le produit des trois racines $= q$.

24. Soit maintenant $x^3-px+q=0$; la quantité $\sqrt[3]{}\left(-\frac{1}{2}q+\sqrt[2]{}\left(\frac{1}{27}p^3-\frac{1}{4}qq\right)\sqrt{-1}\right)$, qui est le premier terme de la valeur de x, peut être mise sous cette forme $\sqrt[3]{}\left(-\frac{3q\sqrt{3}}{2p\sqrt{p}}\times\sqrt{\frac{p^3}{27}}+\sqrt{\frac{p^3}{27}}\times\sqrt{-1}\sqrt{}\left(1-\frac{27q^2}{4p^3}\right)\right)=\frac{\sqrt{p}}{\sqrt{3}}\left[\sqrt[3]{}\left(-\frac{3q\sqrt{3}}{2p\sqrt{p}}+\sqrt{-1}.\sqrt{}\left(1-\frac{27q^2}{4p^3}\right)\right)\right]=$ (en supposant $f=1$) $\frac{\sqrt{p}}{\sqrt{3}}\times\left(-\text{fin. } a+\text{cof. } a\sqrt{-1}\right)^{\frac{1}{3}}=\frac{\sqrt{p}}{\sqrt{3}}\times\left(-\text{cof. }(90-a)+\text{fin. }(90-a)\sqrt{-1}\right)^{\frac{1}{3}}$; donc les valeurs de la quantité radicale, qui est le premier terme de l'expression de x, sont

$$\frac{\sqrt{p}}{\sqrt{3}}\left(-\text{cof. }\left(30-\frac{a}{3}\right)+\text{fin. }\left(30-\frac{a}{3}\right)\sqrt{-1}\right),$$

$$\frac{\sqrt{p}}{\sqrt{3}}\left(-\text{cof. }\left(150-\frac{a}{3}\right)+\text{fin. }\left(150-\frac{a}{3}\right)\sqrt{-1}\right)$$

$$\frac{\sqrt{p}}{\sqrt{3}}\left(-\text{cof. }\left(270-\frac{a}{3}\right)+\text{fin. }\left(270-\frac{a}{3}\right)\sqrt{-1}\right).$$

ce qui donne,

$\frac{\sqrt{p}}{\sqrt{3}}(-\frac{\sqrt{3}}{2}\text{cof.}(\frac{a}{3})-\frac{1}{2}\text{fin.}(\frac{a}{3})+\frac{1}{2}\text{cofinus}$ $(\frac{a}{3})\sqrt{-1}-\text{fin.}(\frac{a}{3})\times\frac{\sqrt{3}}{2}\sqrt{-1})$; $\frac{\sqrt{p}}{\sqrt{3}}(\frac{\sqrt{3}}{2}$ $\text{cof.}(\frac{a}{3})-\frac{1}{2}\text{fin.}(\frac{a}{3})+\frac{1}{2}\text{cof.}(\frac{a}{3})\sqrt{-1}+$ $\text{fin.}(\frac{a}{3})\frac{\sqrt{3}}{2}\sqrt{-1})$; $\frac{\sqrt{p}}{\sqrt{3}}(\text{fin.}(\frac{a}{3})+\text{cof.}(\frac{a}{3})$ $\times\sqrt{-1})$.

25. On aura de même la valeur de l'autre partie, $\sqrt[3]{(-\frac{1}{2}q-\sqrt{(\frac{1}{27}p^3-\frac{1}{4}qq)})}$ de la valeur de x, en changeant dans les quantités précédentes les fignes des termes où eft $\sqrt{-1}$; & ajoutant enfuite les valeurs des deux radicaux, on aura pour les trois valeurs de x, $\frac{2\sqrt{p}}{\sqrt{3}}\times(-\frac{\sqrt{3}}{2}\text{cof.}(\frac{a}{3})-\frac{1}{2}\text{fin.}(\frac{a}{3}))$, $\frac{2\sqrt{p}}{\sqrt{3}}$ $(\frac{\sqrt{3}}{2}\text{cof.}(\frac{a}{3})-\frac{1}{2}\text{fin.}(\frac{a}{3}))$, & $\frac{2\sqrt{p}}{\sqrt{3}}\text{fin.}(\frac{a}{3})$, ce qui s'accorde avec les trois valeurs de x trouvées ci-deffus, art. 23.

26. Reprenons maintenant les équations $A=\alpha^3-3\alpha\beta^2$, $B=3\alpha^2\beta-\beta^3$, de l'art. 20; on aura $\frac{A\beta-\alpha^3\beta}{3\alpha}$ $=-\beta^3=B-3\alpha^2\beta$; $\beta=B:[\frac{A-\alpha^3}{3\alpha}+3\alpha^2]=$ $\frac{3\alpha B}{A+8\alpha^3}$; $A=\alpha^3-3\alpha\times\frac{9\alpha^2B^2}{A^2+16A\alpha^3+64\alpha^6}$, ou bien

$$\begin{aligned}64\alpha^9+16A\alpha^6+A^2\alpha^3-A^3&\\ -64A\alpha^6-27\alpha^3B^2&=0,\text{ ou enfin}\\ -16A^2\alpha^3&\end{aligned}$$

$(\alpha^3 - \frac{A}{4})^3 - \frac{3AA\alpha^3}{16} + \frac{\alpha^3}{16}(-15A^2 - 27 \times BB) = 0.$

27. Soit $\alpha^3 - \frac{A}{4} = \gamma$, on aura $\gamma^3 - \frac{3AA}{16} \times (\gamma + \frac{A}{4}) + (\gamma + \frac{A}{4})(-\frac{15A^2 + 27B^2}{64}) = 0$, ou $\gamma^3 + \gamma(-\frac{27A^2 + 27B^2}{64}) - \frac{27A^3 + 27B^2A}{4.64} = 0$; ce qui donne, à cauſe de $A = -\frac{1}{2}q$, $\gamma^3 - \frac{\gamma p^3}{64} + \frac{1}{2}q \times \frac{p^3}{4.64} = 0.$

28. En comparant cette équation à l'équation $\gamma^3 - p'\gamma + q' = 0$, ou à l'équation $(\text{ſin.}\, x)^3 - \frac{3}{4}\,\text{ſin.}\, x + \frac{\text{ſin.}\, a'}{4} = 0$, on aura le ſin. de l'angle $a' = \frac{3q'\sqrt{3}}{2p'\sqrt{p'}} = \frac{3q\sqrt{3}.p^3}{2.4.64(\frac{2p^3.p\sqrt{p}}{8.64})} = \frac{3q\sqrt{3}}{2p\sqrt{p}} =$ ſin. a; donc les valeurs de γ ſont, par l'art. 23 précédent, $\frac{2p\sqrt{p}}{8\sqrt{3}} \times$ ſin. $(\frac{a}{3})$, $\frac{2p\sqrt{p}}{8\sqrt{3}} \times$ ſin. $(\frac{a}{3} + 120)$, $\frac{2p\sqrt{p}}{8\sqrt{3}} \times$ ſin. $(\frac{a}{3} + 240)$; or $\alpha^3 = \gamma + \frac{1}{4}A = \gamma - \frac{1}{8}q = \gamma - \frac{1}{4} \times \frac{3q\sqrt{3}}{2p\sqrt{p}} \times \frac{p\sqrt{p}}{3\sqrt{3}} = \gamma - \frac{1}{4}\,\text{ſin.}\, a' . \frac{p\sqrt{p}}{3\sqrt{3}}$; donc $\alpha^3 = \frac{p\sqrt{p}}{4\sqrt{3}} \times (\text{ſin.}\,(\frac{a'}{3}) - \frac{\text{ſin.}\, a'}{3}) = \frac{p\sqrt{p}}{3\sqrt{3}}(+\frac{3}{4}\,\text{ſin.}\,\frac{a'}{3} - \frac{\text{ſin.}\, a'}{4}) = \frac{p\sqrt{p}}{3\sqrt{3}} \times (\text{ſin.}\,\frac{a'}{3})^3$, à cauſe de $(\text{ſin.}\,\frac{a'}{3})^3$

$-\frac{3}{4}$ sin. $\frac{a'}{3} + \frac{\text{sin.}\, a'}{4} = 0$. Donc $\alpha = \sqrt[3]{\left(\frac{p\sqrt{p}}{3\sqrt{3}}\right)} \times$ sin. $\left(\frac{a'}{3}\right) = \frac{\sqrt{p}}{\sqrt{3}}$ sin. $\left(\frac{a'}{3}\right)$; & 2α, valeur de la racine $= \frac{2\sqrt{p}}{\sqrt{3}}$ sin. $\left(\frac{a'}{3}\right)$. Donc les valeurs de α sont $\frac{\sqrt{p}}{\sqrt{3}}$ sin. $\frac{a}{3}$, ou sin. $\left(\frac{a}{3} + 120\right)$, ou sin. $\left(\frac{a}{3} + 240\right)$; multipliées chacune par 1 ou par $\frac{-1-\sqrt{-3}}{2}$, ou par $\frac{-1+\sqrt{-3}}{2}$; desquelles valeurs il y en a trois réelles & six imaginaires.

29. Ainsi, en faisant $d = \frac{a}{3}$, les neuf valeurs de α sont,

1. $\frac{\sqrt{p}}{\sqrt{3}}$ sin. d

2. $\frac{\sqrt{p}}{\sqrt{3}} \times \left(-\frac{1}{2} \text{ sin. } d + \frac{\sqrt{3}\,.\,\text{cos.}\, d}{2}\right)$

3. $\frac{\sqrt{p}}{\sqrt{3}} \left(-\frac{1}{2} \text{ sin. } d - \frac{\sqrt{3}\,.\,\text{cos.}\, d}{2}\right)$

4. $\frac{\sqrt{p}}{\sqrt{3}} \left(-\frac{\text{sin.}\, d}{2} - \frac{\sqrt{-3}\,.\,\text{sin.}\, d}{2}\right)$

5. $\frac{\sqrt{p}}{\sqrt{3}} \left(-\frac{\text{sin.}\, d}{4} + \frac{\sqrt{-3}\,.\,\text{sin.}\, d}{4}\right)$

6. $\frac{\sqrt{p}}{\sqrt{3}} \left(+\frac{\text{sin.}\, d}{4} - \frac{\sqrt{3}\,.\,\text{cos.}\, d}{4} + \frac{\text{sin.}\, d\sqrt{-3}}{4} - \frac{3 \text{ cos.}\, d\sqrt{-1}}{4}\right)$

7. $\frac{\sqrt{p}}{\sqrt{3}} \times \left(+\frac{\text{sin.}\, d}{4} - \frac{\sqrt{3}\,.\,\text{cos.}\, d}{4} - \frac{\text{sin.}\, d\sqrt{-3}}{4} + \right.$

$\frac{3\,\text{cos}.\,d\sqrt{-1}}{4})$

8. $\frac{\sqrt{p}}{\sqrt{3}}(+\frac{\text{sin}.\,d}{4}+\frac{\sqrt{3}.\,\text{cos}.\,d}{4}+\frac{\text{sin}.\,d.\sqrt{-3}}{4}+\frac{3\,\text{cos}.\,d\sqrt{-1}}{4})$

9. $\frac{\sqrt{p}}{\sqrt{3}}(+\frac{\text{sin}.\,d}{4}+\frac{\sqrt{3}.\,\text{cos}.\,d}{4}-\frac{\text{sin}.\,d.\sqrt{-3}}{4}-\frac{3\,\text{cos}.\,d.\sqrt{-1}}{4})$.

30. De même, en ſubſtituant dans l'équation $B = 3\alpha^2 \beta - \beta^3$, la valeur de $\alpha = \frac{3A\beta}{B-8\beta^3}$, on aura, après les réductions, $\beta^9 + \frac{3}{4}B\beta^6 - \frac{15B^2+27AA}{64}\beta^3 + \frac{B^3}{64}$; & faiſant $\beta^3 + \frac{1}{4}B = \gamma$, pour faire évanouir le ſecond terme, on aura $\gamma^3 + \gamma(-\frac{3B^2}{16} - \frac{15B^2}{64} - \frac{27AA}{64}) + B^3(\frac{3}{64} + \frac{15}{64.4}) + \frac{27AAB}{64.4} = 0$, ou $\gamma^3 + \gamma(-\frac{27BB+27AA}{64}) + \frac{27B^3}{4.64} + \frac{27BAA}{4.64} = 0$; équation dont les trois racines ſont réelles, car $\frac{1}{27}p^3$ eſt $> \frac{1}{4}qq$, comme il eſt aiſé de le voir, & d'ailleurs le troiſiéme terme a le ſigne —; cette équation aura deux racines poſitives & une négative, ſi B eſt poſitif comme on le ſuppoſe ici.

31. Dans l'équation $\gamma^3 + \gamma(-\frac{27B^2+27A^2}{64}) + \frac{27}{4.64}(B^3 + BAA) = 0$, on a $A^2 = \frac{1}{4}qq$; $B^2 = \frac{1}{27}p^3$

$-\frac{1}{4}qq$; donc la réduite eſt $y^3 - \frac{p^3 y}{64} + \frac{1}{4.64}p^3 \times \surd(\frac{1}{27}p^3 - \frac{1}{4}qq)$; donc, en employant la même méthode que ci-deſſus, on aura le ſinus de l'angle $a' = \frac{3q'\surd 3}{2p'\surd p'} = \frac{3\surd 3 . p^3 \surd(\frac{1}{27}p^3 - \frac{1}{4}qq)}{4.64\,(\frac{2p^3.p\surd p}{8.64})} = \frac{3\surd 3 . \surd(\frac{1}{27}p^3 - \frac{1}{4}qq)}{p\surd p} = \surd(1 - \frac{27q^2}{4p^3}) =$ (à cauſe de ſin. $a = \frac{3q\surd 3}{2p\surd p}$) coſ. a = ſin. $(90 - a)$. Par conſéquent les racines de l'équation en y ſont ſin. $(30 - \frac{a}{3})$, ſin. $(150 - \frac{a}{3})$, ſin. $(270 - \frac{a}{3})$, ou $\frac{1}{2}$ coſ. $\frac{a}{3} - \frac{\surd 3}{2}$ ſin. $\frac{a}{3}$, $+\frac{1}{2}$ coſ. $\frac{a}{3} + \frac{\surd 3}{2}$ ſin. $\frac{a}{3}$, & $-$ coſ. $\frac{a}{3}$, chacune de ces quantités étant multipliée par $\frac{2\surd p'}{\surd 3} = \frac{2p\surd p}{8.\surd 3} = \frac{p\surd p}{4\surd 3}$.

32. Or à cauſe de $\epsilon^3 = y - \frac{1}{4}B$, on aura $\epsilon^3 = y - \frac{1}{4}\surd(\frac{1}{27}p^3 - \frac{1}{4}qq) = y - \frac{1}{4}.\frac{p\surd p}{3\surd 3}\surd(1 - \frac{27qq}{4p^3}) = y - \frac{p\surd p}{4.3\surd 3}$ coſ. $a = y - \frac{p\surd p}{4.3\surd 3}$ ſin. $(90 - a)$. Donc à cauſe de $\epsilon^3 = \frac{p\surd p}{4\surd 3} \times$ ſin. $(\frac{90 - a}{3}) - \frac{p\surd p}{4.3\surd 3}$ ſin. $(90 - a) = \frac{p\surd p}{3\surd 3} \times (\frac{3}{4}$ ſin. $(\frac{90 - a}{3}) - \frac{1}{4}$ ſin. $(90 - a)) = \frac{p\surd p}{3\surd 3}[$ſin. $(\frac{90 - a}{3})]^3 = \frac{p\surd p}{3\surd 3}[$ coſinus $(\frac{a}{3})]^3$, les valeurs de ϵ ſeront $\frac{\surd p}{\surd 3}$, multiplié par

coſ.

cof. $\frac{a}{3}$, ou par cof. $(\frac{a}{3} + 120)$, ou par cof. $(\frac{a}{3} + 240)$, chacune de ces quantités étant encore multipliée par 1, ou par $\frac{-1-\sqrt{-3}}{2}$, ou par $\frac{-1+\sqrt{-3}}{2}$.

33. Ainsi les neuf valeurs de ζ feront,

1. $\frac{\sqrt{p}}{\sqrt{3}}\,\text{cof.}\,d$

2. $\frac{\sqrt{p}}{\sqrt{3}}\left(-\frac{1}{2}\,\text{cof.}\,d - \frac{\sqrt{3}\,.\,\text{fin.}\,d}{2}\right)$

3. $\frac{\sqrt{p}}{\sqrt{3}}\left(-\frac{1}{2}\,\text{cof.}\,d + \frac{\sqrt{3}\,.\,\text{fin.}\,d}{2}\right)$

4. $\frac{\sqrt{p}}{\sqrt{3}}\left(-\frac{\text{cof.}\,d}{2} - \frac{\text{cof.}\,d\,.\,\sqrt{-3}}{2}\right)$

5. $\frac{\sqrt{p}}{\sqrt{3}}\left(-\frac{\text{cof.}\,d}{2} + \frac{\text{cof.}\,d\,.\,\sqrt{-3}}{2}\right)$

6. $\frac{\sqrt{p}}{\sqrt{3}}\left(\frac{1}{4}\,\text{cof.}\,d + \frac{\text{fin.}\,d\,.\,\sqrt{3}}{4} + \frac{\text{cof.}\,d\,.\,\sqrt{-3}}{4} + \frac{3\,\text{fin.}\,d\,.\,\sqrt{-1}}{4}\right)$

7. $\frac{\sqrt{p}}{\sqrt{3}}\left(\frac{1}{4}\,\text{cof.}\,d + \frac{\text{fin.}\,d\,.\,\sqrt{3}}{4} - \frac{\text{cof.}\,d\,.\,\sqrt{-3}}{4} - \frac{3\,\text{fin.}\,d\,.\,\sqrt{-1}}{4}\right)$

8. $\frac{\sqrt{p}}{\sqrt{3}}\left(\frac{\text{cof.}\,d}{4} - \frac{\text{fin.}\,d\,.\,\sqrt{3}}{4} + \frac{\text{cof.}\,d\,.\,\sqrt{-3}}{4} - \frac{3\,\text{fin.}\,d\,.\,\sqrt{-1}}{4}\right)$

9. $\frac{\sqrt{p}}{\sqrt{3}}\left(\frac{\text{cof.}\,d}{4} - \frac{\text{fin.}\,d\,.\,\sqrt{3}}{4} - \frac{\text{cof.}\,d\,.\,\sqrt{-3}}{4} + \frac{3\,\text{fin.}\,d\,.\,\sqrt{-1}}{4}\right)$.

34. Donc en général $\alpha + \beta\sqrt{-1} = (\sin. a' + \cos. a''\sqrt{-1})\sqrt[3]{1}$, ou plutôt $\sin. a' . \sqrt[3]{1} + \cos. a'' . \sqrt[3]{1}$, a' & a'' étant $= \frac{a}{3}$, ou $\frac{a}{3} + 120$, ou $\frac{a}{3} + 240$, & a' pouvant n'être pas le même que a'' ; ce qui, à cause des trois valeurs de $\sqrt[3]{1}$, donne en apparence 81 valeurs de $\alpha + \beta\sqrt{-1}$. Mais, 1°. de ces 81 valeurs, il y en a plusieurs qui seront les mêmes, comme on a vu ci-dessus (art. 12 & suiv.) que toutes les valeurs de $\sqrt[3]{1}(\cos. \alpha + \sin. \alpha\sqrt{-1})$ se réduisoient à trois ; 2°. On doit remarquer d'ailleurs, que dans les équations $y^3 - \frac{yp^3}{64} + \frac{p^3 q}{2.4.64} = 0$, & $y'^3 - \frac{p^3 y'}{64} + \frac{p^3}{4.64}\sqrt{(\frac{1}{27}p^3 - \frac{1}{4}qq)} = 0$, les quantités $\frac{q}{2}$, & $\sqrt{(\frac{1}{27}p^3 - \frac{1}{4}qq)}$, doivent représenter les cosinus & sinus d'un même arc, & non de deux arcs différens, quoique les sinus & cosinus de ces arcs différens soient les mêmes ; de sorte que si $\frac{q}{2}$ représente le sinus ou le cosinus de a', $\sqrt{(\frac{1}{27}p^3 - \frac{1}{4}qq)}$ ne sauroit représenter celui d'un angle différent de a', du moins lorsqu'on voudra avoir la valeur de $y + y'$. La raison de cela, est que $(\cos. 3\alpha + \sin. 3\alpha\sqrt{-1})^{\frac{1}{3}}$ n'est pas égal à $\cos. \alpha + \sin. (\alpha + 120)\sqrt{-1}$; car il faudroit pour cela que $(\cos. \alpha + \sin. \alpha + 120\sqrt{-1})^3$ fut $= (\cos. \alpha + \sin. \alpha\sqrt{-1})^3$, ce qui donneroit, en comparant les quantités réelles, l'équation illusoire $- 3 \cos. \alpha \sin. \alpha^2 = - 3 \cos. \alpha (\sin. \alpha + 120)^2$; donc, &c. On peut

encore rappeller ici ce qui a été obſervé dans l'*Encyclopédie* au mot *Cas irréductible*, que le produit de $a +$ $6\sqrt{-1}$, par $a - 6\sqrt{-1}$. doit être $= \frac{p}{3}$, & qu'ainſi il faut rejetter les combinaiſons qui ne donnent point cette égalité. Par ces moyens réunis, on s'aſſurera aiſément que les valeurs de a & de $6\sqrt{-1}$, combinées comme elles le doivent être, ne donneront jamais réellement que trois valeurs de l'inconnue z.

35. A l'occaſion de ces remarques ſur les racines des équations du troiſiéme degré, je renverrai le Lecteur à l'art. *Cas irréductible* qui vient d'être cité, & dont les remarques précédentes ſont comme le Supplément. J'ai expliqué dans cet article, ſi je ne me trompe, (*Encycl.* Tome II, page 737, col. premiere) la vraie raiſon de la forme imaginaire ſous laquelle la racine ſe préſente; & je remarquerai à ce ſujet que d'habiles Géometres ſe ſont trompés lorſqu'ils ont prétendu que l'imperfection de la méthode pour la réſolution du troiſiéme degré, conſiſtoit en ce que la formule qui exprime la racine ne repréſentoit pas les trois racines à-la-fois. Ces Géometres diſent que ſi on a l'équation du ſecond degré $xx +$ $px + q = 0$; la racine $x = -\frac{p}{2} \pm \sqrt{\left(\frac{pp}{4} - q\right)}$ donne les deux racines a, b, en mettant pour p la ſomme $-a-b$ des deux racines, & pour q, leur produit ab; que de même dans la formule du troiſiéme degré, en ſuppoſant $x^3 - px + q = 0$, & mettant dans l'expreſſion de la racine, au lieu $-p$ le produit des racines deux

à deux, & au lieu de q le produit des trois racines, on devroit avoir chacune de ces trois racines ; ce qui n'arrive pas, suivant ces Géometres ; en quoi ils sont dans l'erreur, comme je vais le prouver.

36. Soient $x-a$, $x-b$, $x-c$, les trois racines réelles d'une équation du troisiéme degré dont le second terme est évanoui, ensorte qu'on ait $x^3-px+q=0$, $c=-a-b$; $-p=ab+ac+bc$, $q=-abc$; soit $a=\alpha+\beta$, $b=\alpha-\beta$, $c=-2\alpha$, on aura $p=\beta^2+3\alpha^2$, $\frac{q}{2}=\alpha^3-\alpha\beta^2$; donc $\frac{1}{27}p^3-\frac{1}{4}qq=\frac{\beta^6-18\beta^4\alpha^2+81\beta^2\alpha^4}{27}$, & par conséquent $\sqrt{(\frac{1}{27}p^3-\frac{1}{4}qq)}=\frac{\beta^3-9\alpha\beta^2}{3\sqrt{3}}$; donc la racine x, qui est $\sqrt[3]{(-\frac{q}{2}+\sqrt{(\frac{1}{27}p^3-\frac{1}{4}qq)}.\sqrt{-1})}+\sqrt[3]{(-\frac{q}{2}-\sqrt{(\frac{1}{27}p^3-\frac{1}{4}qq)}.\sqrt{-1})}$, sera en général $\sqrt[3]{(-\alpha^3+\alpha\beta^2+\sqrt{-1}(\frac{\beta^3-9\alpha^2\beta}{3\sqrt{3}}))}+\sqrt[3]{(-\alpha^3+\alpha\beta^2-\sqrt{-1}(\frac{\beta^3-9\alpha^2\beta}{3\sqrt{3}}))}$.

37. Or pour faire voir que cette racine représente les trois racines de l'équation, soit le premier radical $=m+n\sqrt{-1}$, le second sera $m-n\sqrt{-1}$; les trois valeurs du premier radical (art. 12) seront, 1°. $m+n\sqrt{-1}$, 2°. (en supposant $m=\cos. d$, & $n=\sin. d$) la seconde valeur sera $\cos. (d+120°)+\sin. (d+120°)\times\sqrt{-1}=m\cos. 120°-n\sin. 120°+(n\cos. 120°+m\times$

sin. 120°) $\sqrt{-1} = -\frac{m}{2} - \frac{n\sqrt{3}}{2} + \left(\frac{m\sqrt{3}}{2} - \frac{n}{2}\right)$ $\sqrt{-1}$; 3°. par la même raison, la troisiéme valeur sera cos. $(d + 240^\circ)$ + sin. $(d + 240^\circ)\sqrt{-1} = m$ cos. 240° $- n$ sin. 240° + (n cos. $240^\circ + m$ sin. 240°) $\sqrt{-1} = -\frac{m}{2} + \frac{n\sqrt{3}}{2} + \left(\frac{m\sqrt{3}}{2} - \frac{n}{2}\right)\sqrt{-1}$. Donc le premier radical étant égal à $m + n\sqrt{-1}$, ou $-\frac{m}{2} - \frac{n\sqrt{3}}{2} + \left(\frac{m\sqrt{3}}{2} - \frac{n}{2}\right)\sqrt{-1}$, ou enfin $-\frac{m}{2} + \frac{n\sqrt{3}}{2} + \left(-\frac{m\sqrt{3}}{2} - \frac{n}{2}\right)\sqrt{-1}$, le second sera égal à $m - n\sqrt{-1}$, ou à $-\frac{m}{2} - \frac{n\sqrt{3}}{2} - \left(\frac{m\sqrt{3}}{2} - \frac{n}{2}\right)\sqrt{-1}$, ou enfin à $-\frac{m}{2} + \frac{n\sqrt{3}}{2} - \left(-\frac{m\sqrt{3}}{2} - \frac{n}{2}\right)\sqrt{-1}$; donc les racines de l'équation ou les valeurs de z sont $2m$, $-m - n\sqrt{3}$, $-m + n\sqrt{3}$.

38. Soit maintenant $\beta = \gamma\sqrt{3}$, on aura $-\alpha^3 + \alpha\beta^2 = -\alpha^3 + 3\alpha\gamma^2$; $\frac{\beta^3 - 9\alpha^2\beta}{3\sqrt{3}} = \gamma^3 - 3\alpha^2\gamma$; donc $\sqrt[3]{\left(-\alpha^3 + \alpha\beta^2 + \sqrt{-1} \times \left(\frac{\beta^3 - 9\alpha^2\beta}{3\sqrt{3}}\right)\right)} = \sqrt[3]{\left(-\alpha^3 + 3\alpha\gamma^2 + \sqrt{-1}\,(\gamma^3 - 3\alpha^2\gamma)\right)} = -\alpha - \gamma\sqrt{-1} = -\alpha - \frac{\beta\sqrt{-1}}{\sqrt{3}}$; donc $m = -\alpha$, $n = -\frac{\beta}{\sqrt{3}}$; ainsi, en mettant pour m & n leurs valeurs, les trois racines seront $-2\alpha = -a - b$, $-\alpha + \beta = a$, $-\alpha - \beta = b$; ce qui s'accorde avec la supposition qu'on a

faite sur la valeur des trois racines. Ainsi la formule du troisiéme degré représente les trois racines de l'équation aussi exactement & de la même maniere que la formule du second degré représente les deux racines d'une équation du second degré.

39. En voilà assez sur les équations du troisiéme degré. Revenons aux quantités imaginaires, & faisons encore à ce sujet quelques remarques qui pourront avoir leur utilité en plusieurs occasions.

40. Si $(1+h\sqrt{-1})^m=(1-h\sqrt{-1})^m$, m étant déterminé par la méthode expliquée page 383 du Tome III des Mémoires de l'Académie de Turin; il ne s'ensuit pas de-là (ce qui est contraire en apparence aux principes reçus dans l'algébre ordinaire) que $1+h\sqrt{-1}=1-h\sqrt{-1}$, à moins que h ne soit $=0$; espéce de paradoxe digne d'être observé. Ce n'est pas tout; de ce que $(1+h\sqrt{-1})^m=(1-h\sqrt{-1})^m$, il n'en faut pas conclure que $(1+h\sqrt{-1})^{m^n}=(1-h\sqrt{-1})^{m^n}$, n étant un nombre quelconque; à moins que ce ne soit un nombre entier, positif ou négatif.

41. De ce que $\varphi\, x=\Delta\, x$, il paroît d'abord s'ensuivre en général que $\Pi\,(K+\varphi\, x)=\Pi\,(K+\Delta\, x)$, K étant une constante, & Π marquant une fonction quelconque. Mais cette conséquence n'est pas vraie sans restriction, si $\varphi\, x$ & $\Delta\, x$ contiennent des imaginaires. Car de ce que $(x+hx\sqrt{-1})^m=(x-hx\sqrt{-1})^m$, il ne s'ensuit pas que l'on ait $(x+hx\sqrt{-1})^{m^n}=(x-hx\sqrt{-1})^{m^n}$.

42. Au fond, il n'eſt guères plus ſurprenant que $(1 + h\sqrt{-1})^m = (1 - h\sqrt{-1})^m$ ne donne pas $1 + h\sqrt{-1} = 1 - h\sqrt{-1}$, qu'il ne l'eſt que $(+a)^2 = (-a)^2$ ne donne pas $+a = -a$. Cependant il y a encore ici cette différence remarquable entre les quantités réelles & les imaginaires, que $+a$ & $-a$ ne différent que par le ſigne, au lieu que $1 + h\sqrt{-1}$ & $1 - h\sqrt{-1}$ différent par la quantité, ſi on peut dire que des quantités imaginaires différent ainſi.

43. Dans l'équation $(1 + h\sqrt{-1})^m = (1 - h\sqrt{-1})^m$, ſoit $h =$ tang. A; donc coſ. $mA +$ ſin. $mA\sqrt{-1} =$ coſ. $mA -$ ſin. $mA\sqrt{-1}$. Soit $A = \theta\pi$, π étant la demi-circonférence, & ſoit n un nombre entier poſitif, on aura $h =$ tang. $A \pm 2n\pi =$ tang. $\theta\pi \pm 2n\pi$; enfin, puiſque ſin. mA doit être $= -$ ſin. mA; on aura, en prenant pour μ un nombre entier, $mA = \pm\mu\pi$; donc $\pm\mu = m\theta \pm 2mn\pi$. Donc $(1 + h\sqrt{-1})^{\pm\frac{\mu}{\theta \pm 2n}}$

$= (1 - h\sqrt{-1})^{\pm\frac{\mu}{\theta \pm 2n}}$; par la même raiſon,

$(1 + h\sqrt{-1})^{\pm\frac{\mu'}{\theta \pm 2n'}} = (1 - h\sqrt{-1})^{\pm\frac{\mu'}{\theta \pm 2n'}}$,

les quantités μ' & n' étant des nombres entiers quelconques différens de μ & de n; d'où il s'enſuit que coſ. $(\theta\pi \pm 2n'\pi)\left(\pm\frac{\mu'}{\theta \pm 2n'}\right) +$ ſin. $(\theta\pi \pm 2n'\pi)\left(\pm\frac{\mu'}{\theta \pm 2n'}\right)\sqrt{-1} =$ coſ. $(\theta\pi \pm 2n'\pi)\left(\pm\frac{\mu'}{\theta \pm 2n'}\right)$

$- \sin. (\theta\pi + 2n'\pi)(\pm \frac{\mu'}{\theta \pm 2n'})\sqrt{-1}$. Soit donc $\theta + 2n = \lambda$, & $\theta + 2n' = \lambda'$, on aura cos. $\pm \frac{\mu.\lambda\pi}{\lambda}$ $+ \sin. (\pm \frac{\mu\lambda\pi}{\lambda})\sqrt{-1} = \cos. \pm \frac{\mu.\lambda\pi}{\lambda} - (\sin. \pm \frac{\mu.\lambda\pi}{\lambda})\sqrt{-1}$; & $\cos. \pm \frac{\mu'.\lambda'\pi}{\lambda'} + (\sin. \pm \frac{\mu'.\lambda'\pi}{\lambda'})$ $\sqrt{-1} = \cos. \pm \frac{\mu.\lambda'\pi}{\lambda'} - (\sin. \pm \frac{\mu.\lambda'\pi}{\lambda'})\sqrt{-1}$; donc, en multipliant & réduisant, les quantités $\cos. [\pm \frac{\mu.\lambda\pi}{\lambda} \pm \frac{\mu'.\lambda'\pi}{\lambda'}] \pm (\sin. (\pm \frac{\mu.\lambda\pi}{\lambda} \pm \frac{\mu'.\lambda'\pi}{\lambda'}))$ $\sqrt{-1}$, sont égales ; cela est exact. Mais il ne faudroit pas dire ; de ce que $(\cos. \lambda\pi + (\sin. \lambda\pi)\sqrt{-1})^{\pm \frac{\mu}{\lambda}}$ $= (\cos. \lambda\pi - (\sin. \lambda\pi)\sqrt{-1})^{\pm \frac{\mu}{\lambda}}$, & $\cos. \lambda'\pi +$ $(\sin. \lambda'\pi\sqrt{-1})^{\pm \frac{\mu'}{\lambda'}} = (\cos. \lambda'\pi - (\sin. \lambda'\pi)\sqrt{-1})^{\pm \frac{\mu'}{\lambda'}}$, donc (si $\cos. \lambda'\pi = \cos. \lambda\pi$, & $\sin. \lambda'\pi = \sin. \lambda\pi$) cos. $(\lambda\pi + \sin. \lambda\pi\sqrt{-1})^{\pm \frac{\mu}{\lambda} \pm \frac{\mu'}{\lambda'}} = (\cos. \lambda\pi - (\sin. \lambda\pi\sqrt{-1}))^{\pm \frac{\mu}{\lambda} \pm \frac{\mu'}{\lambda'}}$. En voici la raison.

44. Soit $(\cos. A + \sin. A\sqrt{-1})^m = \cos. mA + \sin. mA\sqrt{-1}$, & $(\cos. B + \sin. B\sqrt{-1})^n = \cos. nB + \sin. nB\sqrt{-1}$; & soit $B = A + k.360°$, k étant un nombre entier, ensorte que $\cos. B = \cos. A$, & $\sin. B = \sin. A$; on aura, en multipliant les deux membres l'un par l'autre, $(\cos. A + \sin. A\sqrt{-1})^m \times (\cos. B + \sin. B\sqrt{-1})^n = \cos. (mA + nB) + \sin. mA + nB$ $\sqrt{-1}$.

$\sqrt{-1}$. Mais si à cause de cos. $A =$ cos. B & sin. $A =$ sin. B, on se croyoit en droit de conclure des deux équations ci-dessus, que $(\text{cos.}\, A + \text{sin.}\, A\sqrt{-1})^{m+n} =$ cos. $mA + nB +$ (sin. $mA + nB$) $\sqrt{-1}$; cette conclusion seroit fausse; parce que le premier membre donneroit cos. $(m+n)A +$ sin. $(m+n)A\sqrt{-1}$, que le second (en mettant pour B sa valeur $A + k.\,360°$) donneroit cos. $mA + nA + n.k\,360° +$ (sin. $mA + nA + n.k.\,360°$) $\sqrt{-1}$, & que ces deux membres ne peuvent être égaux, à moins que n ne soit un nombre entier. On peut donc supposer que $(1 + h\sqrt{-1})^{\pm\frac{\mu}{\theta \pm 2n}} \times (1 + h'\sqrt{-1})^{\pm\frac{\mu'}{\theta \pm 2n'}}$ est égal à $(1 - h\sqrt{-1})^{\pm\frac{\mu}{\theta \pm 2n}} \times (1 - h'\sqrt{-1})^{\pm\frac{\mu'}{\theta \pm 2n'}}$, h étant la tangente de $\theta\pi \pm 2n\pi$, & h' celle de $\theta\pi \pm 2n'\pi$; mais non que $(1 + h\sqrt{-1})^{\pm\frac{\mu}{\theta \pm 2n} \pm \frac{\mu'}{\theta \pm 2n'}}$ est égal à $(1 - h\sqrt{-1})^{\pm\frac{\mu}{\theta \pm 2n} \pm \frac{\mu'}{\theta \pm 2n'}}$, quoique h' soit $= h$; par la même raison qu'on a $(a^3)^{\frac{1}{3}} = a$, $(a^3)^{\frac{1}{3}} = a\left(\frac{-1+\sqrt{-3}}{2}\right)$, $(a^3)^{\frac{1}{3}} = a\left(\frac{-1+\sqrt{-3}}{2}\right)$, quoiqu'on ne puisse pas en conclure que $a^{3\left(\frac{1}{3}+\frac{1}{3}+\frac{1}{3}\right)}$ ou $a^3 = a \times a\left(\frac{-1+\sqrt{-3}}{2}\right) \times a\left(\frac{-1+\sqrt{-3}}{2}\right)$.

45. Nous avons dit dans les Mémoires de Turin déja cités, page 383, que si on a $\varphi(x + y\sqrt{-1}) - \varphi(x - y\sqrt{-1}) = 2M\sqrt{-1}$, & que $y = f + hx$, un

des termes qui expriment la valeur de φx, est $(f+hx)^{\frac{\mu}{\theta}}$, μ étant un nombre quelconque entier, π la demi-circonférence, & $\theta\pi$ l'angle dont la tangente est h; nous avons fait voir de plus, qu'au lieu de $(f+hx)^{\frac{\mu}{\theta}}$, on pouvoit substituer $[(f+hx)^{\frac{\mu}{\theta}}+\lambda]^p$, μ & p étant des nombres entiers positifs ou négatifs. Cela est évident quand p est positif, puisqu'il est aisé de voir que $[(f+hx+h(f+hx)\sqrt{-1})^{\frac{\mu}{\theta}}+\lambda]^p$ sera $=[(f+hx-h(f+hx)\sqrt{-1})^{\frac{\mu}{\theta}}+\lambda]^p$, équation qui résulte du développement des termes de chaque membre; or de-là il est aisé de conclure que $[(f+hx+h(f+hx)\sqrt{-1})^{\frac{\mu}{\theta}}+\lambda]^{-p}=[(f+hx-h(f+hx)\sqrt{-1})^{\frac{\mu}{\theta}}+\lambda]^{-p}$.

46. Par la même raison, on peut mettre au lieu de $(f+hx)^{\frac{\mu}{\theta}}$, une suite de produits $[(f+hx)^{\frac{\mu}{\theta}}+\lambda]^p \times[(f+hx)^{\frac{\mu'}{\theta'}}+\lambda']^{p'}\times[(f+hx)^{\frac{\mu''}{\theta''}}+\lambda'']^{p''}$, &c. μ, μ', &c. & p, p', p'', &c. étant des nombres entiers quelconques positifs ou négatifs, & λ, λ', λ'', &c. des constantes arbitraires.

47. Par conséquent, faisant $\lambda=0$, $\lambda'=0$, $\lambda''=0$, &c. on pourra mettre au lieu de $(f+hx)^{\frac{\mu}{\theta}}$, $(f+hx)^{\frac{\mu}{\theta}}\times(f+hx)^{\frac{\mu'}{\theta'}}$, &c. μ & μ', &c. étant des nombres entiers de signe quelconque, & θ, θ', &c. étant égaux à $\frac{\omega}{\pi}\pm 2n$ ou $2n'$, &c. & ω le plus petit angle qui ait h pour

tangente ; mais il faut bien remarquer (art. 44) que les produits $(f+hx)^{\frac{\mu}{\theta}} \times (f+hx)^{\frac{\mu'}{\theta'}} \times (f+hx)^{\frac{\mu''}{\theta''}}$, &c. ne doivent point être supposés égaux à $(f+hx)^{\frac{\mu}{\theta}+\frac{\mu'}{\theta'}+\frac{\mu''}{\theta''}}$, &c.

48. On demandera peut-être si au lieu de prendre $[(f+gx)^{\frac{\mu}{\theta}}+\lambda]^p$, comme dans l'art. 45, & de commencer le développement de la serie par $(f+gx)^{\frac{\mu}{\theta}}$, on ne pourroit pas commencer par λ, auquel cas p seroit tout ce qu'on voudroit, & μ un nombre entier quelconque positif ou négatif; & si cette conséquence ne s'étendroit pas à une fonction quelconque de $[(f+gx)^{\delta}+K]^p$, avec cette restriction que K ne soit pas $=0$? Car si K étoit $=0$, & $\delta=\frac{\mu}{\theta}$, p ne pourroit pas être un nombre quelconque; puisqu'il faudroit que $p\,\mu$ fût un nombre entier, & par conséquent p un nombre entier.

49. Il est certain que le développement de la serie, en commençant par K, sembleroit prouver que p peut être en effet tout ce qu'on voudra ; cependant il n'est pas moins certain que cette conclusion seroit fausse ; car en faisant $K=0$, $p\,\mu$ devroit être égal à un nombre entier, comme on vient de le dire, & par conséquent p ne peut être arbitraire en faisant $K=$ à une constante quelconque. Nouvelle raison pour rendre suspectes, en cette matiere, & dans d'autres cas semblables, les con-

clufions qui paroiffent réfulter du développement d'une quantité en ferie.

50. De ce même développement en ferie, il paroîtroit réfulter qu'au lieu de $(f+hx)^{\frac{\mu}{\theta}}$, on peut mettre $[(f+hx)^{\frac{k}{\theta'}}+\lambda]^p$, pourvû que p & k foient tels que $(p-q)k$ foit toujours égal à un nombre entier pofitif ou négatif, q étant un nombre entier pofitif quelconque, & $\theta'=\theta\pm 2n$, n étant auffi un nombre entier quelconque; mais cette conféquence pourroit bien n'être pas plus vraie que celle de $p=$ à un nombre quelconque.

51. C'eft un point que je laiffe au Lecteur à examiner d'après les principes établis ci-deffus; je me contenterai de remarquer, que pour que $(p-q)k$ foit un nombre entier pofitif ou négatif, q étant un nombre entier pofitif quelconque, il faut que $(p-q)k$, & $(p-q+1)k$ foient des nombres entiers pofitifs ou négatifs. Donc k fera un nombre entier pofitif ou négatif; donc pk fera un nombre entier. Donc p devra être $=\frac{\rho}{k}$, ρ étant un nombre entier pofitif ou négatif.

52. Soit $\frac{k}{\lambda}$ une fraction donnée, & réduite, comme cela eft toujours poffible, aux plus petits termes; on propofe de trouver une fraction $\frac{\pm\mu}{\theta\pm 2n}$, telle que μ & n foient des nombres entiers pofitifs, & qui foit égale à la fraction donnée $\frac{k}{\lambda}$. Pour y parvenir, foit la frac-

tion donnée $\theta = \frac{p}{q}$, q étant $> p$; on aura $\frac{k}{\lambda} = \frac{\pm \mu q}{p \pm 2nq}$; & $\pm \mu = \frac{kp \pm 2nkq}{\lambda q}$; donc faisant, pour abréger, les nombres entiers donnés $kp = a$, $2kq = b$, $\lambda q = c$, on aura $\frac{a \pm nb}{c} = \pm \mu$; ce qui peut se réduire à $\frac{a \pm nc'}{c} = \pm \mu'$, c' étant $< c$; donc $a + nc' = \pm \mu' c$, donc $\frac{\mu' c - a}{c'} = \pm n'$, & $\frac{\mu' c'' - a'}{c'} = \pm n''$, c'' étant plus petit que c', & a' étant aussi $< c'$; en continuant ainsi, on parviendra à rendre le dénominateur toujours plus petit; cela posé, s'il arrive enfin que dans quelqu'une des équations, par exemple, dans $\frac{\mu' c - a}{c'} = \pm n'$, c soit divisible par c', il faudra que a soit divisible par c' pour que la solution soit possible. Par ce moyen, on verra toujours aisément si la fraction donnée $\frac{k}{\lambda}$ peut être réduite à la forme $\frac{\pm \mu}{\theta \pm 2n}$.

54. Soit supposé $A(\lambda x + \beta h x \sqrt{-1})^{m+n\sqrt{-1}} + B \times (\lambda x + \delta h x \sqrt{-1})^{m+n\sqrt{-1}} = 0$; on propose de trouver m & n.

Soit $(\lambda + \beta h \sqrt{-1})^{m+n\sqrt{-1}} = \alpha + \beta' \sqrt{-1}$; ω l'angle dont le sinus est $\frac{\beta h}{\sqrt{(\lambda\lambda + \beta^2 h^2)}}$, & le cosinus $\frac{\lambda}{\sqrt{(\lambda^2 + \beta^2 h^2)}}$; ω' l'angle dont le sinus est $\frac{\delta h}{(\sqrt{\gamma^2 + \delta^2 h^2})}$, & le cosinus $\frac{\gamma}{\sqrt{(\gamma^2 + \delta^2 h^2)}}$; on aura, par les méthodes que j'ai données ailleurs (*a*), $\beta' = \surd(\lambda^2 + \beta^2 h^2)^m c^{-n\omega} \times$ sin. $[n \log. \surd(\lambda^2 + \beta^2 h^2) + m\omega] = M$ sin. P; & $\alpha = \surd(\lambda^2 + \beta^2 h^2)^m c^{-n\omega}$ cos. $[n \log. \surd(\lambda^2 + \beta^2 h^2) + m\omega] = M$ cos. P.

55. Faisant de même $(\gamma + \delta h \surd - 1)^{m + n\surd - 1}$ égal à $n + \theta\surd - 1$, & se souvenant que ω' est l'angle dont le sinus est $\frac{\delta h}{\surd(\gamma^2 + \delta^2 h^2)}$, & le cosinus $\frac{\gamma}{\surd(\gamma^2 + \delta^2 h^2)}$, on aura $\theta = \surd(\gamma^2 + \delta^2 h^2)^m c^{-n\omega'}$ sin. $[n \log. \surd(\gamma^2 + \delta^2 h^2) + m\omega'] = N$ sin. Q; & $\gamma = \surd(\gamma^2 + \delta^2 h^2)^m c^{-n\omega'}$ cos. $[n \log. \surd(\gamma^2 + \delta^2 h^2) + m\omega'] = N$ cos. Q; donc $AM \times$ cos. $P + AN$ sin. $P\surd - 1 + BN$ cos. $Q + BN$ sin. $Q\surd - 1 = 0$.

56. Donc faisant $A = F + G\surd - 1$, $B = H + L\surd - 1$, on aura FM cos. $P - GN$ sin. $P + NH$ cos. $Q - LN \times$ sin. $Q = 0$; & GM cos. $P + FN$ sin. $P + LN$ cos. $Q + NH$ sin. $Q = 0$.

57. Donc cos. $Q = \frac{FM \text{cos.} P - GN \text{sin.} P - LN \text{sin.} Q}{-NH}$ $= \frac{GM \text{cos.} P + FN \text{sin.} P + HN \text{sin.} Q}{-LN}$; donc sin. $Q = \left[\frac{FM \text{cos.} P - GN \text{sin.} P}{NH} - \frac{GM \text{cos.} P + FN \text{sin.} P}{LN}\right] : \left[\frac{H}{L} + \frac{L}{H}\right]$.

58. Maintenant cos. $Q^2 +$ sin. $Q^2 = 1$; donc en substituant & réduisant, on aura $\frac{M^2 \text{cos.} P^2}{H^2} + \frac{N^2 \text{sin.} P^2}{H^2}$

(*a*) Voyez mes *Recherches sur la cause des Vents*, art. 79; les Mémoires de Berlin 1746, & le troisiéme volume des Mémoires de Turin, page 384.

$$+\frac{M^2 \operatorname{cof.} P^2}{L^2}+\frac{N^2 \operatorname{fin.} P^2}{L^2}=\left(\frac{HH+LL}{LH}\right)^2 \times \frac{N^2}{F^2+G^2}.$$

59. On conftruira une furface courbe qui ait cette derniere équation, & dont les indéterminées foient cof. P, M & N; on a de plus les deux équations $\frac{m \log.(\gamma^2+\delta^2 h^2)}{2}-n\omega'=\log. N$; & $\frac{m \log.(\lambda^2+\beta^2 h^2)}{2}-n\omega=\log. M$; m, n, N étant les indéterminées dans la premiere, & m, n, M dans la feconde; d'où l'on tire une valeur de m & de n en log. N & log. M. On fubftituera enfuite ces valeurs & celle de fin. Q (art. 57) dans la premiere des équations de l'art. 55, & on conftruira une feconde furface courbe qui aura pour coordonnées M, N & cof. P, en mettant pour fin. P fa valeur $\sqrt{(1-\operatorname{cof.} P^2)}$.

60. On a enfin cof. $[n \log.(\lambda^2+\beta^2 h^2)+m\omega]=$ fin. P, équation dans laquelle on mettra pour m & pour n leurs valeurs en log. M & log. N, & qui fera l'équation d'une troifiéme furface courbe, dont les coordonnées feront ou pourront être fuppofées N, M, cof. P. Tous les points communs à cette derniere furface courbe, & aux deux furfaces courbes conftruites par l'art. 59, lefquelles ont auffi pour coordonnées communes N, M, cof. P, donneront les valeurs de N & de M, (& par conféquent celle de n & de m) & celle de P.

Fin du trente-cinquiéme Mémoire.

XXXVIME MÉMOIRE.

Contenant quelques Ecrits ſur différens Sujets.

§. I.

Sur la loi de la compreſſion des Reſſorts.

1. M. Jean Bernoulli le fils, dans une piéce ſur la propagation de la lumiere, qui a remporté le prix de l'Académie en 1736, ſuppoſe que quand un reſſort eſt dans ſon état naturel, la force néceſſaire pour le comprimer ou le dilater (force que j'appellerai y) eſt infiniment plus petite que quand le reſſort eſt comprimé ou dilaté d'une quantité finie; car ce Savant ſuppoſe que la courbe qui a pour ordonnées les valeurs de y, touche ſon axe à l'origine; en conſéquence de cette ſuppoſition, y eſt infiniment petite au moins du ſecond ordre à l'origine de la courbe; d'où il conclut qu'un reſſort, dans ſon centre d'équilibre *oiſif*, s'il eſt dilaté ou comprimé tant ſoit peu, ne ſauroit faire des vibrations iſochrones, & qu'il

qu'il faut pour l'iſochroniſme qu'il ſoit dans un centre d'équilibre *forcé*, parce qu'il n'y a que ce dernier cas où les forces ſoient proportionnelles aux diſtances du point de repos.

2. A cette occaſion, M. Daniel Bernoulli, dans ſa piéce *ſur les moyens de trouver l'heure en mer*, obſerve avec raiſon que M. Jean Bernoulli a fait une hypothéſe hazardée, en ſuppoſant que la courbe dont il s'agit touche ſon axe à l'origine. Mais M. Daniel Bernoulli fait lui-même une autre ſuppoſition non moins hazardée, en avançant que cette courbe doit avoir un point d'inflexion à l'origine; ſa raiſon eſt que quand le reſſort ſe dilate d'une petite quantité, la force y doit devenir négative, de poſitive qu'elle étoit auparavant; c'eſt comme on prétendoit que la force de l'attraction ne ſauroit être en raiſon inverſe du quarré des diſtances, parce qu'elle ſeroit de même ſigne (& par conſéquent de même direction) des deux côtés oppoſés du corps attirant, quoiqu'elle ſoit réellement de direction contraire. Les idées abſtraites de la Géométrie, comme je l'ai dit ailleurs (*a*), & à l'occaſion même de la queſtion dont il s'agit, ne doivent pas être tranſportées dans la Phyſique; & il pourroit très-bien ſe faire que la courbe des forces y touchât ſon axe à l'origine, & n'eût pas à cette origine de point d'inflexion, quoique les forces changent de direction lorſque le reſſort eſt dilaté au lieu d'être comprimé.

(a) *Traité des Fluides*, art. 80.

3. Ce n'eſt pas tout : les ordonnées y pourroient devenir négatives de l'autre côté de l'axe, ſans qu'il y eût un point d'inflexion à l'origine. Car il ſuffit pour cela que la courbe coupe ſon axe à l'origine ſous un angle fini, c'eſt-à-dire, que $\frac{dy}{dx}$ n'y ſoit pas $= 0$. Il eſt vrai qu'en ce cas les ordonnées négatives ne ſeront pas égales aux ordonnées poſitives, priſes de l'autre côté de l'axe à la même diſtance ſuppoſée très-petite. Mais la théorie & l'expérience même démontrent-elles que les forces de direction contraire, l'une dilatative, l'autre contractive, doivent être *rigoureuſement* égales, lorſque le reſſort eſt dilaté ou comprimé de la même petite quantité? Il eſt vrai qu'alors l'iſochroniſme des vibrations pourroit bien n'avoir plus lieu, au moins dans certaines hypothèſes, comme nous le remarquerons plus bas, art. 8. Mais l'iſochroniſme des vibrations n'eſt pas non plus une vérité démontrée ; c'eſt une ſimple conſéquence tirée par M. Daniel Bernoulli de la ſuppoſition précaire, que les forces ſoient exactement proportionnelles à la diſtance du point de repos. Enfin, quand même on accorderoit à M. Bernoulli que la courbe a un point d'inflexion à ſon origine, & que par conſéquent les y poſitives ſont ſenſiblement égales aux y négatives à une petite diſtance de cette origine, il ne s'enſuivroit pas de-là que les vibrations fuſſent iſochrones. Car ſi la courbe, avec ce point d'inflexion ſuppoſé, touchoit ſon axe à l'origine, la valeur de y n'y ſeroit pas propor-

tionnelle à x, mais elle le feroit à x^m, m exprimant une puiſſance impaire plus grande que l'unité, ce qui détruit l'iſochroniſme. Il falloit donc prouver, ou par la théorie ou par l'expérience, que la courbe des y coupe ſon axe ſous un angle fini à l'origine ; d'où l'on auroit pu conclure que les petites vibrations ſont (en certains cas) ſenſiblement iſochrones, comme nous l'allons voir.

4. Soit un corpuſcule pouſſé vers un point fixe par une force qui ſoit $= \alpha x + \beta x^2$, on demande la loi de ſon mouvement.

On aura (en nommant u la vîteſſe) $\alpha x dx + \beta x^2 dx + u du = 0$, & $u^2 = \alpha (a^2 - x^2) + 2\beta \left(\frac{a^3 - x^3}{3}\right)$, en ſuppoſant $x = a$, lorſque le temps $t = 0$, c'eſt-à-dire au commencement du mouvement. Donc dt ou $-\frac{dx}{u}$ $= -\frac{dx}{\sqrt{\left[\alpha(a^2 - x^2) + 2\beta\left(\frac{a^3 - x^3}{3}\right)\right]}}$; donc en faiſant $a - x = \theta$, on aura $dt = \frac{d\theta}{\sqrt{\left[\alpha(2a\theta - \theta^2) + \frac{2\beta}{3}(3a^2\theta - 3a\theta^2 + \theta^3)\right]}}$ $= \frac{d\theta}{\sqrt{\theta} \cdot \sqrt{\left(2a\alpha + 2\beta a^2 - \alpha\theta - 2\beta a\theta + \frac{2\beta\theta^2}{3}\right)}}$; or la quantité qui eſt ſous le grand ſigne radical peut ſe changer en celle-ci, $\frac{\sqrt{(2\beta)}}{\sqrt{3}} \cdot \sqrt{\left(\frac{2a\alpha + 2\beta a^2}{2\beta} \times 3 - \frac{\alpha\theta + 2\beta a\theta}{2\beta} \times 3 + \theta^2\right)}$; maintenant $\sqrt{(P + Q\theta + \theta^2)} =$ $\sqrt{\left(\theta + \frac{Q}{2} + \frac{\sqrt{(QQ - 4P)}}{2}\right)} \times \sqrt{\left(\theta + \frac{Q}{2} - \frac{\sqrt{(QQ - 4P)}}{2}\right)}$

$= \sqrt{}\left(-\theta - \frac{Q}{2} - \frac{\sqrt{}(QQ-4P)}{2}\right) \times \sqrt{}\left(-\theta - \frac{Q}{2} + \frac{\sqrt{}(QQ-4P)}{2}\right)$; or en supposant QQ très-grand par rapport à P, on a $\sqrt{}(QQ-4P) = Q - \frac{2P}{Q}$ à très-peu près; donc $\sqrt{}(P+Q\theta+\theta^2) = \sqrt{}\left(-\frac{P}{Q}-\theta\right) \times \sqrt{}\left(-Q+\frac{P}{Q}-\theta\right) = \left(\sqrt{}\left[\frac{2\alpha\alpha+2\beta\alpha^2}{\alpha+2\beta\alpha}\right]-\theta\right) \times \sqrt{}\left(\frac{\alpha+2\beta\alpha}{\frac{2\beta}{3}} - \frac{2\alpha\alpha+2\beta\alpha^2}{\alpha+2\beta\alpha} - \theta\right)$; donc en faisant $\frac{2\alpha\alpha+2\beta\alpha^2}{\alpha+2\beta\alpha} = \omega$, & $\frac{\alpha+2\beta\alpha}{\frac{2\beta}{3}} - \frac{2\alpha\alpha+2\beta\alpha^2}{\alpha+2\beta\alpha}$ ou $\frac{\alpha+2\beta\alpha}{\frac{2\beta}{3}} - \omega = n$, on peut mettre la quantité à intégrer sous cette forme $\frac{d\theta}{\frac{\sqrt{}2\beta}{\sqrt{}3} \cdot \sqrt{}(\omega\theta-\theta^2) \cdot \sqrt{}(n-\theta)}$; ou (en supposant n très-grand par rapport à θ) $\frac{d\theta}{\frac{\sqrt{}(2\beta)}{\sqrt{}3} \cdot \sqrt{}(\omega\theta-\theta\theta)} \times \frac{1}{\sqrt{}n}\left(1+\frac{\theta}{2n}\right)$, dont l'intégrale (en se souvenant que $\int\frac{\theta d\theta}{\sqrt{}(\omega\theta-\theta\theta)} = -\sqrt{}\left(\omega\theta-\theta\theta + \frac{\omega d\theta}{2\sqrt{}(\omega\theta-\theta\theta)}\right)$ est $\frac{1}{\frac{\sqrt{}(2\beta n)}{\sqrt{}3}} \times \left[\left(1+\frac{\omega}{4n}\right)\int\frac{d\theta}{\sqrt{}(\omega\theta-\theta\theta)} - \frac{\sqrt{}(\omega\theta-\theta\theta)}{2n}\right]$ à très-peu près.

5. Soit maintenant $\alpha = \frac{f}{a'}$, & $\beta = \frac{\phi}{a'a'}$; & soit

supposé $\varphi = mf$; on aura $\omega = \frac{\frac{2fa}{a'} + \frac{2\varphi a^2}{a'^2}}{\frac{f}{a'} + \frac{2\varphi a}{a'^2}}$ égal à $\frac{2faa' + 2mfa^2}{fa' + 2mfa}$; $\eta = \frac{\frac{f}{a'} + \frac{2\varphi a}{a'^2}}{\frac{2\varphi}{3a'^2}} - \omega = \frac{3fa'}{2\varphi} + 3a - \omega$.

6. Soit F la force à la distance b, on aura $F = \frac{fb}{a'} + \frac{\varphi b^2}{a'^2} = \frac{fb}{a'}(1 + \frac{mb}{a'})$; on remarquera que la condition que η soit grand par rapport à ω, demande que $\frac{fa'}{\varphi a}$ ou $\frac{a'}{ma}$ soit grand; du reste on aura $\frac{\sqrt{(2\varphi\eta)}}{\sqrt{3}} = \sqrt{\left(\frac{f}{a'} + \frac{2\varphi a}{a'^2} - \frac{2\varphi\omega}{3a'^2}\right)} =$ à très-peu près $\frac{\sqrt{f}}{\sqrt{a'}} \times (1 + \frac{\varphi a}{fa'} - \frac{\varphi\omega}{3a'f}) =$ (en mettant pour ω sa valeur approchée $2a$) $\frac{\sqrt{f}}{\sqrt{a'}}(1 + \frac{\varphi a}{fa'} - \frac{2\varphi a}{3a'f})$ qui se réduit à $\frac{\sqrt{f}}{\sqrt{a'}}(1 + \frac{\varphi a}{3fa'})$.

7. Donc lorsque $\omega = \theta$, c'est-à-dire après une vibration entiere, le temps sera à très-peu près $\frac{\sqrt{a'}}{\sqrt{f}} \times \int \frac{d\theta}{\sqrt{(\omega\theta - \theta\theta)}} \times (1 - \frac{\varphi a}{3fa'} + \frac{\omega}{4\eta}) = \frac{\sqrt{a'}}{\sqrt{f}} \times \int \frac{d\theta}{\sqrt{(\omega\theta - \theta\theta)}} \times (1 - \frac{\varphi a}{3fa} + \frac{4\varphi a}{4 \cdot 3fa'}) = \frac{\sqrt{a'}}{\sqrt{f}} \times \int \frac{d\theta}{\sqrt{(\omega\theta - \theta\theta)}}$, c'est-à-dire constant. D'où l'on voit que si la force est $\alpha x + \beta x^2$, les vibrations seront sensiblement isochrones.

8. Si la force étoit $\alpha x + \beta x^3$, on trouveroit que l'expression de la vîtesse auroit cette forme $\sqrt{\theta} . \sqrt{(A + B\theta + C\theta^2 + D\theta^3)}$ qui peut aisément être changée en $\sqrt{(M\theta - \theta\theta)} \times (G + E\theta + F\theta^2)$, M étant la valeur de θ lorsque $A + B\theta + C\theta^2 + D\theta^3 = 0$, laquelle valeur differe très-peu de $-\frac{A}{B}$. Or cela posé, il est aisé de voir que quand $\sqrt{(M\theta - \theta^2)} = 0$, c'est-à-dire après une vibration entiere, le tems sera exprimé par $Q\int\frac{d\theta}{\sqrt{(M\theta - \theta\theta)}}$; Q désignant une constante dans laquelle la constante indéterminée α peut entrer, quoiqu'elle disparoisse dans le cas où la force est $\alpha x + \beta x^2$; c'est une discussion que j'abandonne à d'autres.

§. II.

Sur un problême concernant les sinus.

1. On propose de trouver la valeur de z dans l'équation $\sin. \nu z = \lambda \sin. z$, les nombres λ & ν étant donnés.

2. Je commencerai par résoudre cette équation pour le cas de $\lambda = -\nu$; ensuite je ferai voir comment on peut la résoudre d'une maniere générale.

3. On voit d'abord que $\sin. z$, pris positivement ou négativement, ne sauroit être plus grand que $\frac{1}{\nu}$, puisque $\sin. \nu z$, qui est $= -\nu \sin. z$, ne sauroit être > 1.

4. Soit maintenant $\sin. z = u$; comme ce sinus u appartient à une infinité d'angles, savoir t, $\pi \rho + t$, &c.

π exprimant la circonférence, & ρ un nombre entier quelconque, ou t, $\frac{\pi r}{2} - t$, &c. r exprimant un nombre impair quelconque; soit supposé d'abord sin. $t = u$, t étant plus petit que 90 degrés, pris positivement ou négativement, & u n'étant pas $> \pm \frac{1}{\nu}$; on aura, par une suite très-convergente, $t = u + Au^3 + Bu^5$, &c. A, B étant des coefficiens connus. Soit pris ensuite un sinus $= -\nu u$, & l'angle correspondant le plus petit possible sera (si u est positif) égal à $-\nu u - A\nu^3 u^3 - B\nu^5 u^5$, &c. & si u est négatif, cet angle sera $= \nu u + A\nu^3 u^3 + B\nu^5 u^5$, &c. Cela posé, on aura $\pi\rho + t = z$; & $\nu z = \nu\pi\rho + \nu t$ $= \nu\pi\rho + \nu u + \nu Au^3 + \nu Bu^5 +$ &c. Or (*hyp.*) sin. νz $= -\nu$ sin. $z = -\nu u$; donc l'angle νz est $=$ à l'angle dont le sinus est $-\nu u$, cet angle étant augmenté de la circonférence prise un certain nombre de fois. Donc la valeur de νz qu'on vient de trouver, doit être égale (en nommant σ un nombre entier quelconque) à $\sigma\pi - \nu u - A\nu^3 u^3 - B\nu^5 u^5$.

5. Soit $\nu = \mu + \alpha$, μ étant un nombre entier & α une fraction, commensurable ou non, & négligeons d'abord les puissances de u; on aura $\mu\pi\rho + \alpha\pi\rho - \sigma\pi = -2(\mu + \alpha)u$, ρ & σ étant deux indéterminées, & la plus petite valeur approchée de u qui doit être $<$ ou $= + \frac{1}{\nu} = \frac{1}{\mu + \alpha}$, sera telle que l'on aura $\mu\pi\rho + \alpha\pi\rho - \sigma\pi = -2k$, k étant $=$ ou plus petit que l'unité, & le rayon étant pris pour l'unité.

6. Soit d'abord $\alpha = \frac{p}{q}$, p & q étant des nombres rationnels, sans diviseur commun; il est visible qu'en faisant $\rho = q$, & $\sigma = \mu q + p$, on aura $k = 0$; donc alors $u = 0$; donc $t = 0$, donc $z = \rho \pi = q \pi$. C'est la plus simple des valeurs de z qui satisfasse à l'équation proposée.

7. Donc $z = A \rho \pi = A q \pi$, satisferoit aussi, en prenant A égal à un nombre entier quelconque.

8. Soit ensuite $\rho = q - n$, n étant un nombre entier, & σ = au plus grand nombre entier contenu dans $\mu (q - n) + \frac{p}{q} (q - n)$, c'est-à-dire $= \mu (q - n) + p -$ le plus petit nombre entier plus grand que $\frac{p n}{q}$; soit ζ la fraction restante, on aura $- \zeta \pi = - 2 k$, ou $\zeta \pi = 2 k r$, en appellant r le rayon; si cette équation $\zeta \pi = 2 k r$ étoit rigoureusement exacte, il s'ensuivroit que ζ ne sauroit être $> \frac{2 r}{\pi}$; mais comme l'équation $\zeta \pi = 2 k r$ n'est vraie qu'à peu près, à cause des puissances de u négligées dans le calcul, il s'ensuit au moins que la fraction ζ ne doit pas être beaucoup $> \frac{2 r}{\pi}$, sans quoi il n'y aura point de solution possible que $u = 0$, & $k = 0$.

9. On essayera donc toutes les valeurs possibles de ρ depuis 1 jusqu'à q, & supposant $k = \nu u = (\mu + \frac{p}{q}) u$, on verra si elles peuvent satisfaire à l'équation $\mu \rho \pi + \frac{p \pi \rho}{q}$

$$-\sigma\pi = -2k - A\left(k^3 + \frac{k^3}{\left(\mu+\frac{p}{q}\right)^2}\right) - B\left(k^5 + \frac{k^5}{\left(\mu+\frac{p}{q}\right)^4}\right),$$

&c. $\sigma\pi$ étant toujours le plus petit des nombres entiers plus grands que $\mu\rho\pi + \frac{p\pi\varrho}{q}$, & k étant une fraction; la solution approchée de cette équation (si la solution est possible) donnera la valeur de k.

10. Si k est négatif, il faudra pour lors que $\sigma\pi$ soit le plus grand des nombres entiers plus petits que $\mu\pi + \frac{p\pi\varrho}{q}$.

11. Si α est une fraction incommensurable, alors on peut toujours trouver une fraction $\frac{p}{q}$ plus grande ou plus petite que α d'une quantité aussi petite qu'on voudra. Soit donc $\alpha = \frac{p}{q} \pm \zeta$, ζ étant une quantité qu'on peut supposer aussi petite qu'on voudra. Cela posé:

12. Il est d'abord évident qu'en prenant $\rho = q$, & $\sigma = \mu q + p$, il ne restera que l'équation $\pm\zeta\pi = -2k - A\left(k^3 + \frac{k^3}{\left(\mu+\frac{p}{q}\pm\zeta\right)^2}\right) - B\left(k^5 + \frac{k^5}{\left(\mu+\frac{p}{q}\pm\zeta\right)^4}\right)$, &c. qu'on pourra toujours résoudre, puisque ζ peut être supposé aussi petit qu'on en aura besoin.

13. Il faudra de plus rétrograder alors sur les valeurs de ρ en prenant $\rho < q$, & voir si on parviendroit dans ce cas à une équation $\mu\pi\rho + \frac{p\pi\varrho}{q} \pm \zeta\pi\rho - \sigma\pi =$

$-2k-A\left(k^3+\frac{k^3}{(\mu+\frac{p}{q}\pm\zeta)^2}\right)$, &c. qui fût possible ; la plus petite valeur de ρ, qui donneroit une telle équation, seroit celle à laquelle il faudroit s'arrêter.

14. Puisqu'on a $u=t+A't^3+B't^5$ exprimé par une serie très-convergente & très-connue, on aura $-\nu u=-\nu t-A'\nu t^3+B'\nu t^5$, &c. & l'arc correspondant $=-\nu t-A''t^3-B''t^5$, &c. Donc on aura $\nu\pi\rho+\nu t=\sigma\pi-\nu t-A''t^3-B''t^5$, &c. ce qui conduira à des équations encore plus simples.

15. En général, si on a sin. $\nu z=\lambda$ sin. z, on aura les équations $\lambda u=\lambda t+\lambda A't^3+\lambda B't^5+$ &c. & l'arc correspondant $=\lambda t+A''t^3+B''t^5$, &c. Donc $\nu\pi\rho+\nu t=\sigma\pi+\lambda t+A''t^3+B''t^5$, &c. D'où l'on tirera, comme ci-dessus, & par une méthode semblable, la valeur de t, laquelle sera évidemment toujours possible ; puisque quand ν est commensurable, on peut toujours avoir au moins $t=0$; & qu'on peut avoir t aussi petit qu'on voudra quand ν est incommensurable.

16. Nous n'en dirons pas davantage sur le problême proposé, les méthodes exposées ci-dessus nous paroissant suffisantes pour parvenir à la solution complette. Il ne faut pas oublier d'observer que pour arriver à cette solution, on doit non-seulement supposer $\nu z=\nu\pi\rho+\nu t$, mais $\nu z=\frac{\nu\pi r}{2}-\nu t$, r étant un nombre impair ; & qu'on doit faire aussi l'angle dont le sinus est λu, égal à $\frac{\Sigma\pi}{2}$

$- \lambda u -$ &c. Σ étant un nombre impair. En voilà assez sur ce sujet, que d'autres Mathématiciens pourront traiter plus à fond, s'ils le jugent à propos.

17. Je me contenterai de remarquer encore que si $\nu = \frac{p}{q}$, p & q étant des nombres entiers, & qu'on fasse sin. $\left(\frac{z}{q}\right) = u$, sin. $z = t$, sin. $\left(\frac{pz}{q}\right) = \sigma$, on aura, par les formules connues, une équation algébrique entre u & t, & une autre entre u & σ; & ces équations combinées avec l'équation donnée $t = \lambda \sigma$, serviront à résoudre le problême. Cette solution est plus directe que celle que nous avons donnée ou indiquée; mais celle-ci est moins compliquée & plus praticable, & elle a d'ailleurs l'avantage de pouvoir s'appliquer au cas où ν renferme des incommensurables, & dans lequel la solution algébrique se trouve en défaut.

18. On pourroit encore, pour la solution du problême dont il s'agit, construire d'abord la courbe dont l'abscisse seroit z, & l'ordonnée λ sin. z, c'est-à-dire construire une trochoïde ordinaire dont les ordonnées sin. z soient diminuées ou augmentées en raison de λ à 1; & ensuite construire une autre courbe dont les abscisses étant z, les ordonnées soient sin. νz, ce qui revient à la construction d'une trochoïde allongée ou accourcie dans le rapport de ν à 1; les points d'intersection de ces courbes donneront les valeurs de z telles que sin. νz soit $= \lambda$ sin. z. Mais cette solution méchanique est encore moins simple & moins commode pour la pratique, que celle que nous avons proposée.

§. III.

Sur les Tables de mortalité.

Quelques Mathématiciens m'ont demandé la preuve de ce que j'ai avancé dans le Volume précédent (vingt-septiéme Mémoire, §. II, art. 37) au sujet des différens résultats sur la probabilité de la vie, tirés des Tables de mortalité de Suede. Ces tables de mortalité se trouvent dans le Supplément de l'Ouvrage de M. Deparcieux, imprimé en 1760, page. 33. On voit d'abord aisément que la moitié des années qui restent à écouler jusqu'à cent ans, à commencer par o, c'est-à-dire par le moment de la naissance, est représentée par la seconde colomne verticale de la table suivante; & la vie moyenne pour chaque âge, laquelle marque, suivant la plûpart des Auteurs, la probabilité de la durée de la vie, est exprimée par les nombres de la troisiéme colomne. Pour avoir les nombres de la quatriéme colomne, qui marquent, suivant M. de Buffon, cette probabilité, il faut considérer que si à o années il existe 10000 personnes qui viennent de naître, il n'en existera plus suivant les tables de Suede que la moitié ou 5000 entre 7 & 8 ans; qu'à un an, il n'existe plus que 6939 personnes, dont la moitié est 3469, & qu'il n'y aura plus que cette moitié d'existante entre 38 & 39 ans; d'où il suit, en retranchant un an, que 37 à 38 sera la probabilité de la vie, suivant M. de Buffon, pour les personnes âgées d'un an; on trouvera de même, par les tables, qu'à l'âge de deux ans il ne reste que 6245, dont il n'existe plus que la moitié 3122 à l'âge d'environ 44 ans; d'où il s'ensuit, en retranchant 2 ans, que la probabilité de la vie sera 42 ans, suivant M. de Buffon, pour les personnes âgées de 2 ans; de même à 3 ans il ne restera que 5757 personnes, dont il n'existera que la moitié 2878 à l'âge d'environ 51 ans; d'où il s'ensuit que 51 — 3 ou 48 sera la probabilité de la vie, suivant M. de Buffon, pour les personnes âgées de 3 ans. Par ce moyen, on formera la quatriéme colomne de la table suivante. Or il est aisé de voir que les nombres de la seconde colomne sont plus grands que ceux de la troisiéme, & que ceux de la troisiéme sont aussi plus petits que ceux de la quatriéme, dans les années de la vie qui s'étendent jusqu'à 40 ans, excepté dans la premiere année. On trouve un résultat à peu près semblable par la table de l'ordre de mortalité suivant les recherches de M. le Curé de ***, que M. Deparcieux a jointe à la table de Suede.

On peut encore confirmer cette remarque par la derniere colomne de la table, qui marque le nombre des morts de chaque année, savoir 3061 dans l'intervalle de la naissance à un an, 694 dans l'intervalle d'un an à deux ans, & ainsi de suite. Il est aisé de voir que ce nombre, au lieu d'être décroissant comme il devroit l'être d'année en année, si la courbe de mortalité étoit toute convexe vers son axe, croît au contraire depuis 15 ans jusqu'à 30, & depuis 45 jusqu'à 70; d'où il résulte évidemment que la courbe de mortalité n'eſt ni toute convexe ni toute concave vers ſon axe, mais qu'elle a des points d'inflexion & des ſerpentemens.

Ages.		Ans.	Mois.	Ans.	
0	50	27		7	
1	49 ½	37	1	39	3061
2	49	40	1	42	694
3	48 ½	42	5	48	408
4	48	44	0	49	335
5	47 ½	44	11	51	226
6	47	45	3	50	438
10	45	44	11	46	224
15	42 ½	42	0	42	187
20	40	38	8	40	218
25	37 ½	35	0	36	223
30	35	32	0	33	261
35	32 ½	29	2	29	228
40	30	26	0	25	279
45	27 ½	23	2	21	246
50	25	20	0	18	287
55	22 ½	17	0	14 ½	299
60	20	14	0	11 ½	380
65	17 ½	11	3	9	415
70	15	9	0	7	491
75	12 ½	7	3	6	399
80	10	6		5	299
85	7 ½	5			191
90	5	5			70
95	2 ½				29
100	0				

Il ſe pourroit au reſte que d'autres tables de mortalité donnaſſent des réſultats différens ; je ne parle ici que de celle qui a été dressée en Suede, & qui paroît avoir été faite avec soin; d'autres tables de mortalité donnent des résultats très-différens pour la vie moyenne; & il en est, parmi celles même que M. Deparcieux rapporte, qui donnent jusqu'à 12 ans de différence entre les résultats des vies moyennes. Voyez la table XIII de son Ouvrage. On voit aussi dans cette même table, que selon les Registres de Londres, la moitié des enfans nés ensemble est morte au commencement de la troisiéme année; selon les tables de M. Halley (en supposant 1300 enfans nés à-la-fois) au commencement de la onziéme année; & selon les tables de Hollande, au commencement de la trente-uniéme année; différence considérable, & qui prouve, ou combien les tables de mortalité different selon les différens pays, ou peut-être combien ces tables sont imparfaites, & ont besoin d'être dressées avec plus de soin & de précision qu'elles ne l'ont été jusqu'ici.

§. IV.

Sur quelques différentielles réductibles à des arcs de sections coniques.

1. J'ai démontré dans les Mémoires de Berlin de 1748, pag. 268 & suiv. §. XIX & XX, que toute quantité de cette forme $\frac{dx}{(a+bx+cxx)^{\frac{q}{2}}(e+fx+gxx)^{\frac{s}{2}}}$, ($q$ & s étant des nombres entiers positifs) étoit intégrable par des arcs de sections coniques, & qu'on pouvoit

même intégrer, par le moyen de ces arcs, toutes les quantités de cette forme $\frac{(lx+n)^p dx}{(a+bx+cxx)^{\frac{q}{2}}(e+fx+gxx)^{\frac{s}{2}}}$; pourvu que $q+s-p-2$ fût $=$ ou plus grand que zero. La démonstration assez singuliere que j'ai donnée de ces deux propositions dans l'endroit cité, & qui est fondée sur des transformations assez compliquées, a cela de particulier, qu'elle laisse en doute si dans les transformations il se trouve des quantités de cette forme $\frac{du}{u^n\sqrt{(P+Qu+Su^2+Ru^3)}}$; & comme l'intégration de ces dernieres quantités dépend de celle de $\frac{du}{u\sqrt{(P+Qu+Su^2+Ru^3)}}$, ainsi que je l'ai fait voir dans le même Mémoire, il restoit donc encore incertain si les quantités $\frac{du}{u\sqrt{(P+Qu+Su^2+Ru^3)}}$ dépendoient ou non des arcs de sections coniques.

2. Ayant eu depuis quelque temps occasion de repenser à cette matiere, j'ai trouvé que les quantités de cette forme $\frac{du}{u^n\sqrt{(P+Qu+Su^2+Ru^3)}}$ ne peuvent jamais se rencontrer dans les transformées dont il s'agit, & c'est ce que je vais démontrer ici ; d'où il résultera qu'on n'a point encore de méthode connue pour réduire $\frac{du}{u^n\sqrt{(P+Qu+Su^2+Ru^3)}}$ à la rectification des sections coniques.

3. S[illegible] donc d'abord à intégrer la différentielle

tielle $\frac{dx}{(a+bx+cxx)^{\frac{q}{2}}(e+fx+gxx)^{\frac{s}{2}}}$, que je mets sous cette forme $\frac{dx}{(a+bx+cxx)^{\frac{q+s}{2}}\times\left(\frac{e+fx+gxx}{a+bx+cxx}\right)^{\frac{s}{2}}}$

$= \frac{dx}{(a+bx+cxx)^{\frac{q+s}{2}}\times\left(\varphi+\frac{\gamma x+\delta}{a+bx+cxx}\right)^{\frac{s}{2}}}$. En supposant $\frac{\gamma x+\delta}{a+bx+cxx}=\frac{1}{z}$, (Mémoires de Berlin 1748, page 268) on aura $x=\frac{\gamma z-b}{2c}\pm\sqrt{\left(\frac{(\gamma z-b)^2}{4cc}+\frac{\delta z-a}{c}\right)}$; donc nommant R le radical, on aura $x=\frac{\gamma z-b}{2c}\pm R$, & $\gamma xz+\delta z$ ou $a+bx+cxx=z\left(\frac{\gamma\gamma z-b\gamma}{2c}+\delta\pm\gamma R\right)$; donc $(a+bx+cxx)^{\frac{q+s}{2}}$ $=z^{\frac{q+s}{2}}\left(\frac{\gamma\gamma z-b\gamma}{2c}+\delta\pm\gamma R\right)^{\frac{q+s}{2}}$; donc multipliant le haut & le bas par $\left(\frac{\gamma\gamma z-b\gamma}{2c}+\delta\mp\gamma R\right)^{\frac{q+s}{2}}$, on aura au dénominateur $z^{\frac{q+s}{2}}\times\left(-\frac{\delta b\gamma}{c}+\delta\delta+\frac{\gamma\gamma a}{c}\right)^{\frac{q+s}{2}}$; donc, en négligeant le coefficient constant, le dénominateur, dans les termes les plus composés, sera $z^{\frac{q+s}{2}}\left(\varphi+\frac{1}{z}\right)^{\frac{s}{2}}\sqrt{\left(\frac{\gamma\gamma zz-2b\gamma z+4c\delta z-4ac+bb}{4cc\,zz}\right)}$;

qu'on peut rendre encore plus général en mettant $\pm$ devant les termes où z se trouve avec une dimension impaire, ce qui suppose $\frac{\gamma x + \delta}{a + bx + cxx} = \pm \frac{1}{z}$, & donne pour dénominateur $z^{\frac{q+s}{2}} \times (\varphi \pm \frac{1}{z})^{\frac{s}{2}} \times \sqrt{\left(\frac{\gamma\gamma zz \mp 2b\gamma z \pm 4c\delta z - 4ac + bb}{4cc}\right)}$; cela posé, & faisant dans la transformée $\frac{1}{z} = \frac{u}{m}$, il est aisé de voir que l'intégration des termes les plus composés, dépendra de quantités de cette forme, $\frac{du}{u^r (\varphi + \frac{u}{m})^{\frac{s}{2}} \sqrt{(k + lu + nu^2)}}$ (r étant un nombre entier positif), c'est-à-dire, $\frac{du}{u^r (A + Bu)^{\frac{s-1}{2}} \sqrt{(Q + Pu + Ru + Su^3)}}$, $\frac{s-1}{2}$ étant évidemment un nombre entier positif. Or $\frac{du}{u^r (A + Bu)^{\frac{s-1}{2}}}$ se réduit à une suite de quantités de cette forme $\frac{\alpha du}{u^r} + \frac{\beta du}{u^{r-1}} + \frac{\gamma du}{u^{r-2}} \ldots + \frac{n du}{u} + \frac{\varepsilon du}{(A + Bu)^\lambda} + \frac{\nu du}{(A + Bu)^{\lambda - 1}} \ldots + \frac{\mu du}{A + Bu}$; donc l'intégration se réduira à celle de quantités de la forme suivante; $\frac{du}{u^p \sqrt{(Q + Pu + Ru + Su^3)}}$, & $\frac{du}{(A + Bu)^\sigma \sqrt{(Q + Pu + Ru + Su^3)}}$; ou $\frac{du}{(A + Bu)^{\frac{\sigma + 1}{2}} \sqrt{(k + lu + mu^2)}}$, dont la seconde s'intégre par la rectification des sections coniques, & la premiere dépend de $\frac{du}{u\sqrt{(Q+Pu+Ru^2+Su^3)}} = \frac{du}{u\sqrt{(\phi+\frac{u}{m})}\sqrt{(k+lu+mu^2)}}$; ce qui confirme pleinement ce qui a été dit page 268 des Mémoires de Berlin de 1748, que la quantité différentielle proposée $\frac{dx}{(a+bx+cxx)^{\frac{q}{s}}(e+fx+gxx)^{\frac{s}{2}}}$, dépend, ou de la rectification des sections coniques seulement, ou de cette rectification, & de plus de l'intégration de la différentielle $\frac{du}{u\sqrt{(Q+Pu+Ru^2+Su^3)}}$, si dans la transformée le coefficient de cette derniere différentielle n'est pas $=0$.

4. En supposant (pag. 270 des Mémoires de Berlin 1748) $\frac{\phi+\frac{u}{m}}{\pm A+Bu-uu} = \frac{1}{B'z\pm\frac{A}{\phi}}$, on aura $u^2-Bu \pm\frac{Au}{\phi m}+\frac{B'zu}{m} = -\phi B'z$; donc $u = \frac{B}{2} \mp \frac{A}{2\phi m} - \frac{B'z}{2m} \pm \sqrt{\left[\left(\frac{B}{2} \mp \frac{A}{2\phi m} - \frac{B'z}{2m}\right)^2 - \phi B'z\right]}$; où l'on voit que la quantité qui est sous le radical peut se réduire à $\sqrt{(\alpha+\beta z+\gamma zz)}$, α & γ étant positifs; d'où il est aisé de tirer la conclusion énoncée à la page 270 déja citée, paragraphe III, savoir que la différentielle $\frac{du}{u\sqrt{(\phi+\frac{u}{m})}\times\sqrt{(\pm A+Bu-uu)}}$, dans laquelle uu a le signe

—, dépend de la rectification des sections coniques, & de la différentielle $\frac{dz}{z\surd(B'z \pm \frac{A}{z})\times\surd(\alpha+\beta z+zz)}$, α étant une quantité positive, & zz ayant le signe $+$.

5. Soit donc $\frac{du}{u(\surd\phi+ku).\surd(g+nu+u^2)}$ une différentielle à intégrer, g étant positif; on aura, suivant les calculs de la p. 268 des Mém. cités, $k=\frac{1}{m}$, $\gamma = \frac{\gamma^2 m^2}{bb-4ac} = \frac{\gamma^2}{k^2(bb-4ac)}$; $n = \frac{4c\delta m - 2b\gamma m}{bb-4ac} = \frac{4c\delta - 2b\gamma}{k(bb-4ac)}$; d'où l'on tire $\gamma = \pm k\surd(bb - 4ac)$; $\delta = \frac{nk(bb-4ac)+2b\gamma}{4c}$. Ainsi, en supposant que le coefficient de $\frac{du}{u\surd(\phi+\frac{u}{m})} \times \frac{1}{\surd\left(\frac{\gamma^2 m^2}{b^2-4ac}+\frac{4c'mu-2b\gamma mu}{bb-4ac}+u^2\right)}$ ne soit pas nul, l'intégration se réduit à celle d'une quantité de la forme $\frac{dx}{(a+bx+cxx)^{\frac{r}{s}}\times[\phi(a+bx+cxx)+\gamma x+\delta]^{\frac{s}{2}}}$, r ou s étant >1; car si r & s sont $=1$, on a vû (Mémoires de Berlin 1746, page 223) que le coefficient de $\frac{du}{u\surd(P+Qu+Ru^2+Su^3)}$ dans la transformée étoit $=0$.

6. Voilà où nous en étions restés dans les Mémoires de Berlin. Il s'agit à présent, comme nous l'avons annoncé ci-dessus (art. 2) de démontrer d'abord qu'il ne se trouvera point de quantités de la forme

$\frac{du}{u^n\sqrt{(P+Qu+Su^2+Ru^3)}}$ dans les transformées des différentielles de cette forme $\frac{dx}{(a+bx+bxx)^{\frac{q}{2}}(e+fx+gxx)^{\frac{s}{2}}}$.

Pour en venir à bout, nous commencerons par observer que l'équation $x = \frac{\gamma z - b}{2c} \pm \sqrt{\left(\frac{(\gamma z - b)^2}{4cc} + \frac{\delta z - a}{c}\right)}$ donne $dx = \frac{\gamma dz}{2c} + \left(\frac{(\gamma z - b).\gamma dz}{4cc} + \frac{\delta dz}{2c}\right) \times \frac{\pm 1}{\sqrt{\left(\frac{(\gamma z-b)^2}{4cc} + \frac{\delta z - a}{c}\right)}} = \frac{dz}{\pm R \times 2c} \times \left(\frac{\gamma\gamma z - b\gamma}{2c} + \delta \pm \gamma R\right)$, ou encore $\frac{dz}{\pm R \times 2c} \times (\gamma x + \delta)$. Cela posé, dans la transformée de l'art. 3 ci-dessus, il est aisé de voir que le dénominateur se réduit à $z^{\frac{q}{2}}\left(\frac{\gamma\gamma z - bz}{2c} + \delta \pm \gamma R\right)^{\frac{q+s}{2}}(\varphi z \pm 1)^{\frac{s}{2}}$; or si $\frac{q+s}{2}$ est $= -t$, t étant un nombre entier positif, il n'y aura point de préparation à faire en multipliant haut & bas par $\left(\frac{\gamma\gamma z - bz}{2c} + \delta \mp \gamma R\right)^{\frac{q+s}{2}}$, parce que $\left(\frac{\gamma\gamma z - bz}{2c} + \delta \pm \gamma R\right)^{-t}$ sera alors au dénominateur; ou, ce qui revient au même, $\left(\frac{\gamma\gamma z - bz}{2c} + \delta \pm \gamma R\right)^{t}$ au numérateur. En ce cas $z^{\frac{q}{2}} = z^{\frac{-2t-s}{2}}$; de plus, la plus haute puissance de z, dans le numérateur, est z^t, & la plus basse z^0; ainsi, les termes de la premiere espéce étant multipliés par la différence de x, laquelle est $= \frac{dz}{\pm R \times 2c} \times \left(\frac{\gamma\gamma z - b\gamma}{2c} + \delta \pm \gamma R\right)$, donneront différens termes de la forme $\frac{z^{t+1-\omega} dz}{z^{\frac{-2r-s}{2}} (\phi z \pm 1)^{\frac{s}{2}}} \times \frac{1}{\sqrt{(\varpi + \nu z + \mu z z)}}$, ω étant un entier positif ou zero, & $t + 1 - \omega$ étant positif ou zero ; lesquels termes, en supposant $z = u^{-1}$, donneront, après les réductions, des quantités de cette forme $\frac{u^{-2t-2+\omega} du}{(\gamma u + \varrho)^{\frac{s}{2}} \sqrt{(\alpha + \beta u + \delta u^2)}}$.

Or $t + 1 - \omega = k$, k étant positif ou zero ; donc $- 2t - 2 + \omega = - 2k - \omega$; donc l'exposant de u n'est jamais positif dans cette hypothèse de $\frac{q+s}{2} = -t$; donc lorsque $\frac{q+s}{2} = -t$, la différentielle ne dépend pas seulement de la rectification des sections coniques ; mais encore de $\frac{du}{u(\gamma u + \varrho)^{\frac{s}{2}} \sqrt{(a + \beta u + \delta u^2)}}$.

7. Si $\frac{q+s}{2} = +t$, alors (ayant multiplié par la valeur de dx) l'exposant de $\frac{\gamma\gamma z - bz}{2c} + \delta \pm \gamma R$ (qui sera pour lors au dénominateur) deviendra $t - 1$; il faudra donc multiplier haut & bas par $\left(\frac{\gamma\gamma z - bz}{2c} + \delta \mp \gamma R\right)^{t-1}$, ce qui donnera des termes de cette forme

$\frac{z^{t-1-\omega}dz}{z^{\frac{2t-s}{2}}(\phi z+1)^{\frac{s}{2}}} \times \frac{1}{\sqrt{(\varpi+\nu z+\mu zz)}}$, ω étant zero, ou un nombre entier positif, & $t-1-\omega$ n'étant jamais <0; or cette différentielle (Mém. de Berlin 1748) en faisant $z=u^{-1}$, donne une quantité de cette forme à chaque terme $\frac{u^{\omega}du}{(\phi+u)^{\frac{s}{2}}\sqrt{(\varpi+\lambda u+\sigma u^2)}}$, qui se réduit à la rectification des sections coniques.

8. Il est donc évident que dans la transformation de la différentielle $\frac{dx}{(a+bx+cxx)^{\frac{q}{2}}(e+fx+gxx)^{\frac{s}{2}}}$ (q & s étant des nombres entiers impairs) il ne se rencontre point de quantités de cette forme $\frac{dx}{u^n\sqrt{(P+Qu+Su^2+Ru^3)}}$, tant que $\frac{q+s}{2}$ est un nombre entier positif; & qu'ainsi ces différentielles se rapportent à des arcs de sections coniques; ce que je n'avois démontré dans les Mémoires de Berlin de 1748, que pour le cas où q & s étoient supposés positifs l'un & l'autre.

9. Voyons présentement ce qui doit arriver dans la transformation des quantités de la forme suivante $\frac{(lx+n)^p}{(a+bx+cxx)^{\frac{q}{2}}(e+fx+gxx)^{\frac{s}{2}}}$, p étant supposé un nombre entier positif. Et d'abord nous remarquerons que $lx+n=\frac{l}{\gamma}(\gamma x+\delta)+n-\frac{\lambda\delta}{\gamma}$; ainsi $(lx+n)^p$ (p étant supposé positif) est égal à une suite de

termes de cette forme $A(\gamma x + \delta)^r$, r étant positif = ou $< p$, ou $= 0$. Or dans le cas où $\frac{q+s}{2} = +t$, on aura au dénominateur de la transformée $(\gamma x + \delta)^t$, & par conséquent, en réduisant, on aura une suite de termes qui auront $(\gamma x + \delta)^{t-r}$ au dénominateur, r étant positif & = ou $< p$, ou étant zero ; donc, substituant pour dx sa valeur, l'exposant $t - r$ deviendra $t - r - 1$; multipliant haut & bas chacun de ces termes par $\left(\frac{\gamma\gamma z - bz}{2c} + \delta \mp \gamma R\right)^{t-r-1}$, on aura des termes de cette forme $\frac{z^{t-r-1}dz}{z^{\frac{2t-s}{2}}(\phi z + 1)^{\frac{s}{2}}\sqrt{(m + nz + rzz)}}$, où il faut bien remarquer que $t - r - 1$ est supposé zero ou positif ; donc faisant $z = u^{-1}$, on aura une transformée de cette forme $\frac{u^r du}{(\phi + u)^{\frac{s}{2}}\sqrt{(\varpi + \lambda u + \sigma u^2)}}$, qui est réductible aux arcs des sections coniques, tant qu'on suppose $t - r - 1 = 0$ ou positif, c'est-à-dire $q + s - 2r - 2 =$ ou > 0. Mais si $t - r - 1$ étoit négatif, alors on auroit au numérateur $(\gamma x + \delta)^{-t+r+1}$; & la transformée, en faisant $x = u^{-1}$ sans aucune autre opération préalable, contiendroit $u^{+2t-r-2}$ au numérateur ; & comme cette quantité a un exposant positif, si $2t$ ou $q + s$ est = ou $> r + 2$, il s'ensuit qu'on peut alors réduire la proposée à des arcs de sections coniques.

10. Si $\frac{q+s}{2} = -t$, on aura, au lieu de $(\gamma x + \delta)^{t-r-1}$ au dénominateur, la quantité $(\gamma x + \delta)^{-t-r-1}$, c'est-à-dire

c'est-à-dire $(\gamma x + \delta)^{t+r+1}$ au numérateur ; faisant donc $z = u^{-1}$, on aura pour exposant de u dans le numérateur de la réduite, $-2t - r - 2$, qui doit être positif ; c'est-à-dire, que $q + s - r - 2$ doit être $>$ ou $= 0$.

11. Donc en général, si $q + s$ est $=$ ou $> r + 2$; r étant positif ou zero, & $=$ ou $< p$, la différentielle proposée $\frac{(lx+n)^p}{(a+bx+cxx)^{\frac{q}{2}}(e+fx+gxx)^{\frac{s}{2}}}$ se réduira à des arcs de sections coniques. Dans les Mémoires de Berlin de 1748, page 271, où l'on est arrivé à la même conclusion, on a supposé q & s positifs ; on voit ici que la proposition est encore vraie, pourvu que $q + s$ soit positif.

12. A l'occasion de ces nouvelles différentielles réductibles à des arcs de sections coniques, je remarquerai une espéce d'inconvénient qui se rencontre en certains cas dans cette réduction. Lorsqu'il s'agit, par exemple, d'intégrer $\frac{dz\sqrt{z}}{\sqrt{(bb \pm fz - zz)}}$, on fait (comme je l'ai prescrit dans les Mémoires de Berlin 1746, page 203) $z = \frac{bb}{u}$, & l'intégrale se trouve $-\frac{2\sqrt{(uu \pm fu - bb)}}{\sqrt{u}} + \int \frac{du\sqrt{u}}{\sqrt{(uu \pm fu - bb)}}$. Or lorsque $z = 0$, u est infinie ; donc, lorsque z est une quantité finie, cette intégrale est la différence (finie) d'un arc d'hyperbole infini, & d'une ligne droite infinie. Ainsi, cette maniere d'intégrer ou de construire la différentielle proposée, a l'inconvé-

nient de repréſenter une intégrale finie par la différence de deux quantités infinies.

13. Pour réſoudre cette difficulté, il faut d'abord tâcher de transformer $\frac{du\sqrt{u}}{\sqrt{(uu \pm fu - bb)}}$ en une autre différentielle de la même forme $\frac{dy\sqrt{y}}{\sqrt{(yy \pm fy - bb)}}$, à l'intégration de laquelle elle ſe réduiſe, & dans laquelle y ne ſoit que finie quand u eſt infinie.

14. Soit ſuppoſé pour cet effet $u = \frac{qy - q}{y - q}$, on aura $y = \frac{qu - q}{u - q}$, & par conſéquent y finie & $= q$ lorſque u eſt infinie. Enſuite ſoit priſe la différence de $\sqrt{(1 + u)} \times \sqrt{(1 + y)}$, on aura $\frac{1}{2}\left(\frac{du}{\sqrt{(1+u)}} . \sqrt{(1+y)} + \frac{dy}{\sqrt{(1+y)}} \times \sqrt{(1+u)}\right) =$ (à cauſe de $1 + y = \frac{qu+u}{u-q}$, & $1 + u = \frac{qy+y}{y-q}$) $\frac{1}{2}\frac{du\sqrt{u}.\sqrt{(q+1)}}{\sqrt{(uu - qu + u - q)}} + \frac{1}{2}\frac{dy\sqrt{(q+1)}}{\sqrt{(yy - qy + y - q)}}$; donc en faiſant $-q + 1 = \pm f$, & $q = bb$, on aura

$$\frac{du\sqrt{u}}{\sqrt{(uu \pm fu - bb)}} = \frac{2d\sqrt{(1+u)}.\sqrt{(1+y)}}{\sqrt{(q+1)}} - \frac{dy}{\sqrt{(yy \pm fy - bb)}};$$

donc mettant pour y ſa valeur en u, l'intégrale de l'art. 12 ſera $-\frac{2\sqrt{(uu \pm fu - bb)}}{\sqrt{u}} + \frac{2\sqrt{(1+u)}.\sqrt{((q+1).u - 2q)}}{\sqrt{(u-q)}.\sqrt{(1+q)}} - \frac{2\int dy\sqrt{y}}{\sqrt{(yy \pm fy - bb)}}$, plus ou moins une conſtante C, qu'on ajoutera s'il eſt néceſſaire; & comme $\sqrt{(uu \pm fu - bb)} = \sqrt{(1+u)}.\sqrt{(u-q)}$, il eſt aiſé de voir que par la réduction en ſerie, les quantités infinies disparoîtront des premiers termes du binome $-\frac{2\sqrt{(uu\pm fu-bb)}}{\sqrt{u}}-2\sqrt{(1+u)}\times\frac{\sqrt{((q+1).u-2q)}}{\sqrt{(u-q)}}$. Car lorsque u est infinie, $\sqrt{(Auu+Bu+C)}$ devient $u\sqrt{A}+\frac{B}{2\sqrt{A}}$, &c. & $\sqrt{(Pu+N)}$ devient $\sqrt{u}\sqrt{P}+\frac{N}{2\sqrt{P}.\sqrt{u}}$, &c. en négligeant les autres termes. Ainsi, la difficulté qui restoit dans le calcul est entiérement levée, & n'exige pas que nous entrions dans un plus grand détail. On voit de plus qu'en supposant $1=a$, on aura $qaa=bb$, & $a-qa=\pm f$; donc $q=\frac{bb}{aa}$; ou ce qui est la même chose ici, $1\mp\frac{f}{a}$.

15. En général, soit $u=\frac{ay+b}{cy+e}$, on aura $y=-\frac{eu-b}{cu-a}$; donc e doit être $=-a$, si l'on veut que les deux valeurs de y & de u soient de même forme. Maintenant différentions $2\sqrt{(f+hu)}.\sqrt{(l+my)}$, nous aurons $\frac{hdu}{\sqrt{(f+hu)}}\times\frac{1}{\sqrt{(cu-a)}}\times\sqrt{(lcu-la-meu+bm)}+\frac{mdy}{\sqrt{(l+my)}}\times\frac{1}{\sqrt{(cy+e)}}\times\sqrt{(fcy+fe+hay+hb)}$. Or en premier lieu, pour que $fcu-ahu-fa+hcuu$ soit de la même forme que $lcy+mey+el+mcyy$, il faut que $\frac{fc-ah}{hc}=\frac{lc+me}{mc}$, & $\frac{el}{mc}=\frac{-fa}{hc}$, c'est-à-dire (à cause de $e=-a$) $\frac{l}{m}$

$= -\frac{f}{h}$; de plus, soit $\frac{l}{m} = \frac{a}{b}$, il est évident qu'on aura dans les radicaux supérieurs $- la + bm = 0$; $fe + hb = 0$; & les deux différentielles seront de la forme $\frac{K dy \sqrt{y}}{\sqrt{(Pyy + Qy + R)}}$, & $\frac{N du \sqrt{u}}{\sqrt{(Puu + Qu + R)}}$. Il faut encore, pour la réduction à la rectification de l'hyperbole, que les radicaux $\sqrt{(f + hu)} . \sqrt{(cu - a)}$, se réduisent à cette forme $\sqrt{\left(u + \frac{f}{h}\right)} . \sqrt{\left(u - \frac{a}{c}\right)}$; $\frac{f}{h}$ & $\frac{a}{c}$ étant positifs, ou $\frac{f}{h}$ négatif, & $\frac{-a}{c}$ positif; il en est de même de $\sqrt{(l + my)} . \sqrt{(cy + e)}$; il faut que $\frac{l}{m}$ soit positif & $\frac{e}{c}$ négatif, ou réciproquement.

16. La méthode que nous venons d'employer pour réduire la rectification d'un arc hyperbolique à celle d'un autre, est absolument analogue à celle qui est aujourd'hui connue des Géometres, par les savantes recherches de MM. Fagnani & Euler. On sait en effet que dans la différentielle de l'arc hyperbolique (savoir $\frac{dx \sqrt{((q+1) . xx - aa)}}{\sqrt{(xx - aa)}}$, qui peut aisément se réduire à $\frac{dx \sqrt{(xx - k)}}{\sqrt{(xx - 1)}}$, k étant < 1) si on fait $zz = \frac{xx - k}{xx - 1}$; on aura de même $xx = \frac{zz - k}{zz - 1}$; d'où les savans Géometres que nous venons de citer, ont tiré des méthodes ingénieuses pour réduire la rectification d'un arc d'hy-

perbole à un autre arc de la même hyperbole. Nous remarquerons à cette occasion, que si on fait en général $zz = \frac{pxx - q}{rxx - s}$, il faut, pour la bonté de la méthode, que quand $rxx - s = 0$, zz ne soit pas négatif; donc puisque (*hyp.*) $xx = \frac{s}{r}$, & que xx doit être $> \frac{q}{p}$, on aura $\frac{ps}{r} > q$; il faut de plus que quand $x = \infty$, zz (s'il se rapporte à la même hyperbole) ne soit pas plus petit que $\frac{s}{r}$, qui est la plus petite valeur de xx, donc $\frac{p}{r}$ (valeur de zz quand $x = \infty$) doit être $=$ ou $> \frac{s}{r}$; donc $p > s$. Maintenant, $zz = \frac{pxx - q}{rxx - s}$ donne $xx = \frac{szz - q}{rz^2 - p}$; donc la différence de xz ou $xdz + zdx$ sera $dz \frac{\sqrt{s}}{\sqrt{r}} \times \frac{\sqrt{(zz - \frac{q}{s})}}{\sqrt{(zz - \frac{p}{r})}}$ $+ dx \frac{\sqrt{p}}{\sqrt{r}} \times \frac{\sqrt{(xx - \frac{q}{p})}}{\sqrt{(xx - \frac{s}{r})}}$; donc on réduira aisément par ce moyen, à la rectification réciproque l'un de l'autre, les arcs de deux hyperboles. L'une d'elles a pour demi-grand axe $\sqrt{\frac{p}{r}}$, que j'appelle a, & pour parametre une quantité p' telle que $\frac{2a}{2a + p'} \times \frac{p}{r} = \frac{q}{s}$; d'où l'on voit que $\frac{q}{s} < \frac{p}{r}$, comme cela doit être en effet, ainsi qu'on vient de le remarquer. L'autre hyperbole aura pour demi-grand axe, $\sqrt{\frac{s}{r}}=a'$, & pour parametre une quantité q' telle que $\frac{s}{r}\times\frac{2a'}{2a'\;q}=\frac{q}{p}$; d'où l'on tire $\frac{s}{r}>\frac{q}{p}$; ce qui s'accorde avec la condition précédente. On remarquera encore que xx doit être toujours $>\frac{s}{r}$, & $zz>$ que $\frac{p}{r}$; or on a $zz=\frac{pxx-q}{rxx-s}$; donc supposant $\lambda=$ ou >1, il est nécessaire que $\frac{\frac{p\lambda s}{r}-q}{\frac{\lambda rs}{r}-s}$ soit $>\frac{p}{r}$, ou $ps>qr$; ce qui a lieu en effet, comme on vient de le voir.

17. En terminant ici ces recherches sur les intégrales qui se rapportent à la rectification des sections coniques, je donnerai une méthode pour rectifier une ellipse ou hyperbole fort allongée. Soit $\frac{dx\sqrt{(aa+\frac{p-2a}{2a}xx)}}{\sqrt{(aa-xx)}}$ l'élément d'une ellipse; si cette ellipse est fort allongée, on ne peut pas réduire $\sqrt{(aa+\frac{p-2a}{2a}xx)}$ en serie lorsque x ne différe que peu de a, parce qu'alors la serie seroit trop peu convergente; mais on peut considérer que cette ellipse, vers son sommet, différe peu d'une parabole, ensorte que faisant $x=a-z$, on aura l'élément de l'ellipse $=\frac{dz\sqrt{(2az-zz+\frac{pa}{2}-pz+\frac{pzz}{2a})}}{\sqrt{(2az-zz)}}$

$$= \frac{dz\sqrt{(2az + \frac{pa}{2})}}{\sqrt{(2az)}\sqrt{(1 - \frac{z}{2a})}} \times \sqrt{\left(1 - \frac{2apz + 2azz - pzz}{2a(2az + \frac{pa}{2})}\right)};$$

or comme $\frac{z}{2a}$ eſt fort petit, on peut négliger $\frac{pzz}{2a}$ par rapport à pz, ce qui donnera l'élément cherché $=$ à très-peu près $\frac{dz\sqrt{(2az + \frac{pa}{2})}}{\sqrt{(2az)}} \times \left(1 + \frac{z}{4a}\right) \times 1 - \frac{zz + pz}{2(2az + \frac{pa}{2})}$. Et ſi l'on veut même faire le calcul exactement, on verra, en réduiſant en ſerie les radicaux $\sqrt{\left(1 - \frac{z}{2a}\right)}$, & $\sqrt{\left(1 - \frac{2apz + 2azz - pzz}{2a(2az + \frac{pa}{2})}\right)}$, que tant que z peut être regardé comme petit par rapport à a, l'intégration dépendra toujours d'une quantité de cette forme $z^{\frac{n}{2}} dz (Az + B)^{\frac{m}{2}}$, n & m étant des nombres impairs poſitifs ou négatifs. Or on ſait que ces ſortes de quantités ſe réduiſent aiſément en fractions rationnelles. Si on avoit à rectifier une hyperbole très-allongée, on s'y prendroit d'une maniere ſemblable, cette hyperbole vers ſon ſommet étant peu différente d'une parabole.

Fin du trente-ſixiéme Mémoire & de la premiere Partie.

OPUSCULES
MATHÉMATIQUES.

SECONDE PARTIE.

OPUSCULES MATHÉMATIQUES.

SECONDE PARTIE,

Contenant principalement de nouvelles Recherches sur différens points importans d'Astronomie Physique.

XXXVIIME MÉMOIRE.

Remarques sur une difficulté singuliere qui se rencontre dans la solution du problême de la precession des équinoxes; avec quelques autres réflexions sur ce problême.

1. LE fameux problême de la précession des équinoxes, dont j'ai donné le premier la solution en 1749, a été depuis bien ou mal résolu par beaucoup d'autres Géometres. M. de la Lande, dans un vaste Recueil qu'il a pu-

blié ſous le titre d'*Aſtronomie*, n'ayant pas diſtingué celles de ces ſolutions qui ſont défectueuſes d'avec celles qui ne le ſont pas, s'eſt contenté de les indiquer toutes *in globo*, & de dire qu'elles *ne ſont pas d'accord*. J'aurois lieu d'être étonné de peu de juſtice que l'Auteur a rendu à mes Recherches ſur cette matiere, ſi je ne voyois, par le choix & le commentaire qu'il a fait de la ſolution très-fautive de M. Simpſon, qu'il n'a point connu les difficultés du problême. D'ailleurs, des Géometres, vraiment capables d'apprécier mon travail, ont abondamment ſuppléé à tout autre témoignage, en déclarant que j'ai ouvert le premier la route pour réſoudre ce genre de queſtions (*a*). Cependant, ni moi, ni aucun de ceux qui depuis moi ont traité ce problême, n'avons fait mention juſqu'ici d'une difficulté qu'il renferme, qui paroît avoir échappé à tous les Mathématiciens, & qui mérite d'être examinée. J'en avois déja parlé en peu de mots dans les Mémoires de la Société Royale des Sciences de Turin, Tome III, page 388; mais j'ai cru que pour l'utilité des Mathématiciens, il ſeroit bon de la développer ici, d'autant que j'y joindrai pluſieurs autres remarques utiles & curieuſes.

2. Cette difficulté conſiſte en ceci; $d\epsilon$ étant le mouvement inſtantané de l'axe de la terre projetté ſur l'écliptique, & $d\pi$ le mouvement de ce même axe perpendiculairement à l'écliptique, on trouve par notre ſolution, & par toutes celles qui ſont exactes, une formule

(*a*) Voy. les Mémoires de l'Académie des Sciences de Pruſſe de 1750, p. 412.

pour la valeur de $d\epsilon$, & une autre pour la valeur de $d\pi$, d'où l'on tire les valeurs, ou plutôt la loi de la préceſſion & de la nutation, telle que les obſervations la donnent. Cependant ces valeurs de $d\epsilon$ & de $d\pi$, quoiqu'exactes, au moins à peu près, ont un inconvénient dans l'expreſſion ſous laquelle elles ſe préſentent; c'eſt que quand ϵ ou $z = 0$, c'eſt-à-dire au commencement du mouvement, elles devroient être $= 0$, quelle que fût la poſition de l'axe par rapport à la direction des forces perturbatrices; & cependant l'expreſſion ſous laquelle elles ſe préſentent ne les donne pas telles. Développons davantage cette difficulté, & nous en donnerons enſuite la ſolution qui nous conduira à des conſéquences curieuſes & importantes. Mais auparavant il faut obſerver qu'il y a deux axes à diſtinguer dans la terre, relativement à la ſolution du problême qui va nous occuper. Le premier eſt l'*axe de figure*, qui diviſe tous les méridiens en deux parties égales & ſemblables, & que nous appellerons ſimplement l'*axe*; le ſecond eſt l'*axe de rotation*, celui autour duquel la terre tourne à chaque inſtant, & dont la poſition eſt variable, quoiqu'il s'écarte toujours très-peu de l'axe de figure. Cela poſé.

3. En conſervant les mêmes noms que dans nos *Recherches ſur la préceſſion des Equinoxes* (art. 45) (*a*), faiſons un moment abſtraction de la lune pour ſim-

(*a*) Je ſuppoſe ici que le Lecteur ait ſous les yeux mes Recherches ſur la préceſſion des Equinoxes, qu'il faut néceſſairement connoître pour entendre ce Mémoire.

plifier la queſtion, c'eſt-à-dire, faiſons $1 + 6 = 0$, & ſuppoſons $\frac{6 A \text{coſ.} \pi \text{coſ.} \nu}{M+K} = \varphi$, nous aurons

$\varphi dz^2 \text{coſ.} \pi \text{ ſin.} \nu = d(d\epsilon \text{ coſ.} \pi^2) + k dz\, d(\text{ſin.} \pi)$;

$dd\pi = \varphi dz^2 \text{ ſin.} \pi \text{ coſ.} \nu - d\epsilon^2 \text{ ſin.} \pi \text{ coſ.} \pi + k d\epsilon dz \times \text{coſ} \pi$.

Soit δ la valeur de $d\pi$ au premier inſtant, & γ celle de $d\epsilon$; il eſt évident que $dd\epsilon = \gamma$ lorſque $\epsilon = 0$, & $dd\pi = \delta$, puiſqu'on ſuppoſe qu'avant l'action du ſoleil, la terre tournoit uniformément autour de ſon axe, & que ſon axe étoit fixe & ſans mouvement. Donc au premier inſtant, on a

$\varphi dz^2 \text{ coſ.} \pi \text{ ſin.} \nu = \gamma \text{ coſ.} \pi^2 - 2\gamma\delta \text{ ſin.} \pi \text{ coſ.} \pi + k dz \times \delta \text{ coſ} \pi$;

$\delta = \varphi dz^2 \text{ ſin.} \pi \text{ coſ.} \nu - \gamma^2 \text{ ſin.} \pi \text{ coſ.} \pi + k\gamma dz \text{ coſ.} \pi$.

Donc en négligeant $\gamma\delta$, qui non-ſeulement peut être négligé, mais doit l'être, puiſque $\gamma\delta$ eſt infiment petit par rapport à γ, on a au premier inſtant $\gamma = \frac{\varphi dz^2 \text{ ſin.} \nu}{\text{coſ.} \pi} - \frac{k\delta dz}{\text{coſ.} \pi}$; & $\delta = \varphi dz^2 \text{ ſin.} \pi \text{ coſ.} \nu - \text{ſin.} \pi \text{ coſ.} \pi \times \left(\frac{\varphi^2 dz^4 \text{ ſin.} \nu^2}{\text{coſ.} \pi^2} - \frac{2k\delta dz^3 . \varphi \text{ ſin.} \nu}{\text{coſ.} \pi^2} + \frac{k^2 \delta^2 dz^2}{\text{coſ.} \pi^4}\right) + \varphi k dz^3 \text{ ſin.} \nu - k^2 \delta dz^2$.

Donc en négligeant les quantités infiniment petites par rapport aux autres, c'eſt-à-dire réellement nulles dans le cas préſent, on aura $\delta = \varphi \text{ ſin.} \pi \text{ coſ.} \nu dz^2$; & $\gamma = \frac{\varphi dz^2 \text{ ſin.} \nu}{\text{coſ.} \pi}$; d'où l'on voit que les valeurs véritables de

$d\epsilon$ & de $d\pi$, sont de l'ordre de dz^2 lorsque $z = 0$, & que par conséquent $\frac{d\epsilon}{dz}$ & $\frac{d\pi}{dz}$, sont $= 0$ lorsque $z = 0$.

4. Cependant les équations générales que donne notre solution, savoir $\varphi\, dz^2$ cos. π sin. $\nu = k\, dz\, d$(sin. π), & $\varphi\, dz^2$ sin. π cos. $\nu = -k\, d\epsilon\, dz$ cos. π, en négligeant les autres termes, comme nous l'avons prescrit avec raison dans l'art. 52 de l'Ouvrage cité, donnent en général $d\pi = \frac{\varphi\, dz \text{ sin. } \nu}{k} = \frac{3A \text{ sin. } 2\nu \text{ cos. } \pi\, dz}{k}$; & $d\epsilon = -\frac{\varphi\, dz \text{ sin. } \pi \text{ cos. } \nu}{k \text{ cos. } \pi} = -\frac{6A\, dz \text{ cos. } \nu^2 \text{ sin. } \pi}{k}$; quantités qui ne sont point égales à zero (comme elles le devroient être) quand $z = 0$.

5. On dira peut-être qu'elles sont $= 0$, si cos. $\nu = 0$, c'est-à-dire si $\nu = \pm 90$ degrés. Cela est vrai; mais dans ce seul cas: au lieu que la nature de la question & les formules de l'art. 4 précédent demandent que $\frac{d\epsilon}{dz}$ & $\frac{d\pi}{dz}$ soient $= 0$, lorsque $t = 0$, quelle que soit la valeur de ν. Je dis que la nature de la question demande que $\frac{d\epsilon}{dz}$ & $\frac{d\pi}{dz}$ soient $= 0$, lorsque t ou $z = 0$. En effet, les mouvemens $d\epsilon$ & $d\pi$ de l'axe venant uniquement de la force φ, ces mouvemens par la nature des forces accélératrices doivent être tels qu'au premier instant, $\frac{dd\epsilon}{dt^2}$ & $\frac{dd\pi}{dt^2}$ soient de l'ordre de φ. Or au premier instant $dd\epsilon = d\epsilon$, & $dd\pi = d\pi$. Donc au premier instant, $\frac{d\epsilon}{dz}$ & $\frac{d\pi}{dz}$

doivent être de l'ordre de $\varphi\, dz$, c'est-à-dire infiniment petits, ou, ce qui est la même chose, égaux à zero. Donc les valeurs de ces quantités, tirées de la solution générale de l'art. 4 ci-dessus, sont très-différentes des valeurs véritables quand $t = 0$.

6. Il y a plus. Les formules de la page 99 du Tome I de nos *Opuscules*, prouvent que si au premier instant du mouvement, l'axe de rotation a été l'axe même de figure, & que l'axe de figure ait eu durant le premier instant les mouvemens δ & γ, perpendiculairement & parallélement au plan de l'écliptique, l'axe de rotation du corps changera de position au second instant; que l'angle qu'il fait avec l'écliptique sera augmenté de la quantité $\frac{\gamma \operatorname{cos.} \pi}{k\, dz}$; & que son mouvement projetté sur l'écliptique sera $\frac{\delta}{k\, dz \operatorname{cos.} \pi}$; c'est ce qu'on déduit aisément des formules citées; donc δ' étant au premier instant le mouvement de l'axe de rotation perpendiculairement au plan de l'écliptique, & γ' son mouvement projetté sur le même plan, on aura $\delta' = \frac{\gamma \operatorname{cos.} \pi}{k\, dz}$; & $\gamma' = \frac{\delta}{k\, dz \,.\, \operatorname{cos.} \pi}$; donc si on fait $\delta' = d\pi'$, & $\gamma' = - d\epsilon'$ (je mets $- d\epsilon'$, parce que γ' doit être du côté opposé à γ, si δ' & δ sont l'un & l'autre du même côté) on aura $d\pi' = \frac{\varphi\, dz \operatorname{sin.} \nu}{k}$; & $- d\epsilon' = \frac{\varphi \operatorname{sin.} \pi \operatorname{cos.} \nu\, dz}{k \operatorname{cos.} \pi}$, ou $d\pi' = \frac{3 A \operatorname{cos.} \pi \operatorname{sin.} 2 \nu\, dz}{k}$; & $- d\epsilon' = \frac{6 A \operatorname{sin.} \pi\, dz \operatorname{cos.} \nu^2}{k}$.

Or

Or il eſt aiſé de voir que ces formules s'accordent, quant au premier inſtant, avec celles de la ſeconde ſolution que nous avons donnée du problême de la préceſſion des équinoxes, & qui fait trouver à chaque inſtant la poſition de l'axe de rotation. Voyez l'art. 116 de l'Ouvrage cité.

7. Mais ſi au premier inſtant on prenoit $\frac{3 A \text{ſin.} 2\nu \text{coſ.}\pi dz}{k}$ & $-\frac{6 A \text{ſin.}\pi dz \text{coſ.}\nu^2}{k}$ pour les mouvemens $d\pi$ & $d\epsilon$ de l'axe de figure, on auroit pour les mouvemens de l'axe de rotation au premier inſtant, les équations ſuivantes; $d\pi' = \frac{d\epsilon \text{coſ.}\pi}{k dz} = -\frac{6 A \text{ſin.}\pi \text{coſ.}\pi \text{coſ.}\nu^2}{kk}$; & $-d\epsilon' = \frac{d\pi}{k dz \text{coſ.}\pi} = \frac{3 A \text{ſin.} 2\nu}{kk}$; quantités qui different beaucoup des précédentes; d'où il réſulte de nouveau que les valeurs de $d\pi$ & $d\epsilon$, tirée de la ſolution générale lorſque $t = 0$, ne ſont pas les véritables.

8. En général, ſoit $\psi dz^2 = d(d\epsilon \text{coſ.}\pi^2) + k dz \times d(\text{ſin.}\pi)$; & $dd\pi = \Gamma dz^2 - d\epsilon^2 \text{ſin.}\pi \text{coſ.}\pi + k d\epsilon dz \text{coſ.}\pi$; on aura au premier inſtant, par un calcul ſemblable à celui qu'on a déja fait ci-deſſus pour trouver γ & δ, $\gamma = \frac{\psi dz^2}{\text{coſ.}\pi^2} - \frac{k\delta dz}{\text{coſ.}\pi} = \frac{\psi dz^2}{\text{coſ.}\pi^2}$; & $\delta = \Gamma dz^2$; donc δ' ou $d\pi' = \frac{\psi dz}{k \text{coſ.}\pi}$; & γ' ou $-d\epsilon' = \frac{\Gamma dz}{k \text{coſ.}\pi}$. Mais ſi on prenoit, comme il paroît réſulter de la ſolution générale, $\psi dz^2 = k dz\, d(\text{ſin.}\pi)$, & $\Gamma dz^2 + k d\epsilon dz \text{coſ.}\pi = 0$, ce qui donne $d\pi = \frac{\psi dz}{k \text{coſ.}\pi}$, & $d\epsilon$

$= - \frac{\Upsilon dz}{k \operatorname{cof.} \pi}$; on auroit $d\pi'$ ou $\frac{d\epsilon \operatorname{cof.} \pi}{k dz} = \frac{\Upsilon}{kk}$, & $- d\epsilon'$ ou $\frac{d\pi}{k \operatorname{cof.} \pi . dz} = \frac{\psi}{kk \operatorname{cof.} \pi^2}$.

9. On voit donc que les deux ſolutions données dans nos *Recherches ſur la préceſſion des Equinoxes*, art. 52 & 116, donnent des réſultats différens ſur la poſition de l'axe de rotation au premier inſtant ; car par la premiere ſolution, les mouvemens $d\pi$ & $d\epsilon$ de l'axe de figure au premier inſtant, étant ſuppoſés $\frac{\psi dz}{k \operatorname{cof.} \pi}$ & $- \frac{\Upsilon dz}{k \operatorname{cof.} \pi}$; les mouvemens de l'axe de rotation réel ſeront $\frac{\Upsilon}{kk}$ & $\frac{\psi}{kk \operatorname{cof.} \pi^2}$; au lieu que par notre ſeconde ſolution, les mouvemens de l'axe de rotation au premier inſtant, ſont $\frac{\psi dz}{k \operatorname{cof.} \pi}$ & $\frac{\Upsilon dz}{k \operatorname{cof.} \pi}$; & on peut remarquer en paſſant, que ces mouvemens ſont les mêmes que ceux que nous avons trouvés dans la premiere ſolution pour l'axe de figure.

10. Non-ſeulement les deux ſolutions donneront des réſultats très-différens : l'un eſt même infiniment plus grand que l'autre; la premiere donne le mouvement de l'axe de figure au premier inſtant de l'ordre de dz, au lieu que la ſeconde le donne de l'ordre de dz^2; car cette ſeconde donne le mouvement de l'*axe de rotation* de l'ordre de dz; ce qui ſuppoſe que le mouvement de l'axe de figure eſt de l'ordre de dz^2, comme il eſt aiſé de le voir ; en effet, l'angle entre l'axe de rotation & l'axe de

figure étant de l'ordre de dz, le mouvement de l'extrémité de l'axe de figure est évidemment de l'ordre de dz^2.

11. Or il est certain que c'est le résultat de cette seconde solution qui est le véritable; autrement une force accélératrice, qui étant infiniment petite, ne doit déranger l'axe de rotation qu'infiniment peu au premier instant, le dérangeroit d'une quantité finie; car l'axe de figure ayant un mouvement de l'ordre de dz, l'axe de rotation doit être dérangé d'une quantité finie.

12. D'un autre coté néanmoins, si on examine les deux solutions en elles-mêmes, il est certain que la premiere est préférable, en supposant que dans les formules données par cette solution, on ne néglige rien; car dans la seconde solution, on néglige plusieurs circonstances, entr'autres la figure du sphéroïde qu'on regarde comme une sphere. Il faut donc préférer les formules de la premiere, pourvû qu'elles soient bien traitées, & avec toute l'exactitude & la rigueur réquise.

13. Aussi a-t-on déja vu (art. 3) que ces formules, quand elles sont bien maniées, donnent un résultat conforme à celui de la seconde solution, quant à la position de l'axe de rotation au premier instant. Ce sont donc les formules de la premiere solution que nous allons développer dans les calculs suivans, pour en déduire les vrais mouvemens de l'axe de figure & de l'axe de rotation.

14. Puisque γ & δ sont de l'ordre de dz^2 au premier instant, donc $\frac{d\epsilon}{dz}$ & $\frac{d\pi}{dz}$ sont $= 0$ au premier instant.

Mais pour rendre la solution plus générale, nous supposerons qu'au premier instant ces quantités ayent une valeur donnée. Nous supposerons donc qu'on ait au premier instant $d\epsilon = \mu dz$, $d\pi = \nu dz$, & $\pi = \pi'$.

15. Cela posé, on aura en général (k' étant $= \frac{2Kk}{M+K}$),

$$dz\int\psi dz = d\epsilon \cos.\pi^2 - \mu dz \cos.\pi'^2 + k' dz \sin.\pi - k' dz \sin.\pi';$$

$$dd\pi = \Gamma dz^2 - d\epsilon^2 \sin.\pi \cos.\pi + k' d\epsilon dz \cos.\pi;$$

ou, en faisant $\pi = \pi' + \alpha$, & négligeant ce qu'on peut négliger,

$$dd\alpha = \Gamma dz^2 - \sin.\pi' \cos.\pi' \left[\frac{dz^2 (\int\psi dz)^2}{\cos.\pi^4} + \mu^2 dz^2 + \frac{k'^2 \alpha^2 dz^2}{\cos.\pi^2} + \frac{2 dz^2 . \mu\int\psi dz}{\cos.\pi^2} - \frac{2k'\alpha dz^2 \int\psi dz}{\cos.\pi^3} - \frac{2k\alpha\mu dz}{\cos.\pi}\right] + k' dz^2 \cos.\pi \left(\frac{\int\psi dz + \mu \cos.\pi'^2 - k'\alpha \cos.\pi}{\cos.\pi^2}\right);$$

ou, en regardant k' comme très-grand, & négligeant encore ce qui doit être négligé en conséquence de cette hypothèse,

$$dd\alpha + \alpha k'^2 dz^2 = \frac{k' dz^2}{\cos.\pi} \int\psi dz + k'\mu \cos.\pi dz^2 + \Gamma dz^2.$$

16. Soit $\psi = \lambda \cos.(\gamma + 6z)$, 6 étant supposé très-petit; & $\int\psi dz = \frac{\lambda \sin.(\gamma + 6z)}{6} - \frac{\lambda \sin.\gamma}{6} = -\frac{\lambda \cos.(90° + 6z + \gamma)}{6} + \frac{\lambda \cos.(90° + \gamma)}{6}$: soit aussi $\Gamma = \zeta + \rho \sin.(\gamma + 6z) = \zeta - \rho \cos.(90° + 6z + \gamma)$; ζ & ρ étant des constantes : cela posé,

17. Une équation de cette forme $ddt + N^2 t dz^2 + Gx$

$\sin.(L+Sz)\,dz^2=0$, se transforme en $ddt+N^2t\,dz^2 - G\cos.(L+90^\circ+Sz)\,dz^2=0$, dont l'intégrale est (*Recherches sur le système du Monde*, Part. I, pag. 27)

$$t=\delta\cos.Nz+\frac{\varepsilon\sin.Nz}{N}+\frac{G}{N^2-S^2}\times\cos.(L+90^\circ+Sz)-\frac{G}{2N}\left(\frac{\cos.(L+90^\circ+Nz)}{N-S}+\frac{\cos.(L+90^\circ-Nz)}{N+S}\right)$$

$$=\delta\cos.Nz+\frac{\varepsilon\sin.Nz}{N}-\frac{G}{N^2-S^2}\sin.(L+Sz)+\frac{G}{2N}\left(\frac{\sin.(L+Nz)}{N-S}+\frac{\sin.(L-Nz)}{N+S}\right),$$ en supposant que lorsque $z=0$, on ait $t=\delta$ & $\frac{dt}{dz}=\varepsilon$.

18. Or dans le cas présent, on a cette équation-ci ;

$$dda+a\,k'^2dz^2+\frac{k'dz^2}{\cos.\pi}\times\frac{\lambda\sin.\gamma}{\beta}-k'\mu\cos.\pi\,dz^2+\frac{k'\lambda dz^2}{\beta\cos.\pi}\cos.(90^\circ+\gamma+\beta z)-\zeta dz^2+\rho\,dz^2\cos.(90^\circ+\gamma+\beta z)=0;$$ de plus (*hyp.*) $a=0$ quand $z=0$; & $\frac{da}{dz}=\nu$;

l'intégrale est donc

$$a=\frac{\nu\sin.k'z}{k'}+\left(\frac{k'\lambda\sin.\gamma}{\beta\cos.\pi}-k'\mu\cos.\pi-\zeta\right)\times\left(\frac{\cos.k'z-1}{k'k'}\right)+\left(\frac{k'\lambda}{\beta\cos.\pi}+\rho\right)\frac{1}{2k'}\left(\frac{\cos.(90^\circ+\gamma+k'z)}{k'-\beta}+\frac{\cos.(90^\circ+\gamma-k'z)}{k'+\beta}\right)-\left(\frac{k'\lambda}{\beta\cos.\pi}+\rho\right)[\cos.(90^\circ+\gamma+\beta z)]:(k'k'-\beta\beta);$$

ce qui se réduit (à cause de $\cos.90^\circ+\gamma\pm kz=-$

$\sin. \gamma \pm kz = - \sin. \gamma \cos. kz \mp \sin. kz \cos. \gamma$) à l'expression suivante;

$$\alpha = \frac{\nu \sin. k'z}{k'} + \left(\frac{k'\lambda \sin. \gamma}{6 \cos. \pi} - \zeta - k'\mu \cos. \pi\right)\left(\frac{\cos k'z - 1}{k'k'}\right)$$
$$+ \left(\frac{k'\lambda}{6 \cos. \pi} + \rho\right)\left(- \frac{\sin. \gamma \cos. k'z}{k'k' - 66} - \frac{6 \sin. k'z \cos. \gamma}{k'(k'k' - 66)}\right)$$
$$+ \left(\frac{k'\lambda}{6 \cos. \pi} + \rho\right) \times \frac{\sin. (\gamma + 6z)}{k'k' - 66}.$$

19. Lorsque 6 est très-petit & k très-grand, comme on le suppose ici, cette derniere expression se réduit à $\frac{\nu \sin. k'z}{k'} - \frac{\lambda \sin. \gamma}{6 k' \cos. \pi} + \frac{\mu \cos. \pi}{k'} - \frac{\mu \cos. \pi \cos. k'z}{k'}$
$+ \frac{\lambda}{k 6 \cos. \pi} [\sin. (\gamma + 6z)]$.

20. Or la solution générale des *Recherches sur la précession des Equinoxes*, donne $\alpha = \frac{\lambda}{k' 6 \cos. \pi} [\sin. (\gamma + 6z) - \sin. \gamma]$; ce qui s'accorde avec l'expression précédente, lorsque ν & μ sont $= 0$, c'est-à-dire lorsque l'axe de figure n'a reçu aucun mouvement primitif.

21. L'accord qu'on vient de remarquer entre les deux solutions, lorsque ν & μ sont $= 0$, a encore lieu, du moins sensiblement & à très-peu près, tant que ν & $\mu \times \cos. \pi$ sont très-petites par rapport à $\frac{\lambda}{6 \cos. \pi}$. Or (art. 44 de l'Ouvrage cité) $\frac{\lambda}{k' 6 \cos. \pi} = \frac{\sin. \pi}{k' 6} \times \frac{3 A (1 + 6)}{M + K}$ $\times m' =$ à très-peu près $\frac{3 A (1 + 6) \sin. \pi}{k' (M + K)} \times \frac{3}{2}$, à cause de $6 = \frac{1}{18}$ environ, & de $m' =$ environ $\frac{1}{12}$. Donc, pour

que $\frac{\mu \text{ cof. } \pi}{k'}$ puiffe être négligé par rapport à $\frac{\lambda}{k \, \epsilon \text{ cof. } \pi}$; il faut, ou que cof. π foit très-petit, ou que μ foit beaucoup plus petit que $\frac{3A(1+\epsilon)}{M+K} \times \frac{3 \text{ fin. } \pi}{2 \text{ cof. } \pi}$; & à l'égard de ν, il doit être beaucoup plus petit que $\frac{3A(1+\epsilon)}{M+K} \times \frac{3 \text{ fin. } \pi}{2}$; d'où il s'enfuit qu'à moins que cof. π ne foit très-petit, μ & ν doivent être l'un & l'autre beaucoup plus petits que $\frac{3A(1+\epsilon)}{M+K} \times \frac{3 \text{ fin. } \pi}{2}$. Or en nommant Δ la denfité de chaque couche, f fon rayon, & $F\alpha$ fon elliplicité, on a (*Preceſſion des Equinoxes*, art. 80) $\frac{A}{M+K}$ = à très-peu près $\frac{\int \Delta \alpha (\alpha F f^5)}{2 \int \Delta d (f^5)}$; donc fubftituant cette valeur dans le calcul précédent, il faudra que μ & ν foient beaucoup plus petites que $\frac{3(1+\epsilon) \int \Delta d (\alpha F f^5)}{2 \int \Delta d (f^5)} \times \frac{3 \text{ fin. } \pi}{2}$.

22. Or l'angle entre l'axe de figure & l'axe de rotation, à la fin du premier inftant, eft $\frac{\surd (\mu^2 \text{ cof. } \pi^2 + \nu^2)}{k}$; c'eft de quoi il eft très-aifé de s'en affurer par cette feule confidération, que μ étant la vîteffe angulaire du pole de la terre, rapportée au plan de l'écliptique, $\mu \times$ cof. π fera fa vîteffe angulaire réelle, parallélement à l'écliptique. par conféquent $dz \surd (\mu^2 \text{ cof. } \pi^2 + \nu^2)$ fera le petit efpace que parcourt le pole autour de l'axe réel

de rotation, l'espace que chaque point de l'équateur parcourt dans le même temps étant à très-peu près $k' dz$; d'où il est aisé de voir que $\frac{\sqrt{(\mu^2 \operatorname{cof.} \pi^2 + \nu^2)}}{k'}$ est l'angle entre l'axe de rotation & l'axe de figure; donc cet angle doit être beaucoup plus petit que $\frac{3 A (1+\epsilon) \operatorname{fin.} \pi}{k' (M+K)} \times \frac{1}{2}$, autrement les valeurs de α ne répondroient pas aux observations.

23. D'où l'on voit que la terre a pu être primitivement poussée par une puissance qui ne soit point exactement perpendiculaire à un méridien, ni passant par l'équateur, ensorte que l'axe de rotation primitive au premier instant, a pu être différent de l'axe de figure; mais que cependant l'écart a dû être fort petit, pour que le résultat du calcul réponde (comme il fait) aux phénomenes observés de la précession & de la nutation.

24. A l'égard de la valeur de $d\epsilon$, elle sera égale à $-\frac{k' \alpha dz}{\operatorname{cof.} \pi} + \frac{dz \int \psi dz}{\operatorname{cof.} \pi^2} + \mu dz =$ (en mettant pour α sa valeur tirée de l'art. 18) $+ \frac{k' dz}{\operatorname{cof.} \pi} \left(\frac{k' \lambda \operatorname{fin.} \gamma}{k' \cdot \epsilon \operatorname{cof.} \pi} - \frac{k' \mu \operatorname{cof.} \pi}{k'^2} - \frac{\zeta}{k'^2} \right) + \left(\mu - \frac{\lambda \operatorname{fin.} \gamma}{\epsilon \operatorname{cof.} \pi^2} \right) dz + \frac{\lambda dz}{\epsilon \operatorname{cof.} \pi^2} \times \operatorname{fin.} (\gamma + \epsilon z) - \frac{\nu dz \operatorname{fin.} k' z}{\operatorname{cof.} \pi} - \frac{dz}{k' \operatorname{cof.} \pi} \left(\frac{k' \lambda \operatorname{fin.} \gamma}{\epsilon \operatorname{cof.} \pi} - k' \mu \times \operatorname{cof.} \pi - \zeta \right) \times \operatorname{cof.} k' z + \frac{dz \operatorname{fin.} \gamma}{k' \operatorname{cof.} \pi} \left(\frac{k' \lambda}{\epsilon \operatorname{cof.} \pi} + \rho \right) \operatorname{cof.} k z + \frac{\epsilon dz \operatorname{cof.} \gamma}{k' k' \operatorname{cof.} \pi} \times \operatorname{fin.} k' z \left(\frac{k' \lambda}{\epsilon \operatorname{cof.} \pi} + \rho \right) - \frac{dz}{k' \operatorname{cof.} \pi} \times$

$\left(\frac{k' \lambda}{\epsilon \operatorname{cof.} \pi} \right.$

$\left(\frac{k'\lambda}{\mathcal{C}\,\text{cos}.\,\pi}+\rho\right)(\text{sin}.\,\gamma+\mathcal{C}z)$; en effaçant ce qui se détruit, cette quantité se réduit à $-\frac{\zeta dz}{k'\,\text{cos}.\,\pi}-\frac{\nu dz\,\text{sin}.\,k'z}{\text{cos}.\,\pi}+\mu dz\,\text{cos}.\,k'z+\frac{\zeta dz\,\text{cos}.\,k'z}{k'\,\text{cos}.\,\pi}+\frac{\rho dz\,\text{sin}.\,\gamma\,\text{cos}.\,k'z}{k'\,\text{cos}.\,\pi}+\frac{\lambda dz\,\text{cos}.\,\gamma}{k'\,\text{cos}.\,\pi^2}\times\text{sin}.\,k'z+\frac{\mathcal{C}\rho\,\text{cos}.\,\gamma.\,dz\,\text{sin}.\,k'z}{k'k'\,\text{cos}.\,\pi}-\frac{\rho dz\,\text{sin}.\,(\gamma+\mathcal{C}z)}{k'\,\text{cos}.\,\pi}$; & comme k' est très-grand & $\mathcal{C}$ très-petit, cette valeur de $d\iota$ étant intégrée, dans la supposition de ν & $\mu=0$, ou de ν & μ cos. π très-petites par rapport à $\frac{\rho}{\mathcal{C}}$, se réduit à $\iota=-\frac{\zeta z}{k'\,\text{cos}.\,\pi}+\frac{\rho}{k'\,\text{cos}.\,\pi}\times\left(\frac{-\text{cos}.\,\gamma}{\mathcal{C}}+\frac{\text{cos}.\,(\gamma+\mathcal{C}z)}{\mathcal{C}}\right)$; ce qui s'accorde encore avec les formules de nos *Recherches sur la précession des Equinoxes.*

25. Ces formules sont donc suffisamment exactes, au moins pour le cas où l'on suppose k' très-grand & $\mathcal{C}$ très-petit, supposition qui a lieu dans le mouvement de la terre, & à laquelle il faut ajouter celle-ci, que μ & ν soient $=0$, ou très-petites par rapport à $\frac{\lambda}{\mathcal{C}}$ & $\frac{\rho}{\mathcal{C}}$. D'autres suppositions auroient besoin d'un autre calcul; mais ce n'est pas de quoi il s'agit quant à présent.

26. Rendons maintenant plus générale la solution précédente; pour cela soit $\psi dz^2=d(d\iota\,\text{cos}.\,\pi^2)+d(k'dz\,\text{sin}.\,\pi)$; & puisque l'on a $dda+ak'^2dz^2$

$- \frac{k' dz^2 \int \psi dz}{\cos.\pi} - k' \mu \cos.\pi dz^2 - \Gamma dz^2 = 0$, l'intégrale est

$$\alpha = \frac{v}{k'} \sin. k' z + \frac{k' \mu \cos.\pi}{k'^2} (1 - \cos. k' z) +$$

$$\cos. k' z \int \frac{k' dz \sin. k' z}{k' k'} \times \left(- \frac{k'}{\cos.\pi} \int \psi dz - \Gamma \right)$$

$$- \sin. k' z \int \frac{k' dz \cos. k' z}{k' k'} \left(- \frac{k' \int \psi dz}{\cos.\pi} - \Gamma \right).$$

Or $\int \frac{dz \sin. k' z}{\cos.\pi} \int \psi dz = - \frac{\cos. k' z}{k'} \int \frac{\psi dz}{\cos.\pi} +$ $\int \frac{\cos. k' z}{k'} \times \frac{\psi dz}{\cos.\pi}$, & $\int dz \cos. k' z \times \int \frac{\psi dz}{\cos.\pi} =$ $\frac{\sin. k' z}{k'} \int \frac{\psi dz}{\cos.\pi} - \int \frac{\psi dz \sin. k' z}{k' \cos.\pi}$. Donc la quantité qui renferme $\int \psi dz$ dans la valeur de α, se réduit à celle-ci ; $\left(\frac{\cos. k' z^2}{k'} \right) \int \frac{\psi dz}{\cos.\pi} + \frac{\sin. k' z^2}{k'} \int \frac{\psi dz}{\cos.\pi} - \frac{\cos. k' z}{k'} \times$ $\int \frac{\psi dz \cos. k' z}{\cos.\pi} - \frac{\sin. k' z \int \psi dz \sin. k' z}{k' \cos.\pi}$; qui se réduit encore à $\int \frac{\psi dz}{k' \cos.\pi} - \frac{\cos. k' z \int \psi dz \cos. k' z + \sin. k' z \int \psi dz \sin. k' z}{k' \cos.\pi}$; à quoi ajoutant les termes qui viennent de la quantité Γ, on aura

$$\alpha = \frac{v}{k'} \sin. k' z + \frac{\mu \cos.\pi}{k'} (1 - \cos. k' z) + \int \frac{\psi dz}{k' \cos.\pi} +$$

$$\frac{\Gamma}{k' k'} - \frac{\Gamma'}{k' k'} - \frac{\cos. k' z \int \psi dz \cos. k' z + \sin. k' z \int \psi dz \sin. k' z}{k' \cos.\pi}$$

$$- \frac{\cos. k' z \int d\Gamma \cos. k' z + \sin. k' z \int d\Gamma \sin. k' z}{k' k'},$$

Γ' étant la valeur de Γ lorsque $z = 0$; or cette valeur de α est très-différente de la valeur $\int \frac{\psi\, dz}{k' \cos.\pi}$, que donneroit l'équation $\psi\, dz^2 = d(k dz \sin.\pi)$, dans laquelle on auroit négligé le terme $d(d\epsilon \cos.\pi^2)$.

27. A l'égard de $d\epsilon$, elle sera $= \frac{dz \int \psi\, dz}{\cos.\pi^2} + \mu\, dz - \frac{k' \alpha\, dz}{\cos.\pi} = -\frac{k'\, dz}{\cos.\pi} \times \left(\frac{\nu \sin.k'z}{k'} - \frac{\mu \cos.\pi \cos.k'z}{k'} + \frac{\Gamma}{k'k'} - \frac{\Gamma'}{k'k'} - \cos.k'z \left[\int \frac{\psi\, dz \cos.k'z}{k' \cos.\pi} + \int \frac{d\Gamma \cos.k'z}{k'k'} \right] - \sin.k'z \left[\int \frac{\psi\, dz \sin.k'z}{k' \cos.\pi} + \int \frac{d\Gamma \sin.k'z}{k'k'} \right] \right)$. Or cette valeur de $d\epsilon$, même en supposant ν & $\mu = 0$, n'est point égale à $-\frac{\Gamma\, dz}{k' \cos.\pi}$, qui résulteroit de l'équation $\Gamma\, dz^2 + k\, d\epsilon\, dz \cos.\pi = 0$, dans laquelle on auroit négligé les termes $dd\pi$ & $-d\epsilon^2 \sin.\pi \cos.\pi$.

28. Mais lorsque $\psi = \cos.(\gamma + \delta z)$, & $\Gamma = \zeta + \rho \times \sin.(\gamma + \delta z)$, δ étant une quantité assez petite, & que de plus k' est fort grand, le terme $\int \frac{\psi\, dz}{k' \cos.\pi}$ reste seul dans la premiere formule, parce qu'il est beaucoup plus grand que les autres, ayant δ au dénominateur, & il en est de même du terme $-\frac{\Gamma\, dz}{k' \cos.\pi}$ dans la seconde ; parce que ce terme étant intégré, donnera une partie qui contient des arcs de cercle, savoir $-\frac{\zeta z}{k' \cos.\pi}$, & une partie qui aura δ au dénominateur.

29. On voit par ce calcul, que les valeurs de $d\epsilon$ &

de $d\alpha$, prises rigoureusement & sans rien négliger, sont $= 0$ lorsque $z = 0$, comme elles le doivent être; mais qu'en intégrant ces valeurs, & négligeant les termes qui par l'intégration se trouvent très-petits par rapport aux autres, on tombe dans les expressions qui résultent de nos *Recherches sur la précession des Equinoxes*, & qu'ainsi ces expressions sont exactes; mais le détail où nous venons d'entrer étoit nécessaire pour en constater pleinement l'exactitude.

30. Pour trouver le vrai axe de rotation à chaque instant, on considérera que le mouvement de cet axe en latitude, ou plutôt sa distance en latitude de l'axe de figure, est $= \frac{d\epsilon \cos. \pi}{k' dz}$ (*Opusc.* Tom. I, pag. 99); & que la distance en longitude, rapportée sur le plan de l'écliptique, est $\frac{d\alpha}{k' dz} \times \frac{1}{\cos. \pi}$.

31. Donc puisque $d\alpha$ & $d\epsilon$ sont les mouvemens instantanés de l'axe de figure, ceux de l'axe de rotation à chaque instant seront, en latitude $\alpha + \frac{d\epsilon \cos. \pi}{k' dz}$, & leur projection en longitude $= \epsilon + \frac{d\alpha}{k' dz \cos. \pi}$. D'où il est aisé de voir, 1°. que puisque les mouvemens $d\epsilon$ en longitude sont fort petits, ainsi que les mouvemens α, les mouvemens en latitude $\alpha + \frac{d\epsilon \cos. \pi}{k' dz}$ le seront aussi; 2°. que si $\cos. \pi$ étoit très-petit, $\frac{d\alpha}{\cos. \pi}$ pourroit être considérable, quoique α fût assez petit; & qu'ainsi les va-

riations en latitude feroient alors très-grandes & très-fenfibles; mais c'eft ce qui n'a pas lieu dans la terre; & nous ne nous propofons pas d'examiner cet objet quant à préfent en général.

32. On peut appliquer aifément les recherches & les réflexions précédentes au cas où la terre feroit réduite à un feul anneau folide, placé dans le plan de l'équateur. Les équations pour ce cas-là feront analogues (*Précession des Equinoxes*, art. 129) à celles que donne le fphéroïde, & on trouvera de même que $\frac{d\epsilon}{dz}$ & $\frac{d\pi}{dz}$ doivent être rigoureufement nulles ou infiniment petites quand $t = 0$, quoiqu'en n'intégrant pas les équations à la rigueur, on trouve les réfultats indiqués dans l'Ouvrage & l'article déja cités. Je reviens maintenant à la terre confidérée comme un fphéroïde, & je vais examiner le mouvement & la variation que la précesfion des équinoxes & la nutation de l'axe de figure peuvent produire dans fon axe de rotation réel.

33. En confervant les noms donnés dans le fecond Mémoire de nos *Opufcules*, Tome I, page 99, foit ξ la valeur de X lorfque $t = 0$, & foit en général $X = P + \zeta$, enforte que $\zeta = \xi$ lorfque $t = 0$; foit auffi, pour fimplifier le calcul, $a - b = 1$, on aura $ff = \frac{d\epsilon^2 \operatorname{cof.} \pi^2 + d\alpha^2}{k^2 dz^2}$, ce qui donne la valeur de f à chaque inftant, ou de la tangente de l'angle entre l'axe de figure & l'axe de rotation; tangente dont la valeur ne différe pas fenfiblement de celle de l'angle même, à caufe que

de & $d\alpha$ sont fort petits par rapport à $k'dz$. On a de plus f sin. $X = f$ sin. $(P + \zeta) = f$ sin. P cos. $\zeta + f$ sin. ζ cos. $P = \frac{d\alpha}{k'dz}$; & par la même raison, f cos. $P \times$ cos. $\zeta - f$ sin. P sin. $\zeta = \frac{d\epsilon \text{ cos. } \pi}{k'dz}$; donc f sin. $\zeta = \frac{d\alpha \text{ cos. } P}{k'dz} - \frac{d\epsilon \text{ cos. } \pi \text{ sin. } P}{k'dz}$, & f cos. $\zeta = \frac{d\alpha \text{ sin. } P}{k'dz} + \frac{d\epsilon \text{ cos. } \pi \text{ cos. } P}{k'dz}$. Or $\frac{d\alpha}{k\,dz} = \frac{\text{cos. } k'z}{k'}(\nu - \int \frac{\psi dz \text{ sin. } k'z}{\text{cos. } \pi} - \int \frac{d\Gamma \text{ sin. } k'z}{k'}) + \frac{\text{sin. } k'z}{k'}(\mu \text{ cos. } \pi + \int \frac{\psi dz \text{ cos. } k'z}{\text{cos. } \pi} + \int \frac{d\Gamma \text{ cos. } k'z}{k'})$; & $- \frac{d\epsilon \text{ cos. } \pi}{k'dz}$ (art. 27) $= \frac{\text{sin. } k'z}{k'} \times (\nu - \int \frac{\psi dz \text{ sin. } k'z}{\text{cos. } \pi} - \int \frac{d\Gamma \text{ sin. } k'z}{k'}) - \frac{\text{cos. } k'z}{k'}(\mu \text{ cos. } \pi + \int \frac{\psi dz \text{ cos. } kz}{\text{cos. } \pi} + \int \frac{d\Gamma \text{ cos. } k'z}{k'}) + \frac{\Gamma - \Gamma'}{k'k'}$; de plus on se souviendra que sin. A cos. $P \pm$ cos. A sin. $P =$ sin. $(A \pm P)$, & cos. A cos. $P \pm$ sin. A sin. $P =$ cos. $(A \mp P)$; d'où l'on tire, après toutes les réductions, f sin. $\zeta = \frac{\text{cos. } (k'z - P)}{k'}(\nu - \int \frac{\psi dz \text{ sin. } k'z}{\text{cos. } \pi} - \int \frac{d\Gamma \text{ sin. } k'z}{k'}) + \int \frac{\text{sin. } (k'z - P)}{k'}(\mu \text{ cos. } \pi - \int \frac{\psi dz \text{ cos. } k'z}{\text{cos. } \pi} - \int \frac{d\Gamma \text{ cos. } k'z}{k'}) + \frac{(\Gamma - \Gamma') \text{ sin. } P}{k'k'}$.

34. On peut encore simplifier cette expression, en considérant que suivant les noms donnés dans nos *Recherches sur la précession des Equinoxes*, art. 44, on a $k' = \frac{2kK}{M+K}$, & $P = -\epsilon$ sin. $\pi + kz$. Donc si on fait

$\epsilon = \vartheta z$, ϑ étant fort petit, & $k' = k + \rho k$, ρ étant aussi fort petit, on aura $k' z - P = \vartheta z \sin. \pi + \rho k z = \Omega z$, Ω étant un coefficient très-petit.

35. Supposant pour plus de simplicité $\nu = 0$, $\mu = 0$; & remarquant outre cela que les termes où se trouvent Γ & Γ' sont très-petits par rapport aux autres, tant à cause du diviseur k' qui est fort grand, qu'à cause du coefficient très-petit ζ qui se trouve dans le terme $d\Gamma$, on aura à très-peu près ff ou $\frac{1}{k'^2 dz^2} \times (d\alpha^2 + d\epsilon^2 \cos. \pi^2) =$

$\frac{1}{k'^2} \times \left(\int \frac{\psi dz \sin. k'z}{\cos. \pi}\right)^2 + \frac{1}{k'^2}\left(\int \frac{\psi dz \cos. k'z}{\cos. \pi}\right)^2$; d'où il est très-aisé de voir (en se rappellant la valeur de α trouvée ci-dessus art. 19) que f sera considérablement plus petit que α dans la raison de ζ à k' à très-peu près; & qu'ainsi l'axe de rotation sera toujours à une distance absolument insensible de l'axe de figure.

36. Si ψ & Γ étoient égaux à zero, mais non pas μ & ν, on auroit $f = \frac{\sqrt{(\nu^2 + \mu^2 \cos. \pi^2)}}{k'}$ à très-peu près, &

$\sin. \zeta = \frac{1}{k'f} [\nu \cos. (k'z - P) + \mu \cos. \pi \sin. (k'z - P)]$. Or $P = - \epsilon \sin. \pi + kz$, & dans le cas présent ou $\psi = 0$, & $\Gamma = 0$, on a (art. 27) $\epsilon = - \frac{\nu}{k' \cos. \pi}$

$\times (1 - \cos. k'z) + \frac{\mu}{k} \sin. k'z$, quantité très-petite & insensible.

37. De-là il est évident, que $k'z - P$ étant sensible-

ment égal à $k\,z\left(\frac{2K}{M+K}-1\right)=\frac{kz(K-M)}{2K}$ à très-peu près, on aura f sin. $\zeta =$ à très-peu près $\frac{1}{k}$ [ν cosinus $\left(\frac{kz(K-M)}{2K}\right)+\mu$ cos. π sin. $\left(\frac{kz(K-M)}{2K}\right)$]; d'où il est aisé de conclure que la plus grande valeur de f sin. ζ sera lorsque tang. $\frac{kz(K-M)}{2K}$ sera $=\frac{\mu \text{ cos. } \pi}{\nu}$.

38. Puisqu'on a trouvé (art. 36) l'équation f sin. ζ $\frac{\nu \text{ cos. } (k'z-P)+\mu \text{ cos. } \pi \text{ sin. } (k'z-P)}{k'}$, on aura f cos. $\zeta =$ $-\frac{\nu \text{ sin. } (k'z-P)}{k'}+\frac{\mu \text{ cos. } \pi \text{ cos. } (k'z-P)}{k'}$.

39. Supposons pour plus de simplicité $\nu=0$, & on aura f cos. $\zeta=-\frac{\mu \text{ cos. } \pi}{k'}$ lorsque $k'z-P$ sera $=$ 180°; & f cos. $\zeta=\frac{\mu \text{ cos. } \pi}{k'}$ lorsque $k'z-P$ sera $=0$; c'est-à-dire lorsque t sera $=0$; d'où il s'ensuit que l'axe de rotation de la terre feroit avec l'écliptique un angle qu'il faudroit augmenter ou diminuer successivement de la quantité $\frac{2\mu \text{ cos. } \pi}{k'}$ depuis le moment où $z=0$, jusqu'à celui où $kz-P=180^\circ$, & ainsi de suite de 180 en 180 degrés.

40. On pourroit expliquer par cette formule, du moins en partie, la diminution annuelle apparente de l'obliquité de l'écliptique, si l'angle $k'z-P$ étoit tel qu'il ne fût $=180^\circ$ qu'au bout de plusieurs siécles; mais

mais c'est ce qui n'est pas. Car $k'z - P =$ à très-peu près $kz \times \left(\frac{K-M}{2K}\right)$ (art. 37). Or on trouvera par un calcul facile, & en retenant les noms de l'art. 80 des *Recherches sur la précession des Equinoxes*, qu'en regardant la terre comme un solide elliptique de révolution, dont les couches soient de différentes figures & de différentes densités, on a $K = \frac{4}{15} \times [\int \Delta\, d(f^5) + 4\int \Delta\, d(\alpha f^5 F)]$; & $M = \frac{4}{15} [\int \Delta\, d(f^5) + 2\int \Delta\, d(\alpha f^5 F)]$; de plus $A = \frac{4}{15} \int \Delta\, d(\alpha f^5 F)$; d'où l'on voit que $\frac{K-M}{K+M}$ ou $\frac{K-M}{2K}$ à très-peu près $= \frac{A}{K}$. Or on a (*Recherches sur la précession des Equinoxes*, pag. 62) $\frac{3A}{2K.k}(2 + 6)$ sin. $\pi \times 360° = 50''$; donc (pag. 96 *ibid.*) $\frac{A}{K}$, ou $\frac{K-M}{2K} =$ à très-peu près $\frac{1}{3 \cdot 3 \cdot 3 \cdot 12}$; donc $kz\left(\frac{K-M}{2K}\right)$ $=$ à très-peu près $\frac{360 \cdot z}{3 \cdot 3 \cdot 3 \cdot 12}$ ou $\frac{10z}{9}$; d'où l'on voit qu'au bout de 6 mois $k'z - P$ sera $> 180°$.

41. On ne sauroit donc (au moins dans l'hypothèse que la terre soit un solide elliptique de révolution) expliquer la diminution de l'obliquité de l'écliptique par la supposition que l'axe de la terre ait reçu quelque impulsion au premier instant; mais on peut d'un autre côté prouver par les formules précédentes que ce mouvement a dû être, ou absolument nul, ou tout-à-fait insensible. En effet, si $\frac{\mu \text{ cos. } \pi}{k'}$ n'étoit pas tout-à-fait insensible,

on s'appercevroit tous les ans d'un mouvement de nutation dans l'axe de la terre, lequel dépendroit de l'angle $k' z - P$. Par exemple, si μ étoit seulement $= \frac{1}{60}$, la nutation totale $\frac{2 \mu \operatorname{cos.} \pi}{k}$ seroit d'environ 8″. Je laisse à d'autres à examiner si on pourroit expliquer ce phénomene, en supposant que la terre ne soit pas un solide de révolution, ou même ne soit pas un solide formé par la révolution d'une ellipse.

42. Quoique nous venions de prouver que l'axe de figure de la terre n'a reçu aucun mouvement par l'impulsion primitive de cette planete, cependant, comme ce cas pourroit avoir lieu dans quelque autre planete, on peut demander quelle doit être la valeur & la direction de la force impulsive primitive, pour que $\frac{d\epsilon}{dz'}$, $\frac{d\pi}{dz'}$ & $\frac{dP}{dz'}$ ayent au commencement du mouvement des valeurs données μ, ν, q; dz' exprimant le mouvement du centre dans son orbite.

43. D'abord on considérera que la force impulsive peut être imaginée réduite à deux forces, dont l'une ψ soit perpendiculaire au plan de l'écliptique, & l'autre dans ce plan même; c'est ce qu'on verra aisément, en imaginant que la direction de la force impulsive soit prolongée jusqu'à ce qu'elle rencontre le plan de l'écliptique.

44. En second lieu, la force qui est dans le plan de l'écliptique peut être regardée comme composée de deux forces, chacune dans le plan *BCD*, (*Fig.* 31) & pas-

ſant par le même point par où paſſe la force ψ : l'une de ces forces que j'appelle φ ſera parallèle à la ligne CB, tirée à volonté dans le plan de l'écliptique, & qu'on peut ſuppoſer (pour ſimplifier le calcul) dans la direction que le mouvement du centre C eſt ſuppoſé avoir dans ce plan. L'autre force que j'appelle γ ſera parallèle à CD, c'eſt-à-dire perpendiculaire à CB.

45. De-là il eſt aiſé de voir qu'on aura (*Opuſcules*, Tome I, page 83) $\xi' = 0$, $\zeta' = 0$, $\chi' = \mu'$; & $\vartheta' = \nu'$. De plus, comme on ſuppoſe que le mouvement du centre C ſe fait dans l'écliptique & dans la direction de CB, on aura (*Opuſcules*, Tome I, ſecond Mémoire) $dq = 0$, $ds = 0$, & par conſéquent $\psi = 0$, $\gamma = 0$. Mais quoique ψ & γ ſoient $= 0$, ce n'eſt pas à dire que $\psi \nu'$ & $\psi \mu'$ ſoient $= 0$, non plus que $\gamma \mu'$, parce que μ' & ν' peuvent être infinies.

46. Maintenant on mettra dans les quatre dernieres équations de la page 83 citée ci-deſſus, ou plutôt dans les équations correſpondantes des pag. 84 & 85, $-\frac{dz'}{dt}$, au lieu de $-\frac{ddx \cdot p\theta^2}{2adt^2}$; $-\frac{du}{dt}$, $-\frac{d\pi}{dt}$, & $-\frac{dz}{dt}$, au lieu de $-\frac{ddu \cdot p\theta^2}{2adt^2}$, $-\frac{dd\pi \cdot p\theta^2}{2adt^2}$, & $-\frac{ddz \cdot p\theta^2}{2adt^2}$; enfin, ſubſtituant pour dz, $d\pi$, du, leurs valeurs (qu'on ſuppoſe données au premier inſtant) on aura quatre équations, dont les trois dernieres donneront la valeur de $\psi \nu' - \gamma \xi'$, ou ſimplement $\psi \nu'$ à cauſe

de $\xi' = 0$, celle de $\gamma \chi' - \varphi \theta'$, ou $\gamma \mu' - \varphi \nu'$, & celle de $\psi \mu' - \varphi \zeta'$ ou $\psi \mu'$ à cause de $\zeta' = 0$.

47. Pour rendre le calcul encore plus général, nous supposerons, que ni γ, ni ψ ne soient égales à zero ; & nous aurons, au premier instant de l'impulsion, (*Opuscules*, Tome I, page 84)

$$\psi = \int \frac{G\,dq}{dt}$$

$$\gamma = \int \frac{G\,ds}{dt}$$

$$\varphi = \int \frac{G\,dx}{dt}$$

$$\int G\left(\frac{\pi\,du - u\,d\pi}{du}\right) = -\psi \nu'$$

$$\int G\left(\frac{u\,dz - z\,du}{dt}\right) = -\gamma \mu' + \varphi \nu'$$

$$\int = \left(\frac{\pi\,dz - z\,d\pi}{dt}\right) = -\psi \mu'.$$

48. Or nous avons fait voir ailleurs (*Opuscules*, Tom. IV, Mémoire 22, page 35) ;

1°. que $u\,dz - z\,du = \rho\,d\varpi - \varpi\,d\rho - de\,(\varpi\varpi + \rho\rho) = -\lambda f\,dP \text{ cof. } \Pi \text{ cof. } X - ff\,dP \text{ fin. } \Pi + ff\,d\Pi \text{ cof. } \Pi \text{ cof. } X \text{ fin. } X + f\ \ d\Pi \text{ fin. } \Pi \times \text{fin. } X - d\epsilon\,(\lambda^2 \text{ cof. } \Pi^2 - 2f\lambda \text{ cof. } X \text{ fin. } \Pi \text{ cof. } \Pi + ff - ff \text{ cof. } X^2 \text{ cof. } \Pi^2)$; d'où il est évident qu'à cause de $\int G \lambda f \text{ fin. } X = 0$, $\int G \lambda f \text{ cof. } X = 0$, $\int G \lambda f \text{ cof. } X \text{ fin. } X = 0$, $\int G f^2 \times \text{cof. } X^2 = \int \frac{G f^2}{2}$, on aura

$$\varphi \nu' - \gamma \mu' = \int - G ff \times dP \text{ fin. } \Pi - \int G \lambda^2 \text{ cof. } \Pi^2\,d\epsilon + \int \frac{Gff}{2} \text{ cof. } \Pi^2\,d\epsilon - \int G ff\,d\epsilon ;$$

2°. Nous avons fait voir au même endroit que $\pi\, dz - z\, d\pi = (\pi\, d\varpi - \varpi\, d\pi)$ cos. $e - \pi\, \rho\, de$ cos. $e + (\rho\, d\pi - \pi\, d\rho)$ sin. $e - \pi\, \varpi\, de$ sin. e;
& $\pi\, du - u\, d\pi = (\rho\, d\varpi - \varpi\, d\pi) \times$ sin. $e - \pi\, \rho\, de$ sin. e $- (\rho\, d\pi - \pi\, d\rho)$ cos. $e + \pi\, \varpi\, de$ cos. e.

49. Donc $-\psi\, \mu'$ cos. $e - \psi\, \nu'$ sin. $e = \int G[\pi\, d\varpi - \varpi\, d\pi - \pi\, \rho\, de]$; & $-\psi\, \mu'$ sin. $e + \psi\, \nu'$ cos. $e = \int G(\rho\, d\pi - \pi\, d\rho - \pi\, \varpi\, de)$.

Or $\pi\, d\varpi - \varpi\, d\pi = f\lambda\, dP$ sin. Π cos. $X + ff\, dP$ cos. $\Pi - f\lambda\, d\Pi$ cos. $\Pi \times$ sin. $X + ff\, d\Pi$ sin. Π cos. X sin. X $= ff\, dP$ cos. Π, en omettant comme nuls les termes où se trouvent sin. X & cos. X;

$\rho\, d\pi - \pi\, d\rho = \lambda^2\, d\Pi + f^2\, d\Pi$ cos. $X^2 - f\lambda\, dP$ sin. X $= \lambda^2\, d\Pi + \frac{f^2\, d\Pi}{2}$ par les mêmes raisons;

$\varpi\, \pi = f\lambda$ sin. Π sin. $X + ff$ cos. Π sin. X cos. $X = 0$;
enfin, $\pi\, \rho = \lambda^2$ sin. Π cos. $\Pi + f\lambda$ cos. X (cos. Π^2 $-$ sin. Π^2) $- ff$ cos. X^2 sin. Π cos. $\Pi = (-\frac{ff}{2} + \lambda^2) \times$ sin. Π cos. Π.

50. Donc $-\psi\, \mu'$ cos. $e - \psi\, \nu'$ sin. $e = \int G\, ff\, dP$ cos. Π $- \int G\, de \times$ sin. Π cos. $\Pi\, (\lambda^2 - \frac{f^2}{2})$; & $-\psi\, \mu'$ sin. e $+ \psi\, \nu'$ cos. $e = \int G\, d\Pi\, (\lambda^2 + \frac{f^2}{2})$.

51. On a de plus $\int \frac{Gff}{2}$ = à très-peu près $\int G\lambda^2$ (*Précession des Equinoxes* (art. 43 & 44); donc les équations seront $\varphi\, \nu' - \gamma\, \mu' = - \frac{dP}{dt}$ sin. $\Pi \int \frac{Gff}{2} - \frac{de}{dt} \int G ff$;

$$-\psi\mu' \operatorname{cof.} e - \psi\nu' \operatorname{fin.} e = \frac{dP \operatorname{cof.} \Pi}{dt} \int Gff;$$

$$-\psi\mu' \operatorname{fin.} e + \psi\nu' \operatorname{cof.} e = \frac{d\Pi}{dt} \int Gff:$$

d'où l'on tirera les valeurs de $\psi\nu'$ & de $\psi\mu'$, & celle de $\varphi\nu' - \gamma\mu'$; & on peut remarquer en passant que si φ est supposée donnée, & non égale à zero, & qu'au contraire ψ & γ soient $= 0$, comme dans l'art. 45, il faut nécessairement que ν' soit $= 0$; autrement ψ étant déja $= 0$, ν' ne pourroit être qu'infinie, & par conséquent $\varphi\nu'$ seroit infinie, ce qu'on ne doit pas supposer. D'où l'on voit encore que dans ce cas-là, on aura $\frac{dP \operatorname{cof.} \Pi}{\operatorname{cof.} e} = \frac{d\Pi}{\operatorname{fin.} e}$. On peut remarquer de plus, que dans le cas de $\psi = 0$, $\gamma = 0$, toutes les forces se réduiront à une seule, parallèle au plan de l'écliptique. On voit aussi que dans ce cas μ' sera infinie.

52. Si l'on vouloit que les forces ψ & γ fussent $= 0$; ainsi que ν', μ', ξ' & X', & qu'il n'y eût d'agissante qu'une seule force φ parallèle à CB, & distante du plan BCD de la quantité ζ', & du plan ECB de la quantité θ', on auroit (*Opuscules*, Tome I, second Mémoire, page 83)

$$\varphi\theta' = -\frac{dP}{dt} \operatorname{fin.} \Pi \int \frac{Gff}{2} - \frac{de}{dt} \int Gff;$$

$$\varphi\zeta' \operatorname{cof.} e = \frac{dP}{dt} \operatorname{cof.} \Pi \int Gff;$$

$$\varphi\zeta' \operatorname{fin.} e = \frac{d\Pi}{dt} \int Gff:$$

d'où l'on voit que dans ce cas, si on suppose $e = 0$, $d\Pi$

doit être $=0$; & qu'on aura $\varphi\theta'$ & $\varphi\zeta'$ par le moyen de $\frac{dP}{dt}$ & de $\frac{d\epsilon}{dt}$, φ étant d'ailleurs connue par l'équation $\varphi = \int \frac{G\,dx}{dt}$.

53. De-là, & de l'art. précédent, il s'ensuit que si dP, $d\Pi$, $d\epsilon$, sont donnés à volonté, ainsi que ϵ, on ne pourra pas supposer que l'impulsion primitive vienne d'une seule force parallèle à l'écliptique ; il faut donc en supposer au moins deux : or comme le mouvement du centre C & le mouvement de rotation autour du centre, ne donnent que les six quantités dq, ds, dx, dP, $d\epsilon$, $d\Pi$, (qu'on suppose connues lorsque $t=0$) & qu'en rendant la solution la plus générale qu'il est possible, on a neuf quantités à déterminer φ, γ, ψ, μ', ν', χ', θ', ξ', ζ', on pourra supposer trois de ces quantités égales à ce qu'on voudra, pourvu qu'on conserve au moins deux forces. Par exemple, nous avons vû ci-dessus qu'on peut toujours faire $\gamma=0$; & supposant de plus que les momens de cette force γ, par rapport au centre C, soient égaux à zero, c'est-à-dire, que $\chi'=0$, $\xi'=0$, on n'aura plus que six inconnues à déterminer, savoir φ, ψ, μ', ν', ζ', θ', qu'on trouvera par les équations suivantes (art. 46 & 47)

$$\psi = \frac{dq}{dt} \int G$$

$$\varphi = \frac{dx}{dt} \int G$$

$$\int \frac{G(\pi\,du - u\,d\pi)}{dt} = -\psi\nu'$$

$$\int \frac{G(u\,dz - z\,du)}{dt} = \varphi \theta'.$$

$$\int \frac{G(\pi\,du - z\,d\pi)}{dt} = -\psi \mu' + \varphi \zeta'.$$

Et dans ces équations, il y a encore une inconnue qu'on peut prendre à volonté ; par exemple, on peut supposer $\nu' = \theta'$; ce qui réduira (comme il est aisé de le voir) les forces φ & ψ à une seule, dont la direction sera oblique à l'écliptique.

54. Enfin, si l'on veut, pour simplifier & généraliser à-la-fois le problême le plus qu'il est possible, qu'on ait $\psi = 0$, $\gamma = 0$, c'est-à-dire, que le mouvement du centre C, au premier instant, soit dans l'écliptique & parallèle à CB, ou plutôt dans la direction de CB, on n'aura qu'à mettre dans les équations précédentes (art. 51) $\psi \nu' - \gamma \xi'$ au lieu de $\psi \nu'$, $\psi \mu' - \varphi \zeta'$ au lieu de $\psi \mu'$, & $\gamma \chi' - \varphi \theta'$ au lieu de $\gamma \mu' - \varphi \nu'$; & l'on aura (en supposant α, β, δ, des quantités données) les équations $\psi \nu' - \gamma \xi' = \alpha$; $\psi \mu' - \varphi \zeta' = \beta$; $\gamma \chi' - \varphi \theta' = \delta$, équations dans lesquelles on pourra encore supposer, si l'on veut, $\mu' = 0$, $\chi' = 0$, $\xi' = 0$; ce qui réduit les forces primitives 1°. à une force φ parallèle à CB, distante du plan de l'écliptique d'une quantité ζ', & distante de la quantité θ' d'un autre plan $E'CB$, perpendiculaire à l'écliptique, & passant par le centre C ; 2°. deux forces égales & opposées, placées chacune de différens côtés du centre C, perpendiculaires à la ligne CD & au plan BCD, & dont la somme des momens, par rapport au centre C, soit $= \psi \nu'$.

55. Ce feroit peut-être ici le lieu d'examiner les différentes folutions qui ont été données du *Problême de la préceſſion des Equinoxes*, & de faire voir en quoi pêchent plufieurs de ces folutions, non-feulement celles dont le réfultat eft fautif & contraire à celui que nous avons trouvé, mais même celles dont le réfultat eft exact. Comme cet examen détaillé me meneroit trop loin, je me contenterai de donner ou d'indiquer ici les principes qui peuvent fervir à guider & à éclairer les Mathématiciens fur cet objet. J'obferverai d'abord que les réfultats de mes deux folutions s'accordent parfaitement avec ceux que deux très-grands Géometres, MM. Euler & de la Grange, ont trouvés depuis; ce qui forme, ce me femble, en faveur de ma folution, un préjugé légitime, quand elle ne feroit pas d'ailleurs appuyée fur l'analyfe la plus rigoureufe. J'ajouterai que celles des folutions du problême qui font défectueufes, le font principalement en deux points, 1°. en ce qu'on y regarde le mouvement d'un anneau, comme étant le même que celui des nœuds d'un fatellite, dont l'orbite auroit le même diametre & la même inclinaifon; ce qui eft entiérement faux, comme il eft aifé de le conclure de la remarque faite ci-deffus, art. 32. 2°. En ce qu'on y fuppofe que les effets produits par les forces du foleil & de la lune fur un fphéroïde & fur un anneau, qu'on imagine avoir déja l'un & l'autre un mouvement de rotation fur eux-mêmes, font en même raifon que les effets qui feroient produits au premier inftant par les

mêmes forces sur le solide & l'anneau, supposés d'ailleurs dans un repos parfait ; ce qui est encore absolument faux : parce que le mouvement de rotation supposé dans les deux corps, dérange absolument les deux résultats trouvés dans le cas du repos. Enfin, je ferai observer que la solution ou plutôt les deux solutions de M. Simpson, quoique le résultat en soit exact, sont aussi défectueuses en plusieurs points. 1°. En ce qu'il y suppose comme vrais les deux principes dont nous venons de remarquer la fausseté. 2°. En ce qu'il y donne à la force centrifuge une valeur qui n'est que la moitié de celle qu'il devroit lui donner ; erreur d'autant plus digne d'être remarquée, que plusieurs autres y sont tombés après lui. 3°. En ce qu'il suppose que l'équateur du sphéroïde, (j'entends par-là le plan perpendiculaire à l'axe de figure) est dérangé de sa situation au premier instant, d'un angle infiniment petit du premier ordre, & que l'axe de figure est dérangé d'un angle semblable ; or les recherches exposées dans ce Mémoire prouvent encore combien cette supposition est fausse.

56. Voici la preuve de ce que nous venons d'avancer sur l'expression fautive donnée par M. Simpson à la force centrifuge. Soit dx l'espace que le corps parcourt dans sa rotation autour de l'axe, p la pesanteur, $2ph$ le quarré de la vîtesse avec laquelle le cercle tourne autour de son centre, θ le temps pendant lequel le corps tomberoit de la hauteur h ; dt le petit temps qui répond à l'espace dx, φ la force qui fait parcourir ddx ; on aura $ddx =$

$\frac{2h\phi dt^2}{p\theta^2}$. Or, en nommant f la force centrifuge, & dz l'arc infiniment petit décrit par le corps dans le plan du cercle, on a, ſuivant les théorêmes connus, $\frac{dz^2}{2r}$ pour l'eſpace que la force centrifuge feroit parcourir d'un mouvement accéléré ; & cet eſpace feroit à l'eſpace h parcouru auſſi pendant le temps θ d'un mouvement accéléré, comme $f\,dt^2 : p\,\theta^2$; donc $\frac{dz^2}{2r} = \frac{fhdt^2}{p\theta^2}$; donc $\frac{ddx}{2\phi} = \frac{dz^2}{2rf}$; donc $\phi = \frac{rfddx}{dz^2}$; or M. Simpſon trouve facilement par ſon calcul $ddx = \frac{dxdz}{r} \times$ coſ. z ; donc $\phi = f$ coſ. $z \times \frac{dx}{dz}$, ce qui n'eſt que la moitié de la valeur trouvée par M. Simpſon, f étant ce qu'il appelle B, & $\frac{dx}{dz}$ ce qu'il appelle r.

57. L'erreur de M. Simpſon conſiſte en ce qu'il compare deux forces accélératrices, l'une calculée dans l'hypothéſe de la courbe polygone, l'autre dans celle de la courbe rigoureuſe. Je m'explique ; la valeur $\frac{dz^2}{2r}$ qu'il donne à la force centrifuge eſt calculée dans l'hypothéſe de la courbe rigoureuſe ; & la valeur $\frac{dx\,dz\,\text{coſ.}\,z}{r}$ qu'il trouve pour ddx eſt calculée dans l'hypothéſe de la courbe polygone, c'eſt-à-dire, qu'il ſuppoſe que les petits eſpaces conſécutifs dx & $dx + ddx$ ſoient parcou-

rus uniformément chacun en particulier. Cette derniere ſuppoſition eſt permiſe ſans doute; mais alors il faut comparer le ddx avec le petit eſpace que la force centrifuge f feroit parcourir, non d'un mouvement uniformément accéléré, mais d'un mouvement uniforme; & ce petit eſpace ſeroit, comme l'on ſait, égal à $\frac{dz^2}{r}$, & non à $\frac{dz^2}{2r}$; enſorte qu'il faudra faire $ddx : \frac{dz^2}{r} :: \varphi . f$, & non comme M. Simpſon $ddx : \frac{dz^2}{2r} :: \varphi : f$.

58. Si on prend pour l'effet de la force centrifuge le petit eſpace $\frac{dz^2}{2r}$ parcouru d'un mouvement uniformément accéléré en vertu de cette force; en ce cas, il faudra prendre pour l'effet de la force φ, non l'eſpace ddx parcouru uniformément en vertu de cette force; mais l'eſpace $\frac{ddx}{2}$ parcouru en vertu de cette même force d'un mouvement accéléré, & pour lors on auroit $\frac{ddx}{2} : \frac{dz^2}{2r} :: \varphi : f$; ce qui revient au même que $ddx : \frac{dz^2}{r} :: \varphi : f$. Cette mépriſe de M. Simpſon, ſur la valeur de la force centrifuge, a été adoptée par quelques-uns de ceux qui ont traité le problême de la préceſſion des Equinoxes, & qui même ſe ſont écartés d'ailleurs de la ſolution du Géometre Anglois.

59. De-là il s'enſuit que la méthode de M. Simpſon, corrigée d'abord à cet égard comme elle le doit être, don-

neroit la précession double de ce qu'il la trouve réellement ; & comme le résultat auquel il parvient, est le même que celui que nous trouvons par notre méthode, il s'ensuit que cette méthode donneroit un résultat double du nôtre, & par conséquent plus que quadruple de celui de Newton, en supposant l'applatissement de la terre $= \frac{1}{230}$, & n'ayant égard qu'à la seule force du soleil.

60. S'il n'y avoit que cette erreur dans la solution de M. Simpson, il s'ensuivroit, après la correction, que le résultat de la nôtre & celui de la solution de M. Newton seroient l'un & l'autre fautifs ; mais la méprise que nous venons de relever n'est pas la seule que M. Simpson ait faite dans sa solution. Il est tombé dans une autre faute ; c'est de supposer que l'équateur du sphéroïde est dérangé de sa situation au premier instant d'un angle infiniment petit du premier ordre par la force perturbatrice, & que l'axe de figure de la terre soit dérangé d'un angle semblable. Cette supposition est absolument fausse, & nous avons démontré ci-dessus que le mouvement de l'axe de figure & de l'équateur au premier instant, sont réellement infiniment petits du second ordre ; nous avons prouvé que les formules algébriques, données par la théorie pour le mouvement de l'axe de figure & de l'équateur du sphéroïde, donnent en effet & rigoureusement ce résultat, quoique ces formules, en ne les traitant que d'une maniere approchée, donnent pour cet axe & cet équateur un mouvement qui s'accorde avec

celui qu'a trouvé M. Simpſon : c'eſt auſſi pour cette raiſon que le mouvement d'un anneau ſolide eſt réellement très-différent de celui d'un anneau compoſé de parties détachées, ou ce qui eſt la même choſe, du mouvement des nœuds d'un ſeul ſatellite placé à la même diſtance & à même inclinaiſon ; en effet, les quantités $\frac{d\epsilon}{dz}$ & $\frac{d\pi}{dz}$, qui donnent le mouvement des nœuds & la variation de l'inclinaiſon, & qui dans le cas d'un anneau ſolide, ſont nulles ou infiniment petites (art. 32) lorſque $t = 0$, ne le ſeront pas ſi l'anneau eſt compoſé de parties détachées ; comme cela ſe démontre & même ſe voit aiſément par la théorie des nœuds de la lune & de l'inclinaiſon variable de ſon orbite. La raiſon de cette différence, c'eſt que dans le cas de l'anneau ſolide ou du ſphéroïde, la force perturbatrice φ, qui agit ſur l'axe, tend à lui faire parcourir, au premier inſtant, un eſpace de l'ordre de $\varphi\, dt^2$, & par conſéquent infiniment petit du ſecond ordre, ce qui ne dérange l'axe, & par conſéquent l'équateur, que d'une quantité infiniment petite du même ordre : au lieu que quand on ne conſidere qu'une ſeule lune, l'eſpace $\psi\, dt^2$ que lui fait parcourir la force pertubatrice, étant combiné avec l'eſpace $r\, dt$ qu'elle tend à parcourir dans ſon orbite, il en réſulte (comme il eſt aiſé de voir) que le plan de cet orbite eſt dérangé de ſa ſituation d'un angle infiniment petit du premier ordre.

61. Cette derniere remarque ſuffit pour faire voir qu'on

ne doit pas ſuppoſer, avec M. Newton, que le mouvement d'un anneau ſolide ſoit le même que celui d'un anneau compoſé de lunes iſolées, ou ce qui revient au même, que le mouvement des nœuds d'une ſeule lune; il n'y a de parité que dans le mouvement *moyen* de ces deux anneaux, ou de l'anneau ſolide & de la lune; les mouvemens *inſtantanés* ſont très-différens de part & d'autre; ainſi, la comparaiſon du mouvement de l'anneau avec celui de la lune, ſerviroit tout au plus à trouver le mouvement moyen de l'anneau, ou de la préceſſion des équinoxes, mais nullement à déterminer la nutation de l'axe & l'équation de la préceſſion; deux circonſtances eſſentielles à la ſolution complette du problême, & auxquelles n'ont pas aſſez fait d'attention ceux qui dans leur ſolution ont fait uſage du théorême moitié vrai, moitié faux de M. Newton, ſur l'identité de mouvement de l'anneau ſolide & de la lune.

62. Je pourrois ajouter encore que M. Newton & ceux qui l'ont ſuivi, ſuppoſent, ſans la démontrer, une autre propoſition, c'eſt que le mouvement des nœuds du ſatellite iſolé, ou de l'anneau compoſé de ſatellites, doit être diminué en raiſon du coſinus de l'inclinaiſon de l'anneau au ſinus total; propoſition vraie, mais qui a beſoin d'une démonſtration que nous donnerons dans un autre endroit de ce Volume. Revenons à la ſolution de M. Simpſon.

63. Indépendamment des défauts que nous avons déja obſervés dans cette ſolution, une autre conſidération

essentielle à faire, c'est que le diametre placé dans le plan de l'équateur, & autour duquel M. Simpson suppose que l'équateur tourne par son mouvement angulaire, change de position à chaque instant, & que M. Simpson n'a aucun égard à ce changement qui doit ou qui peut au moins altérer le résultat du calcul, surtout au bout d'un temps fini.

64. Je ne parle point de la force nécessaire pour retenir les particules, non-seulement dans le plan du cercle où elles tournent, mais encore sur la circonférence de ce plan, force à laquelle M. Simpson n'a aucun égard. Il est certain que cette force étant dirigée, comme il est aisé de le voir, perpendiculairement au diametre de rotation, doit altérer le mouvement du corpuscule dans la circonférence du cercle; mais comme cette force est très-petite par rapport à la force perturbatrice, ainsi qu'il est facile de s'en assurer, on peut à la rigueur en négliger ici l'effet.

65. La seconde solution de M. Simpson, qu'il donne dans son problême V, n'est pas meilleure que la premiere. D'abord il y suppose, d'après ses calculs de la premiere solution, que le mouvement d'un anneau sera égal à celui d'un satellite faisant sa révolution dans le même temps & à la même distance. Or la valeur de la force trouvée par M. Simpson, étant double de ce qu'elle est réellement, ainsi que nous l'avons fait voir, il s'ensuit que selon sa solution même, il devroit trouver le mouvement des nœuds de l'anneau double de ce qu'il le trouve,

trouve, & par conséquent double du mouvement des nœuds du satellite. On peut voir d'ailleurs ce que nous avons dit plus haut (art. 60 & 61) sur l'identité prétendue du mouvement des nœuds du satellite avec celui d'un anneau solide. En second lieu, M. Simpson suppose que le mouvement des nœuds de l'anneau doit être à celui des nœuds de l'équateur du sphéroïde, en raison de l'énergie des forces du soleil sur l'anneau & le sphéroïde, pour faire tourner l'un & l'autre sur un diametre de l'équateur. Or cette proportion n'est pas vraie, parce que le sphéroïde & l'anneau ne sont point des corps semblables, & qu'ils ont déja un mouvement de rotation sur eux-mêmes.

66. C'est aussi en cela que péche évidemment la solution donnée par d'autres Mathématiciens qui (même après avoir corrigé le résultat reconnu généralement pour fautif du lemme III de M. Newton) sont parvenus à un résultat peu différent de celui qu'a trouvé ce grand Geometre. Il est bien vrai que les forces du soleil sur l'anneau & sur le sphéroïde (supposé peu applati) sont entr'elles comme 1 est α, en nommant α l'ellipticité du sphéroïde; mais il ne l'est point du tout que ces forces, combinées avec le mouvement de rotation, doivent produire dans l'anneau & dans le sphéroïde des mouvemens qui soient dans ce même rapport de 1 à α.

67. Je ne dois point oublier d'ajouter (quoique cette remarque ne soit pas essentielle au fond de la solution) qu'il ne faut pas supposer que la quantité de la précession soit dans tous les cas proportionnelle à l'ellipti-

cité α, soit que la terre soit homogene ou non. Car suivant cette hypothése, soit, par exemple, $\alpha = \frac{1}{180}$, comme le donnent à peu près les dernieres mesures, on auroit (en admettant même d'ailleurs tous les calculs de M. Newton) environ 13″, au lieu d'environ 9″ qu'il trouve dans l'hypothése de $\alpha = \frac{1}{230}$; or le mouvement des nœuds n'est proportionnel à α que dans le sphéroïde homogene, & le sphéroïde n'est point homogene si $\alpha = \frac{1}{180}$, il ne l'est que dans la supposition de M. Newton, savoir de $\alpha = \frac{1}{230}$. Voyez dans nos *Recherches sur la précession des Equinoxes*, chap. IX, art. 80 & suivans, le vrai rapport entre la précession & α; on y prouve que ce rapport dépend de la fraction $\frac{\int \Delta d(f^5 F)}{\int \Delta d(f^5)}$, F étant une variable qui dépend de f, & qu'on ne peut supposer constante que dans le cas du sphéroïde homogene, ensorte que dans tout autre cas la fraction dont il s'agit est variable, & dépendante de l'arrangement & de la densité des couches du sphéroïde.

68. Comme j'ai fait voir dans le chapitre déja cité, (art. 82), quelle seroit la différence de la précession des équinoxes dans un sphéroïde entiérement solide, & dans un sphéroïde en partie solide & en partie fluide, je dois encore observer à cette occasion que M. Simpson s'est trompé dans le cor. III de son lemme 2, en croyant

que l'action du soleil pour déranger l'axe de la terre, seroit la même dans un sphéroïde fluide que dans un sphéroïde solide. Il est évident au contraire, que l'effet de cette action doit être très-différent sur les deux sphéroïdes, & que c'est même par la connexion nécessaire qui se trouve entre les parties du sphéroïde solide qu'on parvient à trouver le mouvement de l'axe; au lieu que des particules fluides qui peuvent en se mouvant se séparer les unes des autres, & faire changer au sphéroïde de figure, n'ont pas à beaucoup près sur le mouvement de l'axe de ce sphéroïde, la même influence que les parties d'un sphéroïde solide.

69. Avant que de finir ces réflexions, je crois devoir réfuter ou prévenir deux objections qu'on pourroit faire sur ma solution. La premiere consiste en ce que dans notre premiere solution générale, nous avons regardé le centre de la terre comme en repos, quoiqu'il soit très-vrai, qu'attendu la figure non sphérique de la terre, l'action du soleil & de la lune sur chaque partie, ou plutôt la différence de cette action sur la force qui sollicite le centre, doit donner au centre un petit mouvement, qui fera que la gravitation du centre ne sera pas exactement en raison inverse du quarré de la distance, & ne sera pas toujours exactement dirigée dans le même plan. Mais comme l'effet de cette force perturbatrice pour déranger le plan de l'écliptique est très-petit, & si peu sensible que les Astronomes n'en tiennent aucun compte dans leurs observations, nous avons cru pouvoir & devoir même

faire abstraction de cette circonstance, qui n'auroit servi qu'à rendre le problême plus compliqué sans utilité sensible.

70. La seconde objection regarde notre seconde solution, par laquelle nous trouvons que la projection de l'axe réel de rotation de la terre, qui varie de position à chaque instant, doit avoir sur l'écliptique un mouvement moyen rétrograde, & par conséquent toujours dirigé dans le même sens; d'où il paroît s'ensuivre que l'axe réel de rotation doit avoir, sur la surface même du globe, un mouvement moyen toujours dirigé dans le même sens, & que par conséquent cet axe de rotation doit, au bout d'un certain temps, s'écarter sensiblement & même considérablement de l'axe de figure, quoique nous sachions d'ailleurs par les observations, & que nous ayons démontré en conséquence de notre premiere solution, que ces deux axes font toujours entr'eux un angle très-petit. Pour résoudre cette difficulté, il suffit de faire attention au mouvement de rotation de la terre autour de son axe. La terre se meut dans un instant quelconque autour d'un de ses axes; l'instant suivant, en vertu de l'action du soleil & de la lune, l'axe de rotation se trouve changé, & transporté sur un diametre qui étoit, par exemple, à gauche du premier axe de rotation, à une distance infiniment petite; par ce changement, l'extrémité du premier axe doit avoir un petit mouvement de rotation, qui au bout d'une demi-révolution, le transportera à gauche du nouvel axe; & comme

le changement d'axe de rotation ſe fait toujours vers la gauche (*hyp.*) on conçoit comment le premier axe de rotation peut, au bout de ce temps, le redevenir, ou exactement, ou à très-peu près, enſorte que les axes réels de rotation ne tomberont jamais que dans une très-petite partie du ſphéroïde aux environs de l'axe de figure. C'en eſt aſſez, ce me ſemble, pour faire diſparoître l'eſpéce de contradiction que les deux ſolutions ſemblent préſenter à cet égard.

Fin du trente-ſeptiéme Mémoire.

AVERTISSEMENT

Sur les trois Mémoires suivans, qui ont pour objet le problême des trois corps, & en particulier la théorie de la lune.

Les Recherches qu'on va lire, & qui feront l'objet des Mémoires suivans, ne seront que le développement des réflexions exposées dans le vingt-neuviéme Mémoire, Tome IV de nos *Opuscules.*

Je traiterai donc dans ces Mémoires:

1°. De la forme la plus commode & la plus simple qu'on puisse donner à l'équation différentielle de l'orbite altérée par des forces perturbatrices.

2°. De la maniere la plus simple & la plus facile d'intégrer cette équation différentielle.

3°. Des difficultés qui se rencontrent dans cette intégration, & en particulier dans la recherche du mouvement de l'apogée.

4°. Des équations dont le calcul est le plus délicat dans les formules du mouvement de la lune.

5°. De quelques corrections dont il paroît que les tables de M. Mayer sont susceptibles.

6°. De la maniere d'abréger le calcul de la latitude de la lune.

7°. Enfin, de l'altération du mouvement moyen de cette planete & des causes qui peuvent la produire.

XXXVIIIME MÉMOIRE.

De la forme la plus avantageuſe qu'on puiſſe donner à l'équation différentielle de l'orbite lunaire.

1. JE crois d'abord que l'orbite dans laquelle il faut calculer les mouvemens de la lune, n'eſt pas ſon orbite réelle, mais ſon orbite projettée ſur le plan de l'écliptique. J'ignore pourquoi de ſavans Géometres (*a*), qui ſe ſont très-occupés de cette théorie, en ont uſé autrement; je comprends encore moins pourquoi ces Géometres dans les calculs de la latitude, ont rapporté, non l'orbite de la lune à l'écliptique, mais l'écliptique à l'orbite de la lune; trois raiſons auroient dû, ce me ſemble, les engager à en uſer autrement; la premiere, que les figures & les calculs deviennent par ce moyen plus compliqués; la ſeconde, que l'écliptique eſt ſenſiblement toujours dans le même plan, & que l'orbite de la lune n'y eſt pas, mais qu'elle eſt au contraire une courbe à double courbure très-ſenſible; la troiſiéme, que dans les calculs aſtronomiques on rapporte conſtamment l'orbite

(*a*) Voyez la théorie de la lune de M. Clairaut, Paris 1765, page 37.

de la lune à l'écliptique, & non l'écliptique à l'orbite de la lune. Il eſt vrai que pour avoir le vrai lieu de la lune dans le ciel, lorſqu'on a calculé ſon orbite projettée ſur l'écliptique, il faut avoir égard à la latitude; mais c'eſt un calcul dont on n'eſt pas diſpenſé en ſuivant la méthode que nous improuvons ici, puiſque l'orbite de la lune n'étant ni plane ni immobile, cette méthode demande toujours néceſſairement qu'on connoiſſe à chaque inſtant la poſition du plan de cette orbite par rapport à l'écliptique, pour déterminer le vrai lieu de la lune dans le ciel.

2. Je dis plus : il me ſemble que non-ſeulement dans la théorie de la lune, mais dans celle même de Saturne & de Jupiter, il eſt utile & commode d'employer la projection ſur l'écliptique, au moins pour ce qui concerne le mouvement des nœuds & la variation de l'inclinaiſon. J'en ai dit la raiſon ailleurs (*a*). Mais ce n'eſt pas ici le lieu de m'étendre ſur ce ſujet.

3. Il faut cependant avouer que ſi la lune ſe mouvoit toujours dans un même plan, il y auroit de l'avantage à conſidérer ſon orbite réelle, au lieu de ſon orbite projettée, parce que l'équation de l'orbite réelle ſeroit alors beaucoup plus ſimple que celle de l'orbite projettée, & qu'on n'auroit plus beſoin que d'un calcul facile & très-court pour la réduction à l'écliptique & pour la latitude; mais cet avantage diſparoît, ce me ſemble, entiérement, & devient même un déſavantage réel, lorſ-

(a) *Recherches ſur le ſyſtême du Monde*, ſeconde partie, art. 242.

que

que le plan de l'orbite eſt mobile; 1°. parce que l'arc décrit par la lune dans un temps donné n'eſt pas alors dans un même plan, mais à double courbure, enſorte que ſuppoſant la lune partir d'un axe fixe, la ſomme des angles réels dk, décrits par la lune pendant le temps t, n'eſt point égale à l'angle entre le rayon vecteur de la lune au bout du temps t, & l'axe fixe qu'on a ſuppoſé; ce qui rend les calculs plus embarraſſans; 2°. parce que pour réduire alors le mouvement de la lune à l'écliptique, il faut connoître & calculer ſéparément le mouvement des nœuds & l'inclinaiſon, qui ſe trouvent au contraire renfermés tout naturellement & aſſez ſimplement dans le calcul de l'orbite projettée; 3°. parce que le plan de l'orbite étant mobile, l'argument de la latitude de la lune n'eſt plus égal à l'arc décrit par cette planete, & ne ſe peut déterminer, au moyen de l'arc décrit, que par un calcul aſſez délicat; 4°. parce que l'angle d'élongation du ſoleil à la lune, d'où dépendent principalement les forces perturbatrices, étant formé par des lignes qui ne ſont pas toujours dans le même plan, devient alors beaucoup plus compliqué & plus difficile à calculer, l'inclinaiſon réciproque des deux orbites & le mouvement des nœuds devant influer dans l'évaluation de cet angle. Il ne ſera pas inutile d'entrer dans quelque détail ſur ce ſujet, pour prévenir les erreurs où pourroient tomber les Géometres qui n'y feroient pas aſſez d'attention.

4. Si la lune parcourt dans ſon orbite réelle l'angle dk, & que pendant ce temps le nœud avance de la quantité

$d\zeta$ dans le même ſens que la lune, il n'eſt pas difficile de faire voir que la diſtance de la lune au nœud, qui auroit augmenté de la quantité dk ſi le nœud eût été immobile, n'augmentera que de la quantité $dk - d\zeta$ coſ. ρ, en nommant ρ la tangente de l'inclinaiſon; en effet, ſoit ω la diſtance de la lune au nœud, la lune étant ſuppoſée immobile, il eſt aiſé de voir que la diſtance ω de la lune (ſuppoſée immobile) au nœud ſuppoſé mobile, diminue de la quantité $d\zeta$ coſ. ρ, $d\zeta$ étant l'hypothénuſe d'un triangle rectangle infiniment petit, dont $d\zeta$ coſ ρ & $d\zeta$ ſin. ρ ſont les côtés; d'où il s'enſuit que la lune étant ſuppoſée parcourir l'angle dk, la diſtance au nœud deviendra $\omega + dk - d\zeta$ coſ. ρ; donc on aura $d\omega = dk - d\zeta$ coſ. ρ & $\omega = k - \int d\zeta$ coſ. ρ. Soit maintenant z' l'angle parcouru par le ſoleil vu par la terre, durant le temps que la lune parcourt la ſomme des angles dk; on aura $z' - \zeta$ pour la diſtance du lieu de la terre ou du ſoleil au nœud; ſoit enfin u' la diſtance du nœud au lieu de la terre vu du ſoleil, & projetté ſur l'orbite de la lune, t la différence de k & de z', & t' l'angle d'élongation du lieu de la lune au lieu de la terre, projetté ſur l'orbite de la lune, on aura $t = k - z'$ & $t' = \omega - u'$, d'où l'on tire, à cauſe de $\omega = k - \int d\zeta$ coſ. ρ, $t' = t + z' - u' - \int d\zeta$ coſ. ρ.

5. M. Clairaut dans ſa théorie de la lune, page 40, ne donne que l'équation $t' = t + z' - \zeta - u'$, $z' - \zeta$ étant ici ce qu'il appelle u; & cette équation ne coincide avec la nôtre que dans le cas où $\rho = 0$, c'eſt-à-dire où

les deux orbites sont dans le même plan, ou dans celui de $\zeta = 0$, qui est le cas de l'immobilité de l'orbite lunaire. Il est vrai que dans l'endroit cité, M. Clairaut suppose ou semble supposer que le nœud soit regardé comme immobile, ce qui donneroit en effet les termes $-\zeta$ & $-\int d\zeta \cos. \rho = 0$; mais il paroît ensuite faire usage de la même équation $t' = t + z' - \zeta - u'$, dans la page 70 de la même théorie, où il regarde le nœud comme mobile. On peut aussi remarquer que dans cette page 70, il substitue à t la valeur $z - z'$ qui est chez lui $v - z$, & qui d'après ses suppositions devroit, ce me semble, être $v - z + \zeta$, ou, en suivant ses dénominations, $v - z - q$, puisqu'il suppose que q est le mouvement du nœud contre l'ordre des signes, & qu'à la page 40 il suppose $t = v - u$, & à la page 70, $u = z + q$.

6. Je crois pouvoir conclure de ces remarques, que l'analyse par laquelle cet habile Géometre a calculé les forces perturbatrices dans l'orbite réelle de la lune, ne paroît pas exacte. Voici, ce me semble, la source de sa méprise; j'invite ceux qui sont en état d'en juger à examiner soigneusement cet article de sa théorie.

7. M. Clairaut remarque (pag. 69) que si B (*Fig.* 32) est le lieu initial du nœud lorsque $t = 0$, & qu'on mene BB' perpendiculaire à l'écliptique, laquelle ligne BB' rencontre en B' le plan $LTB'N$ où l'on suppose que se trouve la lune; M. Clairaut remarque, dis-je, qu'en nommant l'angle BTN, q, on a l'angle $B'TN = q + \frac{1}{2}(1 - \cos. \rho) \sin. 2q$; d'où il conclut, d'après ses déno-

minations, que la distance de la lune au nœud sera à très-peu près $\nu + q + \frac{1}{2}(1 - \text{cos}.\,\rho)\,\text{sin}.\,2\,q$, ou, suivant nos dénominations, $k - \zeta - \frac{1}{2}(1 - \text{cos}.\,\rho)\,\text{sin}\,2\,\zeta$; au lieu que cette distance est réellement $k - \int d\,\zeta\,\text{cos}.\,\rho$, ce qui ne s'accorde pas avec l'équation donnée par M. Clairaut. Il est très-vrai que $B'TN = q + \frac{1}{2}(1 - \text{cos}.\,\rho)\,\text{sin}.\,2\,q$ à très-peu près, comme l'avance M. Clairaut; mais il n'en faut pas conclure que l'angle $LTN = \nu + q + \frac{1}{2}(1 - \text{cos}.\,\rho)\,\text{sin}.\,2\,q$, même à peu près, parce que $B'TL$ n'est ni exactement ni à peu près égal à ν ou à $\int d\,k$; car $B'TL$ est $= \omega - B'TN$, ou, en suivant les dénominations de M. Clairaut, & remarquant que $\omega = k - \int d\,\zeta\,\text{cos}.\,\rho$, $\nu + \int d\,q\,\text{cos}.\,\rho - q - \frac{1}{2}(1 - \text{cos}\,\rho) \times \text{sin}.\,2\,q$ qui n'est pas la même chose que ν. D'ailleurs l'orbite de la lune n'étant pas plane ni immobile, on suppose faussement que la ligne TB', qui répond à la ligne TB (vrai lieu du nœud dans sa situation initiale) représente le lieu que le nœud occupoit sur l'orbite de la lune lorsque $t = 0$, ou la commune section de cette orbite avec l'écliptique. Pour avoir la distance réelle du lieu de la lune au lieu initial & primitif du nœud, c'est-à-dire l'angle LTB, il faut considérer que LTN étant $= \omega$, & $BTN = q$ ou $-\zeta$, & l'angle d'inclinaison de l'orbite ou du plan $NTL = \rho$, le cos. de LTB sera, comme on le peut voir aisément, $\frac{\text{cof}.\,\omega}{\text{cof}.\,q} + (\text{sin}.\,\omega\,\text{cos}.\,\rho - \text{cos}.\,\omega\,\text{tang}.\,q)\,\text{sin}.\,q =$ (en mettant pour cos. q sa valeur cos. $-\zeta$ ou cos. ζ, & pour tang. q & sin. q, leurs valeurs tang. $-\zeta$ & sin. $-\zeta) \frac{\text{cos.}\,\omega}{\text{cos.}\,\zeta} + (\text{sin.}\,\omega\ \text{cos.}\,\rho -$ $\text{cos.}\,\omega\ \text{tang.} -\zeta)\ \text{sin.} -\zeta = \frac{\text{cos.}\,\omega}{\text{cos.}\,\zeta} + \text{sin}\,\omega\ \text{cos.}\,\rho\ \text{sin.}$ $-\zeta - \frac{\text{cos.}\,\omega\ \text{sin.}\,\zeta^2}{\text{cos.}\,\zeta} = \text{cos.}\,\omega\ \text{cos.}\,\zeta - \text{sin}\,\omega\ \text{cos.}\,\rho\ \text{sin.}\,\zeta$ $= \text{cos.}\,(\omega + \zeta) + \text{sin.}\,\omega\,(1 - \text{cos.}\,\rho)\ \text{sin.}\,\zeta = \text{cos.}\,(k + \zeta$ $- \int d\zeta\ \text{cos.}\,\rho) + \text{sin.}\,\omega\,(1 - \text{cos.}\,\rho\ \text{sin.}\,\zeta$; & l'on se souviendra toujours que k ou $\int dk$ n'est pas l'angle entre le lieu de la lune & la ligne avec laquelle coincidoit la ligne des nœuds lorsque t étoit $= 0$.

8. Mais, dira-t-on, ne peut-on pas regarder la lune comme se mouvant dans un plan immobile, par rapport auquel l'écliptique change de position, ensorte que l'intersection N de ce plan avec l'écliptique change continuellement, auquel cas v sera la distance du lieu de la lune à la ligne fixe $B'T$, qui représente la position initiale du nœud? Je réponds que cette supposition, quoique peu naturelle, est sans doute permise; mais qu'alors on ne doit pas supposer, 1°. que la perpendiculaire $B'B$, menée du plan LTN sur l'écliptique, détermine sur l'écliptique le lieu B qu'occupoit le nœud de la lune dans sa premiere situation; 2°. que le calcul des forces perturbatrices deviendra beaucoup plus compliqué; car outre les forces perturbatrices qui viennent de l'action du soleil, & qui agissent dans le plan de l'orbite lunaire, il faudra encore, dans l'hypothèse dont il s'agit, en ajouter d'autres, qui résultent de ce que l'orbite de la lune n'est pas réellement dans le même plan; je m'explique. Sup-

posons que depuis le point B' (*Fig.* 33) d'où la lune est partie, cette planete se soit toujours mue dans le même plan jusqu'en L, en vertu d'une force réciproquement proportionnelle au quarré de la distance, & sans aucune force perturbatrice; supposons de plus qu'au point L, tandis que la lune tend à décrire l'arc Ll dans le plan où elle étoit, sans aucune force perturbatrice dans le plan de son orbite, il survienne uniquement une force $l\lambda$ perpendiculaire à ce plan TLB', laquelle lui fasse décrire l'arc $L\lambda$, ensorte que l'angle $LTB' = v$ devienne $\lambda TB'$; il est aisé de voir que l'angle $\lambda TB'$ ne sera pas égal à l'angle lTB', que la lune auroit parcouru dans le même temps, si elle eut continué à se mouvoir dans le même plan, sans aucune force perturbatrice dans le plan de son orbite, & sans aucune force perpendiculaire à ce plan; & que par conséquent, le seul mouvement supposé du plan de l'orbite lunaire, donne des forces perturbatrices auxquelles il faut avoir égard dans le calcul. Il arrive ici précisément la même chose, que si un corps B' (*Fig.* 34) décrivoit d'abord une droite BL d'un mouvement uniforme, & qu'au point L il fût détourné de son chemin Ll, par une force $l\lambda$ perpendiculaire à BLl; l'angle $\lambda TB'$ seroit différent de l'angle lTB, ensorte que la différence seroit finie au bout d'un temps fini; par la même raison que dans le mouvement d'un corps qui décrit un cercle, les écarts infiniment petits du second ordre, que le corps subit à chaque instant de sa direction rectiligne, produisent au bout d'un temps fini un écart fini. Donc si dans le plan $\lambda T B'$, (*Fig.* 33) on prend un angle $\rho T B' = L T B'$, λ étant le lieu de la lune au bout d'un temps quelconque, & L étant le lieu que la lune auroit occupé si elle se fût toujours mue dans le même plan, les angles $\rho T \lambda$, & $L T l$ ne seront pas égaux : il y aura donc une force perturbatrice qui tendra à altérer l'angle $L T l$.

9. Il paroît donc évident, que dans les calculs de la page 70 de la théorie de M. Clairaut déja citée, il faut mettre à la place de t, $t + \zeta - \int d\zeta \cos. \rho$, ce qui doit rendre nécessairement les calculs beaucoup plus longs & plus compliqués. Nous avons cru devoir faire ici cette remarque pour l'utilité de ceux qui pourront travailler dans la suite à perfectionner la théorie de la lune, & qui voudroient calculer les mouvemens de cette planete par rapport à son orbite réelle ; quant à nous, lorsque nous parlerons de la lune dans la suite de cet écrit, ce sera toujours de la lune, censée projettée sur le plan de l'écliptique ; d'autant que l'inclinaison de l'orbite lunaire étant fort petite, cette considération permettra de négliger beaucoup de termes dans l'intégration.

10. Soit donc dans cette hypothèse, de l'orbite de la lune, rapportée à l'écliptique ;

la vîtesse initiale de la lune . . . . g
sa distance initiale à la terre . . . . a
le sinus de l'angle de projection . . . . h
la masse de la terre . . . . T
celle de la lune L

celle du ſoleil	S
le rayon vecteur	x
l'angle décrit par la lune	z
le temps	t
l'angle décrit par la terre	z'
l'angle décrit par le nœud	ζ
la tangente de l'inclinaiſon	m
la diſtance de la lune au nœud	V
la diſtance du lieu de la terre au nœud	v
la force dans le ſens du rayon vecteur	ψ
la force perpendiculaire à ce rayon	π.

11. En faiſant $a = 1$, $u = \frac{1}{x}$ ou $\frac{aa}{x}$, on aura les deux équations (a) $ddu + u\,dz^2 - \frac{dz^2}{h^2 u^2 g^2} \times \frac{\psi - \frac{\pi\,du}{u\,dz}}{1 + 2\int \frac{\pi\,dz}{u^3 g^2 h^2}} = 0$, & $dz = \frac{xx\,dz}{gh\sqrt{\left(1 + 2\int \frac{\pi\,dz}{u^3 g^2 h^2}\right)}}$.

12. Si au lieu d'avoir la valeur de u en z, on veut l'avoir en t, on remarquera d'abord que dt (*Recherches ſur le ſyſtême du Monde*, chap. II, page 14) $= \frac{xx\,dz}{gh} - \frac{dt}{gh}\int \pi x\,dt$; ce qui donne $dz = \frac{gh\,dt}{xx}\left(1 + \int \frac{\pi x\,dt}{gh}\right) = gh\,uu\,dt\,(1 + \omega)$, en ſuppoſant $\int \frac{\pi x\,dt}{gh} = \omega$; & l'équation $ddu + u\,dz^2 +$ &c. trouvée ci-deſſus, art. 11, pourra ſe mettre ſous la forme ſuivante

(a) *Recherches ſur le ſyſtême du Monde*, premiere Partie, chap. 2.

vante; $d\left(\frac{du}{dz}\right)+u\,dz-\frac{dt^2}{x^4\,dz}\times\left(\frac{\psi}{uu}-\frac{\pi\,du}{u^3\,dz}\right)$ $=0$, ou $d\left(\frac{du}{uugh\,dt\,(1+\omega)}\right)+u^3\,gh\,dt\,(1+\omega)$ $-\frac{u^2\,dt}{gh(1+\omega)}\times\left(\frac{\psi}{uu}-\frac{\pi\,du}{u^5\,gh\,(1+\omega)}\right)=0$. Substituant pour u sa valeur $\frac{1}{x}$, différentiant & réduisant, on aura, dt étant pris pour constant, $-\frac{ddx\,(1+\omega)}{gh\,dt}$ $+\frac{dx\,d\omega}{gh\,dt}+\frac{gh\,dt\,(1+\omega)^3}{x^2}-\frac{\psi\,dt}{gh}(1+\omega)-$ $\frac{\pi\,x\,dx}{g^2\,h^2}=0$; qui se réduit encore (à cause de $d\omega=$ $\frac{\pi\,x\,dt}{gh}$) à la forme assez simple $-ddx+\frac{g^2h^2dt^2(1+\omega)^2}{x^3}$ $-\psi\,dt^2=0$; de plus, l'équation pour trouver dz sera $dz=\frac{gh\,dt}{xx}(1+\omega)$.

13. Ces équations paroissent beaucoup moins compliquées que les précédentes de l'art. 11; & elles ont d'ailleurs cet avantage, que par leur secours, on détermine tout d'un coup le rayon x & le lieu z par le mouvement moyen t, ainsi que les calculs astronomiques le demandent, & qu'on n'est point obligé d'avoir recours à des calculs assez pénibles pour trouver la valeur de z en t, après avoir cherché d'abord celle de x & de t en z. Il paroît donc qu'on ne doit point balancer à préférer ces deux dernieres équations pour rendre les calculs de la lune beaucoup plus courts & plus simples, quoique tous

les Géometres qui jusqu'à présent ont traité la théorie de la lune, ayent suivi une méthode contraire.

14. Il y a cependant ici un inconvénient auquel il est nécessaire d'obvier; c'est que le calcul du mouvement de l'apogée devient par ces dernieres formules beaucoup plus long & plus épineux que par les premieres. En effet, supposons pour un moment la lune sans aucune force perturbatrice, ensorte que $\pi = 0$, & que $\psi = \frac{T+L}{x^2} = (T+L)u^2$; l'équation $ddu + udz^2$, &c. entre les u & les z, qui se réduit alors à cette forme $ddu + udz^2 + Bdz^2 = 0$ (B étant une constante) fait voir tout d'un coup, & par le calcul le plus simple, que l'apogée est immobile; ce qui ne se voit pas de même en faisant usage de l'équation $-ddx + \frac{g^2 h^2 dt^2}{x^3}$, &c. entre les x & les t. Il n'est pas même facile de s'en assurer, le mouvement de l'apogée ne pouvant se déterminer dans cette derniere équation que par une serie infinie, dont la valeur ne sera jamais exactement égale à l'unité, comme elle le doit être, mais seulement en approchera toujours de plus en plus. Cette difficulté se fera sentir, à plus forte raison, lorsque l'apogée aura un mouvement réel, comme dans la théorie de la lune, & que la détermination de ce mouvement dépendra d'une équation plus compliquée, dans laquelle π & ω ne seront pas $= 0$, ni ψ simplement égal à $\frac{T+L}{x^2}$.

15. Pour remédier à cet inconvénient, on considérera

que le mouvement moyen de l'apogée de la lune est connu par les observations ; on sait d'ailleurs par d'autres méthodes que la théorie donne ce mouvement à peu près tel qu'il doit être ; ainsi on supposera ce mouvement connu ; par-là on se débarrassera tout-à-fait des équations qui doivent donner le mouvement de l'apogée, & qui seroient dans l'hypothèse présente les plus compliquées de toutes.

16. On doit se faire d'autant moins de scrupule d'éviter le calcul de l'apogée par ce moyen, qu'on est obligé, même dans le cas où l'on cherche la valeur de x par l'équation entre u & z, de supposer le mouvement de l'apogée tel que les observations le donnent, pour pouvoir calculer avec une exactitude suffisante les divers termes de la valeur de x. Mais si ce mouvement étoit ignoré ou mal connu, comme dans la théorie de Saturne & de Jupiter, & dans celle de leurs satellites, alors il paroît qu'on seroit obligé de recourir à la premiere méthode, à celle qui détermine x par l'équation entre u & z. C'est donc dans la seule théorie de la lune, qu'il paroît plus utile & plus simple de se servir des équations qui donnent la valeur de x en t & de z en t.

17. Pour rendre en ce cas le calcul de l'orbite encore plus commode, & plus conforme aux opérations astronomiques, on chassera dt des deux équations par le moyen de l'équation $dt = \mathfrak{C}\, dZ$, Z étant le moyen mouvement de la lune, & $\mathfrak{C}$ un coefficient constant indéterminé, qu'on peut supposer si l'on veut $= 1$, pour plus de

facilité ; on remarquera de plus, que le coefficient de dZ dans la valeur de $dz = \frac{gh6dZ}{xx}(1 + \int\frac{\pi x 6 dZ}{gh})$, doit être égal à l'unité. On fera encore, afin de rendre les calculs plus simples, non-seulement $6 = 1$, mais $h = 1$. On supposera enfin $\frac{T+L}{gg} = a + e$, e étant une quantité fort petite par rapport à a, puisque si l'orbite de la lune étoit circulaire, & sans forces perturbatrices, on auroit $\frac{T+L}{gg} = a$. De plus, en désignant par un trait les quantités correspondantes dans le mouvement du soleil, on aura de même $dz' = \frac{g'6'dZ'.a}{x'x'}$; $\frac{S+T}{g'^2} = a' + e'$, ou plus simplement $\frac{S}{g'^2} = a' + e'$, & on remarquera, 1°. que le coefficient $6'$ de dZ' doit être à celui de dZ, comme n est à 1; d'où l'on voit que $6'dZ' = n6dZ = ndZ$; 2°. qu'après cette substitution, le coefficient de dZ dans la valeur de dz', doit être $= n$, ou celui de $dZ' = 1$. Donc si on fait le coefficient de $dZ = A$, celui de $dZ' = B'$, on fera d'abord évanouir g, en supposant $A = 1$, g' en supposant $B' = 1$, & enfin $T + L$ & S par le moyen des équations $T + L = g^2(a + e)$, $S = g'^2(a' + e')$. Ces substitutions faites, il ne restera dans l'expression de z que la seule inconnue $\frac{e}{a}$, & dans celle de x que la seule inconnue a; & ces inconnues se détermineront; la premiere, par l'obſervation du mouvement de la lune, qui fera connoître ſon excentricité; la ſeconde, par une bonne obſervation de la parallaxe.

18. Si l'on veut avoir l'équation du mouvement de la lune dans ſon orbite réelle, on nommera l'angle réel décrit par la lune durant le temps dt . . . . dk
le rayon vecteur . . . . x'
la force dans le ſens du rayon . . . . ψ'
la force perpendiculaire au rayon, dans le plan où ſe trouve la lune au bout du temps t . . . . π'
l'angle d'inclinaiſon de l'orbite lorſque $t = 0$ . . . λ
la vîteſſe réelle de projection de la lune. . . . . g'
le ſinus de l'angle réel de projection . . . . . h'.

19. Cela poſé, on remarquera d'abord que quoique l'orbite de la lune ſoit à double courbure, cependant l'équation différentielle entre les x & les dk, doit être la même que ſi cette orbite étoit plane, tout le reſte étant d'ailleurs égal. Car la force qui agit à chaque inſtant perpendiculairement au plan de l'orbite de la lune, & qui lui donne cette double courbure, n'a d'autre effet que de déranger la lune du plan qu'elle décrit, de plier pour ainſi dire ſon orbite, & ne change rien d'ailleurs, ni à la valeur du rayon vecteur, ni à l'angle compris entre deux rayons vecteurs infiniment proches. Il arrive ici préciſément la même choſe qu'à un corps qui eſt pouſſé continuellement par une force perpendiculaire à ſa direction; la vîteſſe de ce corps n'en eſt point altérée; de même ici, en ſuppoſant dt conſtant, les valeurs

de ddx ou ddu, & ddk, reſtent les mêmes que ſi la lune ne ſortoit point du plan où elle eſt au bout du temps t; & par conſéquent, ſuppoſant dk conſtant, la valeur de ddu reſte auſſi la même.

20. On aura donc la même équation que ci-deſſus, (art. 11) en mettant dk au lieu de $d\zeta$, $u' = \frac{1}{x'}$ au lieu de u, ψ' au lieu de ψ, &c. On remarquera de plus, 1°. que $g'g' = \frac{gg}{\text{coſ.}\lambda^2}$, en ſuppoſant h & $h' = 1$, pour ſimplifier le calcul, lorſque $t = 0$; 2°. que la force ψ' eſt compoſée de deux autres, l'une $= \frac{T+L}{x'x'} = (T+L)u'u'$, l'autre que je nomme φ, & qui ſera la force perturbatrice dans le ſens du rayon vecteur, enſorte que ψ' ſera $= (T+L)u'u' + \varphi$.

21. Maintenant, ſoit LSN (*Fig.* 35) la projection de l'orbite lunaire ſur le plan de l'écliptique, L le lieu de la lune ainſi projettée, N le nœud, TS la ligne qui joint les centres de la terre & du ſoleil; ſoit de plus ω la diſtance réelle de la lune au nœud, on aura (art. 4) $\omega = k - \int d\zeta \text{ coſ. } \rho$; & en conſervant les noms donnés ci-deſſus, on trouvera $\frac{\text{coſ. } V}{\sqrt{(1 + mm \text{ ſin. } V^2)}} = \text{coſ.}\omega$; d'où l'on tire $\text{coſ. } V = \frac{\text{coſ. }\omega \sqrt{(1+mm)}}{\sqrt{(1 + mm \text{ coſ. }\omega^2)}}$, ou, à cauſe de $m = \frac{\text{ſin. }\rho}{\text{coſ. }\rho}$, $\text{coſ. } V = \frac{\text{coſ. }\omega}{\sqrt{(\text{coſ. }\rho^2 + \text{ſin. }\rho^2 \text{ coſ. }\omega^2)}} = \frac{\text{coſ. }\omega}{\sqrt{(1 - \text{ſin. }\rho^2 \text{ ſin. }\omega^2)}}$; $\text{ſin. } V^2 = \frac{\text{coſ. }\rho^2 \text{ ſin. }\omega^2}{\text{coſ. }\rho^2 + \text{ſin. }\rho^2 \text{ coſ. }\omega^2}$;

ou $\frac{\text{sin.}\,\omega^2}{1+mm\,\text{cos.}\,\omega^2}$, ou $\frac{\text{sin.}\,\omega^2\,\text{cos.}\,\rho^2}{1-\text{sin.}\,\rho^2\,\text{sin.}\,\omega^2}$; & $1+mm\,\text{sin.}\,V^2 = \frac{1}{1-\text{sin.}\,\rho^2\,\text{sin.}\,\omega^2}$.

22. Soit l'angle *LTS* . . . . θ
l'angle réel entre le rayon *TS*, & le rayon vecteur x' de la lune . . . . θ'
la projection de cet angle sur le plan de l'orbite lunaire, c'est-à-dire sur le plan où se trouve la lune au bout du temps t . . . . θ''.
on verra facilement que $\frac{\text{cos.}\,\theta}{\sqrt{(1+mm\,\text{sin.}\,V^2)}} = \text{cos.}\,\theta'$; ou $\text{cos.}\,\theta' = \text{cos.}\,\theta\sqrt{(1-\text{sin.}\,\rho^2\,\text{sin.}\,\omega^2)}$; & en supposant l'angle *STN* . . . . n
& sa projection sur le plan de l'orbite lunaire . . . n'
on aura $\text{tang.}\,n'$ ou $\frac{\text{sin.}\,n'}{\text{cos.}\,n'} = \text{tang.}\,n\,\text{cos.}\,\rho$, ou $\frac{\text{sin.}\,n}{\text{cos.}\,n} \times \text{cos.}\,\rho$; d'où il s'ensuit que $\text{sin.}\,n'^2 = \frac{\text{sin.}\,n^2\,\text{cos.}\,\rho^2}{\text{cos.}\,n^2+\text{sin.}\,n^2\,\text{cos.}\,\rho^2}$; ou $\text{sin.}\,n' = \frac{\text{sin.}\,n\,\text{cos.}\,\rho}{\sqrt{(1-\text{sin.}\,n^2\,\text{sin.}\,\rho^2)}}$; & cosinus $n' = \frac{\text{cos.}\,n}{\sqrt{(1-\text{sin.}\,n^2\,\text{sin.}\,\rho^2)}}$; or $\text{cos.}\,\theta'' = \text{cos.}\,(\omega - n')$, & $\text{sin.}\,\theta'' = \text{sin.}\,(\omega - n')$; donc $\text{cos.}\,\theta'' = \frac{\text{cos.}\,\omega\,\text{cos.}\,n+\text{sin.}\,\omega\,\text{sin.}\,n\,\text{cos.}\,\rho}{\sqrt{(1-\text{sin.}\,n^2\,\text{sin.}\,\rho^2)}}$; & $\text{sin.}\,\theta'' = \frac{\text{sin.}\,\omega\,\text{cos.}\,n-\text{cos.}\,\omega\,\text{sin.}\,n\,\text{cos.}\,\rho}{\sqrt{(1-\text{sin.}\,n^2\,\text{sin.}\,\rho^2)}}$.

23. Soit la force parrallèle à *TS* qui dérange la lune du plan de son orbite . . . . ρ'
cette force étant décomposée en deux, l'une perpendi-

culaire au plan où est la lune, l'autre dans la direction de la projection de TS sur ce plan; cette derniere sera $= \frac{\rho' \sqrt{(\text{cos}.\theta^2 \text{cos}.n^2 + \text{cos}.\theta^2 \text{sin}.n^2 \text{cos}.\rho^2)}}{\text{cos}.\theta} = \frac{\rho' \sqrt{(\text{cos}.\theta^2 - \text{cos}.\theta^2 \text{sin}.n^2 \text{sin}.\rho^2)}}{\text{cos}.\theta} = \rho' \sqrt{(1 - \text{sin}.n^2 \text{sin}.\rho^2)}$.

Or nommant cette derniere force ρ'', on a $\pi' = \rho''$ sin. θ''; & la force perturbatrice φ, qui agit dans la direction du rayon, est composée de deux forces, l'une $= \frac{Sx'}{B'^3}$; B' étant la distance du soleil à la lune, l'autre $= \rho'' \times$ cos. θ''. Donc, en mettant pour sin. θ'' & cos. θ'' leurs valeurs (art. 22), on aura $\pi' = \rho'(\text{sin}.\,\omega\, \text{cos}.n - \text{cos}.\,\omega \times \text{sin}.n\, \text{cos}.\rho)$; & l'autre force ρ'' cos. $\theta'' = \rho'(\text{cos}.\,\omega\, \text{cos}.n + \text{sin}.\,\omega\, \text{sin}.n\, \text{cos}.\rho)$.

24. Soit donc $1 - \text{cos}.\rho = \psi$, on aura $\pi' = \rho'(\text{sin}.(\omega - n) - \text{cos}.\omega\, \text{sin}.n . \psi)$, & l'autre force $= \rho'(\text{cos}.(\omega - n) - \text{sin}.\omega\, \text{sin}.n . \psi)$: or soit supposé ρ' proportionnelle à cos. θ', comme il arrive dans la lune, c'est-à-dire $\rho' = K$ cos. $\theta' =$ (art. 22) $K \text{cos}\,\theta \sqrt{(1 - \text{sin}.\rho^2\, \text{sin}.\omega^2)}$, on remarquera que $\theta = V - n$; & qu'ainsi $\text{cos}.\theta = \text{cos}.V \text{cos}.n + \text{sin}.V \text{sin}.n = \frac{\text{cos}.n\, \text{cos}.\omega + \text{sin}.n\, \text{sin}.\omega\, \text{cos}.\rho}{\sqrt{(1 - \text{sin}.\rho^2\, \text{sin}.\omega^2)}} = \frac{\text{cos}.(\omega - n) - \text{sin}.n\, \text{sin}.\omega . \psi}{\sqrt{(1 - \text{sin}.\rho^2\, \text{sin}.\omega^2)}}$; d'où l'on voit que la force π', & l'autre force perturbatrice ρ'' cos. θ'' seront respectivement $K(\text{cos}.(\omega - n) - \psi\, \text{sin}\, n\, \text{sin}.\omega) \times (\text{sin}.(\omega - n) - \psi\, \text{sin}.n\, \text{cos}.\omega) = K\left(\frac{\text{sin}.\,2\omega - 2n}{2} - \frac{\psi\, \text{sin}.2n}{2} + \frac{\psi^2\, \text{sin}.n\, \text{sin}.2\omega}{2}\right)$;

&

& $K(\text{cof.}(\omega - \nu) - \psi \text{ fin.} \nu \text{ fin.} \omega) \times (\text{cof.}(\omega - \nu) - \psi \times \text{fin.} \nu \text{ fin.} \omega) = K(\text{cof.}(\omega - \nu) - \psi \text{ fin.} \nu \text{ fin.} \omega)^2$; quantités dans lesquelles on substituera au lieu de ω sa valeur $k - \int d\zeta \text{ cof.} \rho$, & au lieu de ν sa valeur $z' - \zeta$; ce qui donnera $\omega - \nu = k - z' + \zeta - \int d\zeta \text{ cof.} \rho = k - z' + \int \psi d\zeta$.

25. On voit par ces détails, 1°. qu'au lieu de l'angle $z - z'$ qui entre dans l'expression des forces perturbatrices dans l'orbite projettée, il faudroit, si on prenoit dz pour le mouvement réel de la lune dans son orbite véritable, mettre $z - \int d\zeta \text{ cof.} \rho + \zeta - z'$, ce qui rendroit le calcul beaucoup plus compliqué, parce que ρ est une quantité variable; 2°. qu'outre cela l'expression des forces accélératrices, qui dans l'orbite projettée ne contient que des sin. & cof. de $z - z'$, contiendra dans l'orbite réelle d'autres quantités que des sinus & cosinus de $z - \int d\zeta \times \text{cof.} \rho + \zeta - z'$. Il est vrai que la considération de l'orbite projettée entraînera quelques termes qui n'auroient pas lieu dans l'orbite réelle, & qui viennent de ce que la force centrale de la lune vers la terre, qui est simplement $= \frac{T+L}{x'^2}$ dans l'orbite réelle, est $= \frac{T+L}{x^2(1+mm \text{ fin.} V^2)^{\frac{3}{2}}}$ dans l'orbite projettée; mais les calculs que ces termes occasionneront paroissent infiniment plus simples & plus faciles que ceux qui résultent des termes produits par la considération de l'orbite réelle. D'ailleurs les termes qui résultent de cette modification dans la valeur de la force centrale, sont ceux mêmes qu'il auroit fallu calculer pour réduire le lieu de la lune au plan de l'écliptique, opé-

ration qui devient inutile quand on considere dans la théorie l'orbite projettée. Le calcul n'est donc que peu ou point du tout augmenté par la valeur de la force centrale dans l'orbite projettée. Ainsi, tout mis en balance, il paroît constant que la considération de l'orbite projettée abrége beaucoup le calcul.

26. Puisque $k - \int d\zeta \operatorname{cos.} \rho$ est la distance réelle de la lune au nœud, il est aisé de voir que cette distance, rapportée à l'écliptique, sera $k - \int d\zeta \operatorname{cos.} \rho + \varphi$, φ étant une quantité qui ne renferme que des sin. & cosinus, & qui se déterminera (art. 21) par l'équation $\operatorname{cos.} V = \frac{\operatorname{cos.} \omega}{\sqrt{(1 - \operatorname{sin.} \rho^2 \operatorname{sin.} \omega^2)}}$; ou $\operatorname{cos.}(\omega - \varphi) = \frac{\operatorname{cos.} \omega}{\sqrt{(1 - \operatorname{sin.} \rho^2 \operatorname{sin.} \omega)^2}}$; d'où l'on tire aisément la valeur de φ. Donc le mouvement réel de la lune rapporté à l'écliptique sera $k - \int d\zeta \operatorname{cos.} \rho + \zeta + \varphi$; de plus, si ν ou plutôt $\int d\nu = k$ exprime le mouvement vrai de la lune dans son orbite, & z son mouvement vrai dans l'écliptique, on aura $\zeta = \omega z + \theta$, ω étant une quantité négative à cause du mouvement rétrograde des nœuds, & exprimant de plus le rapport exact du mouvement moyen des nœuds au mouvement moyen de la lune, & θ étant une quantité composée de sinus; & si on fait ψ ou $1 - \operatorname{cos.} \rho = \psi' + \sigma$, ψ' étant une constante, & σ une quantité composée de cosinus, on aura $\int d\zeta \operatorname{cos.} \rho = \zeta - \zeta \psi' - \int \sigma d\zeta$; enfin, on se souviendra que l'angle $\omega - n$, qui entre dans l'expression des forces perturbatrices, est (art. 24) $k - z' + \int \psi d\zeta = \nu - z' + \zeta \psi' + \int \sigma d\zeta = \nu - z'$

$+\zeta\psi''+\varpi$, ϖ ne renfermant que des ſinus ; c'eſt pourquoi, en appellant m le coefficient qui marque le mouvement de l'apogée dans l'orbite réelle, & Z' l'angle qui doit repréſenter le mouvement moyen de la lune dans l'orbite réelle, & qui ne doit jamais différer de l'angle ν, ou du mouvement vrai, que de quelques degrés, on aura une équation de cette forme $Z'=\nu+\alpha$ ſin. $m\nu$ $+\beta$ ſin. $2\,m\nu$, &c. $+\gamma$ ſin. $2(\nu+\zeta\psi''-n\text{z})$, &c. Or à cauſe de $\text{z}=\nu-\int d\zeta$ coſ $\rho+\zeta+\varphi$, ou $\nu+\zeta\psi''$ $+\mu$, μ étant une quantité compoſée de ſinus & de coſinus, on aura dans la formule précédente $\text{z}-\zeta\psi''$, ou $\text{z}-\omega\text{z}\psi''$ au lieu de ν, & $\text{z}-n\text{z}$ au lieu de $\nu+$ $\zeta\psi''-n\text{z}$, & au lieu de $m\nu$, $m(\text{z}-\zeta\psi'')=m(\text{z}-$ $\omega\text{z}\psi'')$. D'où il eſt aiſé de voir, que ſi m marque le mouvement de l'apogée dans l'orbite réelle, $m(1-\omega\psi'')$ le marquera dans l'orbite projettée ; ce qui peut d'ailleurs ſe voir encore d'une autre maniere, en conſidérant que le lieu moyen de l'apſide ſe trouve aux points où $m\nu=b.360°$, b étant un nombre entier quelconque, ce qui donne $\nu=\frac{b.360°}{m}$; & que la valeur de z, répondante à cet arc ν, eſt $\nu+\zeta\psi''+\mu$, ou ſimplement $\nu+$ $\zeta\psi''$, en négligeant le terme μ. D'où il s'enſuit qu'on a $\text{z}=\frac{b.360°}{m}+\omega\text{z}\psi''$, & $\text{z}(1-\omega\psi'')=\frac{b.360°}{m}$, & enfin $m\text{z}(1-\omega\psi'')=b.360°$; & que par conſéquent le mouvement de l'apſide, dans l'orbite projettée, ſera donné par le coefficient $m(1-\omega\psi'')$, qui n'eſt pas le même que le coefficient m.

27. On aura donc, au lieu de l'équation ci-dessus en Z' & en ν, celle-ci $Z' = z - \omega z \psi'' + \alpha$ sin. $m z (1 - \omega \psi'') +$ &c. $+ \gamma$ sin. $2z - 2nz$, &c. Donc, 1°. (en divisant par le coefficient $1 - \omega \psi''$ du terme $z - \omega z \psi''$), on voit que le mouvement moyen dans l'orbite projettée, sera $\frac{Z'}{1 - \omega \psi''}$; & tel sera le mouvement moyen que les Astronomes observent; ensorte que nommant Z le mouvement moyen observé, on aura $Z' = Z (1 - \omega \psi'')$. 2°. Les argumens des équations seront évidemment les mêmes que dans l'orbite projettée. 3°. De-là il est facile de voir comment ces équations pourront se réduire à celles de M. Clairaut, en mettant dans ces dernieres $m (1 - \omega \psi'')$ au lieu de m, & en mettant dans les termes qui dépendent de l'élongation, d'abord $\nu + \zeta - \int d\zeta$ cos. ρ, ou $\nu + \zeta \psi''$ au lieu de ν, & ensuite $z - \omega z \psi''$ au lieu de ν, ce qui réduira $\nu + \zeta - \int d\zeta$ cos. ρ, ou $\nu + \zeta \psi''$ à z, ou $\frac{\nu}{1 - \omega \psi''}$; en effet, puisque $\nu + \zeta \psi'' = z$, ou $\nu + \omega z \psi'' = z$, en mettant à part les équations, donc $z = \frac{\nu}{1 - \omega \psi''}$; 4°. donc aussi, au lieu de la quantité qui représente $n \nu$ dans les équations de M. Clairaut, il faut mettre, par la même raison, $\frac{n \nu}{1 - \omega \psi'} = n z$ comme ci-dessus; 5°. donc l'équation de M. Clairaut qui doit revenir (pour être exacte) à $Z' = \nu + \alpha$ sin. $m \nu + \beta$ sin. $2 m \nu$ &c. $+ \gamma$ sin. $2 \left(\frac{\nu}{1 - \omega \psi''} - \frac{n \nu}{1 - \omega \psi''} \right)$, donnera $\nu = Z' - \alpha$ sin. $m Z' + \epsilon$ sin. $2 m Z'$ &c. $- \gamma$ sin. $(2 - 2n) \times$

$\frac{Z'}{1-\omega\psi''}$, &c. & par conséquent z ou $\frac{v}{1-\omega\psi''} = \frac{Z'}{1-\omega\psi'} - \frac{\alpha\,\text{fin.}\,m\,Z'}{1-\omega\psi''} + \&c. - \frac{\gamma}{1-\omega\psi''}$ fin. ($2 - 2n$) $\frac{Z'}{1-\omega\psi''}$, &c. $= Z + \delta$ fin. $m\,Z\,(1-\omega\psi'')$ &c. $+ \gamma'$ fin. ($2-2n$) Z, &c. Or l'équation de M. Clairaut, telle qu'elle est, donne $Z' = v + \alpha$ fin. $m\,v + 6 \times$ fin. $2\,m\,v$, &c. $+ \gamma$ fin. ($2-2n$) v, & par conséquent $v = Z' - \alpha'$ fin. $m\,Z'$, &c. $- \alpha'$ fin. ($2-2n$) Z', &c. équation dans laquelle Z' représente le mouvement moyen réel de la lune dans son orbite, ou pour s'exprimer avec plus de précision, le mouvement moyen que la lune auroit dans son orbite, si cette orbite étoit plane, sans varier d'ailleurs en aucune maniere, quant à sa figure, à sa dimension, & aux forces qui la produisent. Il est donc visible que l'équation de M. Clairaut, telle qu'il la présente, differe de ce qu'elle devroit être, en ce point principal & essentiel, que le terme qui a pour coefficient γ, a pour argument ($2-2n$) Z', au lieu de $\frac{(2-2n)Z'}{1-\omega\psi'}$ qu'il devroit avoir.

28. Il me paroît encore que M. Clairaut n'est pas d'accord avec lui-même dans la valeur qu'il donne à l'argument de la latitude, c'est-à-dire à la distance réelle de la lune au nœud. Car dans l'évaluation des forces perturbatrices, il fait cet angle $= v + q + \frac{1}{2}\psi$ fin. $2\,q$ (a), & dans la réduction à l'écliptique, il fait cet argument $=$

(a) Voyez sa Théorie, seconde édition, pag. 69.

$v+g$ (a) ; deux ſuppoſitions qui ne paroiſſent exactes ni l'une ni l'autre, par toutes les raiſons expoſées ci-deſſus. La vraie diſtance au nœud eſt, comme nous l'avons déja dit, $v+\zeta-\int d\zeta \operatorname{coſ.} \rho$, ou (en négligeant les petites équations qui viennent de l'inclinaiſon, & qui dépendent de ſinus & de coſinus) $v+\omega\zeta\psi''=\frac{v}{1-\omega\psi''}$, & cette quantité eſt $=\zeta$, en négligeant auſſi les petites équations qui viennent de l'inclinaiſon de l'orbite. Ce n'eſt pas, je l'avoue, ſans une juſte défiance de mes lumieres, que je remarque ces inadvertances échappées à un Mathématicien pour l'ordinaire très-exact, ſur-tout celle dont il eſt queſtion dans cet article, & qu'il étoit, ce me ſemble, très-aiſé d'appercevoir, ſuppoſé qu'elle ſoit auſſi réelle qu'elle me le paroît; quoique j'aye examiné avec ſoin la ſolution de M. Clairaut, je crains toujours de n'en avoir pas ſaiſi l'eſprit; la ſource principale de ſes mépriſes, vient, ce me ſemble, de ce qu'il n'a pas fait aſſez d'attention à *la double courbure* de l'orbite réelle de la lune, & de ce qu'il a en conſéquence traité les angles v, ou la ſomme des angles dv comme un angle plan. J'invite les Mathématiciens à examiner ſur-tout cet article, & à juger ſi je ſuis fondé ou non dans mes objections.

29. Nous remarquerons enfin (& ceci mérite beaucoup d'attention) que quand on conſidere le mouvement dans l'orbite réelle de la lune, il ne faut point dans l'ex-

(a) *Ibid.* pag. 99 & ſuiv. & pag. 109 & ſuiv.

pression du temps, ou l'intégrale de $\frac{x'x'dv}{g'h'\sqrt{(1+\int\frac{2\,-'x'^3\,dv}{g'^2h'^2})}}$, dégager v de tout coefficient, & ne lui en pas donner d'autre que l'unité : il faut (si du moins l'on veut comparer ce mouvement au mouvement vrai de la lune observé par les Astronomes) il faut, dis-je, donner ou plutôt supposer à v, ainsi qu'à Z, un coefficient égal à $\frac{1}{1-\omega\psi''}$, comme dans l'art. 27, n. 5. C'est encore un point auquel il me semble que le savant Géometre dont nous venons de parler, n'a pas pris garde; ce qui étoit pourtant très-nécessaire, par la raison que le mouvement de la lune *observé* par les Astronomes, & dont on déduit le mouvement moyen, se rapporte toujours à l'écliptique, & ne sauroit même être considéré autrement, parce que le mouvement *réel* de la lune se fait dans un plan qui varie sans cesse. En effet, nous avons prouvé ci-dessus (art. 27, n. 4) que z (mouvement vrai réduit à l'écliptique) $=\frac{v}{1-\omega\psi''}$, en faisant abstraction des équations. Il est donc aisé de voir par l'article 27, que si on veut avoir le rapport du mouvement *moyen réel* Z' de la lune dans son orbite au mouvement *moyen observé* Z, on aura de même $Z'=Z(1-\omega\psi'')$; & si on veut laisser à v & à Z' l'unité pour coefficient, il faut au moins se bien souvenir que v n'est pas égal (en mettant même à part les équations) au mouvement vrai z rapporté à l'écliptique, ni Z' au mouvement moyen Z de la lune dans l'écliptique. Or il me semble que M.

Clairaut a pris la quantité Z' pour le mouvement moyen *obſervé*, en quoi il me paroît évident qu'il s'eſt mépris.

30. Malgré ces différentes mépriſes dans leſquelles il ſemble que M. Clairaut eſt tombé en calculant l'orbite de la lune, le réſultat qu'il donne pour l'expreſſion du lieu de la lune dans ſon orbite s'eſt trouvé aſſez exact, parce que les mépriſes ſe ſont à peu près compenſées. Voici comment: 1°. il a pris pour la quantité Z', non la véritable valeur qu'elle devroit avoir, mais celle de la quantité Z, c'eſt-à-dire du mouvement moyen obſervé par les Aſtronomes, enſorte que l'argument fautif $(2 - 2n)Z'$ eſt devenu par-là $(2 - 2n)Z$, ou $\frac{(2-2n)Z'}{1-\omega\psi''}$, comme il le devoit être. 2°. Dans les termes qui ont pour argument mZ', il a pris pour la valeur de m celle que donnent les obſervations, & qui eſt réellement, comme nous l'allons faire ſentir dans l'art. ſuivant, $m(1-\omega\psi'')$; & comme il avoit déja pris pour Z' la valeur réelle de $\frac{Z'}{1-\omega\psi''}$ ou Z, il a donc repréſenté mZ' par la valeur de $m(1-\omega\psi'')Z$, Z étant le mouvement moyen obſervé, & $m(1-\omega\psi'')$ la quantité qui réſulte du mouvement obſervé de l'apogée; enſorte que (ſauf la réduction à l'écliptique) les valeurs qu'il a ſuppoſées aux argumens de ſes équations reviennent à celles des argumens de l'équation $z = Z + \delta$ ſin. $mZ(1-\omega\psi'')$, &c. $+ \gamma$ ſin. $(2-2n)Z$, &c. qui (art. 27, n°. 5) doit réellement réſulter de la théorie.

31. On dira peut-être que les obſervations, d'où la valeur

leur du mouvement de l'apogée eſt tirée, donnent le mouvement de cet apogée dans l'orbite réelle, & non le mouvement de l'apogée dans l'orbite projettée, mouvement repréſenté par $m(1-\omega\psi'')$. A cela il eſt facile de répondre. Car, 1°. il eſt conſtant par le fait, que la valeur de la quantité m, priſe par M. Clairaut & par les Aſtronomes, pour exprimer le mouvement réel de l'apſide, eſt ſenſiblement la même que celle qui donne le mouvement de l'apſide dans l'orbite projettée; car autrement la réduction à l'écliptique, qui ne va qu'à 6 ou 7 minutes, ſeroit beaucoup plus conſidérable; puiſque l'équation du centre dépendante de l'anomalie ſeroit très-différente dans les deux orbites au bout d'un certain nombre de révolutions; 2°. (& c'eſt ce qui décide abſolument la queſtion) l'angle v, ou plutôt la ſomme des angles dv, ne forme point un angle plan, & le mouvement de l'apſide dans l'orbite réelle étant rapporté ſur l'écliptique, donne, comme on l'a vu ci-deſſus, un angle $z=\frac{b.360}{m(1-\omega\psi'')}$; par conſéquent c'eſt cet angle qui détermine dans les obſervations le mouvement de l'apſide, lequel eſt ainſi réellement repréſenté par $m(1-\omega\psi'')$ & non par m. Ainſi, quand nous avons dit ci-deſſus que le mouvement de l'apſide dans les deux orbites eſt différent, il faut entendre ſeulement par-là que la quantité m dans mv eſt différente, comme il eſt évident, de la quantité $m(1-\omega\psi'')$ dans $mz(1-\omega\psi'')$; mais comme v n'eſt pas un angle plan, au lieu que z en eſt un, les apſides des deux orbites répondent toujours, à peu de choſe près, au même point de l'écliptique, ainſi que nous l'avons déja obſervé ailleurs (a).

32. La néceſſité de réduire le mouvement à l'écliptique (art. 29) pour avoir une quantité qu'on puiſſe ſuppoſer égale au mouvement moyen de la lune obſervé par les Aſtronomes, ainſi que le mouvement obſervé de l'apogée, (art. 31) paroiſſent des raiſons ſuffiſantes (indépendamment de toutes les autres dont nous avons fait mention) pour ne pas conſidérer dans la théorie de la lune le mouvement réel de cette planete, mais ſon mouvement rapporté à l'écliptique. Ainſi tout paroît concourir à prouver que le calcul doit ſe rapporter à l'orbite de la lune projettée ſur l'écliptique; & c'eſt en effet ainſi que MM. Euler & de la Grange ont enviſagé le problême des trois corps, le premier dans la théorie de la lune, le ſecond dans la théorie de Saturne & de Jupiter.

33. Il eſt à remarquer, que dans l'orbite projettée, l'excentricité ou la quantité qu'on doit prendre pour l'excentricité ne ſera pas tout-à-fait la même que dans l'orbite réelle; mais la différence ſera peu conſidérable, & on pourra toujours ſuppoſer le rayon vecteur x de l'orbite projettée $= \frac{aa}{R + P \operatorname{coſ.} Nz + \omega}$, ω étant une quantité compoſée de coſinus de différens angles, ou $x = \frac{K}{1 + \frac{P}{R} \operatorname{coſ.} Nz + \Omega}$, K étant $= \frac{aa}{K}$, & $\frac{P}{R} =$ à peu

(a) *Recherches ſur le ſyſtême du Monde*, Partie I, pag. 183, à la note.

près 0,5505 ; après quoi on corrigera cette valeur supposée de $\frac{P}{Q}$ par les observations.

34. On doit aussi remarquer que le rayon vecteur de l'orbite réelle étant $x(1 + mm \sin. V^2)^{\frac{1}{2}}$, & la parallaxe étant en raison inverse de ce rayon, elle sera proportionnelle à $(1 + \frac{P}{Q} \operatorname{cos}. Nz + \Omega)(1 + mm \sin. V^2)^{-\frac{1}{2}}$. Mais comme $m =$ à peu près $\frac{1}{12}$, & que $(1 + mm \sin. V^2)$ élevé à la puissance $-\frac{1}{2}$, donnera le terme $\frac{mm}{4} \operatorname{cos}. 2V$, terme dont le coefficient deviendra encore de moitié plus petit quand il multipliera des cosinus, il est aisé de voir qu'il ne faudra avoir attention qu'aux seuls termes $-\frac{mm}{4} + \frac{mm}{4} \operatorname{cos}. 2V$ que cette considération introduira, les autres si étant petits, que le plus grand n'ira pas à un quart de seconde, puisque $\frac{P}{Q} =$ environ $\frac{1}{20}$, que $\frac{mm}{8} =$ environ $\frac{1}{8.144}$, & que l'unité représente ici environ 57'.

35. Au reste, si malgré toutes les considérations que nous venons d'exposer, on vouloit avoir l'équation de l'orbite réelle de la lune, on se servira de la méthode exposée ci-dessus (art. 18 — 25). On considérera, 1°. que l'angle v ou $\int dv$, qui représente le mouvement vrai de la lune dans son orbite, n'est point un angle plan, mais la somme des angles dv que la lune décrit pendant cha-

que inſtant dt, en changeant continuellement de plan; 2°. que ſi on repréſente le temps t, (employé à parcourir la ſomme des angles dv) par le mouvement moyen Z que les Aſtronomes ont obſervé dans la lune, il faudra ſuppoſer $Z = \frac{v}{1 - \omega \psi''} +$ &c. par les raiſons expoſées ci-deſſus; & que ſi l'on veut avoir une équation dans laquelle le premier membre & le premier terme du ſecond membre n'ayent pour coefficient que l'unité; il faudra ſuppoſer $Z' = Z(1 - \omega\psi'')$, ce qui donnera $Z' = v + \lambda$ ſin. $mv + \eta$ ſin. $2mv$; &c. 3°. qu'on aura par conſéquent $v = Z' + \delta$ ſin. $mZ' + \rho$ ſin. $2mZ'$, &c. équation dans laquelle mZ' eſt la même choſe que $m(1 - \omega\psi'')Z$, Z étant le mouvement moyen de la lune obſervé, & $m(1 - \omega\psi'')$ la même quantité que nous avons appellée N, & qui donne le mouvement de l'apogée, tel que les Aſtronomes l'ont déterminé. 4°. Pour ce qui concerne l'expreſſion des forces perturbatrices, on ſe ſervira des formules données, art. 23 & 24, & on verra, par tout ce qui a été dit ci-deſſus, que ces forces dépendent principalement de $N.Z$, de Z & de $(2 - 2n)Z$, & non pas de $(2 - 2n)Z'$. 5°. On ſe ſouviendra dans ces formules, que la quantité ω dépend du mouvement des nœuds, & la quantité ψ'' de l'angle de l'orbite de la lune avec l'écliptique, enſorte que ſi les nœuds étoient immobiles, ou ſi l'angle des deux orbites étoit nul, dans l'un & l'autre cas, $1 - \omega\psi''$ ſeroit $= 1$. 6°. Quand on aura trouvé v par ce calcul, on déterminera z (lieu de la lune dans l'écliptique) par les équations $\omega = \nu + \zeta - \int - d\zeta \operatorname{cof.} \rho$, $\operatorname{cof.} V = \frac{\operatorname{cof.} \omega}{\sqrt{(1 - \operatorname{fin.} \rho^2 \operatorname{fin.} \omega^2)}}$, & $z = V + \zeta$; bien entendu qu'on aura auparavant déterminé ζ & ρ en Z, en prenant les mêmes précautions qui viennent d'être indiquées pour le calcul de l'orbite, c'eſt-à-dire en ſe ſouvenant que dans l'expreſſion dt repréſentée par dZ, $d\nu$ doit avoir pour coefficient $\frac{1}{1 - \omega\psi''}$.

36. Voici encore une autre maniere de changer, ſi l'on veut, l'équation de l'orbite projettée en celle de l'orbite réelle. Soit d'abord $ddu + u\,dz^2 - \frac{dz^2}{uugg} \times \frac{Suu}{(1 + mm \operatorname{fin.} V^2)^{\frac{3}{2}}} = 0$, l'équation de l'orbite projettée lorſque le corps décrit une ellipſe ſans aucune force perturbatrice ; ſoit dk l'arc décrit dans l'orbite réelle, on aura les équations $x(1 + mm \operatorname{fin.} V^2)^{\frac{1}{2}} = x'$, & $xx(1 + mm \operatorname{fin.} V^2)\, dk \operatorname{cof.} \rho = xx\, dz$; par conſéquent, en faiſant $1 + mm \operatorname{fin.} V^2 = \beta^2$, $u' = \frac{1}{x'}$, on aura $u'\beta = u$, & $dz = dk \,.\, \beta^2 \operatorname{cof.} \rho$; or l'équation propoſée donne $d\left(\frac{du}{dz}\right) + u\,dz - \frac{S\,dz}{g'g'\beta^3 \operatorname{cof.} \lambda^2}$; en faiſant $g = g' \times \operatorname{cof.} \lambda$; donc on a $d\left(\frac{\beta\,du' + u'\,d\beta}{\beta^2\, dk \operatorname{cof.} \rho}\right) + u'\beta^3\, dk \operatorname{cof.} \rho - \frac{dk \operatorname{cof.} \rho}{\beta g' g' \operatorname{cof.} \lambda^2} = 0$; donc en ſuppoſant $\frac{1}{\beta} = y$, $d\left(\frac{y\,du' - u'\,dy}{dk \operatorname{cof.} \rho}\right) + \frac{u'}{y^3}\, dk \operatorname{cof.} \rho - \frac{y\, dk \operatorname{cof.} \rho}{g'g' \operatorname{cof.} \lambda^2} = 0$,

ou $ddu' - \frac{u'ddy}{y} + \frac{u'dk^2 \cos. \varrho^2}{y^4} - \frac{Sdk^2 \cos. \varrho^2}{g'g' \cos. \lambda^2} = 0$; or à cause de $y = \frac{1}{(1 + mm \sin. V^2)^{\frac{1}{2}}}$, & de $dV =$ ici $dz = dk . \mathfrak{S}^2 \cos. \rho$, on aura $dy = - \frac{mmdk \cos. \varrho . y \sin. 2V}{2}$, & par conséquent $ddy =$ (en faisant m & ρ constans) $- \frac{mmy\,dk \cos. \varrho}{2} \times \left(- \frac{mmdk \cos. \varrho . y (\sin. 2V)^2}{2} + \frac{2dk \cos. \varrho . y \cos. 2V}{y^2}\right) = y\,dk^2 \cos. \rho^2 \left[\frac{\sin. \varrho^2}{4 \cos. \varrho^4}(1 - \cos. 2V)^2 - \frac{\sin. \varrho^2 \cos. 2V}{\cos. \varrho^2 y^2}\right] = y\,dk^2 \cos. \rho^2 \left[\frac{\sin. \varrho^4}{4 \cos. \varrho^4} - \left(\frac{\sin. \varrho^2 \cos. 2V}{2 \cos. \varrho^2} + \frac{1}{y^2}\right)^2 + \frac{1}{y^4}\right]$; or à cause de $1 + mm \sin. V^2 = \frac{1}{y^2}$, on aura $1 + \frac{\sin. \varrho^2}{\cos. \varrho^2} \times \left(\frac{1}{2} - \frac{\cos. 2V}{2}\right) = \frac{1}{y^2}$; d'où $\frac{\sin. \varrho^2 \cos. 2V}{2 \cos. \varrho^2} + \frac{1}{y^2} = 1 + \frac{\sin. \varrho^2}{2 \cos. \varrho^2} = \frac{1 + \cos. \varrho^2}{2 \cos. \varrho^2}$; donc $ddy = y\,dk^2 \cos. \rho^2 \times \left[\frac{\sin. \varrho^4}{4 \cos. \varrho^4} - \frac{(1 + \cos. \varrho^2)^2}{4 \cos. \varrho^4} + \frac{1}{y^4}\right] = y\,dk^2 \cos. \rho^2 \times \left(- \frac{4 \cos. \varrho^2}{4 \cos. \varrho^4} + \frac{1}{y^4}\right) = y\,dk^2 \cos. \rho^2 \left(- \frac{1}{\cos. \varrho^2} + \frac{1}{y^4}\right)$; donc substituant cette valeur de ddy dans l'équation $ddu' - \frac{u'ddy}{y}$, &c. $= 0$, elle se réduira à $ddu' + u'dk^2 - \frac{Sdk^2 \cos. \varrho^2}{g'g' \cos. \lambda^2} = 0$, ou (à cause de cos. λ

$= \text{cof.}\,\rho)\, ddu' + u'dk^2 - \frac{Sdk^2}{g'g'} = 0.$

37. Si m & ρ étoient variables, le calcul deviendroit plus compliqué; & pour faire ce calcul, on confidéreroit que $m = \frac{\text{fin.}\,\varrho}{\text{cof.}\,\varrho}$, & que $dV = dz - d\zeta$, $d\zeta$ étant le mouvement du nœud pendant l'inftant dt. Par ce moyen, on peut changer l'équation de l'orbite projettée en celle de l'orbite réelle; mais le moyen que nous avons donné ci-deffus (art. 35) pour avoir l'orbite réelle directement, eft plus facile & plus court. Quoi qu'il en foit, & nous ne pouvons trop le répéter, il nous paroît beaucoup plus fimple de chercher le mouvement de la lune, en rapportant immédiatement fon orbite à l'écliptique, fuivant la méthode expofée ci-deffus dans l'art. 11 & les fuivans.

Fin du trente-huitiéme Mémoire.

XXXIXME MÉMOIRE.

De l'intégration de l'équation de l'orbite lunaire, (& en général du problême des trois Corps) & des difficultés qui s'y rencontrent.

§. I.

De la meilleure méthode d'intégrer cette équation.

1. L'ÉQUATION différentielle de l'orbite lunaire (ou même en général du problême des trois Corps) étant trouvée, je pense que la maniere la plus simple & la plus exacte tout-à-la-fois d'en trouver l'intégrale, est de supposer d'abord $u = a + t$, & ensuite $t = \alpha + A \text{ cof. } N' . Z + B \text{ cof. } p Z + C \text{ cof. } q Z$, &c. A, B, C, étant des coefficiens indéterminés, α une quantité constante aussi indéterminée, qui doit être telle que $\alpha + A + B + C$ + &c. = o, puisque t = o lorsque z = o, N' une quantité donnée par le mouvement connu de l'apogée, & p, q, &c. des quantités dont la forme est aisément déterminable par l'équation différentielle de l'orbite lunaire,

naire, & qui dans la lune sont successivement $2-2n$, $2-2n+N$, $2-2n-N$, &c. ce qui est connu de tous les Géometres qui se sont exercés sur la théorie de cette planete.

2. Pour déterminer ces coefficiens, il n'est pas nécessaire d'avoir recours à l'intégration de l'équation différentielle, il suffit de substituer dans cette équation la valeur supposée de u, & de faire égaux à zero les coefficiens de cos. Nz, cos. pz, cos. qz, &c.

3. On peut néanmoins avoir recours à l'intégration; si on le juge à propos, cette méthode étant plus directe, quoique peut-être un peu plus longue que la méthode de substitution prescrite dans l'article précédent.

4. Pour cela on commencera, en suivant une méthode que j'ai prescrite ailleurs (*Recherches sur le systême du Monde*, Tome I, art. 27) par ajouter une quantité inconnue γ au coefficient du terme qui renferme tdz^2 dans l'équation différentielle, ensorte que ce coefficient, au lieu d'être N^2, soit $N^2+\gamma=N'^2$; on substituera ensuite la valeur de $u=a+A$ cos. $N'z+B$ cos. $pz+$ &c. dans tous les termes de l'équation différentielle, à l'exception des deux premiers termes $ddt+(N^2+\gamma)\times tdz^2$, & on n'oubliera pas, avant de faire la substitution dans les autres termes, de joindre à ces termes la quantité $-\gamma tdz^2$ égale & de signe contraire à la quantité $+\gamma tdz^2$ ajoutée aux deux premiers termes, afin que l'équation supposée subsiste toujours; soit maintenant 6cos.$\lambda z . dz$ un des termes qui résultent de la substitution

qu'on vient de preſcrire dans l'équation différentielle ; il en viendra dans l'intégrale le terme $-\frac{6 \text{coſ.} \lambda z}{N^2 + \gamma - \lambda^2}$, lequel étant fait égal au terme correſpondant de la valeur de u, que je ſuppoſe μ coſ. λz, on déterminera par ce moyen le coefficient μ.

5. La raiſon pour laquelle il eſt plus exact de ſuppoſer des coefficiens indéterminés A, B, C, &c. dans la valeur de u, que de déterminer ces coefficiens par approximation, en ſubſtituant à chaque opération les valeurs tirées de l'opération précédente ; c'eſt que chaque terme K coſ. λz de la différentielle donne à l'intégrale les deux termes $-\frac{K \text{coſ.} \lambda z}{N'^2 - \lambda\lambda} + \frac{K \text{coſ.} N' z}{N'^2 - \lambda^2}$; or ſi $N'^2 - \lambda\lambda$ étoit fort petit, il pourroit arriver que le coefficient $+\frac{K}{N'^2 - \lambda^2}$ de coſ. $N' z$ fût plus grand que celui qu'on auroit par la ſuppoſition de l'ellipſe primitive, en négligeant les forces perturbatrices.

6. Pour obvier à cet inconvénient (qui n'eſt pas même conſidérable dans la théorie de la lune) on peut prendre pour l'excentricité de l'orbite (ou plus exactement pour le coefficient de coſ. $N' z$) celle à peu près que donnent les obſervations, de ſorte qu'on ſuppoſera $a + \alpha = \mathrm{a}$, & $x = \mathrm{a} + A$ coſ. $N' z$ + &c. les quantités a & A étant déterminables par les obſervations ſeules, & les autres coefficiens B, C, étant déterminables par le moyen de A, a & n. La quantité e, qui ſert (art. 17 du trente-huitiéme Mémoire) à déterminer gg, ſera connue de même &

par les mêmes raiſons en a, A & n, ou, ce qui eſt la même choſe, en a, α, A & n.

7. Mais l'objet auquel il faut ſur-tout être attentif, c'eſt aux diviſeurs qu'on donnera dans l'intégrale aux quantités K coſ. λz, ces diviſeurs devant être $N^2 - \lambda^2$, & non $1 - \lambda^2$, ainſi que nous l'avons déja remarqué. C'eſt ſur-tout par cette conſidération qu'on pourra apprécier l'exactitude des méthodes par leſquelles on déterminera le mouvement de la lune.

8. Feu M. Clairaut n'ayant pas publié le détail de ſes calculs ſur la théorie de la lune (*a*), nous ne pouvons ſavoir s'il s'eſt conformé à la remarque que nous venons de faire, & ſur laquelle nous avions déja fort inſiſté ailleurs (*b*); cependant, à en juger par les art. 16 & 27 de la théorie de M. Clairaut, il paroît que ce ſavant Géometre a donné pour diviſeurs aux coefficiens de l'intégrale $1 - \lambda^2$, & non pas $N^2 - \lambda^2$; ce qui doit, comme on le verra plus bas, occaſionner des erreurs conſidérables dans la valeur de certains coefficiens.

9. Tous ceux qui ſe ſont exercés ſur la théorie de la lune, ſavent par quelle raiſon on eſt obligé de donner un coefficient N' indéterminé & différent de l'unité au terme $'A$ coſ. $N'z$: c'eſt que ſi on ſuppoſoit $N' = 1$, ou même $N = N'$, il ſe rencontreroit dans la valeur de x ou de u des arcs de cercle qui n'y doivent pas être. Nous ne pouvons nous diſpenſer à cette occaſion de remarquer la

(*a*) Voyez ce qu'il dit à ce ſujet dans la ſeconde édition de ſa Théorie. Paris 1765, page 56.

(*b*) *Opuſcules*, Tome II, pag. 255 & ſuiv.

méprise qui est encore échappée à ce sujet à M. Clairaut (Journal des Savans de Juin 1762). Il prétend que si on tombe dans l'équation $\frac{1}{x} = 1 - e\,(\text{cos}.\,z - \delta z\,\text{sin}.\,z)$ qui renferme des arcs de cercle au moyen de la substitution dont on vient de parler, cette équation peut se changer en $\frac{1}{x} = 1 - e\,(\text{cos}.\,z - \text{sin}.\,z\,\text{sin}.\,\delta z)$, qui peut encore, selon lui, se changer en celle-ci $\frac{1}{x} = 1 - e\,\text{cos}.\,(1 + \delta)\,z$. Telles sont les transformations par lesquelles ce célèbre Mathématicien croit faire disparoître les arcs de cercle de l'équation de l'orbite, & y substituer une ellipse mobile ; or ces opérations sont évidemment illusoires, puisqu'il n'est permis de supposer $\delta z = \text{sin}.\,\delta z$, & $\text{cos}.\,\delta z = 1$, que quand δz est fort petit ; ainsi cette transformation ne peut représenter à peu près l'orbite que pendant un très-petit nombre de révolutions, & non pour tant de révolutions qu'on voudra, comme on le demande dans la théorie de la lune. Avec un pareil artifice on feroit aussi disparoître les arcs de cercle dans les cas où la solution doit réellement en contenir. Soit, par exemple, $ddt + N^2 t dz^2 + B\,\text{cos}.\,Nz\,.\,dz^2 = 0$, il est certain que la valeur de t doit en ce cas renfermer des arcs de cercle, & qu'on pourroit les faire disparoître, mais, à la vérité, pour quelques révolutions seulement, par le moyen illusoire dont nous venons de parler.

10. On peut, au reste, intégrer l'équation de l'orbite de la lune par une autre méthode que les précédentes,

méthode que j'exposerai ailleurs plus en détail. Elle consiste à différentier successivement, & autant de fois qu'on en aura besoin, l'équation $ddt + N^2 t dz^2 + P dz^2 = 0$, P étant une fonction de t, dt, & de cosinus ou sinus de z & de ses multiples; à mettre dans les différentielles de la fonction P, au lieu de ddt sa valeur $- N^2 t dz^2 - P dz^2$; & ensuite à faire disparoître, par la comparaison des équations différentielles successives, tous les termes dans lesquelles t se trouve élevé à une puissance plus grande que l'unité, ou mêlé avec des sinus ou des cosinus; par-là on parviendra à une équation de cette forme $d^n t + B d^{n-1} t dz + C d^{n-2} t dz^2 + \&c. = 0$, & on pourra se servir des méthodes que j'ai données ailleurs pour intégrer ces sortes d'équations. Il en résultera une valeur de t de cette forme $t = A' + B' \operatorname{cos}. fz + C' \operatorname{cos}. f'z + D' \operatorname{cos}. f''z$, &c. f, f', f'', &c. étant les racines de l'équation $f^n + Bf^{n-1} + Cf^{n-2} + \&c. = 0$; & les angles fz, $f'z$, $f''z$, &c. seront les argumens des différentes équations de l'orbite lunaire.

§. II.

Des imperfections qui se trouvent encore dans les méthodes connues pour intégrer l'équation de l'orbite lunaire, & principalement des difficultés que renferme la recherche du mouvement de l'apogée.

1. Quelques progrès que l'analyse ait faits dans ces derniers temps, il faut pourtant avouer que toutes les

méthodes qu'on a pu imaginer jusqu'ici pour intégrer l'équation différentielle du problême des trois Corps, ont plusieurs inconvéniens ou plutôt plusieurs imperfections, auxquelles il seroit avantageux de trouver quelque remède ; je vais tâcher de les exposer en détail, comme un objet digne d'occuper les Mathématiciens.

2. La premiere de ces imperfections consiste à supposer $x = a + t$, t étant une quantité fort petite par rapport à a. C'est supposer, au moins tacitement, ce qui est en question, savoir que l'orbite de la lune, après tant de révolutions qu'on voudra, ne doit jamais s'écarter beaucoup d'un cercle. Il est vrai que cette supposition est justifiée par les observations ; mais on doit sentir que ce moyen de la justifier est indirect, & n'est pas pris dans la solution même comme il le doit être. Il est vrai aussi que dans des cas plus simples que celui de l'orbite de la lune, par exemple, lorsque la force $\pi = 0$, & que $\psi = \frac{T+L}{x^2} + Q x^m$, on peut démontrer rigoureusement & directement que t doit être fort petit, ainsi que je l'ai remarqué & fait voir le premier dans les *Recherches sur le systême du Monde*, Partie I, art. 27, pag 36. Mais lorsque ψ renferme des sinus ou cosinus de λz, & que π n'est pas $= 0$, & renferme de pareils sinus ou cosinus, il n'est plus si facile de démontrer directement, & à *priori*, que t doit toujours être une quantité fort petite; & peut-être même cet objet surpasse-t-il les forces de l'analyse connue.

3. Une seconde difficulté regarde l'équation par la-

quelle on détermine le coefficient N' (qui ſert à trouver le mouvement de l'apogée) lorſque ce coefficient n'eſt pas donné par les obſervations, ou même lorſqu'il eſt donné, & qu'on veut voir ſi les obſervations s'accordent avec le réſultat que doit donner la théorie.

4. D'abord tous les Géometres ſavent que la ſerie qui donne le mouvement de l'apogée a l'inconvénient d'être ſi peu convergente, que le premier terme de cette ſerie ne donne qu'environ la moitié du mouvement, que le ſecond terme en donne une partie très-conſidérable; mais qui ne répond pas ſuffiſamment aux obſervations; & qu'on eſt obligé de calculer quatre à cinq termes de cette ſerie pour s'aſſurer, 1°. ſi elle eſt ſuffiſamment convergente après ſes deux premiers termes; 2°. ſi elle donne à peu près le mouvement de l'apogée tel qu'il eſt connu par les obſervations. Ces inconvéniens que j'ai fort détaillés ailleurs, ſont conſidérables ſans doute, mais ils ne ſont pas les ſeuls. En voici d'autres qui méritent attention.

5. L'équation qui donne le mouvement de l'apogée renferme l'inconnue N', ou plutôt N'^2 élevée à un degré d'autant plus grand, qu'on pouſſe l'approximation plus loin dans la recherche de la valeur de N'. Or il peut réſulter de-là des difficultés dans la détermination de la valeur de N'; inconvénient qui n'a encore été apperçu, que je ſache, par aucun de ceux qui ont travaillé ſur le problême des trois Corps.

6. Pour faire ſentir, par un exemple très-ſimple, en

quoi ces difficultés consistent, supposons qu'on ait une équation de cette forme $ddt + N^2 t dz^2 + it \cos. pz = 0$, i étant supposé un coefficient très-petit, N étant supposé très-peu différent de l'unité, & p très-peu différent de 2. Soit $N^2 = 1 + 2kn^2$, $i = \lambda n^2$, $p = 2 + \sigma n$, n étant un nombre très-petit; & soit supposé $t = A + f \cos. Kz + \&c.$; l'équation pour trouver K, sera, par les différentes méthodes que nous avons indiquées dans ce Mémoire, $-K^2 + N^2 - \frac{ii}{4(N^2 - pp - 2pK - KK)}$ $- \frac{ii}{4(N^2 - pp + 2pK - K^2)} = 0$, ou $-K^2 + N^2 -$ $\frac{ii(N^2 - pp - KK)}{2[(N^2 - p^2 - K^2)^2 - 4p^2K^2]} = 0$, qui peut encore se réduire dans ce cas-ci à l'équation approchée $-K^2$ $+ N^2 - \frac{ii}{4[N^2 - (p-K)^2]} = 0$, à cause que le terme qui a pour dénominateur $NN - (p+K)^2$ est très-petit par rapport à l'autre; on aura donc, en supposant $K = 1 + \omega n^2$, l'équation approchée $-2\omega n^2 + 2kn^2 -$ $\frac{\lambda^2 n^4}{4[1 + 2kn^2 - (1 + \sigma n - \omega n^2)^2]} = 0$; d'où l'on tire $-$ $2\omega + 2k = \frac{\lambda^2 n}{4(2kn - 2\sigma - \sigma^2 n + 2\omega n)}$. Soit $\sigma = qn$; & on aura $-2\omega + 2k = \frac{\lambda^2}{4(2k - 2q - q^2 n^3 + 2\omega)}$; d'où $-\omega\omega - \omega\left(k - q - \frac{q^2 n^3}{2}\right) + \omega k = \frac{\lambda^2}{2.8} -$ $k\left(k - q - \frac{q^2 n^3}{2}\right)$; donc enfin $\omega =$ à très-peu près $+$

$\frac{q}{2}$

$\frac{q}{2} + \frac{q^2 n^3}{4} \pm \sqrt{\left(\frac{qq}{4} + \frac{q^3 n^3}{4} - \frac{\lambda^2}{16} + k^2 - kq - \frac{kq^2 n^3}{2}\right)}$.

7. Il eſt évident, 1°. que cette équation donnera deux valeurs de ω, & par conſéquent deux de N; qu'il y en auroit un plus grand nombre ſi on avoit pouſſé l'approximation plus loin, ou même ſi on ſe fût contenté d'avoir égard au terme négligé $- \frac{ii}{4[N^2 - (p+K)]}$; car il eſt aiſé de voir qu'alors l'équation qui donneroit la valeur de K^2 ou de ω monteroit au troiſiéme degré. Or on demande laquelle de ces valeurs on doit prendre pour déſigner le mouvement de l'apogée, & ce que ſignifient les autres valeurs?

8. Avant que de répondre à ces queſtions, je remarque d'abord que le radical qu'enferme la valeur de ω peut ſe réduire à peu près à $\frac{q}{2} - k - \frac{kqn^3}{4} - \left(\frac{\lambda^2}{16} - \frac{q^3 n^3}{4}\right) : 2 \left(\frac{q}{2} - k\right)$. Or comme σ eſt ſuppoſé $= qn$, & que n eſt très-petit, il s'enſuit que ſi σ n'eſt pas très-petit, on aura q très-grand par rapport à k; donc le radical ſe réduira à peu près à $\frac{q}{2} - k - \frac{\lambda^2 \times 2}{32 \cdot q}$; ainſi les valeurs de ω ſeront à très-peu près $k + \frac{\lambda^2}{16q}$, & $q - k - \frac{\lambda^2}{16q}$. Or, 1°. puiſque l'équation donnée eſt $ddt + N^2 t dz^2 + it \operatorname{coſ.} pz . dz^2 = 0$, & que $N^2 = 1 +$

$2kn^2$, il eſt aiſé de voir que ſi ι étoit $= 0$, K ſeroit $= N$, & par conſéquent $\omega = k$. Donc des deux valeurs de ω, la premiere $k + \frac{\lambda^2}{16q}$, donne le mouvement de l'apogée, le dernier terme étant la correction qui réſulte du terme $i\,\iota$ coſ. $pz \times dz^2$. 2°. La ſeconde valeur de ω n'eſt autre choſe que $q - k'$, en prenant k' pour la premiere valeur de ω qu'on vient de trouver; donc cette ſeconde valeur de ω donnera, pour la valeur correſpondante de K, $1 + (q - k')n^2 = 1 + \sigma n - k'n^2 = 2 + \sigma n - (1 + k'n^2) = 2 + \sigma n - K = p - K$; c'eſt le coefficient de z dans la quantité coſ. $(p - K)z$, laquelle vient de la ſubſtitution de coſ. Kz au lieu de ι dans le terme $i\,\iota \times$ coſ. $pz \,.\, dz^2$.

9. Le problême du mouvement des apſides de la lune, eſt à peu près du même genre que celui que nous venons de réſoudre; dans le problême de la lune, on a $\sigma = -2$, & par conſéquent $-2 = qn$, ou $q = -\frac{2}{n}$; donc $\omega =$ à très-peu près $+ k - \frac{\lambda^2 n}{32}$, & $q - k + \frac{\lambda^2 n}{32}$; donc puiſque $K = 1 + \omega n^2$, on aura, pour premiere valeur de K, $K = 1 + kn^2 - \frac{\lambda^2 n^3}{32} - 2n^3$; & la ſeconde valeur ſera $2 - 2n - K'$ à très-peu près, en appellant K' la premiere valeur. Mais voici une maniere plus ſimple & plus exacte de trouver ou de connoître dans ce cas-ci, & dans les cas ſemblables, les valeurs de K.

10. L'équation $-K^2+N^2-\frac{ii}{4[N^2-(p-K)^2]}=0$, qui a lieu dans le cas où on suppose $(p-k)^2$ peu différent de N^2, est telle, qu'en mettant $p-K$ ou $K-p$ à la place de K, elle demeurera la même ; d'où l'on voit que si $\pm k$ est une des deux valeurs de K, $p-k$ ou $k-p$ sera l'autre ; & en effet, les deux premiers termes de la valeur de t doivent avoir évidemment cette forme $f \operatorname{cos}. kz + g \operatorname{cos}. (p-k)z$, comme il résulte des méthodes d'approximation connues pour intégrer l'équation $ddt + N^2 t dz^2 + it \operatorname{cos}. pz . dz^2 = 0$; & lorsqu'on suppose en général $t = A \operatorname{cos}. Kz$, l'équation qui exprime la valeur de K doit renfermer évidemment les deux valeurs k & $p-k$, puisque cette expression $A \operatorname{cos}. Kz$ renferme implicitement tous les termes qui composent la valeur de t. C'est ainsi que dans une équation quelconque de cette forme $d^n t + A d^{n-2} t dz + B d^{n-4} t dz^2 + C d^{n-6} t dz^3$, &c. si on fait $t = A \operatorname{cos}. Kz$, l'équation qui exprimera la valeur de K donnera la forme de tous les termes qui composent la valeur de t, ensorte que t sera $= A' \operatorname{cos}. K'z + A' \operatorname{cos}. K'z + A''' \operatorname{cos}. K'''z$, &c. K', K'', K''', &c. exprimant toutes les valeurs de K, & A', A'', A''', &c. des coefficiens, qui se détermineront par les conditions du problême, c'est-à-dire, par les valeurs de $\frac{dt}{dz}$, $\frac{d^2 t}{dt^2}$, $\frac{d^3 t}{dz^3}$, &c. lorsque $z=0$.

11. Comme tous les termes de la valeur de t dans l'équation proposée $ddt + N^2 t dz^2 + it dz^2 \operatorname{cos} pz = 0$,

ſont néceſſairement de cette forme h coſ. $(\pm rpz \pm s\omega z)$ s & r étant des nombres entiers quelconques poſitifs ou négatifs, il eſt clair que l'équation qui renferme les valeurs de K à l'infini devroit avoir $\pm rp \pm s\omega$ pour racine générale, ſi la méthode d'approximation étoit auſſi exacte & auſſi parfaite qu'il eſt poſſible.

12. On voit, en effet, que l'équation $-K^2 + N^2 + \frac{ii(NN - pp - KK)}{2[(N^2 - p^2 - K^2)^2 - 4p^2K^2]} = 0$, ſe change en $(-K^2 + N^2)[(N^2 - p^2 - K^2)^2 - 4p^2K^2] - \frac{ii}{2} \times (NN - p^2 - K^2) = 0$; & en négligeant la quantité ii; on voit qu'il en réſulte, 1°. $-K^2 + N^2 = 0$, ou $K = N$, premiere valeur du mouvement de l'apogée; 2°. $(N^2 - p^2 - K^2)^2 = 4p^2K^2$, ou $N^2 - p^2 - K^2 = \pm 2pK$; ou $\pm N = p \pm K$, & $K = p \pm N$; ſeconde valeur de K qui déſigne les deux termes coſ. $(p + N)z$, & coſ. $(p - N)z$, que l'on auroit, en ſubſtituant ſimplement coſ. Nz au lieu de t dans le terme it coſ. $pz \cdot dz^2$.

13. Si dans l'équation $-2\omega n^2 + 2kn^2 - \frac{\lambda^2 n^4}{4[1 + 2kn^2 - (1 + \sigma n - \omega n^2)^2]} = 0$, (art. 6) on négligeoit au dénominateur du dernier terme les quantités $2kn^2$, & ωn^2 qui ſont très-petites par rapport à σn, au moins dans la théorie de la lune, on auroit $-2\omega n^2 + 2kn^2 + \frac{\lambda^2 n^3}{2 \cdot 4\sigma + 4\sigma^2 n} = 0$; donc $\omega = k - \frac{\lambda^2}{16}$ à peu près. Cette valeur approchée eſt la même que la valeur approchée trouvée ci-deſſus (art. 8) par la réſo-

lution de l'équation du ſecond degré qui donne la valeur de ω. Si au lieu de ωn^2 on ſubſtituoit ſa premiere valeur $k n^2$ dans l'équation $-K^2+N^2$, &c. $=0$, on auroit $-2\omega n^2+2kn^2-\frac{\lambda^2 n^3}{4(4kn-2\sigma-\sigma^2 n)}=0$; d'où l'on tire encore une autre valeur approchée de ω, & même plus approchée que la précédente, mais moins exacte que celle qui résulte de la résolution rigoureuſe de l'équation du ſecond degré qui donne la valeur de ω.

14. Mais s'il arrivoit, ce qui à la vérité n'a pas lieu dans la théorie de la lune, que σ fût un nombre fort petit, alors la valeur approchée de $\omega=k+\frac{\lambda^2 n}{16q}$ ne ſeroit plus ſuffiſamment exacte, & il faudroit réſoudre rigoureuſement l'équation du ſecond degré en ω. Il pourroit même arriver que la valeur de ω fût imaginaire, ce qui auroit lieu, par exemple, ſi σ étoit $=0$, & que k^2 fût $<\frac{\lambda^2}{16}$ ou $\lambda=\pm 4\rho k$, ρ étant un nombre plus grand que l'unité. Dans ce dernier cas, la valeur de t renfermeroit néceſſairement des arcs de cercle; car le coſinus d'une quantité mixte imaginaire ou imaginaire ſimple, $(A+B\sqrt{-1})z$, ou $B\sqrt{-1}.z$, renfermera évidemment, comme je l'ai fait voir ailleurs (*a*), des quantités de cette forme C^{Dz}, D étant un nombre réel, & ces quantités C^{Dz} croîtront à meſure que z croîtra. La valeur de t ſera donc fautive dans ce dernier cas, ou ne ſera bonne tout au plus que pour un aſſez petit nombre de ré-

(*a*) Voyez *Opuſcules Mathématiques*, Tome I, page 111.

volutions; & on ne pourra, au moins par les méthodes connues jusqu'à présent, assigner la valeur de t, même approchée, pour tant de révolutions qu'on voudra.

15. A l'égard du cas où la valeur de ω seroit réelle; mais beaucoup plus grande que la valeur $k + \frac{\lambda^2 n}{16 q}$, il pourroit très-bien arriver que les approximations ou plutôt les opérations successives, donnassent une valeur de ω exprimée par une serie, ou divergente, ou très-peu convergente; ainsi la valeur de ω, qu'on auroit par ce moyen, seroit, ou très-fautive, ou au moins très-imparfaite.

16. Ces inconvéniens, je le répéte, n'ont point lieu dans la théorie de la lune; mais il suffit qu'ils puissent avoir lieu dans d'autres cas, pour voir que les méthodes d'approximation laissent encore beaucoup à désirer pour la perfection de la solution générale de ces sortes d'équations.

17. Les remarques précédentes sur les différentes valeurs de K & sur la nature de ces valeurs, semblent d'autant plus nécessaires, que le célèbre M. de la Grange avoit déja remarqué une duplicité de valeur dans le mouvement de l'apogée de Jupiter & de Saturne, d'après une équation du second degré qui donne la quantité de ce mouvement; il est vrai que cette duplicité de valeur, qu'on auroit de même dans la lune, si la terre avoit deux satellites agissans l'un sur l'autre, vient d'une circonstance qui n'a pas lieu dans la théorie de la lune, savoir

de l'analogie & de la dépendance mutuelle des deux équations, par lesquelles on détermine les mouvemens de Jupiter & de Saturne, dépendance & analogie qui est fondée sur l'action mutuelle de ces deux planetes. En effet, M. de la Grange, dans le troisiéme Volume des Mémoires de la Société des Sciences de Turin, trouve que si on a les deux équations

$ddt + N^2 t\,dz^2 + iM \operatorname{cos}. pz . t'\,dz^2 = 0$,

& $ddt' + N'^2 t'\,dz^2 + iM' \operatorname{cos}. pz . t\,dz^2 = 0$,

& qu'on fasse $y = f \operatorname{cos}. Kz$, & $y' = f \operatorname{cos}. K'z$, f & f' ainsi que K & K' auront chacun deux valeurs, dans le cas où p sera peu différent de $N - N'$.

18. La raison de cette double valeur, vient de ce que la quantité t' entre dans la premiere équation dont l'inconnue est t, & la quantité t dans la seconde dont l'inconnue est t'. Pour le faire sentir, soient d'abord supposées les équations beaucoup plus simples $ddt + (K^2 t + iMt')dz^2 = 0$; $ddt' + K'^2 t'\,dz^2 + iM' t\,dz^2 = 0$; on aura $t' = -\frac{ddt + K^2 t}{iM}$, & $-d^4 t - K^2 ddt - K'^2 ddt - K'^2 K^2 t\,dz + i^2 MM' t\,dz^2 = 0$; d'où il est aisé de voir, par les méthodes connues, que si on fait $t = G \operatorname{cos}. fz$, f aura quatre valeurs, ou plutôt ff en aura deux, représentées par l'équation $-f^4 + K^2 f^2 + K'^2 ff - K^2 K'^2 + iiM'M = 0$, ce qui donne

$$ff = \frac{K^2 + K'^2}{2} \pm \sqrt{}\left[\left(\frac{K^2 - K'^2}{2}\right)^2 + iiMM'\right]^2.$$

Or à cause de la quantité très-petite $iiMM'$, on peut

réduire le radical à $\frac{K^2 - K'^2}{2} + \frac{iiMM'}{K^2 - K'^2}$; donc les deux valeurs de ff seront $= K^2 + \frac{iiMM'}{K^2 - K'^2}$, & $K'^2 - \frac{iiMM'}{K^2 - K'^2}$.

19. Supposons, avec M. de la Grange, que K & K' different peu l'une de l'autre, ensorte qu'on ait $K = h + ik$, $K' = h + ik'$, on auroit, pour les deux valeurs de f par les formules précédentes, $f = K + \frac{iMM'}{4.(k-k').h}$; $f = K' - \frac{iMM'}{4(k-k')h}$. Mais comme cette approximation pourroit n'être pas assez exacte, on résoudra les équations plus rigoureusement; & supposant les mêmes valeurs de K & K' que ci-dessus, on aura $f^2 = h^2 + ih(k+k') \pm i\sqrt{(h^2[k-k']^2 + MM')}$; d'où l'on voit, qu'en supposant $f = h + im$, on aura $im = \frac{i(k+k')}{2} \pm \frac{i\sqrt{(h^2(k-k')^2 + MM')}}{2h}$; donc on aura $(2m - 2k)(2m - 2k') = \frac{MM'}{4hh}$, équation que je mets sous cette forme, afin qu'on en voie plus aisément l'analogie avec le cas plus compliqué, que nous examinerons plus bas, art. 22.

20. Soient m & m' les deux valeurs de m, & on aura

$t = \lambda \operatorname{cos.}(h + im)z + \mu \operatorname{cos.}(h + im')z$,

$t' = \lambda' \operatorname{cos.}(h + im)z + \mu' \operatorname{cos.}(h + im')z$;

faisant donc les substitutions, on aura

$(-2im + 2ik)\lambda + iM\lambda' = 0$,

(—

$(-2im'+2ik)\mu+iM\mu'=0$,

$(-2im+2ik')\lambda'+iM\lambda=0$,

$(-2im'+2ik')\mu'+iM\mu=0$.

21. Ces quatre équations donneront d'abord deux équations en m & en m', toutes deux semblables, & de même forme que la précédente, dans laquelle les coefficiens λ, λ', μ, μ', ne se trouvent pas; ensuite on aura la valeur de λ' en λ, & celle de μ' en μ, & comme on doit avoir de plus deux valeurs initiales a, a' de t & de t', on aura $\lambda+\mu=a$, $\lambda'+\mu'=a'$, d'où l'on tirera λ & μ.

22. Soient maintenant les équations

$ddt+K^2 t dz^2+iMt' \text{cos.} Hz.dz^2=0$;

$ddt'+K'^2 t' dz^2+iM't \text{cos.} Hz.dz^2=0$;

& soit $t=f \text{cos.} (h+im)z$; on aura, par la méthode très-simple des indéterminées exposée ci-dessus, l'équation $-h^2-2him+K^2-\frac{iiMM'}{4}\times$
$\left(\frac{1}{K'^2-(K+H+im)^2}+\frac{1}{K'^2-(K+im-H)^2}\right)$
$=0$. Soit supposé ensuite, avec M. de la Grange, $K=h+ik$, $K'=h'+ik'$, & $H=h-h'$, on aura, au lieu de l'équation précédente, l'équation approchée $-2im+2ik-\frac{iiMM}{hh'.4(2ih'-2im)}=0$; équation tout-à-fait analogue à celle que nous avons trouvée, art. 19, pour un cas plus simple. Cette équation donnera deux valeurs de m; & comme l'équation demeure la même, en mettant k' pour k, k pour k', h pour h', & h' pour h, il est visible, ainsi que M. de la Grange l'a

remarqué, que les valeurs de m sont les mêmes pour t & pour t', ensorte que si les deux valeurs sont m & m', & si on fait $t = \lambda$ cos. $(h+im)z + \mu$ cos. $(h+im')z$, on aura $t' = \lambda'$ cos. $(h'+im)z + \mu'$ cos. $(h'+im'z)$. Or il est aisé de voir que la substitution de la valeur de t', dans la premiere équation, donnera un terme de cette forme $\frac{iM\mu'}{2}$ cos. $(h-h'+h'+im')z = \frac{iM\mu'}{2}$ $\times$ cos. $(h+im')z$; & qu'ainsi on aura, d'après nos méthodes, la valeur de μ en μ'; par la même raison, on aura la valeur de λ en λ'; de sorte que les deux valeurs initiales de t & de t', exprimées par des constantes, donneront les valeurs de λ, μ, λ', μ'.

23. On parviendroit au même résultat, & même d'une maniere plus simple, en prenant seulement $t = \lambda$ cos. $(h+im)z$, & $t' = \mu'$ cos. $(h'+im')z$; car on trouveroit, par le moyen de la valeur de t', un autre terme de la valeur de t, égal à μ cos. $(h+im')z$; & par le moyen de la valeur de t, un autre terme de la valeur de t', égal à λ' cos. $(h'+im)z$. Ce qui indique cette derniere substitution de λ cos. $(h+im)z$ à la place de t, & de μ' cos. $(h'+im')z$ à la place de t', c'est que si M & M' étoient $= 0$, on auroit simplement $(-m+k) \times (k'-m) = 0$, & par conséquent $m = k$ & $m = k'$; or comme dans l'hypothèse présente on a simplement $ddt + K^2 t dz^2 = 0$, $ddt' + K'^2 t' dz^2 = 0$, il est aisé de voir que les deux valeurs de m ne conviennent point à-la-fois à chacune de ces équations; mais la premiere

valeur de m à la premiere équation, & la seconde à la seconde. Si on avoit simplement $M=0$, les deux valeurs de m conviendroient à la seconde équation, & la premiere à la premiere seule; & si on avoit simplement $M'=0$, les deux valeurs de m conviendroient à la premiere équation, & la seconde à la seconde équation seule. Nous ne nous étendrons pas davantage sur ce sujet; c'en est assez pour mettre sur la voie ceux qui voudroient pousser cette recherche plus loin.

24. On voit assez que s'il y avoit trois équations & trois inconnues t, t', t'', l'équation qui donneroit la valeur de m monteroit au troisiéme degré, au quatriéme s'il y avoit quatre équations, comme dans la théorie des quatre satellites de Jupiter, & le calcul en deviendroit beaucoup plus compliqué, d'autant que dans ce cas le mouvement de l'apogée ne dépendroit pas seulement de l'action mutuelle des satellites, mais aussi de l'action du soleil, comme dans la théorie de la lune. Par exemple, si dans la premiere seulement des deux équations, il y avoit, comme dans la théorie de la lune, un terme de cette forme $+ i t \cos. p z . dz^2$, on auroit, en combinant ensemble les méthodes données ci-dessus, $-2im+2ik-\frac{\lambda^2 ii}{4(h^2+2hik-(p-h-im)^2)}-\frac{ii MM'}{4(hh')(2ik'-2im)}=0$, & faisant $p=2h+i\omega$, on auroit $-2im+2ik-\frac{i^2\lambda^2}{4(2hik-2hi\omega-2him)}-\frac{i^2 MM'}{4hh'(2ik'-2im)}=0$, équation plus composée que celle de l'art. 22, & qui

le ſeroit encore davantage, ſi dans la ſeconde des deux équations il y avoit auſſi un terme de cette forme $+ i L t' \cos. p' z . dz^2$.

25. Soit $k - m = x$, $k' - k = \sigma$, on aura $x - \frac{\lambda^2}{16h(x - \omega)} - \frac{MM'}{16hh'(x + \sigma)} = 0$; ce qui donne une équation du troiſiéme degré, qui dans le cas où x ſeroit beaucoup plus petit que ω, peut ſe réduire à l'équation du ſecond degré $x + \frac{\lambda^2}{16h\omega} - \frac{MM'}{16hh'(x + \sigma)} = 0$, équation qui peut encore ſe partager en ces deux-ci (en faiſant $x =$ à la ſomme de deux indéterminées $n + \rho$) $\rho + \frac{\lambda^2}{16h\omega} = 0$; $n - \frac{MM'}{16hh'(n + \rho + \sigma)} = 0$; ou même $n - \frac{MM'}{16hh'(n + \sigma)} = 0$, dans le cas où ρ ſe trouveroit très-petit par rapport à n.

26. Il eſt facile de juger par tous ces détails, des difficultés & de la complication de calculs que renferme la recherche du mouvement de l'apogée des planetes, enviſagée dans toute ſon étendue. Une des difficultés principales, & qui eſt commune à toutes les méthodes, c'eſt de déterminer le mouvement de l'apogée, ou la quantité N qui doit le donner, par une ſuite qui ſoit aſſez convergente, enſorte qu'on n'ait pas lieu de craindre, qu'en pouſſant de plus en plus l'approximation, on ne tombe dans des valeurs de N fort différentes de la premiere. On ſait déja que cet inconvénient a lieu dans la théorie de la lune; mais on ſait auſſi qu'il ne ſub-

ſiſte que dans les deux premiers termes de la ſerie qui donne le mouvement de l'apogée ; après ces deux premiers termes, dont le ſecond n'eſt pas fort différent de l'autre, les termes ſuivans ſont beaucoup plus petits & plus convergens. Mais on ſent aſſez que cela dépend de la valeur de la quantité n, qui dans la théorie de la lune, ſe trouve aſſez petite pour produire cet effet ; & que dans l'équation $ddt + N^2 t dz^2 + it \operatorname{coſ}. pz \cdot dz^2 = 0$, on pourroit ſuppoſer à p une telle valeur, que l'équation $-K^2 + N^2 - \frac{ii}{4[N^2-(p-K)^2]} = 0$, donnât pour K une valeur très-différente de ſa premiere valeur N. Par exemple, ſi p ſe trouvoit à très-peu près égal à $2N$, en ce cas, le terme $\frac{ii}{4[N^2-(p-k)^2]}$ pourroit devenir conſidérable ; & il y auroit à craindre, qu'en pouſſant le calcul plus loin, on ne trouvât encore d'autres termes très-grands ; enſorte que la ſerie ou l'équation, qui donneroit en ce cas la valeur de K, ſeroit très-fautive.

27. Le même inconvénient n'eſt pas moins à craindre dans l'équation de l'article 22, $-2im + 2ik - \frac{iiMM'}{16hh'(ik'-im)} = 0$; en effet, la valeur de m qu'on trouveroit par la premiere approximation, ſeroit $= k$; & cette valeur très-peu exacte, ſeroit très-différente de celle que donne l'équation précédente tirée de la ſeconde approximation qui a fourni le terme $-\frac{iMM'}{16hh'(k'-m)}$

très-comparable au premier. Or comment peut-on être assuré qu'une troisiéme approximation ne donneroit pas encore un nouveau terme très-comparable aux deux précédens, d'où il résulteroit pour m une ou plusieurs nouvelles valeurs très-différentes de celles que les calculs ont données ?

28. Nous ne devons pas oublier d'insister sur une remarque que nous avons déja indiquée plus haut (art 11) ; c'est que l'équation qui renferme la valeur de K, dans une équation de cette forme $ddt + N^2 t dz^2 + i t dz^2 \times \text{cos.}\, pz = 0$, doit, si elle est exacte, avoir pour racine gégérale $\pm rp \pm s\omega$, r & s étant des nombres entiers, & ω celle des valeurs de K qui donne le mouvement de l'apogée. Cette valeur ω de K sera celle qui appartient au terme affecté du plus grand coefficient. Je m'explique. Dans la théorie de la lune, par exemple, on trouve que la serie des argumens ou angles est f cos. $Kz + \gamma$ cos. $2z - 2nz + \delta$ cos. $2z - 2nz - Kz + \epsilon$ cos. $2z - 2nz + Kz$, &c. Or dans cette serie, l'argument Kz représente l'anomalie, parce que le coefficient f est beaucoup plus grand que les autres. S'il y avoit deux coefficiens f, γ, considérablement plus grands que tous les autres, & qui fussent à peu près égaux, ou du moins dont l'un ne fut pas très-petit par rapport à l'autre, il y auroit alors (comme dans l'art. 22) deux valeurs différentes pour la quantité K ou ω qui donne le mouvement des apsides ; ou, pour s'exprimer avec plus d'exactitude, soient f cos. $\omega z + f'$ cos. $\omega' z$ les deux termes dont il

s'agit, l'apside sera aux points où l'on aura $f\omega$ sin. ωz + $f'\omega'$ sin. $\omega' z = 0$; elle ne se trouvera donc réellement (du moins avec une certaine marche réguliere) qu'aux points où les angles ωz & $\omega' z$ sont en même-temps des multiples de 180° ou de 360°; dans les autres points, sa marche sera fort peu réguliere, & dépendante de l'équation $\frac{f\omega}{f\omega'} = - \frac{\text{sin. } \omega' z}{\text{sin. } \omega z}$. Au lieu que si l'on n'avoit qu'un seul terme f cos. ωz, dont le coefficient f fût beaucoup plus grand que les autres, ce terme donneroit à très-peu près la position de l'apside dans tous les points où ωz est un multiple de 180 ou de 360 degrés.

29. Il résulte, ce me semble, de ces différentes réflexions, que si après avoir supposé dans l'art. 23, $t = \lambda \times$ cos. $(h + lm)z$, on suppose t' égal non pas à μ cos. $(h' + i m' z)$, mais à μ' cos. $(h' + i m z)$, supposition permise, puisque m & m' sont les deux valeurs convenables l'une & l'autre à chacun des deux premiers termes que renferme l'expression de t & de celle de t', les argumens ou angles que renferme la valeur de t doivent être $\pm r(h - h')z \pm s(h' + i m)z$, & que ceux de la valeur de t' doivent être $\pm rz(h - h') \pm sz(h + im)$; & que plus (art. 23) un des argumens de la valeur de t doit être $= (h + i m')z$, & un de ceux de la valeur de t' doit être $= (h' + i m')z$. Or comme m & m' sont les racines d'une équation du second degré, on aura donc $m = v + \sqrt{Q}$, & $m' = v - \sqrt{Q}$, $\sqrt{Q}$ exprimant une quantité radicale. Cela posé, il faut donc que $\pm r(h -$

$h')\pm s(h'+im)$ ou (ce qui eſt la même choſe) $\pm r(h-h')\pm s(h'+i\nu+i\sqrt{Q})$ puiſſe devenir égal à $h+im'$, ou $h+i\nu-i\sqrt{Q}$; & que $\pm r(h-h')\pm s(h+im)$ ou $\pm r(h-h')\pm s(h+i\nu+i\sqrt{Q})$ puiſſe devenir égal à $h'+i\nu-i\sqrt{Q}$; & c'eſt principalement cette conſidération qui doit décider ſi l'équation $-2im+2ik-\frac{iiMM'}{4hh'(2ik'-2im)}=0$, repréſentera, au moins à peu près, le mouvement des apſides. C'eſt ainſi que nous avons déja vu (art. 12) que les principaux argumens de l'équation lunaire ſont renfermées dans l'équation du mouvement des apſides de cette planete.

30. Or je ne vois pas comment, dans aucun cas, $\pm r(h-h')\pm s(h'+i\nu+i\sqrt{Q})$ peut devenir égal à $h+i\nu-i\sqrt{Q}$, ni $\pm r(h-h')\pm s(h+i\nu+i\sqrt{Q})$ égal à $h'+i\nu-i\sqrt{Q}$; 1°. parce que dans $\pm r(h-h')\pm s\left(\begin{smallmatrix}h'\\h\end{smallmatrix}+i\nu+i\sqrt{Q}\right)$ les deux quantités ν & $\sqrt{Q}$ ont conſtamment un ſigne ſemblable, au lieu qu'il eſt différent dans $\begin{smallmatrix}h\\h'\end{smallmatrix}+i\nu-i\sqrt{Q}$; 2°. parce que le coefficient très-petit i, d'où dépend le mouvement des apſides, eſt abſolument indépendant de h & de h', enſorte que l'on ne peut ſuppoſer aucune équation entre $i\nu$, & h, h'. Par exemple, dans la théorie de Jupiter & de Saturne, le coefficient i vient de la fraction très-petite qui exprime le rapport de la maſſe de ces planetes au ſoleil, & les quantité h & h' viennent du rapport des révolutions, qui eſt abſolument indépendant de la maſſe de ces planetes.

Dans

Dans la lune, au contraire, le mouvement de l'apogée ou la force qui le cause, venant de l'action du soleil, a une liaison avec la cause qui produit la révolution de la lune ; & cela est si vrai, que la force perturbatrice est de l'ordre de n^2, n étant le rapport des temps périodiques de la lune & de la terre. En un mot, dans la théorie de la lune, la révolution de la planete, comparée à celle de la terre, dépend du rapport de la masse de la terre à celle du soleil, & le mouvement de l'apogée dépend aussi de ce même rapport ; au lieu que dans la théorie de Jupiter & de Saturne, le mouvement de l'apogée dépend uniquement de la masse de ces planetes, & la révolution de la masse du soleil ; ainsi il peut se faire, que quoique l'équation qui donne la valeur de K soit à peu près exacte dans la théorie de la lune, elle ne le soit pas dans celle de Saturne & de Jupiter. Dans la théorie de la lune, K & $2-2n-K$ sont à peu près les deux racines de l'équation qui exprime la valeur de K, parce qu'en supposant $K=v+\sqrt{Q}$, & $2-2n-K=v-\sqrt{Q}$, on trouve $v=1-n$, comme l'analyse le donne en effet à très-peu près. Mais dans la théorie de Saturne & de Jupiter, les quantités h & h' n'ayant aucun rapport avec le coefficient i, & ces quantités étant tout-à-fait indépendantes l'une de l'autre, on ne voit pas comment $\pm r(h-h')\pm s(h'+iv+i\sqrt{Q})$ peut produire un terme de la forme $h+iv-i\sqrt{Q}$, &c. ; il semble qu'il n'en puisse jamais résulter qu'un terme de la forme $h+iv+i\sqrt{Q}$, ce qui arrivera, par exemple, si $\pm r=+1$,

& $\pm s = +1$. Cependant il est certain, comme nous l'avons vu, que la valeur de t doit renfermer l'argument $h + ir - i\sqrt{Q}$, ainsi que la valeur de t' l'argument $h' + ir - i\sqrt{Q}$. Il me paroît donc que la solution est imparfaite à cet égard, & je crois que cet inconvénient a lieu dans toutes les solutions. Je sais bien qu'en prenant μ' cos. $(h' + im')z$ au lieu de μ' cos. $(h' + im)z$ pour la premiere valeur de t', on évitera cet inconvénient. Je sais bien même que cette valeur est naturellement celle qu'on doit choisir, comme je l'ai prouvé plus haut, art. 23. Mais enfin la solution fait voir que m & m' donnent également les deux valeurs de K dans t & dans t', & je demande pourquoi il n'est pas permis de prendre indifféremment l'une ou l'autre de ces valeurs pour la faire entrer dans la premiere valeur de t & dans celle de t'; pourquoi, en prenant d'abord $t = \lambda$ cos. $(h + im')z$, & $t' = \mu'$ cos. $(h' + im)z$, on tombe dans une solution imparfaite, & à laquelle il manque un terme ou argument essentiel, quoiqu'il semble par l'équation qui donne la valeur de K, qu'on soit aussi autorisé à supposer ces premieres valeurs à t & à t', que les valeurs λ cos. $(h + im)z$, & μ' cos. $(h' + im')z$, qui donnent une solution exacte.

31. Dans la théorie de la lune, ou pour fixer les idées, dans l'intégration de l'équation $ddt + N^2 t dz^2 + itdz^2$ cos. $pz = 0$, il peut se rencontrer une difficulté d'une autre espéce. Si au lieu de prendre f cos. Kz pour la premiere valeur de t, on prend λ cos. $(2 - 2n - Kz)$, d'après ce que nous avons vu, que $2 - 2n - K$ est une des

racines de l'équation en K, & qu'on employe la méthode des coefficiens indéterminés expoſée dans l'art. 1 du §. I de ce Mémoire; on trouvera bien, dans la valeur de t, un terme de cette forme g coſ. Kz, tel qu'il doit y en avoir un, & ainſi on ne tombera pas à cet égard dans l'inconvénient marqué ci-deſſus; mais ce coefficient g ſera du même ordre que le coefficient λ, puiſqu'en ſuppoſant i de l'ordre de n^2, g ſera de l'ordre de $\frac{\lambda n^2}{K^2 - N^2}$ ou λ; or g doit être beaucoup plus grand que λ, comme le prouvent la théorie & les obſervations. Je ſais bien que la ſubſtitution de $\lambda \times$ coſ. $(2 - 2n - K)z$ à la place de t, feroit peu naturelle, au lieu de celle de f coſ. Kz qui ſe préſente d'elle-même; mais cependant l'inconvénient qui en réſulte, ſemble indiquer une imperfection dans la ſolution; car il faudroit, pour qu'elle ne laiſſât rien à déſirer, que prenant en général le premier terme de la valeur de $t = f$ coſ. $K'z$, (K' étant une racine quelconque de l'équation en K), on en tirât tous les autres termes que doit renfermer cette valeur, c'eſt-à-dire les vrais argumens & les vrais coefficiens de ces termes. Je ne ſais ſi je me trompe; mais il me ſemble que cette difficulté eſt commune à toutes les méthodes connues juſqu'ici pour intégrer l'équation de l'orbite lunaire; méthodes dont la plus facile & la plus ſimple eſt celle des coefficiens indéterminés, que par cette raiſon nous avons cru devoir employer par préférence. En un mot, il me ſemble, que pour ne rien laiſſer à déſirer ſur l'analyſe de l'orbite lunaire, il faudroit, qu'en faiſant t

$= f \cos K' z$, & ſubſtituant pour t cette valeur dans les petits termes de l'équation, on trouvât, du moins à peu près, la même valeur pour les autres termes, en prenant pour K une des racines à volonté de l'équation en K qui donne le mouvement de l'apogée. Or c'eſt ce qui n'eſt pas. Car ſoit en général $t = f \cos. K' z$, & ſoit ſubſtituée cette valeur à la place de t dans les petits termes ; on trouvera, en ſuppoſant i de l'ordre de n^2, que le terme, par exemple, qui aura pour argument $(2 - 2n - K')z$, ſera (en ſuivant les plus exactes des méthodes connues) de l'ordre de $\frac{n^2 f}{(2-2n-K')^2 - N^2}$; c'eſt pourquoi, ſi on prend ω & $2 - 2n - \omega$ pour deux des racines de l'équation en K, comme elles le doivent être, on aura, en ſuppoſant $K' = \omega = 1 + \beta n^2$, l'argument $(2 - 2n - K')z = (2 - 2n - \omega)z$, & le coefficient de l'ordre de $\frac{n^2 f}{(1-2n-\beta n^2)^2 - N^2}$, c'eſt-à-dire de l'ordre de nf, comme il le doit être ; de ſorte que le coefficient de ce terme ſera de l'ordre de n par rapport à celui de $\cos. \omega z$; au lieu qu'en ſuppoſant $K' = 2 - 2n - \omega$, l'argument $(2 - 2n - K')z$ deviendra ωz, & le coefficient ſera de l'ordre de $\frac{n^2 f}{\omega^2 - N^2}$; c'eſt-à-dire de l'ordre de f, & par conſéquent du même ordre que le coefficient de $\cos. (2 - 2n - \omega)z$, ce qui ne doit pas être.

32. On trouvera plus bas dans le quarante-deuxiéme Mémoire, §. I, de nouvelles traces d'imperfection dans la méthode d'approximation par laquelle on intégre

des équations analogues à celles dont il a été queſtion dans ce Mémoire-ci. Ce qu'on vient de lire ſuffit, quant à préſent, pour faire voir combien les méthodes employées juſqu'ici dans la ſolution du problême des trois Corps, & en particulier dans la théorie de la Lune, ont beſoin d'être perfectionnées ; & c'eſt de quoi on va être encore convaincu par le Mémoire ſuivant.

Fin du trente-neuviéme Mémoire.

XLme MÉMOIRE.

Examen de quelques autres points importans de la Théorie de la Lune.

§. I.

Des difficultés que renferme la recherche de certaines équations du lieu de la lune.

1. UNE des plus grandes difficultés que renferme la théorie de la lune, est celle qui vient des termes où se trouve cos. $z - nz + \pi nz$, z désignant le mouvement de la lune, nz celui de la terre, & πnz son anomalie. Ayant calculé par ma méthode le coefficient de ces termes dans l'équation différentielle, je trouve qu'il est $= + \frac{15 n^2 a \lambda}{8 B}$, B exprimant la distance moyenne de la terre au soleil, & λ l'excentricité de l'orbite terrestre. Le terme qui en résulte dans la valeur de u, a pour coefficient à très-peu près $- \frac{15 n^2 a \lambda}{B} \times \frac{1}{1 - \frac{3 n^2}{2} - (1 - n + \pi n)^2}$

$= + \frac{5 a \lambda}{4 B}$ (a); ce qui donne d'abord dans la valeur de x un terme $= - \frac{5 a \lambda}{4 B}$ cos. $z - nz + \pi n z$; d'où il résulte, dans la valeur de t, un terme $= - \frac{10 a \lambda}{4 B}$ $\times$ sin. $z - nz + \pi nz$, & dans celle de z un terme $= + \frac{10 a \lambda}{4 B}$ sin. $z - nz + \pi nz$; or $\lambda =$ environ $\frac{1}{60}$; & si on suppose la parallaxe moyenne de la lune d'environ 57′ & celle du soleil de 10″, on a $\frac{a}{B} = \frac{10''}{57'}$; donc l'équation qui viendra de ce terme sera environ $57^{\circ} \times \frac{1}{60} \times \frac{10''}{57'} \times \frac{5}{2} =$ environ 25″ sin. $z - nz + \pi nz$, qu'il faut ajouter au lieu moyen; ou, ce qui revient au même, 25″ sin. $z - nz + \omega$ (b) qu'il faut en ôter, en prenant $\omega = 180^{\circ} + \pi nz$ pour l'anomalie moyenne du soleil.

2. Ces termes de l'équation de l'orbite lunaire ont été l'objet d'une longue contestation entre feu M. Clairaut & moi. Ce grand Géometre avoue (voyez sa Théorie de la Lune, premiere & seconde édition, §. XXVII)

(a) Je n'avois trouvé ce terme égal qu'à $+ \frac{5 a \lambda}{8 B}$, Tome I, pag. 72 des *Recherches sur le système du Monde*; mais en conséquence de la remarque faite page 245 du même Volume, il a fallu l'augmenter à peu près du double.

(b) J'avois d'abord trouvé cette équation de 18″, tant par la raison donnée dans la note précédente, que parce que je supposois la parallaxe du soleil de 15″ au lieu de 10″; ce qui devoit, d'une part, diminuer le coefficient de la moitié, & l'augmenter de l'autre dans la raison de 15 à 10, ou de 3 à 2.

que ces termes se trouvent *très-grands* par sa Théorie ; & même qu'ils seroient *infinis*, si l'apogée du soleil étoit immobile ; par la raison, qu'au lieu de diviser, comme moi, le coefficient de cos. $z - nz + \pi nz$ dans l'équation différentielle par $1 - \frac{3n^2}{2} - (1 - nz + \pi nz)^2$, il le divise par $1 - (1 - nz + \pi nz)^2$, quantité énormément petite, & même $= 0$, si l'apogée du soleil est immobile. J'ai démontré, si je ne me trompe, (*Opuscules*, Tome II, pag. 258 & suiv.) que le diviseur doit être en effet tel que je le suppose ; & toutes les autres théories (à l'exception de celle de M. Clairaut) sont en cela d'accord avec la mienne. On peut même faire voir que celle de M. Clairaut conduit au même résultat, en ayant recours à un expédient auquel cet Académicien n'a pas pensé. Cet expédient consiste à remarquer, que si on suppose ϖ cos. $z - nz + \pi nz$ pour le terme cherché de la valeur de u, ϖ étant un coefficient indéterminé, l'équation différentielle de l'orbite dans les calculs de M. Clairaut, acquérera le terme $+ \frac{15 n^2 a\lambda}{8B}$ $\times$ cos. $z - nz + \pi nz$, & outre cela un terme $= - \frac{3n^2 \varpi}{2}$ cos. $z - nz + \pi nz$; ce qui donnera, suivant l'analyse de M. Clairaut, le terme $\frac{\left(-\frac{15 n^2 a\lambda}{8B} + \frac{3n^2\varpi}{2}\right)}{1 - (1 - nz + \pi n)^2}$ $\times$ cos. $z - nz + \pi nz$; & faisant cette quantité $= \varpi$, on aura $\varpi =$ à très-peu près $\frac{15 n^2 a\lambda . 2}{8 . 3 n^2 B} = \frac{5 a\lambda}{4B}$, comme

nous

nous le trouvons par notre méthode, mais, à la vérité, d'une maniere beaucoup plus ſimple.

3. Ce même Géometre, qui trouve ſi grande par ſa théorie l'équation proportionnelle à ſin. $z - nz + \pi n z$, prétend, d'un autre côté (*a*), que ſi on la fait même monter à 18″, comme je l'avois trouvé d'abord, au lieu de 25″ que je trouve maintenant, les erreurs des obſervations en ſont augmentées. On peut voir ce que je lui ai répondu ailleurs ſur ce ſujet (*b*). Je me contenterai de dire aujourd'hui, que pour décider pleinement cette queſtion, il faut voir quelle altération peut ſubir le coefficient de coſ. $z - nz + \pi n z$. Cette altération, qui ſera de l'ordre de $\frac{n \lambda a}{B}$, vient de la combinaiſon de pluſieurs termes qui contiennent coſ. $2z - 2nz + \pi n z$ dans les valeurs de ψ & de π, combinés avec ceux qui contiennent coſ. $z - nz$ dans la valeur de u. Suppoſons que ces différens termes donnent pour le changement qu'on doit faire dans la valeur de u, un terme qui ſoit à peu près égal à $-\frac{12 n a \lambda}{B}$, le coefficient total de coſ. $z - nz + \pi n z$ ſe réduira à $\frac{a \lambda}{4B}$ à très-peu près, & l'altération du lieu moyen ne ſera plus que de 5″ au lieu de 25″, trouvées par le premier calcul. C'eſt un

(*a*) Voyez le Journal des Savans de Décembre 1761, ſecond Volume, & celui de Juin 1762.

(*b*) Voyez le Journal Encyclopédique du 15 Février 1762, & celui du 15 Aout de la même année.

point qui mérite d'être sérieusement examiné par ceux qui se proposeront de perfectionner la théorie de la lune.

4. Il est un autre terme qui demande beaucoup d'attention dans les calculs, c'est celui qui auroit pour coefficient cos. $2Z - 2pZ - 2NZ$; comme le coefficient de z dans ces termes-là est de l'ordre de n^2, ce coefficient donnera dans le calcul du temps un diviseur de l'ordre de n^4; il faut donc pousser le scrupule très-loin dans la détermination des quantités qui y entrent. J'avois trouvé dans le calcul de l'orbite de la lune qu'il en résultoit une équation négative & $= -39''$. M. Clairaut l'a trouvée d'abord positive & $= +1' 12''$. Dans ses dernieres tables, il la suppose $= 0$, & M. Mayer n'y a non plus aucun égard; à l'égard de M. Euler, il la trouve beaucoup plus grande. Il s'en faut donc beaucoup que la vraie valeur de cette équation soit encore connue.

5. Il en faut dire à peu près autant, quoiqu'avec restriction, de l'équation du lieu qui a pour argument sin. $2z - 2nz - 2Nz$, & qui aura pour diviseur, après les intégrations, une quantité de l'ordre de n^2. Je l'ai trouvée de $2' 28''$, M. Clairaut de $2' 12''$, & ensuite de $3' 18''$, ce qui se rapproche beaucoup de M. Mayer.

6. En général, une des grandes difficultés de la théorie de la lune, consiste dans plusieurs termes dont le calcul est fondé sur une approximation très-imparfaite, ensorte que les coefficiens de ces termes ne sont point représentés, comme ils devroient l'être, par une serie convergente, mais se trouvent par une seconde approximation

beaucoup plus grands ou plus petits que par la premiere ; ce qui en rend la valeur tout-à-fait incertaine. Pour s'en convaincre, il suffit de jetter les yeux sur la derniere formule du lieu de la lune donnée par M. Clairaut en 1765, & sur celle qu'il avoit donnée en 1752 ; on trouvera, outre les différences que nous venons de remarquer,

Que le coefficient du terme, qui a pour argument $Z - nZ$, est dans ses premieres tables $-3' 40''$, & dans les secondes tables $-1' 58''$.

Que celui du terme qui a pour argument $\pi n Z$, est dans ses premieres tables $10' 36''$, & dans les secondes tables $11' 25''$.

Que l'équation qui a pour argument $4Z - 4nZ - 2NZ$, a pour valeur dans les premieres tables $43''$, & $33''$ dans les nouvelles.

Que l'équation qui a pour argument $Z - nZ - NZ$, a pour valeur $-0' 4''$ dans les premieres tables, & $+23''$ dans les nouvelles.

Que celle qui a pour argument $Z - nZ + NZ$, a pour valeur $15''$ dans les premieres tables, & $6''$ dans les nouvelles.

Que celle qui a pour argument $2Z - 2nZ + 2NZ$, a pour valeur $9''$ dans les premieres tables, & $18''$ dans les nouvelles.

Que celle qui a pour argument $2Z - 2nZ - 2NZ + 2\pi nZ$, a pour valeur $20''$ dans les premieres tables, & qu'elle est nulle dans les nouvelles.

Que celle enfin qui a pour argument $2nZ - 2pZ$, a

pour valeur $1'\ 21''$ dans les premieres tables, & $1'\ 1''$ dans les nouvelles.

7. Toutes ces différences, qu'on ne sauroit attribuer, du moins sans exception, à de simples fautes de calcul commises dans les premieres tables, prouveroient de nouveau, s'il étoit nécessaire, l'imperfection des méthodes d'approximation, pour déterminer au moins quelques équations de la lune, & la nécessité de corriger, s'il est possible, cette imperfection, pour l'avantage de l'analyse & de l'astronomie tout-à-la-fois.

8. Je ne dois pas négliger de remarquer, que si l'équation dont l'argument est $2Z - 2pZ - 2NZ$ est proportionnelle au quarré de l'excentricité, au quarré du sinus de l'inclinaison, & au quarré de $\frac{1}{n^2}$, comme il paroît résulter des calculs exposés dans nos *Recherches sur le systême du Monde*, premiere Partie, chap. XI, pages 85 & 86, & chap. XVI, pag. 136, il pourroit se faire que cette équation fût très-sensible dans les satellites de Jupiter où n est une quantité fort petite. Car dans le premier satellite de Jupiter, par exemple, n est $= \frac{1^{j.}\ 18^{h.}}{12^{ans}} = \frac{1 + \frac{3}{4}}{12 \cdot 365}$; d'où l'on voit que $\frac{1}{n^2}$ est dans ce satellite une quantité très-considérable, & par conséquent pourroit donner une équation assez grande pour l'argument $2Z - 2pZ - 2NZ$, c'est-à-dire, pour la distance de l'apogée du satellite au nœud. Mais la théorie des satellites de Jupiter est déja imparfaite à tant d'autres égards, qu'il s'écoulera beaucoup de temps avant qu'on

puisse connoître avec quelque exactitude, non-seulement l'équation dont il s'agit, mais beaucoup d'autres équations qui alterent le mouvement de ces satellites.

§. II.

Sur quelques corrections qu'on propose de faire aux tables de la lune de M. Mayer.

1. Les tables de la lune, publiées en 1752 par M. Mayer, étant d'un usage très-facile, & outre cela très-exactes, j'ai cherché les moyens de les rendre plus exactes encore, s'il est possible, sans en augmenter, pour ainsi dire, le calcul. Pour y parvenir, voici les réflexions que j'ai faites.

2. Soit z l'arc du mouvement vrai de la lune, Z l'arc de son mouvement moyen pendant le même temps ; on aura, en conservant les noms qui ont été donnés dans la théorie de la lune,
$Z = z + \alpha \sin. Nz + \beta \sin. 2Nz + \gamma \sin. 3Nz + \delta \sin. 2z - 2nz + \epsilon \sin. 2z - 2nz - Nz + \eta \sin. 2z - 2nz - 2Nz + \lambda \sin. 2nz - 2pz + \omega.$

3. Dans cette formule, j'appelle ω la somme de toutes les petites équations, que je mets à part un moment pour ne considérer que les précédentes. Cela posé,

4. En premier lieu, j'ai remarqué dans le quatorziéme Mémoire de mes *Opuscules*, Tome II, qu'il y a une équation égale à $- 1' 12'' \sin. 4Z - 4z' - N.Z$, qui mérite qu'on y ait égard. Or de cette équation, il n'y en a

que les deux tiers qui puiſſent être cenſés compris dans les tables de M. Mayer, par la conſtruction même de ces tables. Car cette équation vient de la ſubſtitution de $Z - \delta$ ſin. $2Z - 2z'$ dans ϵ ſin. $2z - 2z' - Nz$, & de celle de $Z - \epsilon$ ſin. $2Z - 2z' - NZ$ dans δ ſin. $2z - 2z'$; ce qui donne dans le lieu moyen la correction $(-\frac{\epsilon\delta}{2} - \epsilon\delta)$ ſin. $4Z - 4z' - N.Z$, équation dans laquelle la partie $-\frac{\epsilon\delta}{2}$, qui vient de la correction du terme ϵ ſin. $2z - 2z' - Nz$ par le terme δ ſin. $2Z - 2z'$, a été négligée par M. Mayer; or puiſque l'équation totale $-\frac{\epsilon\delta}{2}$ eſt d'environ $1'\ 12''$, il s'enſuit que ſon tiers $-\frac{\epsilon\delta}{2}$ eſt de $24''$. Il faut donc ajouter aux tables de M. Mayer une équation proportionnelle à environ $-24''$ ſin. $4Z - 4z' - N.Z$.

5. Une ſeconde correction regarde le coefficient de ſin. $2nz - 2pz$, que M. Mayer trouve de $47''$, toujours d'après la théorie imparfaite de Newton, & que je crois devoir être plus grand, & au moins de 1 minute, comme toutes les théories paroiſſent le donner. Il faut donc, ce me ſemble, augmenter d'environ un tiers, c'eſt-à-dire de $15''$, l'équation de $47''$ donnée par M. Mayer. Seconde correction qu'il me paroît qu'on doit faire à ces tables.

6. Je ne parle point ici de l'équation proportionnelle à ſin. $z - nz + \pi nz$, quoique nous ayons trouvé ci-

dessus (§. I, art. 1) son coefficient de 25″. Je laisse cette équation en suspens, jusqu'à ce que les Géometres se soient assurés, par les moyens que j'ai indiqués plus haut, (§. I, art. 3) si cette équation doit entrer en ligne de compte.

7. Je remarque seulement que cette équation, qui est affectée du signe +, doit être la plus grande lorsque la lune est en quadrature, & la terre aphélie ou périhélie. C'est pourquoi, si quand cette équation doit être additive, & la plus grande qu'il est possible, les tables de M. Mayer s'écartent des observations en moins, & au contraire, ce sera déja un préjugé que l'équation dont il s'agit doit avoir lieu; & ce sera ensuite au calcul à la déterminer avec toute l'exactitude dont elle est susceptible.

8. Je ne dirai rien non plus, ni de l'équation proportionnelle à sin. $2z - 2pz - 2Nz$, ni de l'équation proportionnelle à sin. $2z - 2nz - 2Nz$, à cause de l'incertitude de ces équations & de l'approximation par laquelle on les a déterminées jusqu'ici. Je remarquerai seulement, à l'égard de la seconde de ces équations, que si dans le terme α sin. Nz, on met, au lieu de z, la quantité $Z - \epsilon$ sin. $2Z - 2z' - N.Z$, & dans le terme ϵ sin. $2z - 2z' - Nz$, au lieu de z, la quantité $Z - \alpha$ sin. $N.Z$, on trouvera que le terme qui en devroit venir, & qui auroit pour coefficient sin. $2Z - 2z' - 2N.Z$, sera $= 0$, tous les termes se détruisant mutuellement (*a*); ainsi cette considération ne donne aucun

(*a*) En général, si on a dans l'expression du lieu moyen deux termes de changement à faire au coefficient de sin. $2Z - 2z' - 2N.Z$, quel qu'il doive être. De même, si dans le terme ζ sin. $2N.z$, on met, au lieu de z, la quantité $Z - \delta$ sin. $2Z - 2z'$, & dans le terme ζ sin. $2z - 2z'$ au lieu de z, la quantité $Z - \zeta$ sin. $2N.Z$; on aura aussi, pour le facteur de sin. $2Z - 2z' - 2N.Z$, deux termes qui se détruiront mutuellement. Or on remarquera que de ces deux termes, le premier, auquel M. Mayer n'a point eu d'égard dans la construction de ses tables, comme il est aisé de le voir, sera $-\delta\zeta$ sin. $2Z - 2z' - 2N.Z$; & comme celui qu'a employé M. Mayer, par la construction de ses tables, se trouve d'environ 10″, ζ étant environ $= 12'$, & $\delta = -35'$, il s'ensuit que l'équation assignée par M. Mayer, à l'argument $2Z - 2nZ - 2N.Z$, paroît trop grande d'environ 10″.

9. Voici donc ce que je crois qu'on peut faire pour perfectionner les tables de M. Mayer.

1°. On augmentera d'un tiers, c'est-à-dire de 15″, le résultat de la neuviéme équation de cet Astronome.

2°. On diminuera de 10″ le résultat de la dixiéme équation.

3°. Après la dixiéme équation, on en insérera immédiatement une autre, soustractive, & proportionnelle au sinus

cette forme k sin. $pz + \omega$ sin. qz, la combinaison de ces deux termes produira, dans l'expression du lieu vrai, des termes de cette forme, $-k$ sin. $[p.(Z - \omega \text{ sin. } qZ)] - \omega$ sin. $[q.(Z - k \text{ sin. } pZ)] = -k$ sin. $pZ - \omega$ sin. $qZ + \left(\frac{p\omega k}{2} + \frac{q\omega k}{2}\right)$ sin. $(qZ + pZ) + \left(\frac{p\omega k}{2} - \frac{q\omega k}{2}\right)$ sin. $(qZ - pZ)$; d'où l'on voit que si p est $= q$, ou à très-peu près, le dernier de ces termes sera nul ou comme nul; & c'est ce qui arrive dans le cas dont il s'agit ici.

ſinus de la ſomme des argumens VI & X ; cette équation ſera de 24″ dans ſa plus grande valeur. Ainſi, avant de calculer l'équation du centre dans les tables de M. Mayer, il faudra, outre les dix argumens déja calculés, en calculer un nouveau égal à la ſomme des argumens VI & X des tables de M. Mayer ; enſuite, pour cet argument, on prendra le tiers de la table de l'argument V, en y mettant un ſigne contraire.

10. Je ne doute point qu'on ne puiſſe faire avec ſuccès quelques autres légeres corrections aux tables de M. Mayer ; mais comme je n'ai point encore aſſez approfondi ſes autres équations, je me contente pour le préſent des trois corrections que je viens de propoſer, quant au lieu de la lune dans ſon orbite.

11. A l'égard de la latitude de la lune, je crois auſſi, qu'outre les deux tables données par M. Mayer pour la calculer, on doit y en ajouter une troiſiéme, proportionnelle à $+ 23''$ ſin. $2Nz - z + pz$, telle que je l'ai donnée, pag. 280 du Tome II de mes *Opuſcules*. Pour avoir cette équation, il n'y a qu'à prendre pour argument, le double de l'anomalie moyenne moins l'argument de la latitude de la lune, & y appliquer encore le tiers de la table de l'argument V avec ſon ſigne. C'eſt par le moyen de cette derniere équation, que j'ai trouvé en 1764 & communiqué à pluſieurs aſtronomes une correction eſſentielle pour le calcul de la latitude de la lune dans l'éclipſe annulaire du premier Avril de cette année. *Voy. les Mém. de l'Ac. de* 1764, pag. 150 & 274.

12. On voit par-là, que ſans former aucune nouvelle table, on peut corriger très-facilement les tables de M. Mayer, en ſe conformant au procédé très-ſimple que nous venons de preſcrire, & qui ne demande pas une demi-minute de calcul de plus que n'en exigent les tables de M. Mayer.

13. Au reſte, les corrections que nous venons de propoſer dans cet article, n'ont pour objet que les tables publiées par M. Mayer lui-même en 1752, & non celles qu'il a faites depuis, & qu'on aſſure être beaucoup exactes. C'eſt de quoi on pourra être parfaitement éclairci, quand la Société Royale de Londres, qui eſt en poſſeſſion de ces tables, jugera à propos de les rendre publiques pour l'utilité de l'aſtronomie & de la navigation.

14. Je ne dois pas oublier d'ajouter en finiſſant, que quoique les tables, dont les Aſtronomes ſont accoutumés à faire uſage, donnent pour chaque argument les équations de la lune, tantôt poſitives, tantôt négatives, il me paroît plus commode de rendre toutes les équations poſitives, comme a fait M. Clairaut dans ſes tables de la lune; ce qui s'exécute en cette ſorte. Soit, par exemple, ſuppoſée avec M. Clairaut l'équation du centre $-6^\circ\,17'\,21''$ ſin. $N.Z + 12'\,57''$,8 ſin. $2N.Z - 37''$,1 ſin. $3\,N.Z$; comme la ſomme de ces équations (dans le cas même où elle eſt la plus grande) ne paſſe pas, à beaucoup près 7°, j'ajoute donc conſtamment 7° à l'équation du centre, & je retranche en même-temps 7° de la table du lieu moyen; ce qui rend, pour chaque

degré d'anomalie, l'équation positive. Pour l'*évection* dont la plus grande équation ne passe pas, à beaucoup près, deux degrés, j'ajoute à toutes les équations 2°, & je retranche deux degrés du lieu moyen. Pour la *variation*, dont la plus grande équation ne passe pas 50', j'ajoute à toutes les équations 50', & je retranche en même-temps 50' du lieu moyen. Pour l'équation annuelle qui dépend de l'anomalie du soleil, & qui ne monte pas à 12', j'ajoute 12' à toutes les équations, & je retranche 12' du lieu moyen (*a*). On fera de même à toutes les équations, en ajoutant toujours à chacune une constante positive, en nombre rond de degrés, ou de minutes, ou de secondes, & en retranchant cette constante du lieu moyen; ou si l'on ne veut pas altérer les tables du lieu moyen, on se contentera, après avoir calculé le lieu de la lune par ces nouvelles tables dans lesquelles les équations sont toutes positives, de retrancher du lieu une quantité égale à la somme des constantes qu'on a ajoutées pour rendre positives les équations. On suivra le même procédé dans le calcul de la latitude; ce qui n'a pas besoin d'une plus ample explication.

(*a*) J'ignore pourquoi M. Clairaut (pag. 138 de la nouvelle édition de sa Théorie) ajoute 29' à cette équation, au lieu de 12' qui auroient suffi. Au reste, la grandeur de la quantité qu'on ajoute à chaque équation est indifférente, pourvu que cette quantité soit plus grande que la plus grande valeur de l'équation, & qu'on ait soin de retrancher du lieu moyen cette même quantité.

§. III.

Sur le calcul de la latitude de la lune.

1. Il eſt aiſé de voir, par nos formules de la théorie de la lune, que ſi on a $\zeta = -\frac{3n^2 z}{4} + \alpha \sin. kz$, $\alpha \times \sin. kz$ étant une des corrections du mouvement moyen du nœud, on aura $m = \mu(1 + \alpha \cos. kz)$, μ étant la tangente de l'inclinaiſon moyenne, & $\alpha \cos. kz$ la correction correſpondante à celle dont on vient de parler; d'où il s'enſuit, en nommant δ la diſtance de la lune au lieu moyen du nœud, que la correction de la latitude ſera donnée par la formule $\mu(1 + \alpha \cos. kz) \times \sin. (\delta - \alpha \sin. kz)$, & qu'ainſi l'équation ſera $= \mu \alpha \sin. (\delta - kz)$. On verra de même, que ſi $\zeta = -\frac{3n^2 z}{4} + \alpha \sin. kz + \beta \sin. \lambda z + \gamma \sin. \nu z$, &c. & $m = \mu(1 + \alpha \cos. kz + \beta \cos. \lambda z + \gamma \sin. \nu z$, &c.) la correction ſera $\mu(1 - \alpha \sin. kz \cos. \delta + \alpha \sin. \delta \cos. kz - \beta \sin. \lambda z \cos. \delta + \beta \sin. \delta \cos. \lambda z - \gamma \sin. \nu z \cos. \delta + \gamma \sin. \delta \cos. \nu z$, &c.) $= \mu[1 + \alpha \sin. (\delta - kz) + \beta \sin. (\delta - \lambda z) + \gamma \sin. (\delta - \nu z)$ &c.]

2. Donc à cauſe de $\mu =$ environ $\frac{1}{12}$, il eſt clair, que pour produire 5″ ſeulement de correction dans la latitude, il faut une équation d'environ 1′ dans le lieu du nœud.

3. De-là il s'enſuit, qu'outre les équations dont les argumens ſont $2z - 2nz$, $2z - 2pz$, $2nz - 2pz$,

$2z - 2pz - 2Nz$, & dont nous avons tenu compte, il eſt bon encore d'avoir égard aux équations du nœud de la lune qui monteront à 1′ & au-delà, & d'appliquer à la latitude environ la douziéme partie de ces équations, avec un argument $= \delta - kz$, kz étant l'argument de la correction du nœud.

4. On voit par-là, que ſans ſe donner la peine de calculer les équations de l'inclinaiſon, on peut, au moyen des équations ſeules du mouvement du nœud, avoir la latitude de la lune avec une préciſion ſuffiſante; mais on peut encore, ſi l'on veut, parvenir à l'équation de la latitude, ſans paſſer par celle du nœud & de l'inclinaiſon; c'eſt un nouveau moyen d'abréger le calcul, que M. de la Grange a imaginé le premier; je vais faire voir comment on y peut parvenir, par le moyen de mes formules, pour le nœud & l'inclinaiſon.

5. Soit ρ la tangente de la latitude de la lune, on aura $\rho = m$ ſin. V, comme il eſt aiſé de le voir, & par conſéquent $d\rho = dm$ ſin. $V + m\,dV$ coſ. V; or $V = z - \zeta$, & par conſéquent $dV = dz - d\zeta$; de plus, ſi on appelle φ la force parallèle au plan de projection, laquelle écarte la planete du plan de ſon orbite, on aura (*Recherches ſur le ſyſtême du Monde*, chap. IV) $dm = \frac{m\phi . u\,dt^2}{dz}$ $\times$ ſin. v . coſ. V, & $d\zeta = \frac{\phi . u\,dt^2}{dz} \times$ ſin. v . ſin. V; do c ſubſtituant, on aura $d\rho = m\,dz$ coſ. V; donc $d\left(\frac{d\rho}{dz}\right)$

$= dm \text{ cof. } V - dV . m \text{ fin. } V = \frac{m\varphi u dt^2}{dz} \text{ fin. } v \text{ cof. } V^2 - m dz \text{ fin. } V + \frac{m\varphi u dt^2}{dz} \text{ fin. } v . \text{fin. } V^2 = \frac{m\varphi u dt^2}{dz} \times \text{fin. } v - m dz \text{ fin. } V =$ (en faisant $v = V - \theta$) $\frac{m\varphi u dt^2}{dz} \times (\text{fin. } V \text{ cof. } \theta - \text{fin. } \theta \text{ cof. } V) - m dz \text{ fin. } V$; mettant pour m fin. V sa valeur ρ, & pour m cof. V sa valeur $\frac{d\rho}{dz}$ trouvée ci-dessus, on aura $d\left(\frac{d\rho}{uughdt(1+\omega)}\right) = \frac{\varphi\rho \text{ cof. } \theta dt}{ghu(1+\omega)} - \frac{\varphi d\rho \text{ fin. } \theta}{g h u^3 (1+\omega)^2} - \rho u^2 ghdt(1+\omega)$.
De plus, il n'est pas difficile de voir que $\varphi = \frac{\pi}{\text{fin.} \theta}$; & on a $d\omega = \frac{\pi x dt}{gh} = \frac{\pi dt}{ugh}$; donc, en réduisant, on aura $dd\rho + \frac{2dxd\rho}{x} + \frac{\rho g^2 h dt (1+\omega)^2}{x^4} - \frac{\rho\pi \text{ cof.} \theta dt^2}{x \text{ fin. } \theta} = 0$; ou enfin $\frac{d(xxd\rho)}{\rho} = - dt^2 \times \left(\frac{g^2 h (1+\omega)^2}{x^2} - \frac{\pi \text{ cof. } \theta . x}{\text{fin.} \theta}\right)$.

6. Si on vouloit avoir l'équation de ρ, en faisant dz constant, on trouveroit (à cause de $dz = uudt(1+\omega) \times gh$), $d\left(\frac{d\rho}{dz}\right) = \frac{\varphi\rho u \text{ cof. } \theta dt^2}{dz} - \frac{\varphi u d\rho \text{ fin. } \theta dt^2}{dz^2} - \rho dz$, équation dans laquelle on mettra, au lieu de dt, sa valeur $\frac{x^2 dz}{ghV(1 + \frac{2\int \pi x^3 dz}{g^2 h^2})}$; & si φ étoit $= 0$, on auroit $\frac{dd\rho}{dz} = \rho dz$; ce qui donne $\rho = m \text{ cof. } z$, comme cela doit être en effet.

7. On trouvera de même, au moyen des formules de l'Ouvrage cité, $\frac{dm}{m} = \frac{\varphi\, dt \operatorname{cof.} V \operatorname{fin.} v}{ugh(1+\omega)}$; & $d\zeta = \frac{\varphi\, dt \operatorname{fin.} V \operatorname{fin.} v}{ugh(1+\omega)}$, φ marquant en général la force parallèle au plan de projection.

8. Si la force qui agit ſur la planete eſt perpendiculaire au plan de projection, & qu'elle tende à éloigner le corps de ce plan, il eſt aiſe de voir, 1°. que cette force en produit deux autres, l'une dans le plan de l'orbite & dans la direction du rayon, laquelle ſera $= - \frac{\varphi' V(1+\varrho\varrho)}{\varrho}$ (en appellant φ' la force donnée); l'autre $= \frac{\varphi'}{\varrho}$, qui ſera la ſeule par laquelle le corps ſera écarté du plan de ſon orbite; il ſuffira donc de mettre $\frac{\varphi'}{\varrho}$ ou $\frac{\varphi'}{m \operatorname{fin.} V}$, au lieu de φ ou $\frac{\pi}{\operatorname{fin.} \theta}$, dans les formules précédentes; & on remarquera de plus, qu'alors $\theta = 0$, & par conſéquent $\operatorname{cof.} \theta = 1$, & $v = V = z - \zeta$; donc, faiſant $\omega = 0$ ou $\pi = 0$, on aura $dd\varrho + \frac{2\, d\varrho\, dx}{x} + \frac{\varrho g^2 h^2 dt^2}{x^4} - \frac{\varphi' dt^2}{x} = 0$; ou $\frac{d(xx\, d\varrho)}{\varrho} = - dt^2 \left[\frac{g^2 h^2}{x^4} - \frac{\varphi' x}{\varrho}\right]$; $d\zeta = \frac{\varphi' dt \operatorname{fin.} V^2}{\varrho ugh}$; & $\frac{dm}{m} = \frac{\varphi' dt \operatorname{cof.} V \operatorname{fin.} V}{\varrho ugh}$, ou $dm = \frac{\varphi' dt \operatorname{cof.} V}{ugh}$.

9. Et ſi l'on a à-la-fois une puiſſance φ parallèle au plan de projection, & une autre φ' perpendiculaire à ce

plan, il n'y aura qu'à mettre $\frac{\pi \cos. \theta}{\sin. \theta} + \frac{\phi'}{\varrho}$, au lieu de $\frac{\pi \cos. \theta}{\sin. \theta}$ dans l'équation en $dd\rho$ de l'art. 5, ce qui donnera $dd\rho + \frac{2 d\varrho dx}{\varrho} + \frac{\varrho g^2 h^2 dt^2}{x^4} - \frac{dt^2}{x} \times \left(\frac{\varrho \pi \cos. \theta}{\sin. \theta} + \phi'\right)$; on aura aussi dans ce cas $\frac{dm}{m} = \frac{\phi\, dt \cos. V . \sin. v}{ugh(1+\omega)} + \frac{\phi' dt \cos. V}{mugh(1+\omega)}$; $d\zeta = \frac{\phi\, dt \sin. V . \sin. v}{ugh(1+\omega)} + \frac{\phi' dt \sin. V}{mugh(1+\omega)}$. Il faut remarquer de plus, que la force ϕ', quand elle est seule, ne produit aucune force ψ dans le sens du rayon vecteur de l'orbite projettée, ni aucune force π perpendiculaire à ce rayon.

10. Pour réduire à l'orbite réelle les forces & les équations qui produisent le mouvement du nœud, on considérera, 1°. que $xx\,dz = x'x'dk . \cos. \rho$; 2°. que $x'x' = xx(1 + mm \sin. V^2)$, enfin qu'on a $v = z' - \zeta$; d'où il sera aisé de chasser θ, v, V de l'expression du mouvement du nœud & de l'inclinaison, & d'y substituer ω, z', ζ, ou k, z', ζ, en se souvenant toujours que k est la somme des angles dk parcourus réellement par la lune durant le temps t, & non, comme nous l'avons déja remarqué, l'angle compris entre le rayon vecteur initial de la lune, & le rayon vecteur x' où elle se trouve au bout du temps t.

§. IV.

§. IV.

Sur l'altération du mouvement moyen des planetes, & sur celui de la lune en particulier.

1. Examinons présentement une autre question ; savoir si l'action mutuelle des planetes peut produire dans leur mouvement moyen une altération sensible. Pour cela, nous aurons besoin de quelques propositions préliminaires.

2. Soit $ddt + N^2 t dz^2 + B \operatorname{cos.} p'z . dz^2 = 0$; nous avons démontré dans les *Recherches sur le systême du Monde*, Part. I, art. 25, qu'on aura $t = \delta \operatorname{cos.} Nz + \frac{\epsilon \operatorname{sin.} Nz}{N} - \frac{B \operatorname{cos.} p'z}{NN - p'p'} + \frac{B \operatorname{cos.} Nz}{NN - p'p'}$. Il est évident que si $N = p'$, les deux derniers termes du second membre deviennent infinis, & qu'il faut chercher une autre solution pour ce cas particulier.

3. Soit donc $ddt + N^2 t dz^2 + B dz^2 \operatorname{cos.} Nz = 0$: on se servira de la méthode que j'ai employée ailleurs depuis long-temps pour des problêmes analogues à celui-ci (*a*) ; & on écrira ainsi cette équation, $ddt + N^2 t dz^2 + B dz^2 \operatorname{cos.} (N + \zeta) z = 0$, ζ étant une quantité infiniment petite, telle que ζz soit toujours infiniment petit ; cette supposition est évidemment toujours possible, puisque la petitesse de l'indéterminée ζ est arbitraire ; on aura donc (art. 2.) $t = \delta \operatorname{cos.} Nz + \frac{\epsilon \operatorname{sin.} Nz}{N}$

(*a*) Voy. Mém. de Berlin 1748, p. 291, & *Opusc.* Tome I, p. 113 & 114.

$-\frac{B\cos.(N+\epsilon)z}{NN-(N+\epsilon)^2}+\frac{B\cos.Nz}{NN-(N+\epsilon)^2}$; ou, en mettant pour $\cos.(N+\epsilon)z$ sa valeur $\cos.Nz-\epsilon z\sin.Nz$, & pour $(N+\epsilon)^2$ sa valeur $NN+2N\epsilon$, $t=\delta\cos.Nz+\frac{\epsilon\sin.Nz}{N}-\frac{Bz\sin.Nz}{2N}$.

4. Soit $ddt+N^2tdz^2+Bdz^2\sin.p'z=0$; nous avons vû (art. 24 de l'Ouvrage cité) qu'on aura $t=\delta\cos.Nz+\frac{\epsilon\sin.Nz}{N}-\frac{B\sin.p'z}{NN-p'p'}+\frac{Bp'\sin.Nz}{N(NN-p'p')}$; & il est encore évident, que si $p'=N$, les deux derniers termes du second membre deviennent infinis, ensorte qu'il faut chercher une autre solution.

5. Donc si on a $ddt+N^2tdz^2+Bdz^2\sin.Nz=0$, on supposera de même $ddt+N^2tdz^2+Bdz^2\sin.(N+\epsilon)z=0$, & par conséquent $t=\delta\cos.Nz+\frac{\epsilon\sin.Nz}{N}-\frac{B\sin.(N+\epsilon)z}{NN-(N+\epsilon)^2}+\frac{B(N+\epsilon)\sin.Nz}{N[NN-(N+\epsilon)^2]}$; ou $t=\delta\cos.Nz+\frac{\epsilon\sin.Nz}{N}+\frac{Bz\cos.Nz}{2N}-\frac{B\sin.Nz}{2NN}$.

6. Si on a $ddt+N^2tdz^2+Bzdz^2=0$, on écrira, au lieu de Bz, la quantité $\frac{B\sin.\epsilon z}{\epsilon}$ qui lui est égale, ϵ étant supposée une quantité infiniment petite à volonté, & telle que ϵz soit toujours infiniment petit, ensorte que $\sin.\epsilon z$ soit $=\epsilon z$; cela posé, on aura (art. 4) $t=\delta\cos.Nz+\frac{\epsilon\sin.Nz}{N}-\frac{B\sin.\epsilon z}{\epsilon(NN-\epsilon\epsilon)}+\frac{B\epsilon\sin.Nz}{\epsilon N(NN-\epsilon\epsilon)}$;

ou, en faiſant diſparoître ζ, $t = \delta$ coſ. $Nz + \frac{\epsilon \sin. Nz}{N}$ $- \frac{Bz}{NN} + \frac{B \sin. Nz}{N^3}$.

7. Les problêmes qui viennent d'être réſolus dans l'art. 3 & ſuiv. auroient pu l'être aiſément par une méthode directe, ſemblable à celle que j'ai employée, art. 21 & ſuiv. de la 1re Partie des *Recherches ſur le ſyſtême du Monde*; mais j'ai cru qu'on ne ſeroit pas fâché de voir comment la ſolution de ces problêmes peut ſe déduire du ſeul cas où le dernier terme eſt $B\,dz^2$ coſ pz. Appliquons maintenant les conſéquences qui réſultent de cette théorie à l'équation de l'orbite lunaire, qui eſt de toutes les orbites des planetes, celle où le mouvement moyen paroît le plus ſenſiblement altéré.

8. Si dans l'équation différentielle de l'orbite de la lune, il ſe trouve des termes de cette forme $B\,dz^2$ coſ. Nz, N^2 étant $= 1 - \frac{3n^2}{2}$; ces termes produiront (comme on l'a vû, art. 3) dans la valeur du rayon vecteur des termes de cette forme $- Az$ ſin. Nz, & dans l'expreſſion du temps des termes de cette forme $+ Az$ coſ. Nz; d'où il réſultera, après un grand nombre de révolutions, une inégalité ſenſible dans le mouvement moyen de la lune; mais cette inégalité ne ſera pas, comme les quarrés des révolutions; elle ſeroit dans un petit nombre de révolutions actuelles, très-éloignées du point de l'époque, à peu près en raiſon de coſ. Nz, Nz étant, non l'anomalie moyenne de la lune, mais la diſtance

moyenne de cet aſtre à un point dont le mouvement ſeroit à peu près la moitié de celui de ſon apogée ; & au bout d'un grand nombre de révolutions, elle ſe trouveroit, tantôt nulle, tantôt très-ſenſible dans une même période, ſelon que coſ. Nz ſeroit $= 0$ ou $= \pm 1$.

9. Or comme on ne remarque point dans les révolutions actuelles de la lune d'inégalité proportionnelle à cette quantité coſ. Nz, N étant $= \sqrt{\left(1 - \frac{3n^2}{2}\right)}$ ou à très-peu près, ni d'inégalité du mouvement moyen qui ſoit ſenſible dans une même période, il eſt naturel d'en conclure que l'accélération du mouvement moyen de la lune ne vient point de pareils termes.

10. Voyons maintenant ce que produiroient les termes $B\,dz$ coſ. pz, dans leſquels p ſeroit, non exactement, mais à très-peu près $= N$, N^2 étant toujours égal à $1 - \frac{3n^2}{2}$ à très-peu près, & le vrai mouvement de l'apogée étant repréſenté par une quantité $N' = 1 - \frac{3n^2k}{2}$; dont la différence d'avec l'unité eſt, comme l'on ſait, à peu près double de la différence de N avec l'unité.

11. Il eſt aiſé de voir, que dans la théorie de la lune (expoſée art. 10 & ſuiv. des *Recherches ſur le ſyſtême du Monde*) chaque terme de l'équation différentielle de l'orbite, ſera $= dz^2\,[B$ coſ. $qN'z + \lambda\pi nz + \mu(z - nz) + \nu(z - pz)]$ q, λ, μ, ν étant des coefficiens indéterminés exprimés par des nombres entiers poſitifs ou négatifs, en y comprenant zero & l'unité. De plus, l'é-

quation de l'orbite sera $ddt + tdz^2 - \frac{3\,\mathcal{C}'n^2}{2}tdz^2 + B\cos. p'z \,.\, dz^2 + \&c. = 0$, $\mathcal{C}'$ étant une quantité peu différente de l'unité ; & on aura p (qui donne le mouvement moyen du nœud) $= -\frac{3\,\mathcal{C}\,n^2}{4}$, $\mathcal{C}$ étant de même une quantité peu différente de l'unité, ainsi que π.

12. Donc, pour que le terme $B\cos. p'z$ devînt considérablement plus grand par l'intégration, il faudroit que $qN'z + \lambda\pi nz + \mu(z - nz) + \nu(z - pz)$ fût, ou exactement, ou à très-peu près $= 1 - \frac{3\,\mathcal{C}'n^2}{4}$.

13. Donc à cause de $N' = 1 - \frac{3\,\mathcal{C}''n^2}{2}$ ($\mathcal{C}''$ étant de même très-peu différent de l'unité) on aura $(q + \mu + \nu)z - \frac{3\,\mathcal{C}''qn^2z}{2} + \frac{3\,\mathcal{C}\,n^2z}{4} \times \nu + (\lambda\pi - \mu)nz$, à très-peu près égal à $\left(1 - \frac{3\,\mathcal{C}'n^2}{4}\right)z$, pris positivement ou négativement.

14. Donc supposant ρ un nombre presque égal à l'unité positive ou négative, on aura

$$q + \mu + \nu = \pm 1 ;$$

$$-\frac{3\,\mathcal{C}''q}{2} + \frac{3\nu\mathcal{C}}{4} = \mp \frac{3\rho\mathcal{C}'}{4} ;$$

$\lambda - \mu = 0$, à cause que π est presque $= 1$.

15. Soit supposé d'abord, pour simplifier le calcul, $\mathcal{C} = \mathcal{C}'' = \rho = \mathcal{C}' = 1$, on aura

$$q + \mu + \nu = \pm 1 ,$$

$$-2q + \nu = \mp 1 ,$$

$$\lambda - \mu = 0.$$

16. Donc on aura

$3q + \mu \mp 1 = \pm 1$,

$\mu = \pm 2 - 3q$,

$\lambda = \pm 2 - 3q$,

$\nu = \mp 1 + 2q$.

Si, par exemple, $q = 1$, on aura

$\mu = -1$ ou -5,

$\lambda = -1$ ou -5,

$\nu = +1$ ou $+3$.

17. Si on suppose $\beta = 1 + \varepsilon$, $\beta'' = 1 + \varepsilon'$, $\pi = 1 + \omega$, $\rho = 1 + \delta$, $\beta' = 1 + \gamma$, on aura

$q + \mu + \nu = \pm 1$,

$-2q + \nu + \nu\varepsilon - 2q\varepsilon' = \mp (1 + \delta) \times (1 + \gamma)$;

$-\mu + \lambda + \lambda\omega = k$, k étant une quantité extrêmement petite.

18. Donc, comme μ, ν, λ, q sont des nombres entiers, on doit avoir les mêmes équations que dans l'art. 14; & de plus,

1°. $\nu\varepsilon - 2q\varepsilon' = \mp \delta \mp \delta\gamma \mp \gamma$, δ étant une quantité extrêmement petite;

2°. $(\pm 2 - 3q)\,\omega$ extrêmement petit.

19. Suivant les observations astronomiques, on a

$n = 0{,}0748$,

$$n^2 = \frac{1}{178\frac{29}{40}} = 0{,}00559518,$$

$$\frac{3\beta'' n^2}{2} = 0{,}008455,$$

$$p = -\frac{3\beta n^2}{4} = -0{,}004053,$$

$$1-\pi = \frac{16' \, 16'''}{360 \cdot 60 \cdot 60} = 16'' \left(1+\tfrac{1}{60}\right) \times \frac{1}{360 \cdot 60 \cdot 60}$$

$$= \text{environ } \frac{1}{360 \cdot 15 \cdot 15},$$

donc $\frac{3n^2}{2} = 0{,}008392$;

$\beta'' = 1{,}0075$,

$\frac{3n^2}{4} = 0{,}004196$;

$\beta = 0{,}96591$.

20. Par le moyen de ces valeurs, on pourroit s'aſſurer ſi les équations de l'art. 14 auront lieu; mais il eſt aiſé de voir, ſans entreprendre ce travail, que les termes de la forme $B\,dz$ coſ. $(Nz+\gamma z)$, γ étant une quantité très-petite, & $N = 1 - \frac{3\beta' n^2}{4}$, n'auront point d'influence ſur le mouvement moyen de la lune, puiſqu'il n'en réſultera, dans l'expreſſion du lieu, que des équations de cette forme C ſin. $(Nz+\gamma z)$, qui pourront, à la vérité, être fort grandes, mais qui n'affecteront point le moyen mouvement, & ne feront qu'altérer les autres équations de la lune.

21. Or comme $N+\gamma$ n'eſt pas une quantité fort petite, puiſqu'elle eſt peu différente de l'unité, il eſt clair que s'il y avoit dans le mouvement de la lune des équations tant ſoit peu conſidérables, proportionnelles à ſin. $(N+\gamma)z$, l'effet de ces équations feroit bientôt rendu ſenſible par les obſervations; & comme on n'en remarque point de telles, on peut en conclure que ces équa-

tions, ſi elles exiſtent, ont une valeur très-petite.

22. Il eſt à remarquer, que ſi r étoit $=0$, on auroit (art. 15) $-2q=\mp 1$; ce qui eſt impoſſible, puiſque q eſt toujours néceſſairement un nombre entier poſitif ou négatif; d'où il eſt aiſé de voir que les termes dont il s'agit n'auroient point lieu, ſi l'orbite de la lune étoit ſur le plan même de l'écliptique.

23. Il eſt encore d'autres termes qui peuvent devenir très-grands par l'intégration : ce ſont ceux qui dans l'expreſſion du rayon, renfermeroient des termes coſ. $p'z$, dans leſquels p' ſeroit très-petit; car ces termes, dans l'expreſſion du temps augmenteroient prodigieuſement par l'intégration. Or dans ces ſortes de termes, on auroit, en ſuppoſant $\beta=\beta'=\beta''=\rho=1$, les équations ſuivantes;

$q+\mu+\nu=0$,

$-2q+\nu=0$,

$\lambda-\mu=0$.

D'où l'où tire

$\mu=-3q$,

$\lambda=-3q$,

$\nu=2q$,

24. Plus exactement, ſi on ſuppoſe $\beta=1+\epsilon$, $\beta''=1+\epsilon'$; $\pi=1+\omega$, ϵ, μ, ω, ϵ' étant des quantités très-petites; il faut que l'on ait dans le cas préſent

$q+\mu+\nu=0$,

$-2q+\nu+\nu\epsilon-2q\epsilon'=k$, k étant une quantité extrêmement petite,

$-\mu+$

$-\mu+\lambda+\lambda\omega=k'$, k' étant de même une quantité extrêmement petite.

25. D'où il est aisé de conclure, que puisque q, λ, μ, ν, sont des nombres entiers, on aura, comme ci-dessus,

1°. $\mu=-3q$,

$\lambda=-3q$,

$\nu=2q$;

2°. $2q(\epsilon-\epsilon')$ extrêmement petit;

3°. $3q\omega$ extrêmement petit.

26. Telles sont les conditions nécessaires pour qu'il se rencontre dans la valeur de x des termes B cos. pz; p étant une quantité extrêmement petite. Voici maintenant de quelle maniere ces termes peuvent influer dans l'équation séculaire du moyen mouvement de la lune.

27. Remarquons d'abord, que lorsque deux angles u & b different entr'eux d'une petite quantité α, on aura

$$\text{sin. } u-\text{sin. } b=(u-b)\text{ cos. } b-\frac{(u-b)^2}{2}\text{ sin. } b$$

à très-peu près. Car soit $u=b+\alpha$, on aura sin. $u=$ sin. $\overline{b+\alpha}=$ sin. $b+\alpha$ cos. $b-\frac{\alpha^2}{2}$ sin. $b-\frac{\alpha^3}{2\cdot 3}\times$ cos. $b+\frac{\alpha^4}{2\cdot 3\cdot 4}$ sin. b, &c. Donc, &c.

28. Supposons donc qu'il y ait dans la formule du mouvement de la lune, un terme de cette forme A sin. λz, λ étant une quantité extrêmement petite; soit observé le lieu de la lune dans deux momens éloignés l'un de l'autre de l'arc δ qui renferme plusieurs circonférences;

soit $\zeta + \delta$ l'arc z que la lune a parcouru depuis l'époque où commencent les tables (ou, pour parler plus exactement, depuis le moment où tous les argumens sont nuls) jusqu'au second de ces deux momens, il est aisé de voir que la différence des lieux observés sera $B(\zeta + \delta) + A \sin. \lambda(\zeta + \delta) - B\zeta - A \sin. \lambda \delta = B\delta + A\lambda\delta \cos. \lambda\zeta - \frac{A\delta^2\lambda^2}{2} \sin. \lambda\zeta$, en supposant λ & A assez petits pour que $A\lambda\delta$ soit un angle très-petit, quoique δ contienne un grand nombre de circonférences ; donc, tant que δ ne sera pas énormément grand, le mouvement moyen paroîtra altéré d'une quantité $= -\frac{A\delta^2\lambda^2}{2} \sin. \lambda\zeta$, c'est-à-dire, d'une quantité proportionnelle au quarré de l'arc δ.

29. Il est aisé de voir de plus, que le mouvement moyen paroîtra accéléré si A est négatif, & retardé si A est positif; & comme les observations de M. Mayer paroissent prouver que le mouvement moyen de la lune est accéléré, & que cette accélération est proportionnelle au quarré du temps, il s'ensuit, que si on peut expliquer cette accélération par le moyen que nous supposons, il faut supposer A négatif.

30. Mais au bout d'un très-grand nombre de siécles, lorsque $\lambda\delta$ renfermera un angle de plusieurs degrés, alors cette équation apparente n'aura plus lieu, & se transformera en une autre équation proportionnelle à $\sin. (\lambda\zeta + \lambda\delta) - \sin. \lambda\zeta$, laquelle ne sera sensible (ainsi

que l'accélération apparente du mouvement moyen) que dans le cas où le coefficient A ne sera pas trop petit.

31. Il ne s'agit donc que de trouver dans la formule du lieu de la lune, un terme A sin. λz, dans lequel λ soit assez petit, pour qu'en prenant z égal à un très-grand nombre de révolutions, λz demeure encore très-petit. Par ce moyen, on satisfera avec le secours de la gravitation seule, à l'équation séculaire apparente du moyen mouvement de la lune.

32. Or N étant la quantité qui indique le mouvement de l'apogée, & p celle qui indique le mouvement des nœuds, λ ne sera jamais égal qu'à $R(1-n)+Q(N)+Sp$, R, Q, S étant des nombres entiers positifs ou négatifs. Il pourroit donc n'être pas impossible de trouver des valeurs de R, Q, S, telles que $R(1-n)+Q.N+Sp$ soit presque $=0$. C'est une recherche qui me paroît digne de toute l'attention des Mathématiciens.

33. Soit α cos. Nz un des termes qui entrent dans l'expression du rayon vecteur, N exprimant, non pas seulement le mouvement de l'apogée, mais un nombre constant quelconque; & soit β cos. $(Nz+\gamma z)$ un autre terme, α étant $>\beta$, & γ étant supposé une quantité extrêmement petite, ensorte que la différence des argumens Nz & $Nz+\gamma z$ ne soit sensible qu'au bout d'un certain nombre, ou même d'un très-grand nombre de révolutions. On suppose ici que la planete parte d'une de ses apsides; si elle n'en partoit pas, il faudroit, au lieu de cos. Nz, mettre cos. $(Nz+N.A)$,

& au lieu de cof. $(N z + \gamma z)$, mettre le cofinus de $(N+\gamma)z + (N+\gamma)A$, A étant la diftance de la planete à l'apfide, lorfque z & $t = 0$. Cela pofé, le temps par l'arc z, fuppofé égal à zero quand $z = 0$, contiendra les termes δ fin. $(Nz + N.A) + n$ fin. $(Nz + \gamma z + [N+\gamma]A) - \delta$ fin. $N.A - n$ fin. $(N+\gamma)A$, qu'on peut transformer ainfi, en fuppofant γz fort petit, $(\delta + n)$ fin. $(Nz + N.A) + (\gamma z + \gamma A)n \times$ cof. $(Nz + N.A) - \frac{(\gamma z + \gamma A)^2 n}{2}$ fin. $(Nz + N.A)$ &c. $- (\delta + n)$ fin. $N.A - n\gamma A$ cof. $N.A + \frac{\gamma^2 A^2 . n}{2} \times$ fin. $N.A$.

34. D'où il s'enfuit, 1°. que lorfque $Nz = 360°$; il y a dans le mouvement moyen une altération proportionnelle à $\gamma^2 z^2$ fin. $N.A$; 2°. que cette altération n'eft fenfible que dans le cas où fin. $N.A$ n'eft pas une petite quantité; 3°. que fi on fuppofe $N.z = 180°$, l'altération deviendra négative : de maniere qu'on ne peut la regarder comme proportionnelle à z^2, c'eft-à-dire au quarré du nombre des révolutions, qu'en prenant toujours l'aftre à la même diftance de l'apfide, ou à peu près à la même diftance, que celle où il étoit lorfque z & t étoient $= 0$; ou du moins, en prenant toujours l'aftre à peu près à la même diftance de l'apfide, dans les obfervations qui fervent à comparer fes mouvemens; car dans les points que l'on compare les quantités fin. $(Nz + N.A)$, & cof. $(Nz + N.A)$ doi-

vent être, ou les mêmes, ou à peu près les mêmes.

35. C'eſt pourquoi, ſi l'altération apparente du mouvement moyen d'une planete vient de la cauſe que nous ſuppoſons ici, ſavoir de deux équations, dont les argumens ſont à peu près les mêmes pendant un certain nombre de révolutions, cette altération ne doit pas ſuivre la loi conſtante des quarrés des temps, ſi on obſerve la planete dans différentes poſitions par rapport à ſon apſide.

36. Mais il faut remarquer de plus, que la combinaiſon des termes α coſ. Nz, & β coſ. $(Nz + \gamma z)$, donne dans l'expreſſion du temps un terme de cette forme $\frac{\alpha \beta \text{ ſin. } \gamma z}{\gamma}$, & que l'équation ſéculaire qui en réſulte eſt proportionnelle (art. 28) à $\frac{\alpha \beta}{\gamma} \times \gamma^2 \times$ par le quarré du nombre des révolutions. Ce coefficient $\alpha \beta \gamma$ eſt au coefficient $\gamma^2 n$, ou $\gamma^2 \beta$ de l'équation de l'art. 34, comme α eſt à γ; enſorte que ſi α eſt beaucoup $> \gamma$, l'équation ſéculaire, dont il s'agit dans cet article-ci, eſt beaucoup plus ſenſible que l'autre. Cette altération a d'ailleurs cet avantage, qu'elle paroîtra conſtamment proportionnelle au quarré du temps. On peut bien dire proprement qu'il n'y a que cette derniere cauſe qui donne, à parler exactement, une vraie altération dans le mouvement moyen; puiſque l'altération qu'il faudroit faire au mouvement moyen, en vertu de l'autre cauſe, ſuit une loi différente, ſelon les points de l'orbite où la planete ſe trouve.

37. M. de la Grange, dans le Tome III des Mémoires de Turin, a expliqué fort ingénieusement l'altération des mouvemens moyens de Saturne & de Jupiter, par une hypothèse semblable à celle de l'art. 31 & des suivans; il paroît, que si l'altération du mouvement moyen de la lune vient de la gravitation, cette altération n'a pas la même cause que celle à laquelle M. de la Grange attribue l'altération du mouvement moyen de Jupiter & de Saturne, mais qu'elle provient d'une cause semblable à celle que nous avons exposée art. 31 & 32.

38. Nous disons, *si l'altération du mouvement moyen de la lune vient de la gravitation*; car elle pourroit venir aussi, comme nous le verrons dans le Mémoire suivant, de la résistance que la lune éprouve ou peut éprouver de la part de quelque fluide très-rare dans lequel elle seroit mue; & cette derniere supposition paroît même celle qui explique le mieux, quant à présent, l'altération du mouvement moyen de la lune, au moins dans l'état où est encore jusqu'ici la théorie de la lune tirée de la seule gravitation; théorie qui n'a point encore fourni d'explication de l'équation séculaire de cette planete.

Fin du quarantiéme Mémoire.

XLIME MÉMOIRE.

De la résistance que les Planetes & les Cometes peuvent éprouver dans leur mouvement.

§. I.

De la résistance qu'éprouvent les Planetes premieres & les Cometes.

1. Nous avons donné dans nos *Recherches sur le système du Monde*, Partie II, Liv. II, chap. VI, les formules nécessaires pour parvenir aisément à déterminer les effets de cette résistance. Nous allons faire ici des applications de ces formules aux planetes & aux cometes.

2. En conservant les mêmes noms que dans l'art. 277 des *Recherches sur le système du Monde*, & mettant au lieu de $F \Delta u$ sa valeur $\frac{S+C}{xx}$, ou $(S+C)\,uu$ à cause de $u = \frac{aa}{x}$ ou $\frac{1}{x}$, on aura $ddu + u dz^2 - \frac{qq dz^2}{gg}$ $\times (S+C) = 0$; & comme $\frac{1}{qq} = 1 + 2\int \frac{\pi a^4 dz}{u^3 gg}$, ou

$qq = 1 - 2\int \frac{\pi a^4 dz}{u^3 gg}$, & que $\pi = -\frac{R dz . a^2}{u ds}$, la résistance $R = R' v^2$, & $\frac{a^4 dz}{uug} = \frac{ds}{v}$, on aura, en substituant, $ddu + u dz^2 - \frac{(S+C) dz^2}{gg} - \frac{2 dz^2 (S+C)}{gg} \times \int R' ds = 0$.

3. Dans cette quantité, R' représente l'intensité de la résistance, qui dépend de la loi de densité du fluide, de la surface de la planete ou de la comete, & de sa masse ; ensorte que si la densité du fluide résistant est par-tout la même, on aura $\int R' ds = R' s$.

4. On remarquera de plus, que si φ est la résistance que le fluide oppose à la planete ou comete, mue avec la vitesse g, on aura $R' = \frac{\Phi}{g^2}$, φ étant une constante, ou au moins une quantité qui dépend de la densité du fluide, de la surface de la planete ou comete, de sa masse, & de la vitesse g.

5. Donc, si on fait $-\frac{2(S+C)}{gg}\int R' ds = M$, on aura (a) $u = a \cos. z + \left(\frac{S+C}{gg}\right) \times (1 - \cos. z) - \sin. z \int M dz \cos. z + \cos. z \int M dz \sin. z$. Or il est d'abord évident, qu'au bout d'un nombre quelconque complet de révolutions, on aura $\cos. z = 1$, & $\sin. z = 0$, & qu'ainsi $u = a + \int M dz \sin. z$.

6. Pour intégrer cette quantité $\int M dz \sin. z$, lorsque

(a) Voy. *Opusc. Math.* Tome II, douzième *Mémoire*, §. V.

R'

R' eſt conſtant, il ne faut que ſavoir intégrer celle-ci, $\int s\,dz \text{ fin. } z$, ou $-s \text{ coſ. } z + \int ds \text{ coſ. } z$. La premiere partie dépend évidemment de la rectification de l'ellipſe. A l'égard de la ſeconde, ſi on fait $e =$ à l'excentricité, $x' =$ aux abſciſſes priſes depuis le centre, $\delta =$ à la moitié du grand axe, on aura $ds = -\frac{dx' \sqrt{(\delta\delta - \frac{eex'x'}{\delta\delta})}}{\sqrt{(\delta\delta - x'x')}}$; & $\text{coſ. } z = \frac{x' - e}{\delta - \frac{ex'}{\delta}}$; d'où l'on tire $ds \text{ coſ. } z =$

$$\frac{(\delta - \frac{ee}{\delta})\, x'dx'}{\sqrt{(\delta\delta - x'x')}.\sqrt{(\delta\delta - \frac{eex'x'}{\delta\delta})}} + \frac{(\frac{ex'x'}{\delta} - e\delta)\,dx'}{\sqrt{(\delta\delta - x'x')}.\sqrt{(\delta\delta - \frac{eex'x'}{\delta\delta})}};$$

la premiere partie s'integre par logarithmes; quant à la ſeconde, ſoit $x'x' = \delta z'$, elle ſe changera en $- \frac{edz'\sqrt{(\delta - z')}}{2\sqrt{z'}.\sqrt{(\delta^2 - \frac{z'e^2}{\delta})}}$; ou, en faiſant $\delta - z' = u'$, en $+ \frac{edu'\sqrt{u'}}{2\sqrt{(\delta - u')}.\sqrt{(\frac{ee}{\delta})}.\sqrt{(\frac{\delta^3}{ee} - \delta + u')}}$, qui dépend de la rectification de l'hyperbole. Voyez les Mém. de Berlin 1746, art. XX, & le XXXVIe Mémoire de ces *Opuſcules*, §. IV, art. 12 & ſuiv. p. 241 de ce Volume.

7. Dans les ellipſes fort excentriques, telles que le ſont celles des cometes, on peut, au lieu de l'arc s, prendre la corde de cet arc, parce qu'il n'y a jamais entre l'arc & la corde qu'une différence qui eſt de l'ordre de $\delta - e$, & par conſéquent très-petite par rapport à δ, & que la quantité $\int s\,dz \text{ fin. } z$ doit être multipliée

par la quantité R' qui est elle-même excessivement petite; d'où il s'ensuit, qu'en prenant la corde au lieu de l'arc, on ne néglige que des quantités de l'ordre de $\frac{R'a}{\delta}$, a étant la distance périhélie, & δ le demi-grand axe.

8. Or la corde de l'arc est évidemment $\sqrt{(aa + xx - 2xa \cos. z)} = \sqrt{[aa.(\delta + e \cos. z)^2 + (\delta\delta - ee)^2 - 2a \cos. z (\delta\delta - ee)(\delta + e \cos. z)]} : (\delta + e \cos. z)$; cette quantité qui représente ici s (art. précédent), étant multipliée par $dz \sin. z$, qui est la différence de $-\cos. z$, il est facile de l'intégrer par logarithmes, ou par arcs de cercle.

9. Pour donner à cette quantité la forme la plus simple, on remarquera que x étant $= \frac{\delta\delta - ee}{\delta + e \cos. z}$, on a $\cos. z = \frac{\delta\delta - ee}{ex} - \frac{\delta}{e}$, & $dz \sin. z = \frac{(\delta\delta - ee).dx}{exx}$, donc, au lieu de $s\, dz \sin. z$, on pourra mettre $\frac{(\delta\delta - ee).dx}{exx} \times \sqrt{(aa + xx + \frac{2a}{e}(\delta\delta - ee) - \frac{2a\delta x}{e})}$, quantité qui s'integre facilement par logarithmes ou par arcs de cercle, en employant les méthodes connues.

10. Si l'ellipse étoit primitivement circulaire ou à peu près, on auroit $\int s\, dz \sin. z = \int \delta z \sin. z . dz = - \delta z \cos. z + \delta \sin. z =$ après une révolution $- \delta . 360°$. Donc $u = \delta + \frac{2S.R'}{gg} \times 2\pi\delta$, 2π exprimant le rap-

port de la circonférence au rayon : ce qui donne, à cause de $gg = \frac{S}{\delta}$, $u = \delta + 2\delta R' \times 2\pi\delta$, & $x = \delta(1 - 4R'\pi\delta)$. En général, si l'orbite primitive est presque circulaire, on aura, en faisant $a = 1$, $u = \text{cos}.z + \frac{S}{gg} \times (1 - \text{cos}.z) - \frac{2R'.S}{gg} \times (-z + \text{sin}.z)$; $\pi = - \frac{R'v^3 dz.a^2}{uds} =$ à très-peu près $-R'g^2$; & l'altération du temps périodique sera à très-peu près $\int \frac{dz}{g} \times -3R'z = -\frac{3R'z^2}{2g}$; donc 2π exprimant la circonférence, & $\frac{2\pi}{g}$ le temps périodique abstraction faite de la résistance, l'altération sera $-\frac{3.2\pi\pi.R'}{g}$; c'est-à-dire, que le temps d'une révolution $\frac{2\pi}{g}$ sera diminué en raison de 1 à $1 - 3R'\pi$.

11. Donc après m révolutions, l'altération du temps périodique $\frac{2\pi}{g}$ ou $\frac{2\pi a}{g}$ sera $-\frac{3.2m^2\pi^2 R'}{g}$, ou $-\frac{3.2m^2\pi^2 R'a^2}{g}$, afin que cette quantité devienne de dimension nulle comme elle le doit être, R' étant de la dimension -1.

12. Dans une planete, plus la révolution est prompte, plus toutes choses d'ailleurs égales, l'effet de la résistance doit être sensible. Car puisque la période est accélérée dans tous les cas (art. 10 & 11) d'une partie

proportionnelle à $\alpha\delta$, α étant $= 3 R'\pi$, & δ la distance, supposée à peu près constante, de la planete au soleil, soit P la période non altérée, on aura $P - P\alpha\delta$ pour la période altérée; donc le lieu moyen, après une révolution, est avancé de $360^\circ \times \alpha\delta$, & après m révolutions de $360^\circ \times m^2 \alpha\delta$. Donc si la planete la plus prompte, dont je suppose la distance δ, (la distance de l'autre étant $= 1$) fait m révolutions, pendant que l'autre en fait une, l'avancement du lieu moyen dans la premiere sera à celui du lieu moyen de la seconde, comme $m^2\delta$ est à 1; or m^2 est en raison inverse de δ^3; donc l'avancement du lieu moyen, dans la premiere planete, est comme $\frac{1}{\delta^2}$, & par conséquent considérablement plus sensible (tout le reste d'ailleurs égal) dans la planete dont la révolution est plus prompte; & cela en raison inverse du quarré de la moyenne distance, ou de la puissance $\frac{4}{3}$ du temps périodique.

13. Ceci suppose au reste que R' soit constant; car si R' étoit comme δ^p, alors l'avancement du lieu moyen seroit comme δ^{p-2}.

14. Il faut remarquer de plus, que R' est aussi, toutes choses d'ailleurs égales, comme la surface de la planete divisée par la masse; d'où il s'ensuit, que si on nomme Δ la densité de la planete, & a son demi-diametre, l'avancement du lieu moyen sera comme $\frac{\delta^{p-2}}{\Delta a}$.

15. Pour déterminer maintenant l'altération du mouvement des cometes, remarquons d'abord que nous pour-

rions trouver, par une méthode analogue à celle de l'art. 6 & des ſuivans, l'effet de la réſiſtance pendant une révolution, & le comparer à l'effet de la réſiſtance pendant une ſeule révolution d'une planete ordinaire. Mais cette recherche ſeroit plus curieuſe qu'utile, parce que l'effet de la réſiſtance, s'il eſt ſenſible, doit ſe manifeſter dans les cometes & dans les planetes, non par une ſeule révolution, mais par la différence de deux révolutions ſucceſſives. Car il eſt évident que l'effet de la réſiſtance pendant deux révolutions de la comete, priſes & conſidérées ſéparément, eſt ſenſiblement le même; & que par conſéquent la ſeule différence ſenſible qu'il puiſſe y avoir entre ces deux révolutions, vient uniquement de la vîteſſe initiale & de la diſtance périhélie. Donc, pour comparer deux révolutions ſucceſſives, il ſuffira de comparer les vîteſſes initiales & les diſtances périhélies, c'eſt-à-dire, de ſavoir combien la vîteſſe & la diſtance périhélie ont été altérées d'une révolution à la ſuivante par la réſiſtance du fluide; ou, ce qui eſt encore la même choſe, il ſuffira de ſavoir combien la diſtance moyenne ou le demi-grand axe que l'ellipſe de la comete auroit eu dans la premiere révolution, abſtraction faite de la réſiſtance pendant cette premiere révolution, differe du demi-grand axe que l'ellipſe auroit eu dans la ſeconde révolution, en vertu de la réſiſtance pendant la premiere révolution, & abſtraction faite de la réſiſtance pendant cette ſeconde révolution. En effet, c'eſt le rapport de ces grands axes qui détermine, comme on ſait, le rapport des temps périodiques dans les deux ellipſes conſécutives.

16. M. Clairaut, dans ſa piéce ſur le mouvement des cometes, qui a partagé le prix de l'Académie de Pétersbourg en 1762, a donné pour l'objet dont il s'agit une méthode fort élégante, dans laquelle il s'eſt gliſſé ſeulement une mépriſe de calcul, eſſentielle pour le réſultat de la ſolution, mais très-aiſée à corriger. Ce ſavant Géometre fait voir, que ſi on prend a pour le demi-axe de l'ellipſe, que la comete tend à décrire au commencement de la premiere révolution, & $\frac{a}{1-\zeta}$ pour le demi-axe de l'ellipſe que la même comete tend à décrire au commencement de la ſeconde révolution, on aura $\zeta = -\frac{2a}{M}\int R\,ds$, M étant la maſſe du ſoleil, & R étant $= R'v^2$; or $v^2 = \frac{2M}{r} - \frac{M}{a}$, r étant le rayon variable de l'ellipſe de la comete; donc $\zeta = -2aR'\int\left(\frac{2}{r} - \frac{1}{a}\right)ds$. M. Clairaut ne trouve que $\zeta = -2R'\int\left(\frac{2}{r} - \frac{1}{a}\right)ds$; mais il eſt évident, par ſon calcul même, qu'il a omis ſans y prendre garde le facteur a; puiſqu'il réduit (page 41 de ſa piéce) la quantité $\frac{2a}{M}\int\frac{Rr^2dv^2}{ds} + \frac{2a}{M}\int\frac{Rdr^2}{ds}$ à $\frac{2}{M}\int R\,ds$, au lieu que cette quantité eſt évidemment $\frac{2a}{M}\int R\,ds$; $r^2dv^2 + dr^2$ étant $= ds^2$. D'ailleurs ζ devant être ici un

nombre, doit être de dimenſion nulle, ce qui ne peut avoir lieu qu'en prenant l'équation $\zeta = -2aR'\int\left(\frac{2}{r} - \frac{1}{a}\right)ds$, parce que R' eſt de dimenſion -1. Il eſt vrai qu'on peut ſupprimer a, en regardant cette quantité comme l'unité, ce qui n'aura point d'inconvénient quand il s'agit de comparer les altérations dans deux ellipſes où a ſera à peu près la même; mais quand il s'agira de comparer l'altération des révolutions d'une comete à l'altération de la révolution d'une planete quelconque, par exemple, de la terre, alors la diſtance moyenne a n'étant pas la même dans les deux cas, il faudra néceſſairement en tenir compte, ce que M. Clairaut n'a point fait.

17. Soit donc en général a' la diſtance moyenne ou le rayon de l'orbite d'une planete quelconque, 2π le rapport de la circonférence au rayon, l'altération $a\zeta$ de la diſtance moyenne de la comete ſera à celle de la planete, comme $a^2\int\left(\frac{2}{r} - \frac{1}{a}\right)ds$ eſt à $2\pi a'^2$, & par conſéquent, le temps périodique étant en raiſon des puiſſances $\frac{3}{2}$ des diſtances moyennes, l'altération ou la diminution des temps périodiques (je dis la diminution à cauſe de ζ négatif) ſera en raiſon de $a^{\frac{5}{2}}\int\left(\frac{2}{r} - \frac{1}{a}\right)ds$ à $2\pi a'^{\frac{5}{2}}$, & non pas ſimplement en raiſon de $a^{\frac{3}{2}}\int\left(\frac{2}{r} - \frac{1}{a}\right)ds$ à $2\pi a'^{\frac{3}{2}}$, comme l'a cru M. Clairaut.

18. Ce ſavant trouve que dans la comete de 1759, la quantité $\int\left(\frac{2}{r}-\frac{1}{a}\right)ds$ eſt à peu près 18, 005, & comme 2π eſt = à peu près 6, 281381, & que $a^{\frac{3}{2}}$ eſt à $a'^{\frac{3}{2}}$ à peu près comme $75\frac{1}{2}$ ans eſt à 1, (en prenant a' pour la diſtance de la terre au ſoleil), il s'enſuit que la diminution du temps périodique de la comete doit être à celle de la terre à peu près comme 18, 005 × $(75\frac{1}{2})^{\frac{5}{3}}$ eſt à 6, 281381.

19. Ainſi, la diminution du temps périodique de la comete, en vertu de la réſiſtance, eſt moins de 3 × $(75\frac{1}{2})^{\frac{5}{3}}$ fois la diminution du temps périodique de la terre. M. Clairaut ne trouve que 3 × $75\frac{1}{2}$ fois, ayant omis par mégarde les coefficiens a & a' dans la comparaiſon des altérations des diſtances moyennes. Mais comme l'altération du temps périodique de la terre, pendant une révolution, eſt abſolument inſenſible, & qu'elle l'eſt même au bout d'un grand nombre de ſiécles, il s'enſuit que l'effet de la réſiſtance ſur la comete de 1759, eſt inſenſible auſſi, du moins d'une révolution à l'autre. En effet, on verra plus bas qu'il faudroit $\frac{100 \times 100}{9}$ ans pour que le lieu de la terre fût avancé de 7″, & par conſéquent $\frac{100 \times 100}{9}$ ans pour que ſon mouvement fût accéléré d'environ $\frac{7}{60 \times 60}$ de jour, à raiſon d'environ un degré par jour; donc une ſeule révolution de la terre ne

ne pourra être diminuée par la résistance que de $\frac{7}{60 \times 60}$ jours multipliés par $\frac{81}{100^4}$, puisque l'altération est en raison du quarré du nombre des révolutions (art. 10 & 11). Donc une révolution de la terre ne pourra être diminuée par la résistance que de $\frac{7 \times 81^{\text{jours}}}{(60)^2 . (100)^4}$. Donc deux révolutions ne pourront être diminuées que de $\frac{7 \times 81 \times 4^{\text{jours}}}{(60)^2 . (100)^4}$. Donc la différence de deux révolutions successives, différence qui est le seul objet dont il s'agit ici, sera $= \frac{7 \times 81 \times 3^{\text{jours}}}{(60)^2 . (100)^4} = \frac{7 \times 81 \times 3 \times 24''}{(100)^4} = \frac{7 \times 81''. 9}{25 \times 5000}$. Donc la différence de deux révolutions successives de la comete de 1759 sera, en vertu de la résistance, $\frac{7 \times 81'' \times (75\frac{1}{2})^{\frac{5}{3}} \times 27}{25 \times 5000}$: ce qui ne produira qu'un temps peu considérable, & qu'on ne pourra par conséquent distinguer par l'observation d'avec les autres altérations du mouvement de la comete, altérations que la théorie ne donne qu'imparfaitement.

20. A l'égard de la valeur générale de $\int \left(\frac{2}{r} - \frac{1}{a}\right) ds$, c'est un objet que nous nous proposons de traiter dans un autre écrit, où nous examinerons en même-temps l'altération que la résistance fait éprouver à la comete pendant une seule révolution, & celle que la distance périhélie éprouve aussi durant une seule révolution. En

voilà assez quant à présent sur l'objet principal de ce Mémoire, c'est-à-dire sur la comparaison de la résistance que les cometes & les planetes peuvent éprouver.

21. Au reste, nous avons supposé, avec M. Clairaut, dans les calculs précédens, que l'intensité R' de la résistance étoit la même pour la comete & pour la terre, ce qui n'est vrai, qu'en supposant que l'éther soit par tout de densité uniforme, & que la comete & la terre ayent le même diametre & la même densité. Ces deux suppositions, & sur-tout la derniere, peuvent être fort éloignées de la vérité; en conséquence, le rapport trouvé des altérations du moyen mouvement peut être très-différent de celui que nous lui avons assigné d'après les suppositions de M. Clairaut, les seules au reste qui puissent, quant à présent, être faites pour le calcul.

§. II.

De la résistance qu'éprouvent les planetes secondaires & principalement la lune.

1. Venons présentement aux loix de la résistance que peut éprouver la lune dans un fluide très-rare, & que peuvent éprouver en général les planetes secondaires ou satellites; & voyons quelle influence peut avoir cette résistance sur le mouvement moyen. Nous avons déja remarqué (*Recherches sur le systême du Monde*, Part. II, art. 292) que pour déterminer les loix de cette résistance, il falloit avoir égard, non à la vîtesse *relative* des

satellites autour de leurs planetes principales, mais à leur vîtesse *absolue*. C'est d'après ce principe que M. l'Abbé Bossut, dans la piéce qui a remporté le prix de l'Académie en 1762, a traité cette importante matiere; elle va nous fournir quelques réflexions utiles, qu'on pourra ajouter à celles qu'il a déja faites sur ce sujet dans la piéce citée.

2. Soit T la terre (*Fig.* 36); QLD la projection de l'orbite de la lune sur le plan de l'écliptique; $LT = x$; $LD = ds$; NTn la ligne des nœuds de l'orbite de la lune; KTk la direction de la terre dans son orbite au moment où la lune est en L; QTS la ligne qui joint les centres de la terre & du soleil; OLC une parallèle à KTk; v' la vîtesse de la lune; & $\lambda v'$ celle de la terre, λ étant une quantité à peu près constante; ds' l'arc que la terre parcourt dans son orbite pendant le temps que la lune parcourt l'arc ds dans la sienne, ensorte que ds' soit à ds comme λ est à 1; $LA = ds'$; l'angle $DLT = 90^\circ - \alpha$, α étant un assez petit angle; l'angle $KTS = 90^\circ - \alpha'$; on achevera le parallélogramme $LABD$; on tirera la diagonale BLb, & on menera la perpendiculaire BC à LA; cela posé, nommant R l'intensité de la résistance que la lune éprouve, & R' l'intensité de celle que souffre la terre, il est visible, 1°. que la résistance que la terre éprouve en T est $= R' \lambda \lambda v'^2$; 2°. que la vîtesse de la lune, dans l'espace absolu, est $\frac{v' \sqrt{(LB^2 + m^2 d(x \sin. V)^2)}}{LD}$; & par conséquent la ré-

sistance $= \frac{R v' v'}{LD^2} [LB^2 + m^2 d \text{fin.} V)^2]$.

3. Or conservant les noms donnés dans les *Recherches sur le système du Monde*, premiere Partie, art. 6 & 27, on a $LTO = z - z'$; & comme $LOT = 90^\circ - \alpha'$, donc $CLT = 90^\circ - \alpha' + z - z'$; donc puisque $DLT = 90^\circ - \alpha$, on aura CLD ou $CLT - DLT = z - z' + \alpha - \alpha'$; donc $CA = ds \text{ cof.} (z - z' + \alpha - \alpha')$; donc LB^2 ou $LA^2 + LD^2 + 2 LA \times CA = ds^2 + \lambda^2 ds^2 + 2 \lambda ds^2 \text{ cof.} (z - z' + \alpha - \alpha')$; donc la résistance que la lune éprouve dans l'espace absolu, est $- \frac{R' v' v'}{ds^2} \times [ds^2 + \lambda^2 ds^2 + m^2 d(x \text{ fin.} V)^2 + 2 \lambda ds^2 \text{ cof.} (z - z' + \alpha - \alpha')]$; & cette résistance rapportée au plan de l'écliptique, sera égale à la précédente multipliée par le rapport de LB à la ligne $\sqrt{(LB^2 + m^2 d(x \text{ fin.} V)^2)}$ que la lune décrit dans l'espace absolu; donc la résistance cherchée suivant LB, ou plutôt suivant son prolongement Lb, sera $- \frac{R v' v'}{ds^2} \times [ds^2 + \lambda^2 ds + m^2 \times d(x \text{ fin.} V^2) + 2 \lambda ds^2 \text{ cof.} (z - z' + \alpha - \alpha')]^{\frac{1}{2}} \times [ds^2 + \lambda^2 ds^2 + 2 \lambda ds^2 \text{ cof.} (z - z' + \alpha - \alpha')]^{\frac{1}{2}}$; à quoi il faut ajouter la résistance que la terre éprouve suivant Tk, transportée à la lune en sens contraire, & par conséquent suivant LA; ce qui donnera $+ R' v' v' \lambda^2$.

4. Décomposons d'abord cette derniere force $+ R' v' v' \lambda^2$ en deux autres, l'une dans le sens du rayon vecteur LT, & l'autre perpendiculairement à ce même

rayon vecteur; nous aurons pour la premiere $R'v'v'\lambda^2 \times$ cos. $CLT = R'v'v'\lambda^2$ cos. $(90^\circ + z - z' - \alpha') = - R'v'v'\lambda^2$ sin. $(z - z' - \alpha')$; & pour la seconde $R'v'v'\lambda^2 \times$ sin. $CLT = R'v'v'\lambda^2$ cos. $(z - z' - \alpha')$; de même, si on nomme B la quantité trouvée ci-dessus pour la résistance de la lune, on trouvera, en faisant $CLB = \beta$, que les forces qui en résultent sont B cos. $(CLT - \beta) = B$ cos. $(90^\circ + z - z' - \alpha' - \beta) = - B$ sin. $(z - z' - \alpha' - \beta)$, & B sin. $(90^\circ + z - z' - \alpha' - \beta) = B$ cos. $(z - z' - \alpha' - \beta)$. Or sin. $(z - z' - \alpha' - \beta) =$ sin. $(z - z' - \alpha')$ cos. $\beta -$ sin. $\beta \times$ cos. $(z - z' - \alpha')$; & cos. $(z - z' - \alpha' - \beta) =$ cos. $(z - z' - \alpha')$ cos. β + sin. β sin. $(z - z' - \alpha')$. De plus, sin. $\beta = \frac{BC}{LB} = \frac{ds \text{ sin. } (z - z' + \alpha - \alpha')}{LB}$; & cos. $\beta = \frac{CL}{LB} = \frac{\lambda ds + ds \text{ cos. } (z - z' + \alpha - \alpha')}{LB}$. Donc en mettant pour B sa valeur trouvée ci-dessus, $- \frac{R'v'v' \times LB}{ds^2} \times [LB^2 + m^2 d(x \text{ sin. } V)^2]^{\frac{1}{2}}$, on a la force totale φ suivant le rayon vecteur, égale à $- R'v'v'\lambda^2$ sin. $(z - z' - \alpha') + \frac{R v' v'}{ds^2} \times [ds^2 + \lambda^2 ds^2 + m^2 d(x \text{ sin. } V)^2 + 2\lambda ds^2 \times$ cos. $(z - z' + \alpha - \alpha')]^{\frac{1}{2}} \times [$ sin. $(z - z' - \alpha') \times (\lambda ds + ds$ cos. $(z - z' + \alpha - \alpha'))$ − sin. $(z - z' + \alpha - \alpha') \times ds$ cos. $(z - z' - \alpha')]$; & la force π perpendiculaire au même rayon, sera $+ R'v'v'\lambda^2$ cos. $(z - z' - \alpha')$

$- \frac{Rv'v'}{ds^2} \times [ds^2 + \lambda^2 ds^2 + m^2 d(x \sin. V)^2 + 2\lambda ds^2$ $\cos.(z - z' + \alpha - \alpha')]^{\frac{1}{2}} \times [\cos.(z - z' - \alpha') \times (\lambda ds$ $+ ds \cos.(z - z' + \alpha - \alpha')) + ds \sin.(z - z' + \alpha - \alpha')$ $\times \sin.(z - z' - \alpha')]$. Il eſt de plus évident, que ſi λ eſt un nombre aſſez grand, la quantité élevée à la puiſſance $\frac{1}{2}$ ſera à très-peu près $\lambda ds + ds \cos.(z - z' + \alpha - \alpha')$ en négligeant, ſi l'on veut, les autres termes, tous peu conſidérables par rapport à ces deux-là.

5. Suppoſons en premier lieu $\alpha = 0$, $\alpha' = 0$, $m = 0$ dans l'expreſſion de la force φ & de la force π, & faiſons $\lambda = \frac{ds'}{ds} = \frac{n\delta'}{\delta}$, en nommant δ' le rayon de l'orbite terreſtre, & δ celui de l'orbite lunaire, l'un & l'autre regardés comme conſtans, & $\frac{n\delta'}{\delta}$, ou λ étant une aſſez grande quantité (*a*). Il eſt aiſé de voir, 1°. que ni la force φ, ni les termes qui en ſeront dérivés dans l'équation de l'orbite, ne contiendront aucun terme de la forme Mz; 2°. que la force π contiendra un terme de cette forme $- \frac{Rv'v'\lambda ds^2}{ds^2} \times (\cos.(z - z')^2 + \sin.(z - z')^2 - \frac{Rv'v'\lambda ds^2}{ds^2} \times (\cos. z - z') \times (\cos. z - z')$ $= - \frac{3Rv'v'\lambda}{2}$; en négligeant les termes qui contiennent des coſinus. Or il n'eſt pas difficile de voir, par

(*a*) Cette quantité eſt en effet aſſez grande, étant égale à environ $\frac{1}{12} \times \frac{57'}{10''}$ $=$ environ 29.

nos formules du §. précédent (art. 10 & 11) que si la résistance $= - Mv'^2$, M étant une constante, l'altération du temps périodique sera à très-peu près $\int \frac{a\,dz}{g} \times - 3Mz = - \frac{3Mz^2 a}{2g}$; donc Z étant supposé le mouvement moyen de la lune, ce mouvement moyen sera accéléré par la résistance d'une quantité $= \frac{9R\lambda Z^2 \delta}{4}$, λ étant le rapport de la vîtesse de la terre à celle de la lune, c'est-à-dire égal à $\frac{n\delta'}{\delta}$ (en prenant n pour le rapport du temps périodique de la lune à celui de la terre). Donc au bout d'un an, c'est-à-dire de $\frac{1}{n}$ révolutions de la lune, le lieu moyen de la lune sera plus avancé (§. I, art. 10 & 11) de $9R\pi^2\delta'. n \times \frac{1}{n^2}$; en prenant π pour la demi-circonférence; & au bout de m ans, l'avancement du lieu moyen sera $\frac{9R\pi^2\delta'. m^2}{n}$. Pour l'orbite de la terre, l'avancement du lieu moyen, dans le même temps, seroit égal (§. I, art. 10 & 11) à $2 \times 3R'\pi^2\delta'. m^2$. Or les diametres de la terre & de la lune étant entr'eux comme 365 à 100, & les masses comme 80 est à 1, on aura $R : R' :: (100)^2 \times 80 : (365)^2$; de plus $n : 1 :: 27^{\frac{1}{\cdot}}, 365^{\frac{1}{\cdot}}$. Donc le rapport des quantités $9R\pi^2\delta' m^2 : n$, & $2 . 3R'\pi^2\delta' m^2$, est celui de $\frac{3}{2} \times \frac{80 \times (100)^2}{(365)^2} \times \frac{365}{27}$ à 1, c'est-à-dire d'environ 10000 à 81.

6. Or suivant M. Mayer, le lieu moyen de la lune en 100 ans est avancé de 7″; donc, pour que le lieu moyen de la terre fût avancé de 7″, il faudroit que celui de la lune fût avancé de $\frac{70000''}{81}$ =, c'est-à-dire de $7'' \times \left(\frac{100}{9}\right)^2$. Or (§. I, art. 10 & 11) le nombre d'années nécessaire pour produire cet avancement seroit $100^{ans} \times \frac{100}{9}$, c'est-à-dire 1111 ans; donc il faudroit ce nombre d'années pour que le lieu moyen de la terre parut avancé de 7″. Il n'est donc pas surprenant que le mouvement moyen de la terre ne paroisse pas sensiblement altéré. C'est aussi ce qui résulte des calculs de M. l'Abbé Bossut dans sa piéce déja citée.

7. En général, il est visible que l'avancement du lieu moyen d'un satellite sera à celui de sa planete principale dans le même-temps, comme $3R$ est à $2nR'$, n étant le rapport du temps périodique du satellite à celui de la planete principale, & R, R', des quantités proportionnelles à $\frac{1}{\Delta a}$ & $\frac{1}{\Delta' a'}$, a' étant le diametre de la planete, a celui du satellite, Δ' la densité de la planete, & Δ celle du satellite.

8. L'altération du lieu moyen dans un satellite, après une révolution, étant $360^\circ \times \frac{9 R \pi n \delta'}{2}$, ou $360^\circ \times \frac{9 \pi n \delta'}{2 \Delta a}$, elle sera proportionnelle, après μ révolutions;

tions, à $\frac{n\mu^2\delta'}{\Delta a}$. Or on trouvera aisément, par la théorie de la gravitation, que n^2 est proportionnelle à $\frac{\delta^3}{\Delta' a'^3 \delta'^3}$; donc l'altération dont il s'agit, dans deux satellites de deux différentes planetes, (en supposant le fluide par-tout homogene) est proportionnelle à $\frac{\mu^2 \delta \sqrt{\delta}}{\Delta a \sqrt{(M\delta')}}$, $\Delta' a'^3$ ou M exprimant la masse de la planete principale. De plus, si on nomme T la masse de la terre, b la distance de la lune à la terre, on aura $\mu^2 = \frac{Mb^3}{T\delta^3}$, par les théorêmes d'Huyghens, μ étant le rapport du nombre de révolutions du satellite, au nombre de révolutions de la lune dans le même-temps. Donc l'altération du lieu moyen du satellite, sera à celle de la lune dans le même-temps, en raison de $\frac{Mb^3}{T\delta^3} \times \frac{\delta\sqrt{\delta}}{\Delta a \sqrt{(M\delta')}}$ à $\frac{b\sqrt{b}}{D.A\sqrt{(T.B)}}$, en nommant B la distance du soleil à la terre, D la densité de la lune, & A son diametre; le rapport de ces quantités est celui de $\frac{D.A.\sqrt{M}.\sqrt{B}.b\sqrt{b}}{\sqrt{T}.\delta\sqrt{\delta}.\Delta a.\sqrt{\delta'}}$ à 1, & par-là on pourroit comparer l'altération du mouvement moyen d'un satellite quelconque à celle de la lune, si on connoissoit les quantités Δ, a; on voit aussi, que dans deux satellites d'une même planete, les altérations dans le même-temps seront comme $\frac{1}{\Delta a \delta\sqrt{\delta}}$, δ étant la distance respective de chaque satellite à sa planete principale, Δ la densité du satellite, & a son diametre.

9. Si la lune se mouvoit dans l'atmosphere de la terre, alors il faudroit chercher l'effet de la résistance comme dans une planete primitive ; & au bout de m ans, le lieu seroit avancé (art. 5) de $\frac{2.3R\pi^2\delta m^2}{n^2} = 2.3R\pi^2\delta.m^2 \times 178 = 2.3Rm^2.\delta\pi^2.\frac{365^2}{27^2}$; & comme δ' est à δ à peu près en raison de 57′ à 10″, en prenant 57′ pour la parallaxe de la lune, & 10″ pour celle du soleil, il est clair que l'avancement du lieu dans ce dernier cas, seroit à l'avancement du lieu dans le cas de l'art. 5, comme δ est à $\frac{3\delta' n}{2} :: 1 : 57 \times 6 \times \frac{1}{2} \times \frac{27}{365}$, c'est-à-dire à peu près comme 1 est à $\frac{57 \times 3^5}{3.3.2.2.2.5}$, ou environ comme 1 à 38. Si on veut aussi comparer en ce dernier cas l'accélération de la lune à celle de la terre, la premiere sera à la seconde comme $\frac{3R\pi^2\delta}{n^2} : 3R'\pi^2\delta'$, c'est-à-dire comme $(100)^2 \times 80 \times \frac{365^2}{27^2} : 365^2 \times 57 \times 6$, ou à peu près comme 10000 à 3078.

10. On voit donc que l'accélération du mouvement moyen de la lune est sans comparaison plus sensible dans le cas de l'art. 5 (c'est-à-dire dans le cas où elle éprouveroit sa principale résistance de son mouvement absolu) que dans celui où elle éprouveroit sa principale résistance de son mouvement relatif autour de la terre, &

retardé par l'atmoſphere terreſtre. Or comme les obſervations prouvent que l'accélération du mouvement moyen de la lune eſt en effet ſans comparaiſon plus ſenſible que celle du mouvement moyen de la terre, il eſt naturel d'en conclure, que des deux eſpéces d'accélération dont on peut ſuppoſer que le mouvement de la lune eſt altéré, par la réſiſtance qu'elle éprouve de la part du fluide où elle eſt, c'eſt en effet la premiere qui a lieu, c'eſt-à-dire celle qui eſt ſuppoſée dans l'art. 5 ci-deſſus. Cette réflexion peut être confirmée par une autre conſidération, ſavoir que l'atmoſphere terreſtre ne s'étend pas à beaucoup près juſqu'à la lune; d'où il eſt aiſé de conclure, que ſi la lune ſouffre quelque réſiſtance, elle ne la doit pas à ſon mouvement relatif autour de la terre & dans l'atmoſphere terreſtre, mais à ſon mouvement abſolu dans l'éther. En effet, l'atmoſphere terreſtre doit ceſſer à l'endroit où la gravitation de ſes parties ſeroit égale à la force centrifuge; ſoit donc p la peſanteur, r le rayon de la terre, x la hauteur de l'atmoſphere, on aura $\frac{prr}{x^2} = \frac{px}{289r}$, ou $x^3 = (17)^2 r^3$; donc $x = 6$ à 7 fois r, au lieu que la diſtance de la lune à la terre eſt $= 60$ fois r.

11. La réſiſtance que la lune éprouve dans l'eſpace abſolu, étant décompoſée en deux autres, l'une ſuivant le côté même de ſon orbite, l'autre parallèlement au plan de l'écliptique & à la direction KTk de la terre, cette derniere force combinée avec la réſiſtance de la terre,

tranſportée à la lune en ſens contraire, tendra évidemment à déranger la lune du plan de ſon orbite; donc, comme ces deux forces jointes enſemble agiſſent dans la même direction, la force qui en réſultera ſuivant LA, ſera $+R'v'v'\lambda^2 - \frac{Rv'v'}{ds^2} \times LA \times [LB^2 + m^2 d(x \times \text{ſin. } V)^2]^{\frac{1}{2}}$, dont il faudra changer les ſignes, ſi cette force s'exerce de L vers O. Ainſi, en négligeant la quantité m & les quantités très-petites par rapport aux autres, la force dont il s'agit, agiſſant ſuivant LO, ſera $-R'v'v'\lambda^2 + \frac{Rv'v'}{ds^2} \times \lambda ds \times (\lambda ds + ds \text{ coſ. } (z - z' + \alpha - \alpha'))$ à très-peu près; mais nous ſuppoſerons dans les calculs ſuivans qu'elle agiſſe ſuivant LA. Soit cette force $= \rho$; ſi elle agiſſoit au point L, ſuivant une ligne parallèle à OT, on auroit pour l'élément du mouvement des nœuds $\frac{\rho dt^2}{dz} \times u \text{ ſin. } V \times \text{ſin. } v$ (a); & pour l'élément de la variation de l'inclinaiſon, $\frac{dm}{m} = \frac{\rho dt^2}{dz} \times u \text{ coſ. } V \times \text{ſin. } v$; Or la force ρ agit, non ſuivant une parallèle à OT, mais ſuivant LA, parallèle à KTk; donc puiſque Tk eſt parallèle à LA, il faudra, au lieu de l'angle $QTn = v$, mettre l'angle $kTn = v - QTk = v - 90^\circ + \alpha'$; donc, au lieu de ſin. v, on aura, dans les deux formules ci-deſſus, ſin. $(v - 90^\circ + \alpha') = -$ coſ. $(\alpha' + v)$. On peut remarquer encore, pour ſim-

(a) *Recherches ſur le ſyſtême du Monde*, Part. I, art. 11 & 12.

plifier les formules, que $v' v' dt^2 = ds^2$, ce qui donnera le moyen de faire disparoître $v' v'$.

12. Puisque dans la force ρ (en supposant, comme dans l'art. 5, $\alpha = 0$, $\alpha' = 0$) il entre un terme de cette forme cos. $(z - z')$, ou cos. $(z - nz)$, & que dans la différentielle du mouvement des nœuds, il entre deux facteurs de cette forme, l'un sin. $(z - pz)$, (art. 29 des *Recherches sur le systême du Monde*), & l'autre (art. précédent) cos. $(\alpha' + v) =$ cos. $(nz - pz)$, il est visible qu'il n'y aura dans l'expression de ce mouvement que des sinus; car le produit de deux cosinus par un sinus est toujours un sinus.

13. Donc dans l'intégration, il ne se trouvera que des cosinus de qz, q étant un nombre connu, & point de terme de cette forme Nz; donc la résistance ne donnera point de mouvement sensible aux nœuds de la lune, mais seulement un mouvement d'oscillation, qui sera aussi lui-même insensible.

14. Au contraire, & par une raison semblable, l'équation différentielle de l'inclinaison contiendra le produit de cos. $(z - nz)$ par cos. $(z - pz)$, & par sin. $(v - 90° + \alpha') = -$ cos. $(\alpha' + v) = -$ cos. $(nz - pz)$, & par conséquent contiendra un terme de la forme $N dz$, N étant un coefficient constant, & égal à $-\frac{Rv'v'\lambda}{4}$; d'où il est clair que la résistance de l'éther diminue insensiblement l'inclinaison.

15. Mais il est aisé de voir que cet effet sera comme

infiniment moindre que l'altération du moyen mouvement, & par conséquent sera tout-à-fait insensible; car m étant la tangente de l'inclinaison, & $\delta = 1$ le demi-diametre de l'orbite lunaire, la diminution de l'inclinaison est $\frac{Rm\lambda z}{4}$, & celle du temps périodique est $\frac{9Rzz\lambda}{4g}$; donc l'avancement du lieu est (art. 5) $\frac{9R.zz\lambda}{4}$; donc la premiere quantité est à la seconde comme m est à $9z$; donc puisque la seconde $= 7''$ lorsque $z = \frac{100.2\pi}{n}$, (2π étant la circonférence) on aura en cent ans la diminution de l'inclinaison $= 7'' \times \frac{m}{9z} = \frac{7'' \times m.n}{9.200\pi}$; quantité absolument insensible, à cause de $\frac{m}{2\pi} = \frac{5^\circ.18'}{360^\circ} =$ à peu près $\frac{1}{72}$, & de $n =$ environ $\frac{1}{13}$. Soit $z = \frac{p.100.2\pi}{n}$, on aura $p^2 \times 7''$ au lieu de $7''$, & la diminution de l'inclinaison sera $= \frac{p^2.7'' \times mn}{9.200p\pi} = \frac{7'' \times p}{13.9.72.100}$. Donc, pour qu'elle soit $=$ à une seconde, il faut que $p =$ environ $\frac{72.100.13.9}{7}$; ainsi, la diminution de l'inclinaison ne seroit d'une seconde qu'après un nombre de siécles égal à cette valeur de p, c'est-à-dire après plus de $72 \times 14 \times 13 \times 9$ siécles.

16. Nous avons supposé jusqu'ici que l'on avoit $\alpha = 0$, $\alpha' = 0$, $m = 0$, $\lambda =$ à une constante ainsi que ν'. Voyons

présentement, si en corrigeant ces suppositions, nous trouverons quelque nouvelle considération à ajouter aux recherches précédentes.

17. Et d'abord il est aisé de voir que le rayon de l'orbite terrestre contenant un terme de cette forme $\frac{\delta}{80} \times$ cos. $(z - z')$, (en conséquence de l'action de la lune sur la terre) on aura pour α' une quantité de l'ordre de $\frac{\delta}{n \cdot 80\, \delta'}$ sin. $(z - z')$; & par conséquent, dans l'expression de la force π (art. 4) le terme $R' \nu' \nu' \lambda^2$ cos. $(z - z' - \alpha')$ donnera une quantité de cet ordre $R' \nu' \nu' \lambda^2 \times \frac{\delta}{n \cdot 80\, \delta'} = R' \nu' \nu' \lambda \times \frac{\lambda \delta}{n \cdot 80\, \delta'}$, laquelle sera multipliée par dz; or $\lambda = \frac{n \delta'}{\delta}$; donc $\frac{\lambda \delta}{n \cdot 80\, \delta'} = \frac{1}{80}$. Donc les termes qui viendront de ceux-là seront plus petits en raison de $\frac{R'}{80}$ à R, que ceux de l'art. 5; & par conséquent ils ne devront point entrer en considération, d'autant que R' est à R, à peu près comme $(360)^2 : (100)^2 \cdot 80$, c'est à-dire comme 4 est à 25.

18. De plus, L étant la masse de la lune, la quantité $\nu' \nu' \lambda^2$, qui représente le quarré de la vîtesse de la terre, doit contenir un terme de cette forme $\frac{L n \delta'}{\delta \delta}$ cos. $(z - z')$ = à très-peu près $\nu' \nu' \lambda^2 \times \frac{L n \delta' \text{ cos. } (z - z')}{\delta \delta} \times \frac{\delta'}{S}$ $= \frac{\nu' \nu' \lambda^2 \times \delta}{n \delta' \cdot 80}$ cos. $(z - z') = \frac{\nu' \nu' \lambda}{80}$ cos. $(z - z')$;

donc la quantité $R' v' v' \lambda^2 \times \text{cof.}\,(z - z')$ produira un terme $= \frac{4 R v' v' \lambda}{25 \cdot 80}$ à peu près, & par conféquent le terme qui en viendra fera encore beaucoup plus petit que celui de l'art. 5.

19. Le terme $- R v' v' \lambda^2 \text{cof.}\,(z - z' - \alpha')$ qui vient auffi de l'art. 4, & qui fe trouve dans l'expreffion de la force π, donnera de même un terme de cette forme $\frac{R v' v' \lambda}{80}$, qui eft du même ordre que celui de l'art. 17, & qui par conféquent peut auffi être négligé.

20. A l'égard des termes qui contiendroient m & α, ils feront évidemment encore plus petits, puifque la quantité λ, ou ne s'y trouvera point, ou ne s'y trouvera qu'au premier degré tout au plus, & que les quantités m & α font de plus très-petites.

21. Donc les termes employés dans l'art. 5 paroiffent être les feuls à confidérer dans la recherche de la réfiftance que la lune éprouve. Cette difcuffion étoit d'autant plus néceffaire, que dans ces termes, la quantité λ, qui eft très-grande, ne monte qu'au premier degré; & comme il y a des termes dans l'expreffion de φ & de π (art. 4) qui doivent contenir le quarré λ^2, il étoit donc néceffaire de s'affurer, fi les facteurs très-petits, qui doivent multiplier ces termes, n'étoient pas de l'ordre de $\frac{1}{\lambda}$, c'eft-à-dire $\frac{\delta}{n \delta'}$, ou même plus grands, auquel cas il auroit fallu y avoir égard dans la préfente recherche. Au refte, on fent affez que l'analyfe précédente n'eft qu'un

qu'un léger essai de celle qu'il faudroit entreprendre pour déterminer exactement l'effet de la résistance dans le cas où α & α' ne sont pas égaux à zero. Il nous suffit ici d'avoir indiqué aux Géometres cet objet de recherches, & les conséquences qui paroissent devoir en résulter.

22. Examinons maintenant comment on peut déterminer par l'observation l'effet de la résistance.

23. Soit AT (*Fig.* 37) la ligne des temps T; & soit $Z = \alpha T + \zeta TT$, l'équation au lieu moyen d'une planete; ayant tiré la ligne droite MA telle que $TM = \alpha T$, & ayant construit la parabole Am telle que $Mm = \zeta TT$; il est clair, 1°. que si au point m on tire la tangente $m\nu$, cette tangente marquera le mouvement moyen en vertu de la résistance précédente; & que les altérations ou augmentations $\mu'\nu$ de ce mouvement seront comme les quarrés des temps, à commencer depuis l'instant T; 2°. que cette quantité $\nu\mu'$ est additive à la longitude après le temps T, & soustractive de la même longitude auparavant, pourvu qu'on prenne alors la longitude dans un sens contraire & négatif; d'où il s'ensuit, que si on prend la longitude dans le même sens avant & après l'instant T, l'équation séculaire, résultante de la résistance, devra toujours être ajoutée à la longitude moyenne; 3°. que si par les points m, μ', on tire la ligne droite $m\mu'$, & qu'on prenne $T\vartheta = k =$ à une révolution sydérale de la lune, ou à peu près, $x\omega$ marquera le moyen mouvement réel pendant ce temps $T\vartheta$, & $x\delta$ le moyen mouvement apparent; 4°. soit $AT = T$, $T\theta = t$ (t étant sup-

posé positif ou négatif, selon que $A\theta$ ou $A\vartheta$ est $<$ ou $>AT$), $T\vartheta = k$, on aura $Tm = \alpha T + \beta TT$; $\theta\mu' = \alpha T + \alpha t + \beta(T+t)^2$; $\pi\mu' = \alpha t + 2\beta Tt + \beta tt$; $x\delta = \frac{\pi\mu' \times k}{t} = \alpha k + 2\beta Tk + \beta kt$; $x\omega$ par la propriété des tangentes de la parabole $= \frac{d(\alpha T + \beta TT)}{dT} \times k = \alpha k + 2\beta Tk$.

24. Par un raisonnement semblable, on trouve que le mouvement moyen pour le temps k, à compter du commencement du temps $AT = T$, est $(\alpha T + \beta TT) \times \frac{k}{T} = \alpha k + \beta kT$; d'où il s'ensuit que la différence des deux mouvemens moyens, pendant le temps k, à compter du commencement m du temps t, & du commencement A du temps T, savoir $\alpha k + 2\beta Tk + \beta kt$ d'une part, & $\alpha k + \beta Tk$ de l'autre, est $\beta Tk + \beta kt$.

25. Cela posé, soit $k = 27^{j.}\ 7^{h.}\ 43'\ 12''$, qui est à peu près le temps d'une révolution sydérale de la lune; l'observation fera connoître la valeur de $\beta Tk + \beta kt = m''$ de degré; pour cela, il suffira de prendre un grand nombre de révolutions depuis l'instant A, jusqu'à l'instant T ou m, & un grand nombre de révolutions depuis l'instant T ou m, jusqu'à l'instant θ; & ayant fait 1°. $AT : k :: Tm$ est à un quatriéme terme; 2°. $T\theta :: k :: \pi\mu'$ est à un autre quatriéme terme, on connoîtra l'arc moyen parcouru durant le temps k ou $T\vartheta$, 1°. à commencer de l'instant A, 2°. à commencer de l'instant T; la différence de ces arcs donnera $\beta Tk + \beta kt = m''$. De plus, le premier de

ces deux arcs donnera la valeur de $\alpha k + 6 k T = 360^\circ + n''$. On fera ensuite $\alpha k + 2 6 T k + 6 k t$, ou $360^\circ + n'' + m''$ est à $360^\circ :: k : x$; ce terme x donnera le temps moyen d'une révolution sydérale, à compter du commencement du temps t, & ce temps moyen sera variable & décroissant, c'est-à-dire, d'autant moindre que le temps t sera plus grand.

26. Pour faire encore ces calculs avec plus d'exactitude, il sera bon de dépouiller, autant que faire se pourra, les lieux observés, de l'effet que doivent produire les équations du mouvement de la lune (au moins les plus considérables) & de mettre à part l'effet de ces équations, pour n'avoir à peu près que le mouvement moyen observé pendant les temps T & t; par-là on aura, aussi exactement qu'il sera possible, les valeurs de $a k + b k T$, & $a k + 2 b k T + 6 k t$, puisqu'il ne restera dans les lieux observés (outre le mouvement moyen) que des quantités très-petites, qui étant multipliées par les fractions $\frac{k}{T}$, $\frac{k}{t}$ (qu'on suppose l'une & l'autre très-petites) seront absolument insensibles.

27. Il est d'autant plus important de choisir de bonnes observations pour les lieux dont il s'agit, & d'en tirer le plus exactement qu'il sera possible, la valeur du lieu moyen, que si dans l'observation, ou dans le calcul du lieu, on se trompoit de quelques minutes, on pourroit avoir une détermination très-fautive de l'effet de la résistance, puisque l'altération qu'on pourroit croire être

produite par cette résistance, seroit l'effet, ou de l'erreur de l'observation, ou de l'erreur des tables. Ce n'est donc qu'en comparant avec soin les observations anciennes aux modernes, qu'on peut s'assurer que le mouvement moyen de la lune est réellement altéré; & c'est en effet sur quoi les Astronomes paroissent s'accorder assez unanimement aujourd'hui.

28. Il n'en est pas de même du mouvement moyen de la terre ; car les Astronomes ne s'accordent entr'eux, ni sur la quantité, ni même sur l'existence de son altération ; il paroît du moins bien certain que cette altération est beaucoup moins sensible que celle du mouvement moyen de la lune ; & nous croyons en avoir donné dans l'art. 6 une raison satisfaisante.

29. Nous avons fait voir dans ce Mémoire comment on peut expliquer, d'une maniere plausible, l'équation séculaire de la lune par la résistance de l'éther ; nous avons cependant remarqué à la fin du Mémoire précédent, qu'il seroit peut-être possible aussi d'expliquer cette équation par la gravitation, s'il se rencontroit dans l'équation du lieu moyen, des termes dont les argumens fussent extraordinairement petits. Mais il ne faut pas croire, comme l'avance M. de la Lande dans le Journal des Savans du mois d'Août 1768, *qu'il soit prouvé, par le retardement de Saturne, que ce n'est pas la résistance qui altere le moyen mouvement des planetes.* Avec un peu d'attention, & sur-tout d'intelligence de la matiere, on verra, que si la gravitation paroît rendre une raison suffisante du retardement de Saturne, c'est parce qu'il

y a dans l'expreſſion du lieu moyen de cette planete des argumens, qui au bout de pluſieurs révolutions, ſont encore peu conſidérables; que de tels argumens ſont beaucoup plus difficiles à aſſigner dans la lune que dans Saturne, parce que la lune faiſant 13 à 14 révolutions périodiques par an, & Saturne une révolution en 30 ans, un argument, qui dans Saturne, pourroit être encore aſſez petit au bout d'un grand nombre d'années, pourra être au contraire très-grand dans la lune, puiſqu'il ſera environ 400 fois plus grand que dans Saturne; qu'il eſt donc beaucoup plus difficile de trouver dans la lune que dans Saturne, des argumens aſſez petits pour qu'on puiſſe, par leur moyen, rendre raiſon de l'équation ſéculaire de la lune, comme on rend raiſon de celle de Saturne; & que par la difficulté, ou peut-être l'impoſſibilité de trouver de tels argumens dans la lune, on pourroit bien être obligé, pour expliquer l'équation ſéculaire de cette planete, de recourir à d'autres cauſes que la gravitation, quoiqu'on n'ait pas été obligé d'y recourir pour expliquer l'équation ſéculaire de Saturne.

30. Au reſte, il y auroit encore pluſieurs remarques à faire ſur l'équation ſéculaire du mouvement moyen, ſurtout en tant qu'elle peut provenir de la gravitation, & ſur d'autres inégalités ou équations qui ſont liées à celle-là. Je me ſuis borné à donner en peu de mots dans le Mémoire précédent, les principes qui doivent ſervir de baſe à cette recherche, dont je pourrai m'occuper plus en détail dans quelque autre occaſion.

Fin du quarante-unième Mémoire.

Conclusion des Mémoires précédens sur la Théorie de la Lune & le Problême des trois Corps.

Les quatre Mémoires qu'on vient de lire, & qui ont principalement la théorie de la lune pour objet, ne sont proprement qu'un commentaire & un développement des différens articles que nous n'avons fait qu'indiquer dans le XXIXe Mém. de nos *Opusc.* Tome IV. Il nous reste à parler d'un autre point que nous avons effleuré à la fin de ce même Mémoire. C'est l'altération que la force qui pousse la lune vers la terre, doit éprouver en conséquence de la non-sphéricité de la terre & de celle de la lune. Nous en dirons ici deux mots.

Il faut remarquer d'abord que cette altération doit être extrêmement petite. En effet, supposons, en premier lieu, un corps peu différent d'une sphere, lequel corps attire un corpuscule ou atome placé à une distance très-grande par rapport aux dimensions du corps. Imaginons qu'on fasse passer par l'atome attiré, & par le centre de gravité du corps attirant, un plan de position quelconque; & soit π la distance d'un point quelconque du corps à ce plan : il est évident, que par la propriété du centre de gravité, on aura $\int \alpha \pi = 0$, en nommant α chaque particule du corps. Or si on appelle δ la distance du centre de gravité à l'atome, il n'est pas difficile de voir que l'attraction que la particule α exerce dans la direction de π est à très-peu près $\frac{\alpha \pi}{\delta^3}$; d'où il s'ensuit que la somme de ces forces est $= 0$, & qu'ainsi la force qui attire dans la direction π eſt tout au plus de l'ordre de π^2. Or ſi le corps attirant étoit une ſphere, cette derniere force de l'ordre de π^2 ſeroit encore évidemment nulle, puiſque la force attractive de la ſphere s'exerce uniquement, comme l'on ſait, dans la direction de δ. Donc, ſi le corps attirant differe très-peu d'une ſphere, l'attraction ſera encore infiniment moindre que de l'ordre de π^2, c'eſt-à-dire (ſi le corps attirant eſt elliptique) de l'ordre de π^2, multiplié par une quantité de l'ordre de l'ellipticité de ce corps; ou, pour s'exprimer avec plus d'exactitude, ſoit ϵ l'ellipticité du corps attirant, n le rapport du rayon de ce corps (ſuppoſé preſque ſphérique) à la diſtance δ, la force perpendiculaire au plan ſuppoſé, ſera tout au plus de l'ordre de ϵn^2 par rapport à la force $\frac{M}{\delta^2}$, M exprimant la maſſe du corps attirant.

On prouvera de la même maniere que les forces qui s'exercent parallèlement au plan propoſé, étant diminuées comme elles le doivent être par la force $\frac{M}{\delta^2}$, tranſportée en ſens contraire, & parallèlement à la direction δ, il ne reſtera qu'une force perturbatrice de l'ordre de ϵn^2, & par conſéquent très-petite.

De-là il s'enſuit que la force perturbatrice de la lune, qui vient de la figure de la terre, la lune étant d'abord regardée comme un point, eſt de l'ordre de $\frac{\epsilon r^2}{\delta^2}$ par rapport à la force principale $\frac{T}{\delta^2}$, en nommant T la maſſe de la terre, r ſon rayon, & ϵ ſon ellipticité; & comme $\frac{r}{\delta}$ eſt à peu près égal à $\frac{1}{60}$, & que ϵ eſt auſſi fort petit, il est clair que cette force perturbatrice est excessivement petite par rapport à la force principale.

Il n'est pas difficile de voir, par les mêmes principes, que la force perturbatrice de la lune, résultante de la figure non sphérique, est aussi très-petite, & même plus petite encore que la précédente, au moins en supposant les ellipticités égales, parce que la quantité $\frac{r}{\delta}$ est plus petite pour la lune que pour la terre. On voit donc que ces forces perturbatrices ne doivent pas produire un effet considérable; cependant il est aisé d'y avoir égard, si on le juge à propos, & nous avons donné tous les principes nécessaires pour résoudre cette question, tout se réduisant à calculer les quantités $\int G(a-b)^2$, $\int Gff$ (ou plutôt $\int G(a-b)^2 - \int Gff$), & $\int Gff \operatorname{cos.} 2\zeta$. Sur quoi voyez le 21e Mém. Tom. IV de nos *Opuscules*, nos *Recherches sur la Précession des Equinoxes*, art. 44, & nos *Recherches sur le système du Monde*, Partie II, art. 352 & suivans.

Il résulte de tout ce qu'on vient de dire, que si deux corps de figure quelconque s'attirent mutuellement à une distance δ, très-grande par rapport aux dimensions de ces corps, leur attraction sera sensiblement la même que s'ils étoient sphériques & de même masse, & que l'erreur ne sera tout au plus que de l'ordre de n^2, n étant du même ordre que le rapport des dimensions des deux corps à leur distance δ; & si les deux corps different peu d'une sphere, l'erreur sera encore d'un ordre au-dessous de n^2.

XLIIme MÉMOIRE.

XLIIME MÉMOIRE.

Contenant différens écrits sur quelques sujets d'astronomie physique.

§. I.

Du mouvement des apsides quand la force centrale n'est pas exactement en raison inverse du quarré de la distance.

1. LES difficultés que nous avons exposées dans le trente-neuviéme Mémoire, §. II, sur la détermination du mouvement de l'apogée de la lune, ne sont pas les seules qui puissent se rencontrer dans la recherche dont il s'agit. On sait que parmi les forces perturbatrices de la lune, & en général de tous les satellites, il y en a une qui est proportionnelle à la distance, & qui agit suivant la direction du rayon; cette force, comme on le sait encore d'ailleurs, doit produire une partie du mouvement de l'apogée; & en général, lorsque la force π perpendiculaire au rayon est $= 0$, & que la force ψ, dans la direction du rayon, est $\psi = K\,u\,u + \lambda\,u^m$ ou $K\,u\,u +$

$\lambda \varphi u$, on ſait que l'équation de l'orbite eſt repréſentée par l'équation $dz = \frac{dt}{\sqrt{(2et - tt)}} : \sqrt{(1 + At + Bt^2 + Ct^3}$, &c.) en regardant t, e, comme des quantités fort petites, & λ comme très-petite par rapport à K.

2. Pour trouver le mouvement de l'apogée dans ces ſortes d'équations, & connoître les difficultés dont cette recherche eſt ſuſceptible, nous examinerons le cas le plus ſimple, celui où le radical $\sqrt{(1 + At + Bt^2 + Ct^3)}$ ſe réduiroit à $\sqrt{(1 + At)}$. Les réflexions que ce cas nous fournira, auront lieu, à plus forte raiſon, pour les autres cas.

3. Il y a deux manieres d'intégrer l'équation $dz = \frac{dt}{\sqrt{(2et - tt)} . \sqrt{(1 + At)}}$, l'une en prenant la valeur de z en t, & l'autre en cherchant la valeur de t en z. Commençons par la premiere, qui ſervira à jetter beaucoup de jour ſur la ſeconde, laquelle eſt ici notre principal objet.

4. Pour trouver l'intégrale de $\frac{dt}{\sqrt{(\alpha - t)} . \sqrt{(2et - tt)}}$, t étant ſuppoſé beaucoup plus petit que α, on réduira $\frac{1}{\sqrt{(\alpha - t)}}$ en ſerie, & l'on aura $\frac{1}{\sqrt{\alpha}} \times [1 + \frac{t}{2\alpha} + \frac{t . 3t}{2\alpha . 4\alpha} + \frac{t^3 . 1 . 3 . 5}{2 . 4 . 6\alpha^3} + \frac{t^4 . 1 . 3 . 5 . 7}{2 . 4 . 6 . 8\alpha^4}$, &c.], de ſorte qu'un terme quelconque, ayant pour expoſant $n + 1$, ſera $\frac{1}{\sqrt{\alpha}} \times \frac{1 . 3 . 5 \ldots . 2n - 1 . t^n}{2 . 4 \ldots . 2n}$.

5. Donc ce terme ſera au précédent comme $\frac{(2n - 1)t}{2n\alpha}$

eſt à 1, c'eſt-à-dire, comme $\frac{(2n-1)e}{a}$ à $2n$.

6. Maintenant, on peut voir aiſément que $\int \frac{t^n dt}{\sqrt{(2et-tt)}}$ $= -\frac{t^{n-1}\sqrt{2et-tt)}}{n} + \frac{2n-1}{n}\int\frac{et^{n-1}dt}{\sqrt{(2et-tt)}}$; d'où il s'enſuit, que lorſque $t=2e$, & qu'ainſi $\int\frac{dt}{\sqrt{(2et-tt)}}$ $=\pi$, 2π étant le rapport de la circonférence au rayon, on aura $\int\frac{t^n dt}{\sqrt{(2et-tt)}} = \frac{1.3.5\ldots.2n-1}{1.2.3\ldots.n}\times\pi\times e^n$. Donc lorſque $t=2e$, l'intégrale du terme $(n+1)^e$ de la ſuite qui exprime la valeur de $\frac{dt}{\sqrt{(a-t)}.\sqrt{(2et-tt)}}$, ſera $\left(\frac{1.3.5\ldots.2n-1}{1.2.3\ldots.n}\right)^2\times\frac{\pi e^n}{2^n a^n}\times\frac{1}{\sqrt{a}}$. Donc chaque terme de cette ſuite ſera au précédent en raiſon de $\frac{(2n-1)^2}{n^2}\times\frac{e}{2a}$ ou de $\left(\frac{2n-1}{2n}\right)^2\times\frac{2e}{a}=\left(1-\frac{1}{2n}\right)^2\times\frac{2e}{a}$, à l'unité; de maniere qu'en ſuppoſant $n=\infty$, on voit que la ſerie ſera divergente ſi $2e$ eſt $> a$.

7. Donc alors la ſerie donnera un faux réſultat; mais on remédiera à cet inconvénient lorſque $2e$ eſt $> a$, en écrivant $\frac{dt}{\sqrt{(at-tt)}\sqrt{(2e-t)}}$ au lieu de $\frac{dt}{\sqrt{(a-t)}.\sqrt{(2et-tt)}}$, ce qui donnera une ſuite convergente. Si $2e=a$, on fera attention que $\frac{dt}{\sqrt{(2et-tt)}}\times\frac{1}{\sqrt{(a-t)}}$ de-

vient alors $\frac{dt}{(2e-t)\sqrt{t}}$, quantité qui s'integre par logarithmes, & dont l'intégrale, en supposant $t = \frac{uu}{2e}$, se trouve $= \frac{1}{\sqrt{(2e)}} \log. \left(\frac{2e+\sqrt{(2et)}}{2e-\sqrt{(2et)}}\right)$; de sorte que si on avoit $dz = \frac{dt}{\sqrt{\left(1-\frac{t}{2e}\right)}.\sqrt{(2et-tt)}}$, l'intégrale seroit $z = \log. \left(\frac{2e+\sqrt{(2et)}}{2e-\sqrt{(2et)}}\right)$, en supposant $t = 0$ lorsque $z = 0$.

8. On peut remarquer encore, 1°. que si $2e$ est $=$ ou $< \alpha$, le rapport $\left(1-\frac{1}{2n}\right)^2 \times \frac{2e}{\alpha}$ va toujours en augmentant, quoique toujours plus petit que l'unité, & qu'ainsi la serie est convergente dès ses premiers termes, mais toujours de moins en moins convergente; 2°. que si $2e$ est $< \alpha$, & que n soit supposé un assez grand nombre, par exemple, 10, le rapport $\left(1-\frac{1}{2n}\right)^2 \times \frac{2e}{\alpha}$ est sensiblement $= \frac{2e}{\alpha}$, & qu'ainsi la serie devient sensiblement géométrique, ce qui se confirme encore par la remarque déja faite dans le trente-cinquiéme Mémoire, §. I, art. 22 & suiv.; 3°. que si $2e$ est $> \alpha$, mais en même-temps $\left(1-\frac{1}{2n}\right)^2 < \frac{\alpha}{2e}$, la serie sera convergente dans ses premiers termes jusqu'à ce que $\left(1-\frac{1}{2n}\right)^2$ soit $=$ ou $> \frac{\alpha}{2e}$, après quoi elle sera divergente; ce qui arrivera, par exemple, si $\left(1-\frac{1}{2}\right)^2$ est

$< \frac{a}{2e}$, ou $(1 - \frac{1}{2.2})^2 < \frac{a}{2e}$, ou $(1 - \frac{1}{2.3})^2 < \frac{a}{2e}$, &c. & ainsi de suite. On aura donc en ce cas $1 - \frac{\sqrt{a}}{\sqrt{(2e)}} < \frac{1}{2n}$; & comme n ne sauroit être < 1, il s'ensuit que si $1 - \frac{\sqrt{a}}{\sqrt{(2e)}}$ n'est pas $< \frac{1}{2}$, la serie sera divergente dès ses premiers termes. On voit encore, que si la différence de $2e$ & de a est fort petite, $2e$ étant toujours $> a$, ensorte que $\frac{2e}{a} = \frac{1}{(1-p)^2}$, p étant un très-petit nombre, la serie sera convergente tant que $\frac{1}{2n}$ sera plus grand que p, de sorte que la serie pourroit être convergente jusqu'au milliéme ou millioniéme terme, & cependant donner un faux résultat ; parce qu'elle seroit divergente dans ses derniers termes.

9. Si l'on avoit $\frac{dt}{\sqrt{(a+t)}.\sqrt{(2et-tt)}}$, & $2e = a$, en ce cas, la serie ne pourroit être réduite à des logarithmes comme dans le cas de $a - t$, & de $2e = a$, & elle ne pourroit alors être représentée que par une suite de termes assez peu convergente.

10. Enfin, si $2e$ est $< a$, & qu'on ait $a + t$, la serie sera convergente à la vérité, mais beaucoup moins que dans le cas de $a - t$, parce que dans ce dernier cas de $a - t$, tous les termes de la serie ont le signe $+$, au lieu que dans le cas de $a + t$, ils auroient alternativement les signes $+$ & $-$.

11. Pour avoir l'intégrale de $\frac{dt}{(a-t)^{\frac{m}{2}} \sqrt{(2et-tt)}}$, on remarquera qu'un terme quelconque, dont l'exposant est $n+1$, sera au précédent comme $\frac{\frac{m}{2}+n-1}{n} \times \frac{t}{a}$ est à 1, c'est-à-dire comme $(m+2n-2)\frac{t}{a}$ est à $2n$.

12. Donc chaque terme de l'intégrale, lorsque $t=2e$, sera au précédent en raison de $\frac{(m+2n-2)(2n-1)}{2nn} \times \frac{e}{a}$ à l'unité, rapport qui va toujours en augmentant à mesure que n augmente; d'où l'on tirera des conclusions analogues à celles du cas où $m=1$; savoir, que quand $n=\infty$, le rapport est $=\frac{2e}{a}$, & que quand $n=1$, le rapport est $\frac{me}{2a}$, & qu'en général le rapport est $\frac{2e}{a}\left(1-\frac{2-m}{2n}\right)\times\left(1-\frac{1}{2n}\right)$. On voit aisément que quand même $\frac{2e}{a}$ seroit < 1, le nombre m pourroit être tel que la serie seroit divergente dans les premiers termes; par exemple, si $\frac{m}{4}$ étoit $> \frac{a}{2e}$, le second terme seroit évidemment $>$ que le premier, &c.

13. Soit $a=2pe$, & soit supposé $dz=\frac{dt}{\sqrt{(a-t)} \cdot \sqrt{(2et-tt)}}$, on aura $z=\frac{\pi}{\sqrt{a}}\times[1+\frac{1}{4p}+\frac{1}{4}\times\frac{9}{16p^2}+\frac{1}{4}\times\frac{9}{16}$

$\times \frac{25}{36p^3} +$ &c.]; on ajoutera enſemble les 9 à 10 premiers termes de cette ſerie, & on regardera les autres (art. 8) comme formant ſenſiblement une progreſſion géométrique. J'appelle S la ſomme totale de cette ſerie.

14. Soit $e - t = e \cos. u$, on aura, lorſque $t = 2e$, & par conſéquent $u = 180^\circ = \pi$, l'équation $z = \frac{uS}{\sqrt{a}}$; donc $u = \frac{z\sqrt{a}}{S}$; donc le premier terme de la valeur de t eſt $e - e \cos. \frac{z\sqrt{a}}{S}$.

15. Si l'équation étoit $dz = \frac{dt}{\sqrt{(1 - \frac{t}{a})} \cdot \sqrt{(2et - tt)}}$, on auroit, ſans rien changer d'ailleurs, $\frac{z}{S}$ à la place de $\frac{z\sqrt{a}}{S}$.

16. On aura de plus (art. 6) en omettant les termes où ſe trouve l'angle u; $\int \frac{t\,dt}{\sqrt{(2et - tt)}} = -\sqrt{(2et - tt)} = -\sin. u$; $\int \frac{t^2\,dt}{\sqrt{(2et - tt)}} = -\frac{t\sqrt{(2et - tt)}}{2} + \frac{3e}{2} \times -\sqrt{(2et - tt)}$; $\int \frac{t^3\,dt}{\sqrt{(2et - tt)}} = -\frac{t^2\sqrt{(2et - tt)}}{3} + \frac{5e}{3} \times \left(-\frac{t\sqrt{(2et - tt)}}{2} - \frac{3e\sqrt{(2et - tt)}}{2}\right)$; $\int \frac{t^4\,dt}{\sqrt{(2et - tt)}} = -\frac{t^3\sqrt{(2et - tt)}}{4} + \frac{7}{4} \times \left[-\frac{t^2\sqrt{(2et - tt)}}{3} + \frac{5e}{3} \times \left(-\frac{t\sqrt{(2et - tt)}}{2} - \frac{3e\sqrt{(2et - tt}}{2}\right)\right]$.

17. On voit donc que l'intégrale de $\frac{t^n dt}{\sqrt{(2et-tt)}}$, contiendra (outre les termes qui renferment des arcs de cercle) les termes $-\frac{t^{n-1}\sqrt{(2et-tt)}}{n}+\frac{(2n-1).e}{n}\times-t^{n-2}\sqrt{(2et-tt)}+\frac{(2n-1).(2n-3).e^2}{n.(n-1)}\times-t^{n-3}\sqrt{(2et-tt)}+\frac{(2n-1).(2n-3).(2n-5).e^3}{n.(n-1).(n-2)}\times-t^{n-4}\sqrt{(2et-tt)}$, &c. qui peuvent être transformés en sinus & cosinus de u & de ses multiples, puisque $\frac{e-t}{e}=$ cos. u, & $\frac{\sqrt{(2et-tt)}}{e}=$ sin. u.

18. Donc mettant pour t sa valeur $e-e$ cos. u, on aura aisément la valeur de z par une serie composée de u & de sin. u, & par conséquent on trouvera, par les méthodes connues, celle de u en z & sin. z.

19. Mais on peut y parvenir d'une maniere plus simple par la méthode suivante ; au lieu de $a-t$, on écrira $a-e+e-t$, & en faisant $a-e=\beta$, on aura

$$\frac{dt}{\sqrt{(a-t)}.\sqrt{(2et-tt)}}=\frac{dt}{\sqrt{(\beta+e-t)}.\sqrt{(2et-tt)}}$$
$$=\frac{dt}{\sqrt{\beta}.\sqrt{(2et-tt)}}\times\left(1-\frac{e-t}{2\beta}+\frac{1.3(e-t)^2}{2.4\beta^2}-\frac{1.3.5(e-t)^3}{2.4.6\beta^3}+\&c.\right),$$

de sorte qu'un terme quelconque, ayant pour exposant $n+1$, sera $\pm\frac{dt}{\sqrt{\beta}.\sqrt{(2et-tt)}}\times\left(\frac{1.3.5\ldots\ldots 2n-1\,(e-t)^n}{2.4\ldots\ldots 2n}\right)$. Or $(e-t)^n=(\text{cos. }u)^n e^n$; & l'on peut trouver aisément la la valeur de $\int du \cos. u^n$ lorſque $u = 180^\circ$.

20. Pour cela, il ſuffira de conſidérer que $\cos. u^n = \frac{1}{2^{n-1}} \times (\cos. nu + n.\cos.(n-2)u + \frac{n.(n-1)}{2} \times \cos.(n-4)u$, &c.); d'où il eſt aiſé de voir, 1°. que ſi n eſt un nombre impair, l'intégrale de $du \cos. u^n$ ſera compoſée de termes de cette forme $A \sin. nu + B \sin. (n-2)u +$ &c. & qu'ainſi elle ſera $= 0$, lorſque $u = 180^\circ$; 2°. que ſi n eſt pair & $= 2m$, la différentielle $du \cos. u^n$ contiendra un terme conſtant de cette forme $\frac{n.n-1\ldots n-m+1}{2^{n-1}.2.3\ldots.m} du$; 3°. que dans les autres termes on aura des quantités de cette forme $\frac{n.n-1\ldots\ldots n-p}{2^{n-1}.2\ldots p+1} \times \frac{\sin.(n-2(p+1)u)}{n-2(p+1)}$.

21. De-là il ſera facile de trouver la valeur de z en u, & en ſinus & coſinus de u & de ſes multiples.

22. Soit maintenant en général $t = e - e \cos. u$, & $z = Au + B\varphi u$, B étant un coefficient très-petit par rapport à A, & φu une ſuite de ſinus & de coſinus de multiples de u; on aura d'abord $u = \frac{Z}{A} - \frac{B}{A}\varphi u$ ou $u = \frac{z}{A} - \frac{B}{A}\varphi \frac{z}{A}$ à très-peu près; enſuite faiſant $u = \frac{z}{A} - \alpha$, on aura exactement $u = \frac{z}{A} - \frac{B}{A} \times \varphi\left(\frac{z}{A} - \alpha\right) = \frac{z}{A} - \frac{B}{A}\varphi\left(\frac{z}{A}\right) + \frac{B\alpha}{A.dz} \times d\varphi\left(\frac{z}{A}\right).A - \frac{B\alpha^2}{2Adz^2} dd\varphi\left(\frac{z}{A}\right).A^2 +$

$\frac{B\alpha^3 \cdot A^3}{2 \cdot 3 \cdot A \cdot dz^3} \times ddd\varphi\left(\frac{z}{A}\right)$ — &c. D'où il eſt aiſé de voir que les valeurs de $-\alpha$ ſeront ſucceſſivement & par approximation $-\frac{B}{A}\varphi\left(\frac{z}{A}\right)$, $-\frac{B}{A}\varphi\left(\frac{z}{A}\right) + \frac{B}{dz}d\varphi\left(\frac{z}{A}\right) \times -\frac{B}{A}\varphi\left(\frac{z}{A}\right)$, & ainſi de ſuite, en mettant ſucceſſivement dans chaque terme les valeurs de α trouvées par les corrections précédentes, & négligeant ſucceſſivement dans ces corrections les puiſſances de $\frac{B}{A}$ plus hautes que celles auxquelles on veut avoir égard. La valeur de u en z étant connue, on aura facilement t par l'équation $t = e - e$ coſ. $u = e - e$ coſ. $\left(\frac{z}{A} - \alpha\right) = e - e$ coſ. $\left(\frac{z}{A}\right) + \frac{e\alpha\, d\text{coſ.}\left(\frac{z}{A}\right)}{dz} \times A - \frac{e\alpha^2}{2} \times \frac{dd\text{coſ.}\left(\frac{z}{A}\right)}{dz^2} \times A^2$, &c. & ainſi de ſuite.

23. On trouvera donc de cette maniere la valeur de u en z, & celle de t en u & en z. Et on remarquera que la valeur de u en z eſt donnée par une ſerie très-convergente lorſque a eſt conſidérable par rapport à $2e$, & que pour lors, dans l'équation $z = Au +$ &c. le coefficient A eſt auſſi donné par une ſerie très-convergente; d'où il eſt facile de connoître le mouvement des apſides.

24. Voyons maintenant ce que donnera l'intégration de l'équation, en cherchant immédiatement la valeur de t en z.

25. Soit $dz = \frac{dt}{\sqrt{(1-\frac{t}{\alpha})}.\sqrt{(2et-tt)}}$, on aura $ddt = dz^2 (e - t - \frac{2et}{\alpha} + \frac{3t^2}{2\alpha})$. Soit ensuite supposé pour une premiere approximation $t = A + B \text{ cos. } Nz$, & négligeant d'abord les quarrés de B, on aura

$$\begin{array}{llll} 0 = & BN^2 \text{ cos. } Nz & + e, & \\ & - B \text{ cos. } Nz & - A & \\ & - \frac{2e}{\alpha} B \text{ cos. } Nz & - \frac{2eA}{\alpha} & \text{\&c.} \\ & + \frac{3AB.2 \text{ cos. } Nz}{2\alpha} & + \frac{3AA}{2\alpha} & \end{array}$$

Donc supposant $dt = 0$, & $t = 0$, lorsque $z = 0$, on aura $B = -A$; $A = \frac{e}{1 + \frac{2e}{\alpha} - \frac{3A}{2\alpha}}$; $N^2 = 1 + \frac{2e}{\alpha} - \frac{3A}{\alpha}$.

26. La premiere équation donne $- \frac{3AA}{2\alpha} + A(1 + \frac{2e}{\alpha}) = e$; ou $AA - A(\frac{2\alpha}{3} + \frac{4e}{3}) = - \frac{2\alpha e}{3}$; d'où $A = + \frac{\alpha}{3} + \frac{2e}{3} \pm \sqrt{(\frac{(\alpha+2e)^2}{9} - \frac{2\alpha e}{3})}$.

27. Si α est très-grand par rapport à $2e$, on a le radical égal à très-peu près à $\frac{\alpha+2e}{3} - \frac{\alpha e}{\alpha+2e}$; ainsi les deux valeurs de A sont à très-peu près $\frac{e}{1+\frac{2e}{\alpha}}$, & $+ \frac{2\alpha+4e}{3}$

$-e = + \frac{2a+e}{3}$. Mais, de ces deux valeurs, il ne faut admettre que la premiere ; car l'équation $dz = \frac{dt}{\sqrt{(1-\frac{t}{a})}.\sqrt{t}.\sqrt{(2e-t)}}$ fait voir, que si t est $> 2e$, & $< a$, la valeur de dz est imaginaire, & par conséquent aussi celle de z.

28. Il faut dire la même chose des valeurs de N^2, qui résultent des deux valeurs de A, & ne prendre que la valeur résultante de $A = \frac{e}{1+\frac{2e}{a}}$.

29. C'est donc une imperfection dans la solution qu'on vient d'exposer, de donner de fausses valeurs de A & de N, mêlées avec les véritables ; & c'est en général une imperfection de l'analyse de représenter la valeur d'une quantité x, qu'on suppose devoir être très-petite, par une équation qui donne à x plusieurs valeurs, dont il n'y en a qu'une de très-petite, & par conséquent de réellement utile à la solution du problême ; par exemple, soit $a+2bx+cx^2=0$, b étant supposé beaucoup plus grand que a & que c ; on aura $x = -\frac{b \pm \sqrt{(bb-ac)}}{c}$; or $\sqrt{(bb-ac)} = b - \frac{ac}{2b} + \frac{a^2c^2}{b^3} \times \frac{1}{2} \times \frac{-1}{4} - \frac{a^3c^3}{b^5} \times \frac{\frac{1}{2} \times \frac{-1}{2} \times \frac{-3}{2}}{2.3} \ldots \pm \frac{a^nc^nb}{b^{2n}} \times \frac{1.3.5.7\ldots 2n-3}{2^n.2.3.4.5\ldots n}$, n étant égal au nombre des termes moins 1. D'où il est clair que les deux valeurs de

x feront $-\frac{a}{2b}+\frac{a^2c}{b^3}+$ &c. & $-\frac{2b}{c}+\frac{a}{2b}$ $-\frac{a^2c}{b^3}$, &c. dont la premiere ſeulement repréſente la valeur de x, lorſque x doit être très-petite ; c'eſt donc une ſorte d'imperfection dans l'analyſe, que de préſenter en même-temps une autre valeur.

30. Si on fait, pour une ſeconde approximation plus exacte, $t=A+B$ coſ. $Nz+C$ coſ. $2Nz$, on aura coſ. $Nz\left(BN^2-B-\frac{2Be}{\alpha}+\frac{6AB}{2\alpha}+\frac{3CB}{2\alpha}\right)$ $+e-A-\frac{2eA}{\alpha}+\frac{3A^2}{2\alpha}+\frac{3BB}{4\alpha}+\frac{3CC}{4\alpha}+$ coſ. $2Nz\left(4N^2C-C-\frac{2eC}{\alpha}+\frac{3BB}{4\alpha}+\frac{3CA}{\alpha}\right)=0$. D'où l'on tire $N^2=1+\frac{2e}{\alpha}-\frac{3A}{\alpha}$ $-\frac{3C}{2\alpha}$; $B=-A-C$; $e=A+\frac{2eA}{\alpha}-\frac{3A^2}{2\alpha}-$ $\frac{3(A+C)^2}{4\alpha}-\frac{3CC}{4\alpha}$; $C=-\frac{3(A+C)^2}{4\alpha\left(4N^2-1-\frac{2e}{\alpha}+\frac{3A}{\alpha}\right)}$.
On voit donc que les ſubſtitutions donneroient pluſieurs valeurs pour A, B, C, N; & en pouſſant ainſi le calcul à l'infini, on trouveroit une infinité de valeurs, quoiqu'il n'y en ait réellement qu'une de vraie pour chacune de ces quantités, ſavoir celle qui rend A, B, C, &c. infiniment petites de l'ordre de e, ou de e^2. Cela eſt clair, 1°. par l'équation même $dz=\frac{dt}{\sqrt{\left(1-\frac{t}{\alpha}\right)}.\sqrt{(2et-tt)}}$;

qui fait voir que t ne sauroit être $> 2e$; 2°. par l'intégration trouvée ci-dessus (art. 4 & suiv.) de l'équation $dz = \frac{dt}{\sqrt{(\alpha - t)}\sqrt{(2et - tt)}}$, qui ne donne qu'une seule valeur pour $\frac{\sqrt{\alpha}}{S}$, laquelle quantité est évidemment la valeur de N, puisque $t = e - c \operatorname{cos.} \frac{z\sqrt{\alpha}}{S}$, &c.

31. Il faut avouer d'ailleurs, que quoiqu'on démêle aisément parmi toutes les valeurs de N celle qui doit être employée dans le cas dont il s'agit, la méthode est encore imparfaite par une autre raison; car la valeur de t devant contenir une suite de termes de cette forme $G \operatorname{cos.} pz$, il faudroit que l'équation en N contînt toutes les valeurs possibles de p; & c'est ce qui n'est pas.

32. Pour voir un exemple bien sensible de cette imperfection, supposons $\alpha = 2e$, nous avons remarqué ci-dessus qu'en ce cas $z = \log. \left(\frac{2e + \sqrt{(2et)}}{2e - \sqrt{(2et)}}\right)$, d'où il est aisé de voir que t sera exprimé en quantités de la forme Ac^{fz}, f étant réel, & que par conséquent, si on fait $t = A + B \operatorname{cos.} Nz$, &c. N doit être imaginaire; cependant les valeurs de A & de N^2 trouvées ci-dessus, art. 25, donnent en ce cas $A = 2e$, & $A = \frac{2e}{3}$, & $N^2 = -1$, $N^2 = 1$, d'où l'on voit que N a deux valeurs imaginaires $\pm \sqrt{(-1)}$, & deux réelles ± 1, lorsqu'il ne devroit au contraire en avoir que d'imaginaires. La complication des difficultés seroit encore plus grande

si on pouſſoit le calcul au-delà des deux équations $N^2 = 1 + \frac{2e}{a} - \frac{3A}{a}$, & $A = \frac{e}{1 + \frac{4e}{a} - \frac{3A}{2a}}$.

33. D'où il s'enſuit que la formule $A + B$ coſ. Nz $+ C$ coſ. $2Nz$, &c. ne donne réellement la valeur de t que dans les cas où a eſt une quantité beaucoup plus grande que $2e$, & où nous avons déja vû que la valeur de z en t eſt exprimée par une ſuite très-convergente. De même, lorſqu'on veut avoir la valeur de t en z, & que $2e$ eſt ſuppoſée très-petite par rapport à a, il eſt aiſé de voir que les valeurs de N, A, B, C, &c. ſeront exprimées par des ſeries très-convergentes.

34. On peut encore remarquer en paſſant, que lorſque t eſt à-la-fois $> 2e$, & $> a$, la valeur de $\frac{dz}{dt}$ eſt réelle; mais celle de z reſte toujours imaginaire, puiſque dz eſt imaginaire lorſque t eſt $> 2e$, & $< a$. D'où l'on voit que t étant ſuppoſé $> 2e$, & $> a$, la valeur de z ſera égale à une fonction réelle de t, plus à une conſtante imaginaire. Ainſi la valeur de z en t, pour répondre à tous les cas poſſibles, devroit être telle, 1°. qu'en ſuppoſant $t < 2e$, & $< a$, les valeurs de dz & de z fuſſent réelles; 2°. qu'en ſuppoſant $t > 2e$, & $< a$, les valeurs de dz & de z fuſſent imaginaires; 3°. qu'en ſuppoſant $t > 2e$, & $> a$, la valeur de dz fut réelle, & celle de z imaginaire.

35. On doit ſentir ſuffiſamment par ces remarques, & par celles que nous avons faites dans le trente-neu-

viéme Mémoire, § II, tout ce qui reste encore à faire aux Géometres pour perfectionner les méthodes qui donnent le mouvement des apsides dans la solution du problême des trois Corps.

§. II.

Sur le mouvement des nœuds des Satellites.

1. Supposons qu'un satellite décrive autour de sa planete principale une orbite à peu près circulaire, mais qui fasse *un angle considérable* avec le plan de l'écliptique; on demande le mouvement des nœuds en vertu de l'action du soleil.

2. On a trouvé (art. 29 des *Recherches sur système du Monde*) qu'en supposant les orbites circulaires, & à peu près dans le même plan, le mouvement $d\zeta$ des nœuds, pendant un instant dt, est $= -\frac{3n\, dz}{4} \times [1 - \text{cos.}(2z - 2pz) - \text{cos.}(2nz - 2pz) + \text{cos.}(2z - 2nz)]$; & on a trouvé en général (art. 11 & 29 du même Ouvrage) que $d\zeta$ étoit $= -\frac{3 S dt^2}{dz . B'}$ cos. θ sin. V sin. v.

3. Supposons maintenant les orbites sensiblement circulaires, ensorte que B' soit constant ou puisse être regardé comme tel, & imaginons que l'orbite du satellite, qui étoit supposé à très-peu près dans le plan de l'écliptique, soit relevée sur ce plan, de maniere, 1°. qu'elle fasse avec l'écliptique l'angle h'; 2°. que l'angle z, parcouru

couru durant le temps t, ait pour projection sur l'écliptique l'angle z'; on aura $d\zeta = -\frac{3Sdt^2}{dz'.B^3} \times$ [cos. $(z' - nz)$. sin. $(z' - pz)$. sin. $(nz - pz)$]. Or $dt^2 =$ à très-peu près $\frac{dz'^2}{g^2} = \frac{(xxdz')^2}{(g \cos. h')^2}$, parce que la vîtesse de projection étant g dans l'orbite réelle, est $= g$ cos. h' dans la projection de l'orbite ; donc, par la même raison, $dz' = \frac{dz \cos. h'}{xx}$; donc (en prenant $a = 1$ pour le rayon de l'orbite réelle) on aura $d\zeta = -3n^2 dz \times \frac{xx}{\cos. h'} \times$ [cos. $(z' - nz)$. sin. $(z' - pz)$. sin. $(nz - pz)$].

4. Maintenant, comme l'inclinaison est à peu près constante, & le mouvement des nœuds à peu près uniforme, on aura à très-peu près $aa \cos. z^2 + aa \sin. z^2 \times \cos. h'^2 = xx$, & $x \cos. (z' - pz) = a \cos. z$; d'où l'on tire $\cos. (z' - pz) = \frac{a \cos. z}{x}$, & $\sin. (z' - pz) = \frac{a \sin. z \cos. h'}{x}$. Enfin, $\cos. (z' - nz) = \cos. (z' - pz - nz + pz) = \cos. (z' - pz) \times \cos. (nz - pz) + \sin. (nz - pz) \times \sin. (z' - pz)$. Donc, substituant toutes ces valeurs, & prenant a pour l'unité, on aura $\sin. (z' - pz) \times \cos. (z' - nz) = \frac{\cos. h' \sin. z}{x} \times \frac{\cos. z \cos. (nz - pz) + \cos. h' \sin. (nz - pz) \sin. z}{x}$.

5. On pourra même, au lieu du produit cos. $(z' - nz) \times$ sin. $(z' - pz)$, écrire plus généralement cos. $(z'$

$-\zeta - nz + \zeta) \times$ fin. $(z' - \zeta) = [\frac{\text{cof.}\, z}{x} \times$ cof. $(\zeta - nz) - \frac{\text{fin.}(\zeta - nz) \times \text{fin.}\, z\, \text{cof.}\, h'}{x}] \times \frac{\text{fin.}\, z\, \text{cof.}\, h'}{x}$; d'où l'on voit que $d\,\zeta$ eſt égal à $+ 3n^2 dz \times$ fin. $(\zeta - nz) \times [\frac{\text{fin.}\,(2z + \zeta - nz)}{4} + \frac{\text{fin.}\,(2z - \zeta + nz)}{4} - \frac{\text{cof.}\, h'\, \text{fin.}\,(\zeta - nz)}{2} + \frac{\text{cof.}\, h'\, \text{fin.}\,(\zeta - nz + 2z)}{4} + \frac{\text{cof.}\, h'\, \text{fin.}\,(\zeta - nz - 2z)}{4}] = + \frac{3n^2 dz}{4} \times [-\text{cof.}\, h' + \text{cof.}\, h' \times \text{cof.}\,(2\zeta - 2nz) + (\frac{\text{cof.}\, h' + 1}{2}) \times [-\text{cof.}(2z + 2\zeta - 2nz) + \text{cof.}\, 2z] + (\frac{1 - \text{cof.}\, h'}{2}) \times [-\text{cof.}\, 2z + \text{cof.}\,(2z - 2\zeta + 2nz)] = + \frac{3n^2 dz}{4} \times [-\text{cof.}\, h' + \text{cof.}\, h'\, \text{cof.}\,(2\zeta - 2nz) + \text{cof.}\, h'\, \text{cof.}\, 2z + (\frac{\text{cof.}\, h' + 1}{2}) \times [-\text{cof.}\,(2z + 2\zeta - 2nz)] + (\frac{1 - \text{cof.}\, h'}{2}) \times [\text{cof.}\,(2z - 2\zeta + 2nz)]$.

6. De-là on voit, que dans le cas même où l'orbite du ſatellite fait un angle conſidérable avec l'orbite de la planete principale, le mouvement des nœuds renferme une partie toujours rétrograde $- \frac{3n^2 z\, \text{cof.}\, h'}{4}$, proportionnelle à cof. h'.

7. La ſolution que M. Newton a donnée du *Problême de la préceſſion des Equinoxes*, ſolution peu exacte d'ailleurs a pluſieurs égards (comme je l'ai prouvé dans mes

Recherches sur la préceſſion des Equinoxes & dans le trente-ſeptiéme Mémoire ci-deſſus) ſuppoſe implicitement la vérité de cette propoſition, qui avoit beſoin, ce me ſemble, d'être démontrée.

8. On trouvera de même la variation de l'inclinaiſon du ſatellite, par les formules des art. 12 & 30 de nos *Recherches ſur le ſyſtême du Monde*, en mettant dans le premier membre de l'équation $d\zeta = -3n^2 dz \times \frac{xx}{\text{cof.}\, h} \times [\text{cof.}(z' - nz) \cdot \text{fin.}(z' - pz)\, \text{fin.}(nz - pz)], \frac{dm}{m}$ au lieu de $d\zeta$, & dans le ſecond membre cof. $(z' - pz)$ au lieu de fin. $(z' - pz)$; & achevant le calcul comme ci-deſſus, on aura cof. $(z' - nz) \times$ cof. $(z' - pz) = \left[\frac{\text{cof.}\, z}{x} \times \text{cof.}(\zeta - nz) - \frac{\text{fin.}(\zeta - nz) \times \text{fin.}\, z\, \text{cof.}\, h'}{x}\right] \times \frac{\text{cof.}\, z}{x}$; & par conſéquent $\frac{dm}{m} = +3n^2 dz \times \text{fin.}(\zeta - nz) \times \left[\frac{\text{cof.}(\zeta - nz)}{2} + \frac{\text{cof.}(2z + 2\zeta - 2nz)}{4} + \frac{\text{cof.}(2z - 2\zeta - 2nz)}{4} - \frac{\text{cof.}\, h'}{4} \times (-\text{cof.}(2z + 2\zeta - 2nz) + \text{cof.}(2z - 2\zeta - 2nz))\right]$; d'où il eſt aiſé de voir que l'inclinaiſon aura une équation principale proportionnelle à cof. $(2\zeta - 2nz)$, c'eſt-à-dire au cof. de la diſtance du ſoleil au nœud, & indépendante de l'inclinaiſon; comme il eſt évident auſſi, par l'art. 5, que le mouvement du nœud a une équation principale proportionnelle à cof. h' fin. $(2\zeta - 2nz)$.

9. Nous avons négligé dans cet article l'excentricité

de l'orbite & sa double courbure ; mais il est aisé, si l'on veut, d'y avoir égard, au moyen des formules du trente-huitiéme Mémoire, art. 21 & suivans. Il peut même résulter de-là quelques conséquences importantes que nous nous proposons de développer dans un autre écrit ; il nous suffit d'avoir démontré dans celui-ci la proposition supposée vraie par M. Newton, & que personne n'avoit encore suffisamment prouvée.

§. III.

Sur l'altération du mouvement des Cometes dans le systême de la gravitation.

1. J'ai déja remarqué dans le Tome II de mes *Opuscules*, pag. 233, un inconvénient considérable des méthodes d'approximation pour trouver l'altération du mouvement des Cometes par l'action de Jupiter & de Saturne. Cet inconvénient consiste en ce que l'altération produite par l'action réunie des deux planetes, se trouve quelquefois, par le calcul, plus éloignée de l'altération observée, que ne le seroit l'altération produite par une seule ; au lieu que si les méthodes d'approximation n'étoient pas sujettes à des erreurs considérables, l'altération produite par les deux planetes devroit différer moins de l'altération réelle, que l'altération produite par une seule. J'ai donné au même endroit un exemple de cet inconvénient, d'après les calculs de M. Clairaut, pour la différence des périodes de 1531 à 1607, & de 1607 à 1682. En effet, par ces calculs, en n'ayant égard qu'à

l'action de Jupiter, la différence calculée des deux périodes ne differe que de 16 jours de la différence réelle observée ; au lieu qu'en ayant égard de plus à l'action de Saturne, la différence calculée differe de la différence observée de 33 jours ; c'est-à-dire, qu'en ayant égard à l'action de Saturne, l'erreur de 16 jours, qui auroit dû être diminuée, a été au contraire augmentée de 17 jours.

2. M. Clairaut paroît s'être proposé d'infirmer cette objection dans sa piéce envoyée à Pétersbourg sur l'altération des périodes de la comete ; il trouve, que pendant la révolution de 1531 à 1607, l'action de Jupiter a dû produire une altération de . . . — 5^{j}, 49 ; il trouve encore que cette même action de Jupiter, sur la comete, de 1531 à 1607, a dû altérer la période de 1607 à 1682, (abstraction faite de l'action de Jupiter pendant cette derniere période) de . . . — 37^{j}, 28 ; & que l'action de Jupiter a dû de plus altérer la période de 1607 à 1682, de . . . . . — 420^{j}, 05

donc ajoutant — 420, 05
& — 37, 28

on aura, pour l'altération totale produite par Jupiter de 1607 à 1682, — 457, 33
dont la différence à — 5, 49
est — 451, 84.

Ainsi la seconde période a dû être plus courte que la premiere de 451^{j}, 84 en n'ayant égard qu'à l'action de Jupiter.

3. Or la comete a passé en 1531, par son p'r.h. le 25 Août, & en 1607 le 26 Octobre, ce qui donne 76 ans + 61 jours (— 10); je retranche 10 jours à cause de la réformation du Calendrier en 1582, qui a mis le 16 Octobre au 26. Donc la période de 1531 à 1607 est de 76 ans + 51$^{j.}$. De plus, la comete en 1682 a passé à son périhélie le 14 Septembre. Donc de 1607 à 1682, la période est de 75 ans — 42 jours; donc la différence des deux périodes est 1 an + 51$^{j.}$ + 42$^{j.}$ = 365$^{j.}$ + 93 = 458$^{j.}$; donc la seconde période = la précédente moins 458$^{j.}$; ce qui ne differe que de 6 jours de la période dûe à l'action de Jupiter.

3. Par la même piéce de M. Clairaut, l'action de Saturne, pendant la premiere période de 1531 à 1607, a produit une altération égale à . . . — 177$^{j.}$, 44;
l'altération de la seconde période de 1607 à 1682, en vertu de l'action de Saturne pendant la période précédente, est . . . . . . — 152, 90
l'altération de la seconde période, par l'action de Saturne, ... — 8, 18

Donc l'altération totale de la seconde période, par l'action de Saturne, est . — 161, 08

donc ajoutant — 177, 44
à + 161, 08

on aura, pour la différence des deux périodes, par l'action de Saturne, ou pour la quantité dont la premiere a surpassé la seconde, ... — 16$^{j.}$, 36 or on a, pour la différence des deux périodes, par l'action de Jupiter, ou pour la quantité dont la premiere a surpassé la seconde, ... + 451, 84.

Donc la seconde période est plus courte que la premiere de 435 j., 48 en vertu des deux actions réunies ; & par conséquent, puisque cette période est réellement plus courte de 458 jours, l'erreur totale est de 23 jours.

4. Ainsi, l'erreur qui n'auroit été que de 6 jours, en ayant égard à l'action de Jupiter seulement, a été de 23 jours, en ayant égard aux actions de Jupiter & de Saturne, ce qui ne devroit pas être ; l'action de Saturne auroit dû diminuer l'erreur d'environ 6 jours, pour que tout s'accordât, au lieu qu'elle l'augmente de 17.

5. M. Clairaut avoit trouvé d'abord, pour la différence des deux périodes causée par l'action seule de Jupiter, — 16 j. ; & en vertu de l'action de Saturne, l'augmentation d'erreur — 17 j., ce qui faisoit — 33 j. d'erreur ; ici il trouve pour l'action de Jupiter — 6 seulement, & pour celle de Saturne — 17, ce qui rend l'erreur totale de 23 jours plus petite, à la vérité, que la premiere erreur de 33 j. ; mais il n'en est pas moins vrai, que l'erreur est toujours augmentée par le calcul de l'action de Saturne, au lieu qu'elle devroit être diminuée.

6. Au reste, cette objection, comme je l'ai dit dans l'endroit cité, n'a point pour objet d'attaquer les calculs de M. Clairaut, dont on doit louer le travail & le courage ; mais seulement de faire voir combien, dans

ce problême si compliqué, les méthodes d'approximation sont imparfaites & sujettes à erreur.

7. L'inconvénient du calcul de M. Clairaut, dans la comparaison des périodes de 1531 & de 1607, n'a pas lieu dans celle des périodes de 1607 & 1682 ; car il trouve que l'action de Jupiter de 1602 à 1682 a dû retarder la révolution de 1682 à 1759 de 387 j., 99, & que l'action de Jupiter, pendant la période de 1682 à 1759, a dû accélérer cette révolution de 301 j., 22 ; d'où il s'ensuit qu'elle a dû retarder en total la révolution de 86 j., 77 ; or la révolution de 1607 à 1682 a dû être accélérée de 420 j., 05 par l'action de Jupiter durant cette révolution ; donc la différence des deux révolutions de 1607 & 1682 est de 506 j., 82, dont la premiere a dû être plus courte que la seconde. D'après les observations, elle a été plus courte de 586 jours ; donc la différence ou l'erreur, est de 81 j. à peu près en ayant égard à la seule action de Jupiter. Maintenant, en ayant égard à la seule action de Saturne, on trouvera que l'action de cette planete, pendant la seconde révolution, a dû retarder la troisiéme de 102 j., 59 ; que l'action de cette même planete, pendant la troisiéme révolution, a dû l'accélérer de 9 j., 39 ; ainsi la troisiéme révolution a été retardée de 93 j., 20 par l'action seule de Saturne. Or cette action, pendant la seconde révolution, l'a accélérée de 8 j., 18' ; donc l'action de Saturne a dû rendre la troisiéme période plus longue que la seconde de 101 j., 38' ; donc les deux actions ensem-

ble

ont dû retarder la troisiéme période de $506^{j.}, 82 + 101^{j.}, 39 = 608, 21$, ce qui se rapproche beaucoup plus de $586^{j.}$, qu'en ayant égard à la seule action de Jupiter.

8. Si on suppose dans la comparaison de la premiere & de la seconde période, que α soit la quantité dont on se soit trompé dans l'évaluation de l'altération causée par Jupiter, & β celle dont on se soit trompé dans la valeur de l'altération causée par Saturne, on aura $6 + \alpha + 17 + \beta = 0$; donc l'erreur $\beta = -6 - \alpha - 17$; donc l'erreur commise dans le calcul de l'action de Saturne sera $>$ ou $< 23^{j.}$, selon que α sera positif ou négatif, c'est-à-dire, selon qu'on aura trouvé trop d'accélération ou trop de retardement par l'action de Jupiter.

9. Au reste, quelque estimable que soit le travail de M. Clairaut, & quoique les erreurs qui ont pu se glisser dans son calcul doivent être imputées en grande partie à la nature du problême, cependant il en est aussi une partie qu'on pourroit rejetter sur l'imperfection de sa méthode à certains égards. C'est de quoi on pourra plus aisément juger en comparant la méthode de ce savant Géometre avec celle que j'ai donnée pour calculer les perturbations des cometes, & dans laquelle je crois avoir évité plusieurs inconvéniens de la méthode de M. Clairaut. Ces inconvéniens, & les avantages de ma méthode, sont exposés dans le second Volume de ces *Opuscules*, pag. 208 & suivantes. La source principale, selon moi, des erreurs qui peuvent s'être glissées dans les cal-

culs de M. Clairaut, est celle que j'ai marquée pag. 209 de l'Ouvrage cité, n°. 5. Elle consiste en ce que M. Clairaut est obligé de fixer, d'une maniere vague & assez arbitraire, le temps où la comete passe à son périhélie à la fin de la seconde révolution, pour trouver la position de la planete perturbatrice; sur quoi je renvoye à l'endroit cité.

10. Il n'est pas impossible de comparer entr'elles, par une sorte d'estimation, les erreurs α, β, commises dans le calcul pour Jupiter, & dans le calcul pour Saturne. Car, 1°. ces erreurs, toutes choses égales, doivent être en raison des masses, c'est-à-dire à peu près en raison de 3 à 1; 2°. elles doivent être à peu près en raison inverse des quarrés des distances de Jupiter & de Saturne au soleil; 3°. elles dépendent de l'erreur qu'on peut commettre dans la position de la planete perturbatrice par rapport à la comete; & cette erreur, toutes choses égales, est d'autant plus grande, que la planete parcourt un plus grand angle dans un temps donné, c'est-à-dire, que le temps de la révolution de la planete est plus court. C'est pourquoi, nommant M la masse de la planete perturbatrice, T sa période, & D sa distance au soleil, l'erreur peut être supposée par estimation, proportionnelle à $\frac{M}{D^2 T}$; or T est comme $D^{\frac{3}{2}}$; & D comme $T^{\frac{2}{3}}$; donc l'erreur peut être estimée proportionnelle à $\frac{M}{D^{\frac{7}{2}}}$ ou $\frac{M}{T^{\frac{7}{3}}}$; par conséquent le rapport

$\frac{\alpha}{\beta}$ peut être estimé égal à environ $\frac{3}{12^{\frac{7}{3}}} \times 30^{\frac{7}{3}} = 3(1+\frac{3}{2})^{\frac{7}{3}}$, c'est-à-dire, plus de 18; donc on peut supposer $\beta = \pm \frac{\alpha}{18k}$, k étant > 1. Donc, à cause de $6 + \alpha + 17 + \beta = 0$ (art. 8), on aura $6 + \alpha + 17 \pm \frac{\alpha}{18k} = 0$, & par conséquent $\alpha =$ à peu près -24 ou -22.

11. On doit sentir au reste, que cette maniere d'estimer le rapport des erreurs α & β, n'est qu'une approximation assez vague; mais c'est la seule dont la question paroisse susceptible; & on ne sauroit au moins douter qu'en général le rapport de α à β ne dépende de ces trois causes, la masse des planetes, leur distance au soleil & leur période; les deux dernieres en raison inverse, la premiere en raison directe. On doit même remarquer, que des trois rapports qui entrent dans celui de α à β, le rapport direct des masses est celui qui y influe le plus constamment & le plus uniformément, par la raison que la masse de la planete perturbatrice est un facteur constant dans la quantité qui marque l'altération: d'où l'on voit, que tout le reste d'ailleurs égal, α doit être en général au moins trois fois aussi grand que β.

Fin du quarante-deuxiéme Mémoire.

XLIIIME MÉMOIRE.

Des loix de la réfraction de la lumiere à des surfaces très-courbes, dans l'hypothése de l'attraction Newtonienne.

1. Le Mémoire qu'on va lire sera un Supplément à ce que j'ai déja dit dans le troisiéme Volume de mes *Opuscules*, chap. VIII, §. VI, art. III, pag. 397 & suiv. sur les loix de la réfraction dans l'hypothése Newtonienne, quand la surface réfringente est très-courbe.

Je ferai voir, 1°. que dans l'hypothése Newtonienne pour expliquer la réfraction, le rapport des sinus est très-différent, toutes choses d'ailleurs égales, lorsque la surface réfringente a beaucoup de courbure, & lorsqu'elle a une courbure médiocre, ou lorsqu'elle est plane.
2°. Que la proposition supposée (art. 16 du même Vol. III, pag. 8) n'est point vraie dans les surfaces très-courbes.
3°. Qu'un rayon qui tombe sur le sommet d'une lentille plane concave, & d'une très-grande courbure, ne sortira point de cette lentille dans une position parallèle

à ſa poſition primitive, comme il paroît qu'il le devroit, ſuivant la théorie ordinaire de la réfraction.

4°. J'appliquerai le calcul réſultant de l'attraction Newtonienne, à une lentille totalement ſphérique, & d'un très-petit rayon ; & je ferai voir combien la réfraction dans cette lentille doit être différente de ce que donne la théorie ordinaire.

5°. Je ferai obſerver quelles doivent être dans cette même hypothéſe les irrégularités de la réfraction dans les angles des priſmes & le tranchant des lentilles.

6°. Je ferai voir auſſi que la propoſition ſuppoſée, art. 16, pag. 8 du IIIe Vol. pourroit n'avoir pas lieu, même pour des ſurfaces réfringentes planes ou de courbure médiocre, dans des hypothéſes plauſibles ſur les loix de la réfraction.

7°. Enfin (ce qui n'a pas un rapport immédiat aux autres objets de ce Mémoire) je prouverai la propoſition ſuppoſée dans l'art. 879 de ce même IIIe Vol. des *Opuſcules*.

§. I.

2. Conſervant donc les noms de l'art. 969 de cet Ouvrage, ſoit $CG = a$ (*Fig.* 38); l'attraction du corpuſcule C feroit (tout le reſte égal) proportionnelle à $FGB = \xi$, ſi la ſurface réfringente FB étoit plane; mais à cauſe de la courbure fAb, cette attraction ſera proportionnelle à $FGB - BAb - FAf = 2(AGB - BAb) = X$; & quand le point C ſera parvenu en-deſſous (*Fig.* 39) à une diſtance $= CA$, X ſera $= 2(GAB + BAb')$,

& ξ restera le même, c'est-à-dire $= 2(GAB)$; or BAb' est $> Bab$ par l'inspection de la figure, excepté quand C tombe en A, où $BAb' = Bab$. Donc $2(GAB + BAb') + 2(GAB - BAb) > 2GAB + 2GAB$, c'est-à-dire la somme des deux ξ, égaux, & pris à égale distance de A, est $<$ que la somme des deux X, inégaux, pris à la même distance; donc $\int X dx > \int \xi dx$.

3. Donc le rapport des sinus $\left(1 - \frac{1}{m}\right) \times \sqrt{\left(1 + \frac{2\int X dx}{gg}\right)}$, dans une surface réfringente très-courbe (m étant le rapport du rayon de la surface à celui de la sphere d'activité) sera différent du rapport des mêmes sinus $\sqrt{\left(1 + \frac{2\int \xi dx}{gg}\right)}$ dans une surface plane réfringente; le milieu étant d'ailleurs de la même densité dans les deux cas, & la vîtesse g du rayon incident étant la même.

4. Comme le corpuscule commence à décrire une courbe dès qu'il est parvenu à la distance α de la surface, le rapport des sinus est exactement celui de $\frac{1}{g(m\alpha + \alpha)}$ à $\frac{1}{(m\alpha - \alpha)\sqrt{(gg + 2\int X dx)}}$, $m\alpha$ étant le rayon de la surface; & la démonstration subsiste.

§. II.

5. Soit AK (*Fig.* 40) la courbe ou trajectoire décrite par le corpuscule lumineux, l'angle $KOA = z$, $KO = u = \frac{1}{x}$, h le sinus de l'angle d'incidence, qu'on sup-

pose être au point A, Q la force qui tend vers O ; on aura, par la théorie connue des trajectoires, l'équation $dz = -\frac{du}{uu\sqrt{\left(\frac{1}{h^2} + \frac{2\int Q dx}{gghh} - \frac{1}{u^2}\right)}}$; & cette équation donne, lorsque h est très-petit, $dz = -\frac{ghdu}{uu\sqrt{(gg+2\int Xdx)}}$ $= \frac{ghdx}{\sqrt{(gg+2\int Xdx)}}$.

6. D'où l'on voit, 1°. que u étant donné, l'angle z ou AOK est $= A.h$, A étant une constante qui dépend de l'intégration de $\frac{dx}{\sqrt{(gg+2\int Xdx)}}$; or l'angle de réfraction VKO, suivant la théorie (art. 4 précédent), est $B.h$, B étant $= \frac{(m+1)g}{(m-1)\sqrt{(gg+2\int Xdx)}}$, & les angles étant supposés très-petits ; donc l'angle de KV avec AO, c'est-à-dire $VKO - z$, est $= Bh - Ah$.

7. Or en prenant les angles & les sinus comme on a coutume de le faire dans la théorie des lentilles (c'est-à-dire rapportant les angles d'incidence & de réfraction à la surface même réfringente) on voit aisément, 1°. que le véritable angle d'incidence LAO, au lieu d'être h, est $\frac{hm\sqrt{(gg+2\int Y' dx)}}{(m+1)g}$, $\int Y' dx$ étant la valeur de $\int Xdx$, lorsque le corpuscule lumineux touche la surface réfringente; car le véritable angle d'incidence est celui du rayon lorsqu'il commence à se plier, c'est-à-dire, lorsqu'il est arrivé à la distance α de la surface réfringente; or si on nomme h' cet angle LAO, l'angle

d'incidence à la surface sera $\frac{h'(m+1)g}{m\sqrt{(gg+2\int Y'dx)}} = h$; donc $h' = \frac{hm\sqrt{(gg+2\int Y'dx)}}{(m+1)g}$; 2°. on voit aussi que l'angle de réfraction $uAO = \frac{LAO \times g(m+1)}{(m-1)\sqrt{(gg+2\int Xdx)}} = \frac{hm\sqrt{(gg+2\int Y'dx)}}{(m-1)\sqrt{(gg+2\int Xdx)}} = \frac{Bhm\sqrt{(gg+2\int Y'dx)}}{(m+1)g}$. Donc cet angle est fort différent de $(B-A)h$.

8. Si un corpuscule traverse successivement, avec très-peu d'obliquité, differentes surfaces, dont les rayons soient $m\alpha$, $m'\alpha$, $m''\alpha$, le rayon α de la sphere d'activité étant supposé par-tout le même pour plus de simplicité, on aura (en faisant même abstraction des angles z) le sinus ou l'angle de réfraction $= h \times \frac{(m+1)g}{(m-1).\sqrt{(gg+2\int Xdx)}} \times \frac{(m'+1).\sqrt{(gg+2\int Xdx)}}{(m'-1).\sqrt{(gg+2\int X'dx)}} = \frac{h(m+1).(m'+1)g}{(m-1).(m'-1).\sqrt{(gg+2\int X'dx)}}$. Or cette quantité n'est pas la même que $\frac{hg}{\sqrt{(gg+2\int X'dx)}}$, qui représenteroit l'angle de réfraction, si les surfaces étoient planes ou d'une courbure finie ; & cette derniere valeur $\frac{hg}{\sqrt{(gg+2\int X'dx)}}$ s'accorderoit en ce cas avec la loi de réfraction supposée, art. 16 du troisiéme Volume de nos *Opuscules*. Donc, quand on supposeroit que cette loi eût lieu pour les surfaces planes ou d'une courbure finie, il ne s'ensuivroit pas qu'elle eût lieu pour les surfaces très-courbes.

9. Si le corpuscule passoit immédiatement du vuide dans

dans le milieu qui exerce la force X' ($m'a$ étant supposé le rayon), on auroit (même en faisant toujours abstraction de l'angle z) l'angle de réfraction égal à $\frac{h(m'+1)g}{(m'-1).\sqrt{(gg+2\int X'dx)}}$, quantité qui n'est pas non plus la même que $\frac{h(m+1).(m'+1)g}{(m-1).(m'-1).\sqrt{(gg+2\int X'dx)}}$. D'où l'on voit que la loi supposée art. 16 de l'Ouvrage cité, n'a pas lieu non plus dans les surfaces très-courbes, étant envisagée sous un autre point de vûe; c'est-à-dire, que la réfraction à travers plusieurs milieux contigus, n'est pas la même que si le corps passoit immédiatement du premier milieu dans le dernier.

§. III.

10. Si la lentille MAN (*Fig.* 41) est terminée par une surface plane DB, à une épaisseur assez grande, pour que le rayon réfracté puisse arriver à l'extrémité K de la sphere d'activité, de maniere que la distance de ce point K à la surface plane, ne soit pas $< a$; alors la vîtesse $gg + 2\int Xdx$ deviendra, après la seconde réfraction en P, $gg + 2\int Xdx - 2\int \xi dx > gg$, & le rapport du sinus de réfraction QPZ, au sinus d'incidence sur la surface plane DPB, sera $\frac{\sqrt{(gg+2\int Xdx)}}{\sqrt{(gg+2\int Xdx - 2\int \xi dx)}}$; donc le rayon réfracté PQ ne sera pas parallèle au rayon incident AR; car on a (négligeant d'abord l'angle z, art. 5) $\sin. uAO = \sin. K'AR \times \frac{(m+1)g}{(m-1).\sqrt{(gg+2\int Xdx)}}$; sin.

$QPZ = \text{fin.}\, uAO \times \frac{\sqrt{(gg + 2\int X dx)}}{\sqrt{(gg + 2\int X dx - 2\int \xi dx)}}$; donc $\text{fin.}\, QPZ = \text{fin.}\, K'AR \times \frac{(m+1)g}{(m-1)\sqrt{(gg + 2\int X dx - 2\int \xi dx)}}$.

Donc QPZ ne fera pas $= K'AR$. Donc le rayon réfracté PQ ne fortira pas parallèlement à AR, comme il fortiroit, fi la furface MAN étoit plane ainfi que la furface PB.

11. Il n'y auroit qu'un feul cas pour le parallélifme des rayons PQ & AR; ce feroit celui où l'on auroit $(m+1) \times g = (m-1)\sqrt{(gg + 2\int X dx - 2\int \xi dx)}$. Mais alors, il eft clair que le finus du premier angle de réfraction uAO ne feroit pas le même que fi la furface MAN étoit plane; car puifque (*hyp.*) $\text{fin.}\, K'AR = \text{fin.}\, QPZ = \text{fin.}\, uAO \times \frac{\sqrt{(gg + 2\int X dx)}}{\sqrt{(gg + 2\int X dx - 2\int \xi dx)}}$, donc $\text{fin.}\, uAO : \text{fin.}\, K'AR = \frac{\sqrt{(gg + 2\int X dx - 2\int \xi dx)}}{\sqrt{(gg + 2\int X dx)}} = (\textit{hyp.})\ \frac{(m+1)g}{(m-1)\sqrt{(gg + 2\int X dx)}}$; or fi MAN étoit plane, $\text{fin.}\, uAO : \text{fin.}\, K'AR$ feroit $= \frac{g}{\sqrt{(gg + 2\int \xi dx)}}$, quantité qui n'eft pas $= \frac{(m+1)g}{(m-1)\sqrt{(gg + 2\int X dx)}}$; car il faudroit pour cela qu'on eût $\frac{m+1}{m-1} = \frac{\sqrt{(gg + 2\int X dx)}}{\sqrt{(gg + 2\int \xi dx)}}$; or $\frac{m+1}{m-1} = (\textit{hyp.})\ \frac{\sqrt{(gg + 2\int X dx - 2\int \xi dx)}}{g}$, & il eft aifé de voir que $\frac{\sqrt{(gg + 2\int X dx)}}{\sqrt{(gg + 2\int \xi dx)}}$ n'eft pas $= \frac{\sqrt{(gg + 2\int X dx - 2\int \xi dx)}}{g}$; puifqu'il faudroit qu'on eût $g^4 + 2gg\int X dx = g -$

$4(\int\xi dx)^2 + 2gg\int X dx + 4(\int\xi dx)(\int X dx)$, ou $\int X dx = \int\xi dx$; ce qui est contraire à l'art. 2 ci-dessus.

12. Donc si le rapport des sinus est tel qu'il doit être d'après la théorie, dans la lentille courbe convexe plane dont il s'agit, & dans un verre plan, le rayon réfracté *PQ* ne sortira point parallèle au rayon incident *AR*; & s'il sort parallèle à *AR*, le rayon réfracté *uA*, à la surface courbe *MAN*, sera encore différent de ce qu'il seroit si la surface *MAN* étoit plane.

13. On remarquera encore, pour plus d'exactitude, que sin. $QPZ = $ sin. $(PKO - \zeta) \times \frac{\sqrt{(gg + 2\int X dx)}}{\sqrt{(gg + 2\int X dx - 2\int\xi dx)}}$, ζ étant l'angle que fait *KO* avec *AO*; & qu'ainsi, dans la démonstration de l'art. 10 précédent, il faut, pour l'exactitude rigoureuse, mettre $PKO - \zeta$ au lieu de *uAO* : ce qui rendra encore plus général, & moins susceptible d'exception, le théorême démontré dans cet article 10.

§. IV.

14. Soit une très-petite lentille sphérique *STV* (*Fig.* 42), *B* le point où le rayon commence à être courbé, $BQ = \alpha$, le rayon $CQ = m\alpha$; le corpuscule lumineux décrit d'abord une petite courbe *BG* jusqu'à ce que $CG = m\alpha - \alpha$, ensuite une droite *GD*, qui fasse avec *CD* l'angle *CGD*; cela posé, on fera l'angle $CDG = CGD$, & décrivant une courbe *DE* pareille à *BG*, on fera $CEO = CBA$, ou $MEO = ABb$; or on a $AC(\delta) : CB(m\alpha + \alpha) ::$ sin. ABb : sin. $BAC =$ sin.

$(ABb - BCA)$; donc $\delta = \frac{\alpha (m+1) \sin. ABb}{\sin. (ABb - BCA)}$; de même, après la ſortie de la lentille, CO que j'appelle δ', ſera $= \frac{\alpha (m+1) \sin. MEO}{\sin. (MEO - ECO)} = \frac{\alpha (m+1) \sin. ABb}{\sin. (ABb - ECO)}$. Or ſoit $BCG = \epsilon$, $DGC = \gamma = GDC$, on aura $GCD = 180^\circ - 2\gamma$; $BCE = 2\epsilon + 180^\circ - 2\gamma$; $ECO = 180^\circ - BCE - ACB = 2\gamma - 2\epsilon - ACB$; donc $\delta' = \frac{\alpha (m+1) \sin. ABb}{\sin. (ABb + BCA - 2\gamma + 2\epsilon)}$.

15. Or il faut remarquer, que par la théorie Newtonienne de la réfraction, $\sin. ABb = \sin. \gamma \times \frac{(m\alpha - \alpha) \sqrt{(gg + 2\int X dx)}}{g (m\alpha + \alpha)}$. Il faut remarquer de plus, que ſin. ABb ne ſera pas le même ſi on n'a point d'égard à la petite courbe GB; mais qu'en prolongeant le rayon AB juſqu'à la ſurface, on trouvera ſin. ABb un peu plus grand; dans ce cas, BCA ſera augmenté de la même quantité n que ABb, & par conſéquent $ABb - BCA$ demeurera le même qu'auparavant, & $m\alpha + \alpha$ ſera réduit à $m\alpha$; donc on aura, pour plus de ſimplicité,

$$\delta = \frac{\alpha m \sin. (ABb + n)}{\sin. (ABb - BCA)};$$

& $\delta' = \frac{\alpha m \sin. (ABb + n)}{\sin. (ABb + BCA - 2\gamma')}$, ϵ étant ici ſuppoſé $= 0$, & γ' étant l'angle de réfraction, tel qu'on le ſuppoſe ordinairement, c'eſt-à-dire tel, que le corpuſcule ne décrive point de ligne courbe.

16. Cela posé, on voit d'abord que m sin. $(ABb + n) = (m+1)$ sin. ABb. On voit ensuite, que si $2\gamma - 2\epsilon$ n'est pas égal à $2\gamma'$, les distances δ', ou les valeurs de CO, trouvées dans les deux cas, ne seront pas égales à beaucoup près; or sin. $\gamma' =$ sin. $(ABb+n) \times \frac{g}{\sqrt{(gg+2\int \xi dx)}}$ $= \frac{(m+1) \text{ sin. } ABb}{m} \times \frac{g}{\sqrt{(gg+2\int \xi dx)}}$; sin. $\gamma =$ sin. $ABb \times \frac{(m\alpha+\alpha)g}{(m\alpha-\alpha)\sqrt{(gg+2\int X dx)}}$; donc sin. γ' : sin. γ :: $(m-1)\sqrt{(gg+2\int X dx)} : m\sqrt{(gg+2\int \xi dx)}$.

17. On voit donc, 1°. que γ' & γ ne sont pas égaux; 2°. que s'ils le sont, alors $\gamma - \epsilon$, & γ' ne le seront pas. En général on aura sin. $(\gamma - \epsilon) =$ sin. γ cos. ϵ — sin. ϵ cos. γ; il faudroit donc, pour que γ' fût $= \gamma - \epsilon$, qu'on eût $\frac{\text{sin. } \gamma (m-1)\sqrt{(gg+2\int X dx)}}{m\sqrt{(gg+2\int \xi dx)}} =$ sin. γ cos. ϵ — sin. ϵ cos. γ; or on a sin. $\gamma =$ sin. $ABb \times \frac{(m\alpha+\alpha)}{m\alpha-\alpha} \times \frac{g}{\sqrt{(gg+2\int X dx)}}$; & $\epsilon = \int \frac{-dx \times (m\alpha+\alpha)}{xx\sqrt{\left(\frac{1}{hh} - \frac{2\int X dx}{gg} - \frac{\alpha^2(m+1)^2}{x^2}\right)}}$; d'où il est aisé de voir que la valeur de ϵ dépend d'une double quadrature, tandis que celle de γ ne dépend que d'une quadrature simple. Ce ne pourroit donc être que par hazard, & dans certains cas particuliers, qu'on auroit $\gamma - \epsilon = \gamma'$; puisque cette équalité supposeroit une équation entre deux quantités indépendantes l'une de l'autre.

18. Nous supposons dans les propositions précéden-

tes, que m ſoit > 1, & que le rayon ou corpuſcule lumineux pénétre aſſez profondément, pour que la matiere qui compoſe la lentille ſphérique puiſſe exercer ſur ce corpuſcule lumineux toute ſon activité. Or il faut pour cela qu'il puiſſe parvenir, ſans ſortir de la lentille, à une diſtance au-deſſous de la ſurface, qui ſoit au moins $= \alpha$, & que la lentille par conſéquent ſoit d'une épaiſſeur convenable pour cet effet. Si la lentille avoit trop peu d'épaiſſeur, les formules précédentes ſeroient plus compliquées, & les propoſitions démontrées ci-deſſus n'en ſeroient que plus vraies.

§. V.

19. Lorſqu'un rayon tombe très-près de l'angle d'un priſme fort aigu, alors la force X peut ne pas agir perpendiculairement à la ſurface; car ſoit C (*Fig.* 43) le corpuſcule lumineux, & CB le rayon de la ſphere d'activité, il y aura une attraction perpendiculaire à CB, qui vient de la partie manquante FBO, ou plutôt (*Fig.* 44) de la partie FLK, en menant la corde OBK perpendiculaire au rayon CB; car la partie KLO agit ſuivant CB, & la partie FLK agit à-la-fois ſuivant CB, & perpendiculairement à CB. Donc ſi un rayon de lumiere tombe vers l'extrémité d'un priſme fort aigu, alors la viteſſe parallèle à la ſurface du priſme, eſt, ou peut être altérée, & la raiſon conſtante des ſinus n'a plus lieu dans le ſyſtême de l'attraction Newtonienne. La même remarque aura lieu pour les rayons qui tombent ſur le

tranchant des lentilles, au moins quand ce tranchant formera un angle très-aigu.

§. VI.

20. Soient trois milieux A, B, C, dont les densités soient Δ, Δ', Δ'', & g la vîtesse du rayon, en entrant du milieu A dans le milieu B; si la vîtesse du rayon dans le milieu B est $\sqrt{(gg + A(\phi\Delta' - \phi\Delta))}$, le rapport du sinus d'incidence au sinus de réfraction, sera égal à $\frac{\sqrt{(gg + A(\phi\Delta' - \phi\Delta)}}{g}$, en passant du milieu A dans le milieu B; passant ensuite du milieu B dans le milieu C, le rapport des sinus sera $\frac{\sqrt{(gg + A(\phi\Delta' - \phi\Delta) + A(\phi\Delta'' - \phi\Delta'))}}{\sqrt{(gg + A(\phi\Delta' - \phi\Delta))}}$ $= \frac{\sqrt{(gg + A(\phi\Delta'' - \phi\Delta))}}{\sqrt{(gg + A(\phi\Delta' - \phi\Delta))}}$; alors la réfraction sera la même que si le rayon passoit directement du milieu A dans le milieu C, puisqu'en ce dernier cas, le rapport des sinus seroit $\frac{\sqrt{(gg + A(\phi\Delta'' - \phi\Delta))}}{g} = \frac{\sqrt{(gg + A(\phi\Delta' - \phi\Delta))}}{g}$ $\times \frac{\sqrt{(gg + A(\phi\Delta'' - \phi\Delta))}}{\sqrt{(gg + A(\phi\Delta' - \phi\Delta))}}$.

21. En général, si g est la vîtesse d'un corpuscule de lumiere, en entrant de l'air dans le milieu A, que V soit la vîtesse après la réfraction, & que le rapport des sinus soit $P = \frac{\phi V}{\phi g}$; soit V' la vîtesse du rayon, en passant du milieu A dans un autre milieu B, on aura $P' = \frac{\phi V'}{\phi V}$; donc $\frac{P'}{P} = \frac{\phi V'}{\phi g}$, c'est-à-dire, que le rap-

port des ſinus ſera le même, que ſi le rayon paſſoit immédiatement de l'air dans le milieu B, pourvu que la vîteſſe V' ſoit la même dans les deux cas, ce qui arrivera ſi $\varphi V = \varphi g + \varphi \Delta' - \varphi \Delta$. Telle eſt la loi du rapport qu'il doit y avoir entre les vîteſſes & les ſinus, pour que le rapport des ſinus ſoit le même en paſſant immédiatement ou médiatement d'un milieu dans un autre. On remarquera, que dans toutes ces hypothèſes & dans les ſuivantes, nous ſuppoſons que la vîteſſe parallèle à la ſurface du milieu demeure conſtante, & qu'il n'y a que la ſeule vîteſſe perpendiculaire qui ſoit altérée.

22. Mais ſi la vîteſſe dans le milieu B eſt, par exemple, $g[1 + \varphi(\Delta' - \Delta)]$, ou en général $g[1 + (\Delta' - \Delta)(\varphi(\Delta', \Delta)]$, la vîteſſe dans le troiſiéme milieu C ſera $g[1 + (\Delta' - \Delta)(\varphi \Delta', \Delta)] \times [1 + (\Delta'' - \Delta')\varphi(\Delta'', \Delta')]$; donc le rapport des ſinus, en paſſant du milieu A dans le milieu B, ſera $1 + (\Delta' - \Delta)\varphi(\Delta', \Delta)$, & en paſſant du milieu B dans le milieu C, $1 + (\Delta'' - \Delta') \times \varphi(\Delta'', \Delta')$; donc en paſſant du milieu A au milieu C, par le milieu B, le rapport des ſinus ſera $1 + (\Delta' - \Delta) \times \varphi(\Delta', \Delta)$ multiplié par $1 + (\Delta'' - \Delta')\varphi(\Delta'', \Delta')$; au lieu que ſi le rayon paſſe immédiatement du premier au troiſiéme milieu, le rapport des ſinus ſera $1 + (\Delta'' - \Delta)\varphi(\Delta'', \Delta)$ qui n'eſt pas le même que le précédent.

23. Il eſt aiſé d'imaginer d'autres hypothèſes d'après leſquelles le rapport des ſinus ne feroit pas le même dans les deux cas; par exemple, ſi la vîteſſe dans le milieu B étoit en général une fonction Γ, de g & de Δ', Δ, qui devînt

vînt simplement égale à g dès que Δ' feroit $= \Delta$, il est aisé de voir, qu'excepté dans la supposition de l'art. 20, le rapport des sinus ne sera pas le même pour les deux cas dont il s'agit. On peut donc faire une infinité d'hypothèses dans lesquelles les sinus seront en raison constante, sans que la réfraction, en passant par plusieurs milieux successifs *A*, *B*, *C*, soit la même que si la lumiere passoit immédiatement du milieu *A* dans le dernier milieu *C*.

24. Cependant, si le rapport des sinus est en général $1 + (\Delta' - \Delta)\varphi(\Delta', \Delta)$, l'identité de réfraction aura lieu à très-peu près, pourvu que la différence de Δ, Δ', Δ'' soit fort petite ; car en passant à travers les trois milieux successifs, le rapport des sinus sera $[1 + (\Delta' - \Delta)\varphi(\Delta', \Delta)] \times [1 + (\Delta'' - \Delta')\varphi(\Delta'', \Delta')] =$ (à cause de Δ' & Δ'' peu différens de Δ) $1 + (\Delta'' - \Delta)\,\varphi\,\Delta$ à très-peu près ; or ce rapport sera à très-peu près le même quand le passage se fera immédiatement du premier milieu dans le troisiéme ; l'erreur ne sera que d'un infiniment petit du second ordre, en regardant les différences de Δ'', Δ', Δ, comme infiniment petites du premier. La même chose aura lieu dans un grand nombre d'autres hypothèses, pourvu que Δ, Δ', Δ'' different très-peu l'un de l'autre.

25. Voici de quelle maniere on prouve ordinairement que la réfraction de la lumiere, en passant immédiatement du milieu *A* dans le milieu *C*, sera la même (les surfaces étant supposées planes & parallèles) que si l[a]

paſſage ſe faiſoit médiatement par le milieu *B*. Soit, dit-on, 1 : *M* le rapport du ſinus d'incidence au ſinus de réfraction, en paſſant du milieu *A* dans le milieu *B*; *M* : *m* le rapport des mêmes ſinus, en paſſant du milieu *B* dans le milieu *C*, on aura ces deux proportions: 1°. Le ſinus d'incidence eſt (*hyp.*) au ſinus de réfraction dans le milieu *B*, comme 1 eſt à *M*;

2°. Le ſinus de réfraction dans le milieu *B* (qui devient le ſinus d'incidence dans le milieu *C*) eſt encore (*hyp.*) au ſinus de réfraction dans ce milieu *C*, comme *M* eſt à *m*;

Donc, *en multipliant par ordre*, le ſinus d'incidence dans le milieu *A* eſt au ſinus de réfraction dans le milieu *C*, comme 1 eſt à *m*; donc 1 : *m* ſera le rapport des ſinus, en paſſant immédiatement du milieu *A* dans le milieu *C*.

26. Il eſt aiſé de voir en quoi conſiſte le paralogiſme de cette prétendue démonſtration. On y ſuppoſe implicitement ce qui eſt en queſtion, ſavoir que le ſinus de réfraction dans le milieu *C*, après avoir traverſé le milieu *B*, ſera le même que ſi le rayon paſſoit immédiatement du milieu *A* dans le milieu *C*.

27. Il eſt aiſé de voir encore, que dans les hypothèſes des art. 22 & 23, un rayon qui traverſe un milieu, & qui en ſort, pourra ne pas ſortir parallèlement à ſa premiere ſituation; car le rapport des ſinus étant $1 + (\Delta' - \Delta) \times \varphi(\Delta', \Delta)$ en paſſant de l'air dans ce milieu, il ſera en repaſſant de ce milieu dans l'air $1 + (\Delta - \Delta')\varphi(\Delta, \Delta')$, & par conſéquent le ſinus d'incidence ſera au ſecond ſinus de réfraction, comme $[1 + (\Delta' - \Delta)\varphi(\Delta,$

$\Delta')] \times [1 + (\Delta - \Delta')\varphi(\Delta', \Delta)]$ est à l'unité. Donc, &c. Il en sera de même dans une infinité d'autres cas.

§. VII.

28. Passons maintenant à d'autres considérations. Soit, comme dans le troisiéme Volume de nos *Opuscules*, P le rapport de réfraction pour les rayons d'une certaine couleur dans un milieu quelconque, P' le rapport de réfraction pour les rayons de la même couleur dans un autre milieu, $P + dP$ & $P' + dP'$ les rapports de réfraction pour d'autres rayons d'une autre couleur dans les deux mêmes milieux. Pour que $P - 1$ soit tel dans cette hypothèse, que $\frac{dP}{P-1}$ soit en rapport constant avec $\frac{dP'}{P'-1}$; il faut que le logarithme de $P - 1$ soit égal à une quantité telle, que si on la différentie en regardant seulement g comme variable, & qu'on divise ensuite par dg & par $P - 1$, la quantité g ne se trouve plus dans le résultat; donc log. $(P - 1)$ doit être $= Ag + K$, A & K étant des constantes qui ne renferment point g, & qui ne dépendent que de la densité du milieu ou de quelque autre quantité ou force indépendante de g; donc si $P - 1$ est tel que l'on ait, par exemple, $P = \frac{Bc^{Ag+K} + \psi\Delta' - \psi\Delta}{Bc^{Ag+K}}$, B, A, K étant des constantes quelconques, on aura $\frac{dP}{P-1} = -Adg \times (\psi\Delta' - \psi\Delta)$;

& (en conſervant les noms de l'art. 21) $B . c^{A.V+K} = B c^{Ag+K} + \psi \Delta' - \psi \Delta$.

29. Si $\frac{m-1}{m'-1} = a = \frac{M-1}{M'-1}$, M & m étant fort peu différens de l'unité, & repréſentant le rapport de réfraction du même rayon dans deux milieux différens, & M', m', le rapport de réfraction d'un autre rayon de couleur différente dans les deux mêmes milieux, on aura $\frac{\frac{M}{m}-1}{\frac{M'}{m'}-1} = a$. Car ſoit $m' = 1 + \beta$, $m = 1 + \beta + d\beta$, $M' = 1 + B$, $M = 1 + B + dB$, on aura (*hyp.*) $\frac{\beta + d\beta}{\beta} = \frac{B + dB}{B} = a$; $\frac{M}{m} - 1 = \frac{1 + B + dB}{1 + \beta + d\beta} - 1 = \frac{-\beta + B - d\beta + dB}{1 + \beta + d\beta} = (-\beta + B + dB - d\beta) \times \frac{1}{(1+\beta)\left(1 + \frac{d\beta}{1+\beta}\right)} = \frac{B - \beta + dB - d\beta}{1+\beta} - \frac{(B-\beta)\,d\beta}{(1+\beta)^2}$; $\frac{M'}{m'} - 1 = \frac{1+B}{1+\beta} - 1 = -\frac{\beta - B}{1+\beta}$; donc $\frac{\frac{M}{m}-1}{\frac{M'}{m'}-1}$ eſt $= 1 + \frac{dB - d\beta}{B - \beta} - \frac{d\beta}{1+\beta}$; or $\frac{dB - d\beta}{B - \beta} = \frac{dB}{B} = \frac{d\beta}{\beta}$, puiſque $\frac{d\beta}{\beta} = \frac{dB}{B}$, à cauſe de $\frac{\beta + d\beta}{\beta} = \frac{B + dB}{B} = a$; donc ſi $\frac{d\beta}{1+\beta}$ peut ſe négliger devant $\frac{d\beta}{\beta}$, c'eſt-à-dire ſi β eſt fort petit, comme on le ſuppoſe ici, on aura $\frac{\frac{M}{m}-1}{\frac{M'}{m'}-1}$ à très-peu

près $= 1 + \frac{d\beta}{\beta} = a$. C'est aussi la remarque de M. Klingenstierna, & qui résulte de sa construction (*Mém. Acad.* 1756, pag. 406).

30. En effet, les cordes HI, HG (*Fig.* 45) étant appuyées sur des arcs semblables, puisque ces arcs mesurent un même angle HTG, sont entr'elles comme les rayons des cercles; les arcs gG, Ii étant aussi semblables, puisqu'ils mesurent un même angle ITi, les angles GHg, IHi sont égaux; les angles g & G sont aussi évidemment égaux étant appuyés sur la même corde; donc les triangles HIG, Hig sont semblables; donc IG, ig sont entr'elles comme HG à Hg, & HG à Hg comme HI à Hi; d'où il est aisé de voir, 1°. que $\frac{IG}{ig}$ est toujours constant; 2°. que si le point L appartenoit à un arc décrit sur la corde TH, on auroit $IG : ig :: HG : Hg :: GL : gl$. Ainsi, pour qu'on ait $LI : LG :: li : lg$, il faut que les points L, G, I soient très-près de H : alors la proportion aura lieu à très-peu près; parce qu'alors l'arc HL, décrit du centre T, coincidera avec l'arc HL du cercle qui auroit pour diametre HT.

31. C'est pourquoi, si on a $\frac{P-1}{P'-1} = \frac{\varpi-1}{\varpi'-1}$, P; P', ϖ, ϖ' étant très-peu différens de l'unité, on aura $\frac{\frac{P}{\varpi}-1}{\frac{P'}{\varpi'}-1} = \frac{P-1}{P'-1}$. Ainsi la proposition de M. Klingenstierna est vraie à cet égard. Mais cet Auteur s'est

trompé, comme nous l'avons obſervé art. 879 du troiſiéme Volume de nos *Opuſcules*, lorſqu'il a confondu le cas où P & P' ſont ſuppoſés très-peu différens de l'unité, avec le cas où le ſinus d'incidence (& par conſéquent celui de réfraction) ſont fort petits.

32. Il eſt aiſé de voir, par l'art. 28, comment il pourroit ſe faire que la loi ſuppoſée dans l'art. 16 du Tome III de nos *Opuſcules* fût obſervée, & qu'en même-temps $\frac{dP(P'-1)}{(P-1)dP'}$ fut conſtant. Il eſt vrai que cette ſuppoſition n'a pas lieu dans la nature; mais ce que nous venons de dire ſuffit pour montrer qu'elle pourroit avoir lieu, ſans que le raiſonnement de M. Klingenſtierna fût bon; c'eſt-à-dire, qu'il pourroit très-bien arriver, 1°. que les ſinus d'incidence & de réfraction fuſſent en raiſon conſtante pour tous les rayons & dans tous les milieux; 2°. que la réfraction fût la même en paſſant médiatement ou immédiatement d'un milieu dans un autre; 3°. qu'en paſſant d'un milieu A dans deux milieux B, C, le rapport $\frac{dP(P'-1)}{dP'(P-1)}$ fût conſtant, ſans que pour cela il en fût de même en paſſant du milieu B dans le milieu C; ou, ce qui revient au même, que $\frac{P'-1}{P-1}$ pourroit être conſtant dans le paſſage du milieu A aux milieux B & C, ſans que la même choſe eût lieu dans le paſſage du milieu B dans le milieu C. C'eſt ce qu'on prouve aiſément par ce qui vient d'être démontré plus haut; car on a vû,

(art. 28) que $P - 1 = \frac{\psi\Delta' - \psi\Delta}{B c^{Ag+K}}$, & par conſéquent $P' - 1 = \frac{\psi\Delta' - \psi\Delta}{B c^{Ag'+K}}$; d'où $\frac{P' - 1}{P - 1} = \frac{c^{Ag+K}}{c^{Ag'+K}} = c^{A(g-g')}$; quantité qui eſt la même en paſſant du milieu A dans le milieu B, ou du milieu A dans le milieu C, au lieu qu'en paſſant du milieu B dans le milieu C, & quels que ſoient d'ailleurs les deux milieux B, C, on a $P = \frac{B c^{Ag+K} + \psi\Delta'' - \psi\Delta}{B c^{Ag+K} + \psi\Delta' - \psi\Delta}$, & $P' = \frac{B c^{Ag'+K} + \psi\Delta'' - \psi\Delta}{B c^{Ag'+K} + \psi\Delta' - \psi\Delta}$; d'où il eſt clair que $\frac{P' - 1}{P - 1}$ n'eſt ni égal à la valeur déja trouvée $\frac{c^{Ag+K}}{c^{Ag'+K}} = c^{A(g-g')}$, ni même égal à une quantité conſtante indépendante de la denſité des milieux, puiſqu'on a dans cette hypothèſe $\frac{P' - 1}{P - 1} = \frac{B c^{Ag+K} + \psi\Delta'' - \psi\Delta'}{B c^{Ag'+K} + \psi\Delta'' - \psi\Delta'}$, qui n'eſt point $= c^{A(g-g')}$, & qui dépend des denſités Δ'' & Δ.

33. Mais ſi Δ'' & Δ différoient peu l'un de l'autre, alors on auroit $\frac{P' - 1}{P - 1} =$ à très-peu près $\frac{B c^{Ag+K}}{B c^{Ag'+K}} \times \left(+ \frac{\psi\Delta'' - \psi\Delta}{B c^{Ag+K}} - \frac{\psi\Delta'' - \psi\Delta}{B c^{Ag'+K}} \right) =$ à très-peu près $c^{Ag-Ag'}$, parce que ſi g & g' different très-peu l'un de l'autre, ainſi que Δ'' & Δ, la quantité $(\psi\Delta'' - \psi\Delta) \times \left(\frac{1}{B c^{Ag+K}} - \frac{1}{B c^{Ag'+K}} \right)$ peut être ſuppoſée égale à zero, étant cenſée infiniment petite du ſecond ordre,

34. Ceci s'accorde avec ce que nous avons déja démontré d'une autre maniere dans l'art. 29, que si m & M different peu de l'unité, & qu'on ait $\frac{m'-1}{m-1} = \frac{M'-1}{M-1} = \alpha'$, on aura aussi $\frac{\frac{M'}{m'}-1}{\frac{M}{m}-1} = \alpha'$ à très-peu près.

35. A l'occasion de ces nouvelles remarques sur la prétendue démonstration de M. Klingenstierna, je ne puis m'empêcher de témoigner quelque surprise de ce que cette démonstration, déja suffisamment réfutée dans le troisiéme Volume de mes *Opuscules*, a cependant encore été adoptée depuis dans les *Additions* à la traduction de l'*Optique de Smith* (Avign. 1767, page 425), & qu'on ait adopté de même (pag. 430 de cet Ouvrage) le raisonnement très-fautif de M. Dollond contre M. Euler, déja pareillement adopté dans les Mémoires de l'Académie de 1757, & pleinement réfuté, ce me semble, dès l'année 1764, à la note de la page 366 du Tome III de mes *Opuscules*.

Fin du quarante-troisiéme Mémoire.

XLIVme MÉMOIRE.

XLIVME MÉMOIRE.

Contenant plusieurs écrits sur différens sujets.

§. I.

Qui contient quelques problêmes sur les fonctions.

1. Soit $V + V'$ une fonction rationnelle de u, telle que V ne contienne que les puissances paires, & V' les impaires ; si on met dans cette fonction $-u$ au lieu de u, elle deviendra $V - V'$, & la somme des deux fonctions sera $2V$, fonction paire de u. Donc si on a une fonction paire de u, donnée à volonté, que j'appelle $2V$, & qu'on cherche φu, telle que $\varphi u + \varphi - u = 2V$, il n'y a qu'à prendre $\varphi u = V + V'$, V' étant une fonction impaire de u telle qu'on voudra.

2. Cela posé, puisque $u = a + u - a$, a étant une constante quelconque, & que $-u = a - u - a$, que d'ailleurs on peut changer $\varphi(a \pm u)$ en $\varphi[(a \pm u) - a]$, il est clair, que si on demande de trouver φu, telle que $\varphi(a + u) + \varphi(a - u) = 2V$, il n'y a qu'à écrire l'équation en cette sorte $\varphi[(a + u) - a] + \varphi[(a - u) - a] =$

$2V$. Donc $\varphi[(a+u)-a]$ sera $= V + V'$, V étant une fonction paire de u ou de $(a+u)-a$, & V' une fonction impaire de u ou de $(a+u)-a$. Soient donc mises dans V & dans V', au lieu de u & de ses puissances $(u+a)-a$ & ses puissances ; si dans V & dans V', on met, après cette transformation, u pour $a+u$, on aura la fonction cherchée. Donc on aura la fonction cherchée en mettant dans V & dans V', d'abord $(u+a)-a$ & ses puissances au lieu de u, & ensuite dans cette transformée u au lieu de $u+a$, c'est-à-dire, qu'on aura la fonction cherchée en mettant $u-a$ au lieu de u dans V & dans V'.

3. La différence des fonctions $V+V'$ & $V-V'$ est $2V'$. Donc si on propose de trouver $\varphi u - \varphi - u = 2V'$, V' étant une fonction impaire de u, il n'y aura qu'à prendre $\varphi u = V + V'$, V étant une fonction paire telle qu'on voudra ; & si on veut trouver φu telle que $\varphi(a+u) - \varphi(a-u) = 2V'$, il n'y a qu'à prendre φu égale à la quantité qu'on auroit en substituant $u-a$ dans $V + V'$ au lieu de u.

4. Si V, au lieu d'être supposé rationnel, étoit une quantité radicale, qui ne contînt que des puissances paires de u, le problême de l'art. 1 se résoudroit de la même maniere. Il en seroit de même, si V' étoit un radical qui ne contînt que des puissances impaires de u, ce qui arrivera si $V' = U \times U'$, U étant une fonction impaire rationnelle de u, & U' un radical qui ne contienne que des puissances paires de u.

5. Si on propose de trouver φu, telle que $\varphi(u+a) + \varphi(u-a)$ soit $= 2V$, V étant une fonction paire de u, & que φu soit une puissance paire, il est visible que la question se réduira à trouver $\varphi(a+u) + \varphi(a-u) = 2V$. Donc, puisque φu se trouvera en mettant dans V & dans V', $u-a$ au lieu de u (ou, ce qui revient au même, en mettant $a-u$ dans V au lieu de u, puisque V ne contient que des puissances paires de u) & dans V' $-(a-u)$ au lieu de u, puisque V' ne renferme que des puissances impaires; il faut, pour que φu soit une puissance paire, que les coefficiens des puissances impaires de u, après cette substitution, soient égaux à zero dans la quantité $V+V' = \varphi u$. Il faudra avoir égard à cette condition en prenant la valeur de V', qui ne peut plus être à volonté, mais qui dépendra de la valeur de V. En effet, si on a pris, par exemple, $V = A + B(u-a)^2$, il faudra prendre $V' = P(u-a)$, P étant un coefficient qu'on déterminera en faisant évanouir le terme où seroit u, dans $V+V'$. Si on a pris $V = A + B(u-a)^2 + C(u-a)^4$, il faudra prendre $V' = P(u-a) + Q(u-a)^3$, P & Q étant des indéterminées qui serviront à faire évanouir les termes où seroient u, & u^3; & ainsi du reste.

6. Si on a $\varphi(u+a) - \varphi(u-a) = V'$, φu étant toujours une fonction paire, on peut écrire $\varphi(u+a) - \varphi(a-u) = V'$, V' étant une fonction impaire, & on déterminera φu comme dans l'art. précédent.

7. Si on a $\varphi(u+a) + \varphi(u-a) = V'$, φu étant une

fonction impaire, on écrira $\varphi(u+a) - \varphi(a-u) = V'$, V' étant une fonction impaire, & on déterminera de même φu, avec cette différence que dans la valeur de φu, les termes qui doivent s'évanouir sont ceux qui contiennent des puissances paires de u.

8. Donc si on a $\varphi(u+a) \pm \varphi(u-a) = V + V'$; V étant une fonction paire, & V' une impaire, on fera $\varphi(u+a) = \Delta(u+a) + \Gamma(u+a)$, Δu étant une fonction paire, Γu une impaire; & on aura $\Delta(u+a) \pm \Delta(u-a) = U$, U étant une fonction paire ou impaire, & $\Gamma(u+a) \pm \Gamma(u-a) = U'$, U' étant une fonction impaire ou paire; on résoudra donc ces deux équations par les méthodes précédentes, & on fera de plus attention que les fonctions paires ou impaires U, U', sont les mêmes que les fonctions V, V', c'est-à-dire, que $U = V$ ou V', & $U' = V'$ ou V.

9. Il est très-aisé de voir que $\varphi(a+u) + \varphi(a-u)$ ne sauroit jamais contenir que des puissances paires de u. Donc si on proposoit de trouver φu, telle que $\varphi(a+u) + \varphi(a-u)$ fût $= 2V$, V contenant des puissances impaires, mêlées ou non avec des puissances paires, le problême ne pourroit se résoudre.

10. Par la même raison, on ne pourroit trouver φu telle que $\varphi(a+u) - \varphi(a-u)$ fût $= 2V'$, V contenant des puissances paires, mêlées ou non avec des impaires.

11. Soit proposé de trouver φx, telle que $\varphi(b+x) \pm \varphi(c-x) = X$, X étant une fonction de x, ration-

nelle & ſans diviſeur ; on ſuppoſera $b + x = a + u$, $c - x = a - u$; & on aura $b + c = 2a$, & $\frac{b-c}{2} + x = u$, ou $x = u - \frac{b}{2} + \frac{c}{2}$; donc faiſant la ſubſtitution, on aura $\varphi(a+u) \pm \varphi(a-u) = U$, U étant une fonction rationnelle de u. Donc on aura φu ; donc on aura $\varphi\left(x + \frac{b}{2} + \frac{c}{2}\right)$; ou, ce qui revient au même, φx.

12. Mais on peut y arriver plus directement de la maniere ſuivante. Puiſque X eſt une fonction rationnelle de x, ſans radical & ſans diviſeur, donc différentiant ſucceſſivement pluſieurs fois les deux membres de l'équation, le ſecond membre deviendra enfin $= 0$, & par conſéquent l'équation ſe réduira à celle-ci $dx\,\Gamma(b + x) \pm dx\,\Gamma(c - x) = 0$, ou $\Gamma(b+x) \pm \Gamma(c-x) = 0$; donc faiſant $b + x = u$, on aura $\Gamma u \pm \Gamma(c + b - u) = 0$, ou $\Gamma u \pm \Gamma(e - u) = 0$, e exprimant une conſtante. Or il eſt très-facile de trouver en général la valeur de Γu qui ſatisfait à cette équation.

13. On peut trouver aiſément, par la même méthode, la ſolution de l'équation $\varphi(b+x) \pm \varphi(c+x) = X$, X étant une fonction rationnelle de x, ſans radical ni diviſeur.

14. Soit donnée une équation entre deux indéterminées u & u', & ſoit Δu une fonction de u, telle qu'en y mettant au lieu de u la valeur de u' en u, elle ne change point de valeur, enſorte qu'on ait $\Delta u = \Delta u'$. Soit de

même donnée une équation entre deux autres indéterminées V & V', & soit $\Gamma V = \Gamma V'$, en mettant pour V' sa valeur en V. Il est clair, que si on forme une équation quelconque entre Δu & ΓV, on aura $\Gamma V = \Gamma V'$ dès que Δu sera $= \Delta u'$, c'est-à-dire, que les équations entre u & u' appartiendront à la même courbe que les équations entre V & V'.

15. Pour que $\Delta u = \Delta u'$, il faut que l'on ait $u = t + \sqrt{t'}$, $u' = t - \sqrt{t'}$, t étant une indéterminée quelconque, & t' une fonction quelconque de t; car alors à un même t, il répondra les valeurs de u & u', & par conséquent t sera une même fonction de u que de u'. Il en est de même des conditions nécessaires pour que ΓV soit $= \Gamma V'$. Au reste, cette derniere solution n'est pas générale; car si, par exemple, $u' = u \pm a$, nous avons donné ailleurs une méthode différente de celle-ci, pour rendre Δu telle que $\Delta u = \Delta (u \pm a)$, Quoi qu'il en soit, la solution présente, qu'il paroît facile de généraliser, pourra être utile dans plusieurs Problêmes.

16. Soit une courbe dont les coordonnées soient x & y, & soit fait $x + y = 2V$, $x - y = 2V'$; supposons de plus, que V soit une fonction paire de la quantité u, & V' une fonction impaire; on pourra toujours trouver, par les méthodes précédentes, une quantité φu, telle que $\varphi(u + a) \pm \varphi(u - a) = V$ ou V', ou telle que $\varphi(u + a) \pm \varphi(a - u) = V$ ou V'. Ce problême peut être utile aussi dans la solution de différentes questions analytiques, dont nous pourrons parler dans un

autre lieu. Nous remarquerons ſeulement ici que l'équation en x & en y doit être telle, qu'en y ſubſtituant $V + V'$ pour x, & $V - V'$ pour y, & ſuppoſant V' une fonction impaire, V ſoit une fonction paire.

§. II.

Sur différentes remarques d'Optique.

I.

J'ai donné dans les Mémoires de l'Académie de 1764 les formules pour la courbure des ſurfaces d'un objectif à trois lentilles. Je dois avertir à l'occaſion de ces formules, que ſi on meſure par quelque moyen la courbure des ſurfaces d'un objectif donné, on aura par ce moyen les valeurs de P, P' & celles de $\frac{dP}{dP'}$; car nommant ρ ρ', ρ'' les diſtances focales des trois lentilles, on aura $\frac{P-1}{\lambda} = \frac{1}{\varrho}$, $\frac{P'-1}{\lambda'} = \frac{1}{\varrho'}$, $\frac{P-1}{\varrho''} = \frac{1}{\lambda''}$; $\frac{dP}{\lambda} + \frac{dP}{\lambda''} = \frac{dP'}{\lambda'}$. Ainſi, puiſqu'on connoît λ, λ' λ'', on aura d'abord $\frac{dP}{dP'}$. De plus, on aura $\frac{P-1}{P'-1} = \frac{\lambda \varrho'}{\lambda' \varrho} = \frac{\lambda'' \varrho'}{\lambda' \varrho''}$. Donc connoiſſant ρ & ρ'', ce qui ſe peu aiſément par l'expérience, on aura ρ' & $\frac{P-1}{P'-1}$; & connoiſſant ρ & λ, on aura $P - 1$. Donc &c. J'ai cru devoi faire cette remarque, parce qu'il peut arriver qu'aprè avoir déterminé les ſurfaces courbes des lentilles, & avoi ſuppoſé $P = 1, 55$, $P' = 1, 6$ & $\frac{dP}{dP'} = \frac{2}{3}$, on n trouve pas les résultats des mesures d'accord avec ces suppositions. En ce cas, il faudra supposer $P = 1,55 + \alpha$, $P' = 1,6 + \beta$, $\frac{dP}{dP'} = \frac{2}{3} + \delta$, & voir quelles valeurs doit donner aux quantités α, β, δ pour faire quadrer les résultats avec les mesures. C'est par ce moyen que j'ai répondu aux questions d'un des membres de l'Académie des Sciences, qui ayant déterminé les courbures des différentes surfaces courbes dans un objectif de Dollond, ne trouvoit point le foyer total d'accord avec la supposition de $P = 1,55$, & $P' = 1,6$. J'ai prouvé que les résultats s'accordoient assez bien, en altérant un peu les valeurs supposées de P & de P', altération évidemment permise. Voy. *Mém. Acad.* 1767.

II.

Dans les Mém. de 1765, p. 96, j'ai donné les dimensions des deux meilleures lentilles simples biconvexes, en supposant $P = 1,5$, ou $P = 1,55$. Ces lentilles, comme je l'ai remarqué au même endroit, different très-sensiblement l'une de l'autre pour la figure. Si on suppose $P = 1,54$, comme dans le troisiéme Volume de nos *Opuscules*, on aura le rayon r de la premiere surface $= + R \times \frac{13716}{23716} = + R \times 0,57968$; & le rayon ρ de la seconde surface $= - R \times \frac{13716}{1684} = - R \times 8,1449$; & ainsi du reste, selon la valeur qu'on supposera à P. Les trois différentes valeurs de r & de ρ, dans ces

ces trois hypothèses de $P = 1,5$, ou $1,54$ ou $1,55$, pourroient servir à former une table suffisamment exacte pour plusieurs autres cas.

III.

1. Il est clair (*Mém.* 1764, p. 82) qu'en supposant l'épaisseur ϵ quelconque, & faisant $\gamma = 0$, $n = 0$, la distance primitive α de l'objet à l'axe, deviendra, après toutes les réfractions, $\alpha m m' m'' m''' \times \frac{\delta' \delta'' \delta'''}{\delta(\delta' - \epsilon)(\delta' - \epsilon')}$ &c.

2. Donc supposant δ''' & δ constans, il faut, pour que l'aberration de réfrangibilité soit nulle, que la fraction $\frac{m m' m'' m'''}{\left(1 - \frac{e}{\delta'}\right)\left(1 - \frac{e'}{\delta''}\right)}$ soit constante.

3. Donc (art. 126 du Tome III des *Opuscules*) il faudra, pour rendre l'aberration de réfrangibilité nulle dans l'œil, faire égale à une constante la quantité

$$\frac{m m' m''}{\left[1 - e\left(\frac{1-A}{a} - \frac{A}{\delta}\right)\right] \times \left[1 - f\left(\frac{1-B}{b} + \frac{B}{\delta' - e}\right)\right]} = \frac{m m' m''}{1 - e\left(\frac{1-A}{a} - \frac{A}{\delta}\right)} \times \frac{1}{1 - f\left(\frac{1-B}{b} + \frac{B(D\delta - A a)}{a\delta - D\delta e + A a e}\right)}.$$

4. Soit $\frac{n}{\varrho}$ l'angle visuel, ou l'angle que forment l'axe optique & la ligne dirigée de l'objet au centre de la cornée; cet angle, après la premiere réfraction, devient $\frac{n}{\delta'}$, & après deux réfractions, il sera dans la supposition précédente $n \times \frac{\delta' - e}{\delta' \delta''}$.

5. Donc, dans cette même supposition, l'angle visuel, qui auroit été $\frac{n}{\varrho}$ sans la réfraction, deviendra, après la double réfraction, $\frac{n(\delta'-e)}{\delta'\delta''}$.

6. Maintenant, soit k la distance du fond de l'œil au dernier foyer de réfraction ; il faudra multiplier la quantité précédente par k, & la diviser par $k+\delta''-\rho+e$, pour avoir le dernier angle visuel, en supposant que le centre de la cornée & celui de la retine coincident. Donc si on veut que cet angle $=\frac{n}{\varrho}$, il faudra que l'on ait $\frac{k(\varrho\delta'-\varrho e)}{(k+\delta''-\varrho+e)\delta'\delta''}=1$.

7. Or il faut que $k+\delta''$ soit égal à la distance focale des rayons réfractés dans l'œil, c'est-à-dire (en supposant l'objet très-éloigné) égal à $\frac{(b-Ef)\left(\frac{a-2De}{D}\right)-fBb}{E\left(\frac{a-2De}{D}\right)+Bb}$. Donc on doit avoir l'équation suivante, au moins très-approchée, $\frac{(b-Ef)(a-2De)-fBbD}{E(a-2De)+BbD}=k+\frac{gb\varrho-fg(E\varrho+Bb)}{Fb\varrho+(Gg-Ff)(E\varrho+Bb)}$; d'où l'on tire la valeur de k, qui étant substituée dans la quantité $\frac{k(\varrho\delta'-\varrho e)}{(k+\delta''-\varrho+e)}$, le résultat doit être $=\delta'\delta''$.

8. Au reste, il ne paroît pas rigoureusement nécessaire de supposer dans ces calculs que le centre de la cornée & celui de la retine coincident ; il suffit, pour que l'ob-

jet ſoit vû à très-peu près dans ſa place, que la ligne menée de l'image au centre de la retine, ſoit parallèle à la ligne menée de l'objet au centre de la cornée ; car alors, ſi ζ eſt la diſtance entre les centres, la grandeur de l'objet ſera augmenté ou diminuée en raiſon de $\alpha\zeta$, qui eſt une quantité inſenſible.

9. Il ſuffira donc que l'on ait $\frac{n}{\varrho} = \frac{n(\delta' - e)}{\delta' \delta''} \times \frac{k}{k + \delta' - \varrho + e + \zeta}$, équation dans laquelle ζ eſt poſitive, ſi le centre de la retine eſt plus près du ſommet de l'œil que le centre de la cornée, & au contraire.

10. Si on fait abſtraction de l'épaiſſeur du cryſtallin & de celle de la cornée, on trouvera (Tome III des *Opuſcules*, page 162) que l'angle ſous lequel l'image ſeroit vûe du ſommet de l'œil, ſeroit $\frac{\alpha m m' m''}{\delta} = \frac{\alpha \times 3}{4\delta}$, en ſuppoſant $m = \frac{3}{4}$, $m' = \frac{12}{13}$, $m'' = \frac{13}{12}$; d'où l'on peut aiſément conclure qu'il faudroit que le centre de la retine fût éloigné du fond de l'œil d'une quantité égale aux $\frac{3}{4}$ de la diſtance entre la cornée & le fond de l'œil. Alors l'objet placé hors de l'axe ſeroit vû, non en rigueur, mais à très-peu près, en ſon vrai lieu ; je dis non en rigueur mais à très-peu près, parce que l'angle viſuel ſeroit en effet augmenté dans la raiſon du quart de diametre de l'œil à la diſtance de l'objet à l'œil ; mais cette augmentation ſeroit inſenſible.

11. En ſuppoſant l'objet très-près de l'axe de l'œil, & en ayant égard à l'épaiſſeur des humeurs, l'angle $\frac{\alpha''}{\delta''}$

seroit à très-peu près $\frac{a m \delta'}{\delta} \times \frac{m' \delta''}{\delta' - \epsilon} \times \frac{m''}{\delta'' - \epsilon'} = \frac{a m m' m''}{\delta} \times \left(1 + \frac{\epsilon}{\delta' - \epsilon}\right)\left(1 + \frac{\epsilon'}{\delta'' - \epsilon'}\right)$. Pour lors, si on nomme Δ la distance entre la cornée & le fond de l'œil, il faudra que le centre de la retine soit éloigné du fond de l'œil d'une quantité $= \frac{\frac{3\Delta}{4}}{\left(1+\frac{\epsilon}{\delta'-\epsilon}\right)\left(1+\frac{\epsilon'}{\delta''-\epsilon'}\right)}$, pour que l'image soit vûe à très-peu près en son vrai lieu.

12. Suivant les dimensions que j'ai données d'après les meilleures observations, pag. 272 du Tome I de mes *Opuscules* (dont je suppose qu'on ait ici sous les yeux la figure, qui est la 48e du premier Volume) on a $BZ = 5 + \frac{13}{20}$, & $KZ = 4 + \frac{25}{64}$; donc $BK = 1 + \frac{83}{4.5.16}$ = environ $\frac{5}{4}$ de ligne; donc BK est à KZ, comme $320 + 83$ à $20 \times 64 + 125$, c'est-à-dire à peu près comme 2 à 7.

13. On a de plus $\frac{1}{NZ} = \frac{1 - m''}{r''} + \frac{m''}{\delta'' - \epsilon'}$; donc $\frac{1}{\delta'' - \epsilon'} = \frac{1}{m''.NZ} + \frac{1}{r''} - \frac{1}{m'' r''}$; or $NZ =$ (*Fig.*47. *ibid*) $RZ - RM - MN = 9$ l. $\frac{2}{5} - 1$ l. $\frac{1}{4} - 2$ l. $= 6$ lig. $\frac{3}{20}$, $m'' = \frac{13}{12}$, $r'' = -2$ l. $\frac{1}{2}$; donc $\frac{1}{\delta'' - \epsilon'} = \frac{12}{13\, NZ} + \frac{1}{13\, r''} = \frac{1}{NZ} \times \left(1 - \frac{1}{13} - \frac{6\frac{3}{20}}{13 \times \frac{5}{2}}\right) = \frac{1}{NZ} \times \left(\frac{477}{650}\right)$; donc $\delta'' - \epsilon' = 6$ lig. $\frac{3}{20} \times \frac{650}{477} =$

6 lig. $+ \frac{363}{954}$; donc à cauſe de $\epsilon' = 2$ lig., on aura $\delta'' = 10$ lig. $+ \frac{363}{954}$ à très-peu près 10 lig. $\frac{3}{8}$.

14. Suppoſons que les rayons tombent parallèles ſur la cornée, on a d'abord $\delta' = \frac{r}{1-m} = 4r = 15$ lig. à cauſe de $m = \frac{3}{4}$, & $r = 3$ lig. $\frac{3}{4}$. En ſecond lieu, $\frac{1}{\delta''} = \frac{1-m'}{r'} + \frac{m'}{\delta'-\epsilon} =$ (à cauſe de $m' = \frac{12}{13}$, $r' = 4$ lig., $\epsilon = 1$ lig. $\frac{1}{4}$) $\frac{1}{13 \cdot 4 \text{ lig.}} + \frac{12}{13 \cdot 13 \text{ lig.} \frac{3}{4}}$. Donc $\delta'' = 11$ lig. $\frac{143}{247}$ = environ 11 lig. $\frac{14}{25}$.

15. Pour faire coincider exactement cette valeur de δ'', avec celle qui a été trouvée (art. 13) de 10 lig. $\frac{3}{8}$, il faut ſeulement ſuppoſer la fraction m' égale à $\frac{12}{13+\alpha}$, α étant une quantité (poſitive ou négative) très-petite par rapport à 13 & à 12; ou en général altérer un peu le rapport $m' = \frac{12}{13}$.

16. Le Docteur Hook, ſelon M. Smith, trouve que le rapport du ſinus d'incidence au ſinus de réfraction, en paſſant de l'humeur vitrée dans le cryſtallin, eſt > que celui de 13 à 12; Pemberton le trouve plus petit, mais dit que l'expérience n'a pas été faite exactement. Selon d'autres habiles Phyſiciens, ce rapport eſt un peu plus petit que de 13 à 12; mais leur calcul eſt établi ſur la coincidence qu'ils ſuppoſent des centres de la retine & de la cornée. Or cette coincidence ne ſauroit être

admise, comme on le verra dans un moment

17. Dans le neuviéme Mémoire de ces *Opuscules*; j'ai prouvé, que suivant la construction de l'œil & le rapport de réfraction des humeurs, donné par les Opticiens, l'objet ne devoit pas être vû à sa véritable place. D'après d'autres dimensions & d'autres rapports, on peut trouver facilement le moyen de faire ensorte que la ligne qui va de l'image à l'objet, passe par le centre de la retine, en le supposant le même que celui de la cornée. Mais ces dimensions & ces suppositions seroient contredites par les observations des Opticiens sur la structure de l'œil.

18. En effet, il ne paroît pas possible de faire coincider le centre K de la retine avec le centre B de la cornée, en supposant, 1°. que $BZ = 5 + \frac{13}{20}$; 2°. que $RZ = 9$ lig. $\frac{2}{5}$, & $QD = 2$ lig, $\frac{1}{2}$, suivant les dimensions données par M. Petit. Car si les centres B & K coincident, il faut que l'arc QRS (*Fig.* 48) étant continué aboutisse en Z, & que par conséquent QD^2 ou (2 lig. $\frac{1}{2})^2$ $= RD \times DZ = 1$ lig. $\frac{2}{5} \times (9$ lig. $+ \frac{2}{5} - 1$ lig. $- \frac{2}{5}) =$ 1 lig. $\frac{2}{5} \times 8$ lig. ce qui n'est pas; la seconde de ces quantités étant évidemment beaucoup plus grande que l'autre.

19. J'ajoute que non-seulement les centres B & K de la cornée & de la retine ne coincident pas, mais encore que le rayon tiré de l'image au centre de la retine, ne sauroit être parallèle au rayon tiré de l'objet ou du point visible au centre de la cornée. En effet, on aura (*Fig.* 47 du Tome I) $BO = \frac{1}{13} BE = \frac{3}{2.13}$; $BK = BZ$

$-KZ = 5 + \frac{13}{20} - 4 - \frac{25}{64} = 1 + \frac{13}{20} - \frac{25}{64}$, quantité plus grande que BO; donc OK eſt une quantité poſitive, & K eſt au-deſſous de O. Si par le centre K de la retine on mene une parallèle à $LuVB$, (même *Fig.* 47 du Tome I) & que cette ligne aboutiſſe, comme elle le doit, au point X, il faudra que XZ ſoit $= \frac{Mu \times KZ}{MB}$; de plus, la ligne uO prolongé coupera dans le fond de l'œil, depuis le point Z, un eſpace $= \frac{Mu \times OZ}{MO}$; or $\frac{OZ}{MO} = \frac{5 + \frac{13}{20} - \frac{3}{26}}{2 + \frac{1}{2} + \frac{3}{2 \cdot 13}}$; & $\frac{KZ}{MB} = \frac{4 + \frac{25}{64}}{2 + \frac{1}{2}}$; donc, ſi la ſeconde de ces fractions eſt plus petite que la premiere, X tombera au-deſſous du point où la ligne uO rencontre le fond de l'œil; & par conſéquent alors la ligne VX tomberoit au-deſſous de VO, ce qui ne ſe peut, puiſque la réfraction, en ſortant du cryſtallin, doit écarter le rayon de la perpendiculaire.

20. Voyons donc ſi $\frac{OZ}{MO}$ n'eſt pas $< \frac{KZ}{MB}$; en voici le calcul: on aura d'abord $\frac{KZ}{MB} = \frac{2 \cdot 281}{5 \cdot 64}$; & $\frac{OZ}{MO} = \frac{2 \cdot (5 + \frac{13}{20} - \frac{3}{26}) \cdot 13}{68}$. Il faut donc voir ſi $\frac{281}{5 \cdot 64}$ n'eſt pas $< \frac{(65 + \frac{13^2}{20} - \frac{3}{2})}{68}$, c'eſt-à-dire $\frac{281}{320} < \frac{64 - \frac{1}{2} + \frac{169}{400}}{68}$; ou $2810 \times 68 < 25569.8$; or c'eſt

ce qui eſt en effet, puiſque le premier membre eſt $= 191080$, & le ſecond $= 204552$. D'où il s'enſuit que $\frac{KZ}{MB} < \frac{OZ}{MO}$.

21. Donc ſi on veut que le rayon tiré de l'image au centre de la retine, ſoit parallèle au rayon tiré de l'objet au centre de la cornée, il faut ſuppoſer (toutes les dimenſions étant d'ailleurs telles que les Anatomiſtes les admettent) que la réfraction, en ſortant du cryſtallin, rapproche le rayon de la perpendiculaire ; ce qui ne ſauroit être admis.

22. Je terminerai cette diſcuſſion par une formule générale, qui pourra être utile dans la recherche préſente pour trouver le rapport des angles de l'objet & de l'image. Soient trois ſurfaces ſphériques RS, Mu, NV, (Voyez la même *Fig.* 47 du Tome I des *Opuſcules*) dont les centres ſoient B, E, C ; & ſoit LB un rayon qui tombe ſur la premiere ſurface, & qui de-là ſe réfracte en uO & en VI ; on propoſe de trouver le rapport de l'angle AiV à l'angle ABL. Soient $BR = r$, $ME = r'$, $CN = r''$, qui eſt ici négatif, $RM = e$, $MN = f$; & ſuppoſant l'angle ABL très-petit, on aura $AiV = AOV \times \frac{NO}{Ni}$; $AOV = Aou = ABL \times \frac{MO}{MB}$; Donc $AiV = ABL \times \frac{NO.MO}{Ni.MB}$. Or par les formules précédentes, $MB = r - e$; $MO = \frac{1}{\frac{1-m'}{r'} + \frac{m'}{r-e}}$;

& $\frac{MO}{MB} = \frac{1}{\frac{(1-m')(r-e)}{r'} + m'}$; de plus, $NO = MO - f$, & $Ni = \frac{1}{\frac{1-m''}{-r''} + \frac{m''}{MO-f}}$. Donc $\frac{NO}{Ni}$

$$= -\frac{(1-m'')(MO-f)}{r''} + m'' = -\frac{(1-m'')}{r''} \times \frac{rr' - er' - (1-m')(fr-fe) - m'r'f}{(1-m')(r-e)+m'r'} + m''.$$

Donc AiV

$$= ABL \times -\left(\frac{1-m''}{r''}\right) \times \frac{rr'^2 - er'^2}{[(1-m')(r-e)+m'r']^2} + \left(\frac{1-m''}{r''}\right) \times \frac{r'f}{(1-m')(r-e)+m'r'} + \frac{m''r'}{(1-m')(r-e)+m'r'}.$$

23. Connoissant donc exactement les rayons des surfaces, les épaisseurs des humeurs, & les rapports de réfraction m, m' &c. on aura, par la formule précédente, le rapport exact de l'angle AiV à l'angle ABL.

§. III.

Sur le mouvement des Corps qui tournent.

1. A la fin du vingt-deuxiéme Mémoire de mes *Opuscules*, Tome IV, j'ai promis quelques recherches sur le mouvement d'un Corps qui pirouette librement sur un plan horizontal. Voici un léger essai de celles qu'on peut faire sur ce sujet. Nous supposerons ici les calculs du vingt-deuxiéme Mémoire, & les noms qui y ont été donnés. Mais avant d'entrer dans ce détail, je dois remarquer

que les équations de l'art. 25 du §. II de ce XXIIe Mémoire, ne sont intégrables que dans le cas où le second membre $Q\,dt^2$ de la seconde équation est $= 0$, ou bien $= Q\,dt\,d\Pi$, Q étant une fonction de Π. En conséquence de cette observation, il faut apporter quelque modification aux conclusions qu'on a tirées de cet article 25, & qui n'ont lieu que dans le cas où $Q = 0$, & où par conséquent (art. 26, 28, 32 & 33 du §. II de ce Mémoire) on aura $\Gamma'(\Pi) = 0$.

2. Imaginons que le corps qui pirouette autour d'un point soit tel que $\int G' ff \operatorname{cos}. 2\xi = 0$, & $\int G' ff \operatorname{sin}. 2\xi = 0$; le point sur lequel le corps pirouette, étant, si l'on veut, l'extrémité de ce corps terminé en pointe, comme le sommet d'un cone, par exemple. Imaginons de plus que le corps qui pirouette sur le point dont il s'agit ne soit pas attaché fixement par ce point, mais seulement qu'on ait $q = 0$, c'est-à-dire, que le corps soit toujours sur le plan; imaginons enfin que le plan soit horizontal, & voyons quelles seront dans ce cas les équations pour trouver le mouvement du corps. Nous supposerons, pour plus de simplicité, que l'axe des $a - b$, passant par le point du pirouettement & par le centre de gravité, soit un axe naturel de rotation du corps, ensorte qu'on ait $\int G \lambda f \operatorname{sin}. X = 0$, $\int G \lambda f \operatorname{cos}. X = 0$.

3. En nommant $-\gamma$, $-\varphi$, les forces retardatrices qui résultent du frottement, lesquelles sont supposées placées à la pointe du corps & sur le plan même, & faisant de plus $\psi = -Mp$, laquelle force ψ est perpendiculaire

au plan de projection, & placée au centre de gravité du corps, on aura les équations suivantes,

1°. $\int G' ds + \int G' du = -\frac{2a\,dt.\int \gamma\,dt}{p\theta^2} + C\,dt$;

2°. $\int G' dx + \int G' dz = -\frac{2a\,dt.\int \phi\,dt}{p\theta^2} + B\,dt$;

3°. $-\int G' z\,ddu + \int G' u\,ddz - \int G' z\,dds + \int G' u\,ddx$ $= (\gamma\chi' - \phi\theta') \times \frac{2a\,dt^2}{p\theta^2}$;

4°. $\int G'(\pi\,ddz - z\,dd\pi)$ cof. $e + \int G'(\pi\,ddu - u\,dd\pi) \times$ fin. $e + \int G' \pi\,ddx$ cof. $e - \int G' z\,ddq$ cof. $e + \int G' \pi\,dds \times$ fin. $e - \int G' u\,ddq$ fin. $e = (-\phi\zeta'$ cof. $e + Mp$ cof. $e \times \mu' - \gamma\xi'$ fin. $e + Mp\nu'$ fin. $e) \times \frac{2a\,dt^2}{\theta^2}$;

5°. $\int G'(\pi\,ddz - z\,dd\pi)$ fin. $e - \int G'(\pi\,ddu - u\,dd\pi) \times$ cof. $e + \int G' \pi\,ddx$ fin. $e - \int G' z\,ddq$ fin. $e - \int G' \pi\,dds \times$ cof. $e + \int G' u\,ddq$ cof. $e = (-\phi\zeta'$ fin. $e + Mp\mu'$ fin. $e + \gamma\xi'$ cof. $e - Mp\nu'$ cof. $e) \times \frac{2a\,dt^2}{\theta^2}$;

4. Faifons d'abord abftraction des forces γ, ϕ, & voyons ce qui en réfultera. D'abord il eft clair, qu'en mettant pour μ' fa valeur μ cof. $e - \nu$ fin. e, & pour ν' fa valeur ν cof. $e + \mu$ fin. e, le fecond membre de la quatriéme équation fe réduira à $+ Mp\mu$, & le fecond membre de la cinquiéme à $- Mp\nu$.

5. En fecond lieu, puifque $z = \varpi$ cof. $e - \rho$ fin. e & $u = \rho$ cof $e + \varpi$ fin. e, on aura facilement les valeurs de ddz & de ddu en ρ, ϖ, e, & leurs différences.

6. Or $\varpi = f$ fin. X, $d\varpi = f\,dP$ cof. X, $dd\varpi = f\,ddP$ cof. $X - f\,dP^2$ fin. X;

$\rho = \lambda$ cos. $\Pi - f$ sin. Π cos. X; $d\rho = -\lambda d\Pi$ sin. $\Pi +$ $f dP$ sin. X sin $\Pi - f d\Pi$ cos. Π cos. X; $dd\rho = -\lambda dd\Pi \times$ sin. $\Pi - \lambda d\Pi^2$ cos. $\Pi + f ddP$ sin. X sin. $\Pi + f dP^2 \times$ cos. X sin. $\Pi + f dP\, d\Pi$ sin. X cos. $\Pi - f dd\Pi$ cos. $\Pi \times$ cos. $X + f d\Pi^2$ sin. Π cos. $X + f d\Pi\, dP$ cos. Π sin. X.

7. Enfin, M étant la masse du corps ou $= \int G'$, on a $dds = -\int \frac{G' ddu}{M}$, à cause de $\gamma = 0$; & $ddx = -\int \frac{G' ddz}{M}$, à cause de $\varphi = 0$; substituant, & négligeant tous les termes où doivent se trouver $\int G' f$ sin. X & $\int G f$ cos. X, lesquels sont nuls, on aura les équations suivantes; $dds = -\frac{1}{M} \times (-dd\Pi$ sin. $\Pi - d\Pi^2$ cos. $\Pi - de^2$ cos. $\Pi) \times$ cos. $e \int G' \lambda - \frac{1}{M} (-dde$ cos. $\Pi + 2\, ded\Pi$ sin. $\Pi)$ sin. $e \int G' \lambda$; $ddx = -\frac{1}{M} (dd\Pi \times$ sin. $\Pi + d\Pi^2$ cos. $\Pi + de^2$ cos. $\Pi)$ sin. $e \int G' \lambda - \frac{1}{M} \times (-dde$ cos. $\Pi + 2\, de\, d\Pi$ sin. $\Pi)$ cos. $e \int G' \lambda$.

8. On peut avoir ces équations d'une maniere encore plus simple, en considérant que $dds = -\int \frac{G ddu}{M}$; donne $s = -\int \frac{G' u}{M} + Bt + D$, & que de même $x = -\int \frac{G' z}{M} + Et + F$; d'où l'on tire, en négligeant les termes qui renferment $\int G f'$ cos. X & $\int G' f$ sin. X, $s = -\frac{\text{cos. } \Pi \text{ cos. } e \int G' \lambda}{M} + Bt + D$; $x = + \frac{\text{cos. } \Pi \text{ sin. } e \int G' \lambda}{M}$

$+Et+F$; $ds=(d\Pi \text{ fin. } \Pi \text{ cof. } e + de \text{ cof. } \Pi \text{ fin. } e) \times \int \frac{G'\lambda}{M} + B\,dt$; $dx = (-d\Pi \text{ fin. } \Pi \text{ fin. } e + de \times \text{cof. } \Pi \text{ cof. } e) \times \int \frac{G'\lambda}{M} + E\,dt$; & les valeurs de dds & ddx comme dans l'art. précédent.

9. Donc $\int -G'z\,dds + \int G'u\,ddx$ ou $-dds\int G'z + ddx\int G'u$ (en négligeant les termes qui renferment $\int G'f \text{ cof. } X$ & $\int G'f \text{ fin. } X$) $= \left(-\frac{dde \text{ cof. } \Pi^2 \int (G'\lambda)^2}{M} + \frac{2d\Pi\,de \text{ fin. } \Pi \text{ cof. } \Pi (\int G'\lambda)^2}{M}\right) = \frac{(\int G'\lambda)^2}{M} \times -d(de \text{ cof. } \Pi^2)$

10. Donc, en mettant au lieu de $-\int G'z\,ddu + \int G'u\,ddz$ sa valeur déja trouvée dans le vingt-deuxiéme Mémoire, §. II, la troisiéme équation de l'art. 3 ci-dessus deviendra

$$d\Big[-dP \text{ fin. } \Pi \int G'ff + d\Pi \text{ cof. } \Pi \text{ fin. } 2P \times \int \frac{G'ff \text{ cof. } 2\xi}{2} - de \text{ cof. } \Pi^2 \int G'\lambda\lambda - \frac{G'ff}{2} + de \text{ cof. } \Pi^2 \text{ cof. } 2P \int \frac{G'ff \text{ cof. } 2\xi}{2} - de\int G'ff - \frac{de \text{ cof. } \Pi^2 (\int G\lambda)^2}{M}\Big] = 0$$

supposant donc (art. 1) $\int G'ff \text{ cof. } 2\xi = 0$, $\int G'ff \text{ fin. } 2\xi = 0$, on tire aisément de cette équation une valeur de de, qui sera $\Pi'dP + A\,dt$, Π' & A étant des fonctions de Π; & cette valeur sera la même que dans l'art. 24, §. II du vingt-deuxiéme Mémoire, avec cette seule différence qu'on aura ici $\int G'\lambda\lambda + \frac{1}{M}(\int G\lambda)^2$ au lieu de $\int G'\lambda\lambda$ seulement qu'on avoit dans l'art. 24 dont nous parlons.

11. Dans la quatriéme équation du même art. 3 ci-dessus, on aura $\int G' \pi \, ddx$ cos. $e + \int G' \pi \, dds$ sin. $e = ddx$ cos. $e \int G' \pi + dds$ sin. $e \int G' \pi = (ddx$ cos. $e + dds$ sin. $e) \int G' \pi$; or $\pi = \lambda$ sin. $\Pi + f$ cos. X cos. Π ; donc $(ddx$ cos. $e + dds$ sin. $e) \int G' \pi = - \frac{1}{M} (- dde$ cos. Π sin. $\Pi + 2 \, ded\Pi$ sin. $\Pi^2) (\int G' \lambda)^2 = (d(- de$ sin. Π cos. $\Pi) + ded\Pi) \times - \frac{1}{M} (\int G' \lambda)^2$.

12. Enfin, dans la cinquiéme équation, $\int G' \pi \, ddx \times$ sin. $e - \int G' \pi \, dds$ cos. $e = (ddx$ sin. $e - dds$ cos. $e) \int G' \pi = - \frac{1}{M} (dd\pi$ sin. $\pi^2 + d\pi^2$ cos. π sin. $\pi + de^2$ cos. $\pi \times$ sin. $\pi) (\int G' \lambda)^2 = - \frac{1}{M} (\int G' \lambda)^2 \times [d(d\pi$ sin. $\pi^2) + (de^2 - d\pi^2) \times$ cos. π sin. $\pi)]$.

13. Donc la quatriéme équation sera, en mettant pour $\int (G' \pi \, ddz - G' z \, dd\pi)$ cos. $e + \int (G' \pi \, ddu - G' u \, dd\pi)$ sin. e sa valeur déja trouvée (Vingt-deuxiéme Mémoire, §. II,) $d(dP$ cos. $\pi \int G' ff + d\pi$ sin. π sin. $2P \times \int \frac{G' ff \text{ cos. } 2\xi}{2} - de$ sin. π cos. $\pi \times \int G' \lambda\lambda - \frac{G' ff}{2} + de$ cos. π sin. π cos. $2P \times \int \frac{G' ff \text{ cos. } 2\xi}{2}) + ded\pi \times \int G' \lambda\lambda + \frac{G ff}{2} + ded\pi$ cos. $2P \times \int \frac{G' ff \text{ cos. } 2\xi}{2} - de^2 \times$ cos. π sin. $2P \times \int \frac{G' ff \text{ cos. } 2\xi}{2} - \frac{1}{M} (\int G' \lambda)^2 \times [d(- de$ sin. π cos. $\pi) + ded\pi] = Mp\mu \times \frac{2 \, adt^2}{p\theta^2}$. Dans

cette équation, on ſuppoſe $q=0$, ainſi que dans la ſuivante.

14. Enfin, la cinquiéme équation ſera $d[d\Pi\int G'\lambda\lambda + \frac{G'ff}{2} + d\Pi \operatorname{cof.} 2P \times \int \frac{G'ff \operatorname{cof.} 2\xi}{2} - de \operatorname{cof.} \Pi \operatorname{fin.} 2P \times \int \frac{G'ff \operatorname{cof.} 2\xi}{2}] - dedP \operatorname{cof.} \Pi \times \int G'ff - ded\Pi \times \operatorname{fin.} \Pi \operatorname{fin.} 2P \times \int \frac{G'ff \operatorname{cof.} 2\xi}{2} + de^2 \operatorname{fin.} \Pi \operatorname{cof.} \Pi \times \int G'\lambda\lambda - \frac{G'ff}{2} - de^2 \operatorname{fin.} \Pi \operatorname{cof.} \Pi \operatorname{cof.} 2P \times \int \frac{G'ff \operatorname{cof.} 2\xi}{2} - \frac{1}{M}(\int G'\lambda)^2 \times [d(d\Pi \operatorname{fin.} \Pi^2) + (de^2 - d\Pi^2) \times \operatorname{fin.} \Pi \operatorname{cof.} \Pi] = -Mp\nu \times \frac{2adt^2}{p\theta^2}$.

15. De plus, comme la ligne verticale, menée par le centre de gravité, & par laquelle paſſe la direction de la peſanteur p, tombe évidemment ſur la projection même de l'axe des $a-b$, il eſt évident que $\mu=0$, & qu'ainſi le ſecond membre de la quatriéme équation doit être $=0$; à l'égard de ν, il eſt viſible (Vingt-deuxiéme Mémoire, §. II, art. 14,) que $\nu = \Lambda \operatorname{cof.} \Pi$.

16. Dans la troiſiéme équation de l'art. 24 du §. II du XXIIe Mémoire, il faudra donc (pour repréſenter la cinquiéme équation de l'art. 3 ci-deſſus) ajouter au premier membre $-\frac{1}{M}(\int G'\lambda)^2 \times [d(d\Pi \operatorname{fin.} \Pi^2) + (de^2 - d\Pi^2) \operatorname{fin.} \Pi \operatorname{cof.} \Pi]$.

17. De-là il eſt aiſé de voir qu'on aura, comme dans l'art. 25 du §. II du vingt-deuxiéme Mémoire, des équa-

tions finales intégrables, en employant des transformations analogues à celles de cet art. 25.

18. Nous avons déja remarqué plus haut (art. 1) que la méthode de l'art. 25 qu'on vient de citer, n'eſt bonne que dans le cas où $Q=0$, comme il eſt aiſé de le voir; car ce n'eſt que dans ce cas qu'on aura $q=$ à une fonction de Π. Mais comme nous avons vû dans l'art. 15 que $\mu=0$, il s'enſuit que Q eſt ici $=0$, & qu'on aura trois équations de cette forme (α, ξ, β, γ, η, δ, ϵ, ζ & R étant données en Π); $de = \alpha dP + \xi dt$; $\beta ddP + \gamma dP d\Pi + \eta dt d\Pi = 0$; $\delta dd\Pi + \epsilon dP^2 + \zeta d\Pi^2 - Rdt^2 = 0$; dont la ſeconde donne (en faiſant $dP = q dt$) $q = \Pi'$, Π' étant une fonction de Π; & la troiſiéme, en faiſant $dt = \sigma d\Pi$, donne $\frac{\delta d\sigma}{\sigma} + \Pi''\sigma^2 d\Pi + \Pi''' d\Pi = 0$, équation intégrable par les méthodes connues, même dans le cas où la peſanteur ne feroit pas conſtante, & feroit proportionnelle à une fonction quelconque de l'angle Π. Ayant donc par ce moyen Π, e, P, on aura (art. 8 précédent) s & x; & ſi le corps n'avoit point reçu d'impulſion primitive, on trouveroit encore plus facilement s & x, par cette conſidération que le centre de gravité doit deſcendre perpendiculairement au plan.

19. Il faut remarquer, que dans le cas même de φ & $\gamma=0$, quoiqu'on puiſſe ſuppoſer, & qu'on ſuppoſe $q=0$, & par conſéquent $dq=0$ & $ddq=0$ (puiſque le corps ſe meut en gliſſant ſur le plan, par l'hypothèſe); cette ſuppoſition n'aura lieu que dans les cas où $\frac{2Madt^2}{\theta^3}$

ne

ne sera pas $< \int G' d d \pi$); autrement, le corps feroit une espéce de saut, & seroit enlevé de dessus le plan, comme l'expérience le fait voir souvent.

20. Mais alors il ne faudroit point d'autre méthode pour trouver le mouvement du corps, que la méthode générale qui rapporte tous les mouvemens au centre de gravité du corps. On pourra faire abstraction, & du frottement, qui en ce cas n'existe plus, & de la pesanteur, dont l'effet se réduit à faire descendre toutes les parties du corps d'un mouvement égal. On peut donc, tant que le corps est en l'air, déterminer son mouvement quelle que soit sa figure.

21. On pourra donc, par ce qui précéde, déterminer le pirouettement d'un corps pesant de figure quelconque, pourvu que $\int\int\int G'$ cos. $2\,\xi = 0$, abstraction faite du frottement, & le plan étant supposé horizontal; la pesanteur étant d'ailleurs non-seulement constante, comme dans l'hypothèse ordinaire, mais proportionnelle à une fonction quelconque de l'angle Π.

22. Si le plan est incliné, il faudra, pour la facilité du calcul, supposer que la ligne fixe CB (*Fig.* 31) à laquelle se rapportent les z, est une ligne horizontale tracée sur ce plan; en conséquence de quoi on aura $\phi = 0$, & au lieu de p & de γ, il faudra mettre p cos. ω, & p sin. ω, ω étant l'angle d'inclinaison du plan. De plus, on auroit alors, comme on peut le voir aisément $\xi' = \lambda$ sin. Π, & $\chi' = \lambda$ cos. Π sin. e, & ces substitutions rendroient les intégrations plus difficiles dans le cas dont il s'agit, que

dans celui du plan horizontal, parce que les quantités ſin. e & coſ. e ne diſparoîtroient pas des équations, comme elles ont fait dans le cas du plan horizontal. Pour trouver d'autres équations du mouvement du corps, dans leſquelles γ & φ ſoient $=0$, on peut rapporter ce mouvement, non au plan incliné ſur lequel le corps ſe meut, mais à un plan horizontal & mobile, paſſant à chaque inſtant par la pointe ſur laquelle le corps pirouette; cette ſuppoſition n'apportera d'autre changement dans le calcul, pour le plan horizontal fixe, qu'en ce que dq ne ſera pas $=0$, mais $=-ds$ tang. ω; & en ce que la force horizontale, combinée avec la verticale, doit produire une force perpendiculaire au plan incliné, enſorte que $\int \frac{G\theta^2 dds}{2adt^2} + \int \frac{G\theta^2 ddu}{2adt^2}$, au lieu d'être nulle, doit être à $\int \frac{G\theta^2 dd\pi}{2adt^2} + \frac{\int G\theta^2 ddq - Mp}{2adt^2}$ en raiſon de ſin. ω à coſ. ω, & que $\frac{Mp \times 2a}{\theta^2}$ ſoit $> \int \frac{(Gdd\pi + Gddq)}{dt^2}$ (art. 19). On fera donc pour le cas dont il s'agit $\gamma=0$; $\varphi=0$, & au lieu de ddq, on mettra $-dds$ tang. ω dans les équations de l'art. 3; mais dans ce cas, la quatriéme & la cinquiéme équation renfermeroient encore ſin. e & coſ. e, & ſeroient par conſéquent plus difficiles à intégrer que dans le cas du plan horizontal.

23. Je n'en dirai pas davantage ſur ce ſujet, laiſſant à d'autres à pouſſer cette analyſe plus loin, ainſi que celle du cas où l'on auroit égard au frottement. Je me contenterai de remarquer, que dans le cas où la pointe du

corps feroit fuppofée fixement attachée, on peut trouver le mouvement du corps, comme nous venons de le faire voir, en le rapportant à un plan horizontal; que l'intégration des équations feroit plus difficile en rapportant le mouvement à un plan incliné; que néanmoins ces équations ont évidemment une intégrale poffible, puifqu'ayant trouvé en équations finies le mouvement du corps par rapport à un plan horizontal, il eft aifé d'en déduire ce mouvement, auffi en équations finies, par rapport à un plan incliné. Comparant donc avec attention les équations différentielles dans le cas où le mouvement eft rapporté à un plan horizontal, & dans celui où il eft rapporté au plan incliné, & les équations finies par lefquelles le mouvement eft repréfenté dans les deux cas, on parviendroit, ce me femble, à trouver les préparations qu'il y auroit à faire à l'équation différentielle dans le cas du plan incliné, pour pouvoir en trouver directement l'intégrale. Cette efpéce de méthode indirecte pour parvenir à l'intégration d'une équation, pourroit être utile en beaucoup d'autres cas, & ferviroit peut-être à perfectionner les méthodes de calcul intégral, fur-tout par rapport au problême dont il s'agit. Mais en voilà affez fur cet article, qui me paroît digne de l'attention des Géometres. Je reviens à mon fujet.

24. Lorfqu'un corps, fuppofé pefant ou non, pirouette par un de fes points, fixement attaché fur un plan horizontal, on peut employer une méthode affez fimple pour trouver fon mouvement. On n'a qu'à fuppofer de l'autre

côté du plan un corps abſolument ſemblable, animé par des forces parallèles à celles du corps donné, & en ſens oppoſé. On verra aiſément, 1°. que ces deux corps ſe mouvront comme s'ils n'en faiſoient qu'un, enſorte que leur axe commun ſera toujours une ligne droite; 2°. que le point fixe ſur lequel ils pirouettent ſera le centre de gravité commun; 3°. qu'au lieu d'appliquer aux deux corps des forces égales, parallèles, & en ſens contraire, il ſuffit d'en appliquer une double à un ſeul des deux corps. Par-là le problême d'un corps qui pirouette ſur un point fixe, ſe réduit à celui d'un corps qui pirouette ſur ſon centre de gravité fixement attaché.

25. A l'occaſion de ces recherches, & de celles qui ſont expoſées dans le ſecond, le XXIe & le XXIIe Mémoires, je dirai un mot ici ſur les loix du mouvement de deux corps de figure quelconque qui ſe choquent. J'ai donné dans ma *Dynamique* (1re *Edit.* art. 138, & ſeconde *Edit.* art. 169) les moyens de déterminer ce mouvement; mais il eſt vrai que dans cet Ouvrage, j'ai regardé les corps choquans comme des figures planes ſituées dans un même plan. Ayant depuis donné les loix de l'équilibre pour les forces qui ne ſont pas dans un même plan, & les loix du mouvement d'un corps ſolide de figure quelconque, les loix du choc des corps ſolides de figure quelconque ne doivent plus avoir aucune difficulté; car tout ſe réduit à faire enſorte, 1°. que la vîteſſe du point touchant à l'inſtant du choc, ſoit après le choc la même dans les deux corps, & dirigée dans le même ſens,

étant estimée suivant la perpendiculaire à l'endroit du contact ; 2°. que les forces détruites se réduisent dans chaque corps à deux forces égales & contraires, dirigées suivant la même perpendiculaire, & passant par le point de contact. Or il est aisé de satisfaire à ces deux conditions, & de trouver les équations qui les remplissent. Nous avons même donné dans le trente-septiéme Mémoire, art. 42 & suiv. à l'occasion du problême de la *Précession des Equinoxes*, des calculs analogues à ceux qu'il faut faire pour remplir le second des deux objets dont il s'agit ici, celui de l'équilibre des forces. On voit aisément par ce détail que la question des loix du choc des corps de figure quelconque se réduit à des équations faciles à trouver. Je fais cette remarque pour répondre au reproche que m'a fait un savant Géometre Italien, de n'avoir point donné les loix du choc de ces corps dans ma *Dynamique*; il est évident, en effet, que les principes établis dans ma *Dynamique*, & dans l'Ouvrage sur la *Précession des Equinoxes*, renferment absolument tout ce qui est nécessaire pour résoudre le problême dont il est question, & que le reste n'est plus absolument qu'une affaire de détail & de calcul.

26. Je terminerai cet article par la réponse à une objection qu'on m'a faite contre la proposition énoncée dans l'art. 80 de mon Vingt-uniéme Mémoire, savoir qu'il y a d'autres corps solides que la sphere qui peuvent avoir pour axe de rotation toute ligne passant par leur centre de gravité. Les propositions sur lesquelles cette

aſſertion eſt appuyée, & qu'on peut voir dans le même Mémoire, art. 72 & ſuivans, ne ſont vraies, m'a-t-on dit, qu'à peu près, c'eſt-à-dire en n'ayant point d'égard aux quantités du ſecond ordre & des ordres ſuivans, qu'on néglige dans le calcul. Or ſi les forces qui réſultent de la rotation du corps ne ſe détruiſent pas entiérement & rigoureuſement, les forces reſtantes, quelque petites qu'elles ſoient, doivent néceſſairement produire quelque changement dans l'axe de rotation & dans la vîteſſe.

27. Je conviens que les équations que j'ai trouvées, art 77 & ſuiv. du Mémoire cité, ne ſont vraies qu'à peu près, & que la propoſition de l'art. 80 ne peut avoir lieu qu'en les ſuppoſant rigoureuſement exactes; mais il me ſemble que l'eſſai de calcul que j'ai donné ſur les équations en queſtion, fait voir qu'on peut les rendre auſſi exactes qu'on voudra, & qu'il y a par conſéquent un ſolide qui doit avoir rigoureuſement la condition dont il s'agit; ſolide dont les dimenſions doivent différer très-peu de celles que j'aſſigne, & duquel on approchera d'autant plus, qu'on pouſſera l'approximation plus loin. En effet, les conditions de $\int G u = 0$, & $\int G \pi \pi = \int G u u$, donnent des équations dans leſquelles faiſant $A = 180°$, & $B = 360°$, il n'y a plus abſolument que les coefficiens conſtans & indéterminés B, C, D, E, &c.; & ces équations que je n'ai réſolues que par approximation, en négligeant les quarrés de α & les puiſſances plus hautes, peuvent être réſolues exactement en ayant égard à ces

petites quantités, la valeur de α étant toujours arbitraire, mais très-petite; par-là on aura des valeurs de B, C, D, E, absolument exactes, & très-peu différentes de celles que j'ai assignées. J'ai fait ci-dessus une remarque à peu près semblable dans le Trentiéme Mémoire, art. 86, sur un problême dont la solution seroit susceptible d'une difficulté de même genre que celle-ci.

§. IV.

Sur le mouvement des ressorts; addition pour le Trente-sixiéme Memoire, §. I, art. 8, p. 222 de ce Volume.

1. Nous avons remarqué dans cet article, que quand la force du ressort est $\alpha x + \mathit{6} x^3$, il peut très-bien se faire que le temps d'une vibration totale ne soit pas sensiblement constant, comme il l'est, quand la force est $\alpha x + \mathit{6} x^2$. Si au lieu de supposer la force égale à $\alpha x + \mathit{6} x^3$, on la supposoit $\alpha x + \mathit{6} x^n$, n étant > 1, & tel que $(-x)^n$ ne fût pas imaginaire (c'est-à-dire, tel que $n = \frac{p}{q}$, p & q étant des nombres positifs, & q n'étant pas un nombre pair) il deviendroit encore bien plus difficile de déterminer la vîtesse du corps, & par conséquent de s'assurer si le temps d'une très-petite vibration totale est sensiblement constant. Or comme on ne peut être assuré que la force d'un ressort peu comprimé soit $\alpha x + \mathit{6} x^2$ plutôt que $\alpha x + \mathit{6} x^n$, on ne peut donc être assuré non plus par la théorie, que le temps d'une vibration totale, très-petite, soit sensiblement constant. Ce qui confirme plei-

nement ce que nous avons avancé dans l'art. 3 du §. I du XXXVIe Mémoire, sur l'impoſſibilité de démontrer, par la théorie, que les petites vibrations d'un reſſort, quand ce reſſort eſt peu comprimé, & par conſéquent dans un centre d'équilibre *oiſif*, ſont ſenſiblement iſochrones.

2. Il n'en eſt pas de même quand le reſſort eſt dans un centre d'équilibre *forcé*; car alors il n'eſt pas difficile de démontrer que l'expreſſion de la force accélératrice eſt réellement de la forme $\alpha x + \beta x^2$ à très-peu près. D'où il s'enſuit que le temps d'une vibration totale, ſuppoſée très-petite, eſt ſenſiblement conſtant, comme il réſulte de l'art. 7 du §. cité. La raiſon pour laquelle la force accélératrice eſt alors ſenſiblement $\alpha x + \beta x^2$, c'eſt qu'en un *point indéterminé* de la courbe dont les ordonnées expriment la force du reſſort, la différence de deux ordonnées voiſines eſt à peu près (comme dans toute courbe en général) $\alpha x + \beta x^2$, x marquant la diſtance de ces ordonnées; au lieu qu'*à l'origine* de la courbe, la différence peut être $\alpha x + \beta x^n$, n n'étant pas égale à 2.

§. V.

Sur des problêmes de calcul intégral. Addition pour le XXVIe Mémoire, Tome IV des *Opuſcules*.

1. A la fin du ſecond alinea, p. 227, après ces mots, *tout le reſte étant d'ailleurs ſuppoſé le même*, ajoutez; Ces trois valeurs différentes de A, B, ∞, doivent être d'autant plus remarquées, que ſi on n'avoit que deux

deux différentielles données & deux inconnues seulement A & B, on ne trouveroit, par les méthodes que nous avons données ailleurs, qu'une seule valeur pour A, & une seule pour B; une différentielle de plus, ainsi qu'une inconnue ω, donne beaucoup plus de solutions, puisque le nombre des valeurs de A, B, ω, est du moins égal au nombre des différentielles proposées, & des inconnues qu'on cherche. Je dis *du moins égal*; car comme il y a ici quatre valeurs de E, & par conséquent de D, & que toutes les combinaisons *possibles* de quatre quantités a, b, c, d, prises trois à trois, sont *en tout* au nombre de quatre, savoir a, b, c; a, b, d; a, c, d; b, c, d; il est visible que les inconnues A, B, ω, ont non-seulement trois valeurs différentes possibles, mais même quatre valeurs; c'est-à-dire, dans le cas présent, une de plus qu'il n'y a de différentielles proposées, & d'inconnues qu'on cherche.

2. Au reste, la méthode que nous avons donnée pour trouver les valeurs de A, B, ω, lorsqu'il y a trois différentielles, peut être appliquée à tant de différentielles qu'on voudra, renfermant des fonctions inconnues A, B, ω, π &c. de x & de t; & si l'équation finale qu'il faut résoudre est du degré n, le nombre des valeurs de A, B, ω &c. sera égal au nombre de fois que n quantités peuvent être combinées, étant prises $n - 1$ à $n - 1$, c'est-à-dire, sera égal au nombre n.

3. Il paroît aussi qu'on peut appliquer la même méthode au cas où il y auroit plus de deux indéterminées x,

t. Mais en voilà assez pour mettre sur la voie ceux qui voudront pousser ces recherches plus loin.

4. Dans le Supplément à ce XXVIe Mémoire, & dans le XXXVIe Mémoire ci-dessus, §. IV, j'ai donné quelques formules réductibles aux arcs de sections coniques. En voici une qui mérite d'y être ajoutée. Soit proposée $\frac{Ax^m dx}{\surd(\gamma+\delta xx)} \times [\theta + \alpha x + \beta \surd(\gamma + \delta xx)]^{\frac{n}{2}}$, m étant un nombre entier positif, n un nombre entier positif ou négatif, & θ, α, β, γ, δ des constantes quelconques données; je dis que cette différentielle est toujours réductible à des arcs de sections coniques. En effet, soit supposé $\alpha x + \beta \surd(\gamma + \delta xx) = z$, on aura $x = \frac{\alpha z}{\alpha^2 - \beta^2 \delta} \pm \frac{\surd(\beta^2 \alpha^2 \gamma - \beta^4 \gamma\delta + \beta^2 \delta z^2)}{\alpha^2 - \beta^2 \delta}$; $\surd(\gamma + \delta xx) = \frac{z - \alpha x}{\beta}$ $= \frac{1}{\beta} \times \left[\frac{\beta\beta\delta z \mp \alpha\surd(\beta^2\alpha^2\gamma - \beta^4\gamma\delta + \beta^2\delta z^2)}{\alpha^2 - \beta^2\delta}\right]$, & par conséquent $\frac{dx}{\surd(\gamma+\delta xx)} = \mp \frac{\beta dz}{\surd(\beta^2\alpha^2\gamma - \beta^4\gamma\delta + \beta^2\delta z^2)}$. Donc la proposée se réduira à $\mp \frac{A\beta dz}{\surd(\beta^2\alpha^2\gamma - \beta^4\gamma\delta + \beta^2\delta z^2)} \times (\theta + z)^{\frac{n}{2}} \times x^m$. Donc, en mettant pour x sa valeur en z, & réduisant, il est aisé de voir que dans certains termes, le radical $\surd(\beta^2\alpha^2\gamma - \beta^4\gamma\delta + \beta^2\delta z^2)$ disparoîtra, ce qui réduira ces termes à la forme très-simple & intégrable $B z^r dz (\theta + z)^{\frac{n}{2}}$, r étant un entier positif, & que les plus composés des autres termes se réduiront

à la forme $\frac{Cdz \cdot z^s (\theta+z)^{\frac{n}{2}}}{\sqrt{(\zeta^2 \alpha^2 \gamma - \zeta^4 \gamma \delta + \zeta^2 \delta z^2)}}$, s étant aussi un entier positif. Donc faisant $\theta + z = u$, ces différens termes se réduiront à la forme $\frac{D u^{\pm \frac{s}{2}} du}{\sqrt{(E+Fu+Gu^2)}}$, qui dépend, comme je l'ai fait voir ailleurs, de la rectification des sections coniques.

5. On réduiroit de même, & par les mêmes raisons, à des arcs de sections coniques, la différentielle $\frac{A x^m dx}{\sqrt{(\gamma+\delta xx)}} \times (\gamma+\delta xx)^{\frac{l}{2}} [\theta+\alpha x+\zeta\sqrt{(\gamma+\delta xx)}]^{\frac{n}{2}}$ l étant un nombre entier positif, & le reste comme ci-dessus.

6. Et si au lieu de $\gamma+\delta xx$, on avoit $\gamma+\epsilon x+\delta xx$ on verroit très-facilement, en faisant évanouir le terme ϵx, que l'intégration dépendroit toujours de la rectification des sections coniques.

7. Si on supposoit que l'une des deux valeurs de x ou de $\sqrt{(\gamma+\delta xx)}$, multipliée par l'autre, donnât une quantité constante, il seroit encore aisé de voir, par les méthodes que j'ai données ailleurs, que m ou l pourroient être des nombres entiers négatifs, sans que l'intégration devînt plus difficile. Il en seroit de même, si ce produit étoit un radical qui fût en raison constante avec $\sqrt{(\zeta^2 \alpha^2 - \zeta^4 \gamma\delta + \zeta^2 \delta z^2)}$. Mais en voilà assez sur cette recherche, que je laisse à d'autres à pousser plus loin. Je me contenterai d'observer encore, 1°. que si dans la différentielle proposée, il y avoit simplement dx au lieu

de $\frac{dx}{\sqrt{(\gamma+\delta xx)}}$, elle ſeroit encore réductible à des arcs de ſections coniques ; pour le voir, il ne faut qu'écrire $\frac{dx}{\sqrt{(\gamma+\delta xx)}} \times \sqrt{(\gamma+\delta xx)}$ au lieu de dx, & faire enſuite les mêmes transformations & opérations que ci-deſſus. 2°. Par la même raiſon, la différentielle ſeroit encore réductible à de tels arcs, ſi au lieu de $\frac{dx}{\sqrt{(\gamma+\delta xx)}}$, on avoit $dx(\gamma+\delta xx)^{\frac{s}{2}}$, s étant un nombre entier poſitif & impair ; car il n'y a qu'à changer cette quantité en $\frac{dx}{\sqrt{(\gamma+\delta xx)}} \times (\gamma+\delta xx)^{\frac{s+1}{2}}$, & achever le reſte du calcul comme dans les cas précédens. 3°. Enfin, ſi les différentielles précédentes étoient encore multipliées par tant de quantités $[\varphi+\sigma x+\mu x \sqrt{(\gamma+\delta xx)}]^t$ qu'on voudra, φ, σ, μ étant des conſtantes quelconques, & t un nombre entier poſitif, il eſt facile de prouver qu'elles ſe réduiroient de même à des arcs de ſections coniques, par des opérations analogues aux précédentes.

§. VI.

Sur les calculs relatifs à l'inoculation ; addition au Vingt-ſeptiéme Mémoire.

1. Je viens de lire dans les Mémoires de l'Académie de 1765, pag. 512 & ſuivantes, la réponſe qu'on eſſaye de faire à ma principale objection ſur la maniere dont on avoit calculé avant moi les avantages de l'inocula-

tion. J'ai démontré, si je ne me trompe, que le rappor des deux risques ne sauroit être apprétié, si on a égar à cette considération très-essentielle, que celui qui s fait inoculer risque de mourir DEMAIN, & que le temp du risque, pour l'expectant, est incertain & inconnu On croit répondre à cette objection, en supposant d 10 à 1 le rapport des deux risques, qu'on avoit évalu de 50 à 1 en n'ayant point égard à la considération im portante dont il s'agit. Ma réponse est que cette consi dération essentielle & inaprétiable met un si grand poid dans la balance, qu'on ne peut plus assigner avec cert tude aucun rapport entre les deux risques, ni se flatte d'avoir démontré que l'un est plus grand que l'autre. L preuve de cette assertion se trouve dans mon onziém Mémoire, Tome II de mes *Opuscules*, & dans le Tom V de mes *Mélanges de Philosophie*, pag. 337 & suiv. 355 & suiv., 361 & suiv. L'objection que j'ai faite n'e donc point, comme on le dit agréablement, *une victin que j'ai parée pour la sacrifier*; car dans la suppositic faite par mon adversaire, *qu'on peut mourir de l'inocul tion*, l'objection conserve toute sa force; elle ne la pe que dans le cas où l'inoculation ne seroit nullement da gereuse, comme le croyent beaucoup d'Inoculateurs, q de leur propre aveu, *n'inoculeroient de leur vie*, s'il le mouroit un seul malade. Voyez sur cela le Tome V mes *Mélanges*, pag. 387 & suiv. En un mot, je le répét l'inoculé se trouve, d'après la supposition dont il s'agi dans le cas d'un joueur qui s'expose volontairement risque de perdre tout son bien DANS LA JOURNÉE, & l'expectant dans le cas d'un joueur qui peut, à la vérité, courir *un jour* un risque beaucoup plus grand, mais qui ignore quand il y sera exposé, & qui pourra même ne l'être jamais. Or je demande quel est le rapport des deux risques, quel Mathématicien se croira assez habile pour les apprétier, & pour démontrer que le premier est moindre que le second?

2. Toutes ces considérations, en assurant la solidité de mon objection, n'empêchent pas que je n'aye eu raison de regarder l'inoculation comme une pratique utile; 1°. parce qu'il est encore très-douteux, je ne dis pas seulement qu'on en meure, mais qu'on puisse en mourir, quand elle sera donnée avec les précautions convenables; 2°. parce qu'il y a du moins tout lieu de croire qu'on peut la perfectionner au point qu'on n'en mourra jamais; 3°. (& c'est ici la raison essentielle), parce que dans la supposition même qu'un petit nombre de citoyens en meure, l'Etat y gagnera toujours; 4°. parce que dans cette même supposition, comme le risque est fort petit, (quoique *présent*) on ne doit point blâmer, on peut même approuver *en général* ceux qui s'exposeroient à courir ce risque, quand on n'oseroit pas prendre sur soi de leur en donner le conseil *à chacun en particulier*: par la raison qu'il ne faut point détourner les citoyens d'une opération qui doit sauver la vie du plus grand nombre, quand même on n'oseroit en donner le conseil à aucun particulier, parce qu'il pourroit absolument, *& dès le lendemain*, en être la victime.

§. VII.

Sur la maniere d'exprimer certaines fonctions ; addition au Vingt-huitiéme Mémoire, Tom. IV, p. 345.

1. On m'a objecté qu'il est possible de réduire $y^{\frac{2}{3}}$ à cette forme $\alpha + \beta$ cos. $2y + \gamma$ cos. $4y$ &c., par la raison que $y =$ sin. $y + a$ sin. $y^3 + b$ sin. y^5 &c. sin. $y(a' + b'$ cos. $2y + c'$ cos. $4y$ &c.); d'où $y^2 = \left(\frac{1 - \text{cos.}\, 2y}{2}\right) \times (a'' + b''$ cos. $2y + c''$ cos. $4y$ &c.) & $y^{\frac{2}{3}} = a''' + b'''$ cos. $2y + c'''$ cos. $4y$ &c.

2. Ma réponse est que cette réduction de $y^{\frac{2}{3}}$ en serie, donne, ce me semble, une valeur peu exacte, par la raison, qu'en différentiant ces deux valeurs, supposées égales, de $y^{\frac{2}{3}}$, & divisant par dy, la premiere valeur $y^{\frac{2}{3}}$ devient $\frac{2}{3} y^{\frac{-1}{3}} = \infty$, & l'autre $= b'''$ sin. $2y + c'''$ sin. $4y$ &c. $= 0$. D'ailleurs on prouveroit de même, que sin. y se réduiroit à $a' + b'$ cos. $2y + c'$ cos. $4y$ &c. par la raison que sin. y est égal à $\sqrt[2]{}$ (sin. y^2) pris positivement, c'est-à-dire à la valeur positive de $\sqrt[2]{\left(\frac{1 - \text{cos.}\, 2y}{2}\right)} = a' + b'$ cos. $2y + c'$ cos. $4y$ &c. Or il est évident que cette valeur est fautive, non-seulement parce que $\frac{d\, \text{sin.}\, y}{dy} = 1$ lorsque $y = 0$, & que $d\left(\frac{a' + b\, \text{cof.}\, 2y'}{dy}\right.$, &c.$)$ $= 0$ lorsque $y = 0$; mais encore parce que l'équation

$z = \sin. y$ donne une courbe à branches opposées au-dessus & au-dessous de l'axe, & que $z = a' + b' \cos. 2y + c' \cos. 4y$ &c. donne au contraire une courbe dont les branches qui répondent à y & à $-y$ sont du même côté de l'axe. Ainsi, la remarque que j'ai faite dans l'endroit du Tome IV dont il s'agit ici, me paroît subsister dans toute sa force.

§. VIII.

Sur un problême astronomique ; addition au §. IV du Vingt-huitième Mémoire, art. 2 ; Tome IV des *Opuscules*, pag. 358.

1. Il s'est glissé en cet endroit (art. 2) une légere inadvertance de calcul, qui étant corrigée, fortifie encore davantage la conclusion que ce calcul a produite. A la page 358, ligne 3, à compter d'en-bas, au lieu de $2 \sin. (\alpha - 6)^2$ au dénominateur, il faut mettre $2 \sin. (\alpha - 6)^3$. Cette correction donnera dans le résultat du calcul, page 360, ligne 4, $\frac{\cot. \delta}{\sin. \delta}$ au lieu de $\cot. \delta$; d'où il est aisé de voir que l'erreur produite par la méthode qu'on examine en cet endroit, devient encore plus forte, & qu'ainsi on doit apporter d'autant plus de précaution dans l'emploi de cette méthode.

2. Au reste l'équation de la page 358, $\cos. (\alpha - 6 + \sigma) = \cos. (\alpha - 6) - \omega \sin. \alpha . \sin. 6$, sur laquelle tout notre calcul est fondé, & dont nous n'avons tiré la valeur de σ que par approximation, peut se résoudre rigoureusement

en

en cette sorte. Soit fait pour abréger cos. $(\alpha - \beta) -$ ω sin. α. sin. $\beta = A$, $\alpha - \beta = \delta$, & sin. $\sigma = z$, on aur cos. $\delta \sqrt{(1 - zz)} - z$ sin. $\delta = A$, d'où l'on tire $zz +$ $2z \times A$ sin. $\delta =$ cos. $\delta^2 - A^2$, & $z = - A$ sin. $\delta \pm$ $\sqrt{(A^2 \text{ sin. } \delta^2 + \text{cos. } \delta^2 - A^2)}$. Or comme z est ici supposé une petite quantité, il ne faut prendre de ces de valeurs de z, que celle qui est représentée par $- A$ sin. $\delta + \sqrt{(A^2 \text{ sin. } \delta^2 + \text{cos. } \delta^2 - A^2)}$, qui se réduit $\frac{\text{cos. } \delta^2 - A^2}{2A \text{ sin. } \delta}$ à très-peu près, & qui coincide à très-peu près aussi avec la valeur de σ que nous avons trouvée dan l'endroit cité. A l'égard de la seconde valeur de z, est aisé de voir ce qu'elle désigne. En effet, supposon pour un moment $A =$ cos. $\delta =$ cos. $(\alpha - \beta)$, on aur cos. $(\alpha - \beta + \sigma) =$ cos. $(\alpha - \beta)$, & les deux valeurs d z seront, $z = 0$, & $z = - 2$ cos. δ sin. $\delta = -$ sin. 2δ D'où l'on voit que σ a deux valeurs, savoir zero, & $-$ 2δ ou $- 2(\alpha - \beta)$; &, en effet, cos. $(\alpha - \beta - 2(\alpha - \beta))$ ou, ce qui est la même chose, cos. $(- \alpha + \beta)$, e égal à cos. $(\alpha - \beta + 0)$ ou cos. $(\alpha - \beta)$. De-là il e aisé de voir que cos. $(\alpha - \beta + \sigma)$ étant en général même chose que cos. $(- \alpha + \beta - \sigma)$ ou cos. $(\alpha - \beta -$ $(2\alpha - 2\beta + \sigma))$, on aura, pour les deux valeurs de σ l'une l'angle dont le sinus est $- A$ sin. $\delta + \sqrt{(A^2 \text{ sin. } \delta^2 + \text{cos. } \delta^2 - A^2)}$, angle que j'appelle Σ, & l'autre u angle $= - 2\alpha + 2\beta - \Sigma$ ou $- 2\delta - \Sigma$, & dont sinus sera $- A$ sin. $\delta - \sqrt{(A^2 \text{ sin. } \delta^2 + \text{cos. } \delta^2 - A^2}$ Les deux sinus ajoutés ensemble, donnent $- 2A$ sin. δ

qui devient $-2\cos.\delta\sin.\delta$ ou $-\sin.2\delta$, lorſque $\Sigma=0$.

3. Si on avoit pris pour inconnu le coſinus de l'angle σ, que j'appelle z', on auroit trouvé $z'=A\cos.\delta\pm\sqrt{(A^2\cos.\delta^2+\sin.\delta^2-A^2)}$, & il n'eſt pas difficile de voir que $\sqrt{(A^2\cos.\delta^2+\sin.\delta^2-A^2)}$ eſt égal à $\frac{\sin.\delta\sqrt{(A^2\sin.\delta^2+\cos.\delta^2-A^2)}}{\cos.\delta}$, puiſque $A^2\cos.\delta^2+\sin.\delta^2-A^2=\frac{A^2\cos.\delta^4+\sin.\delta^2\cos.\delta^2-A^2\cos.\delta^2}{\cos.\delta^2}=\frac{A^2\sin.\delta^4+\sin.\delta^2\cos.\delta^2-A^2\sin.\delta^2}{\cos.\delta^2}$, dont la racine eſt égale à $\frac{\sin.\delta\sqrt{(A^2\sin.\delta^2+\cos.\delta^2-A^2)}}{\cos.\delta}$; d'où il s'enſuit que $\cos.\Sigma$ ou $z'=A\cos.\delta\pm\frac{\sin.\delta}{\cos.\delta}\times\sqrt{(A^2\delta^2+\cos.\delta^2-A^2}$; & que $\sin.(-2\delta-\Sigma)$ ou $\sin.-2\delta\cos.\Sigma-\cos.2\delta\sin.\Sigma=\sin.-2\delta\times[A\cos.\delta\pm\frac{\sin.\delta}{\cos.\delta}\times\sqrt{(A^2\sin.\delta^2+\cos.\delta^2-A^2)}]-\cos.2\delta\times[-A\sin.\delta\pm\sqrt{(A^2\sin.\delta^2+\cos.\delta^2-A^2)}]$; donc à cauſe de $\sin.-2\delta=-2\sin.\delta\cos.\delta$, & de $\cos.2\delta=2\cos.\delta^2-1$, cette quantité ſe réduira à $-A\sin.\delta\mp\sqrt{(A^2\sin.\delta^2+\cos.\delta^2-A^2)}$, qui eſt en effet l'autre valeur de $\sin.\sigma$; ce qui confirme ce qu'on a déja remarqué, que Σ & $-2\delta-\Sigma$ ſont les deux valeurs de σ.

4. Au reſte, la ſolution générale & rigoureuſe que nous venons de donner pour trouver l'angle σ, peut être employée dans les cas où la diſtance $\alpha-\beta$ du ſoleil au zenith eſt peu conſidérable, & où la ſolution que nous avons donnée, Tome IV de nos *Opuſcules*, page 358, pourroit

n'être pas suffisante. C'est ainsi que nous avons déja remarqué ailleurs (Mém. de Berlin 1747) que les formules pour la correction du midi, trouvé par les hauteurs correspondantes, ne sont pas exactes dans les lieux dont la latitude est fort grande.

§. IX.

Sur la libration de la Lune.

1. J'ai déja traité cette matiere dans le second Volume de mes *Opuscules*, Quinziéme Mémoire; mais une considération qui m'a échappé, apporte beaucoup de changement au résultat de mes calculs. J'ai remarqué à la fin de ce Mémoire, que les résultats que j'ai donnés dans les Mémoires de l'Académie de 1754, ne pourroient s'appliquer à la lune si le temps de sa rotation étoit égal à celui de la révolution annuelle apparente de la terre autour du soleil; & je n'ai point fait attention, ce qui étoit pourtant bien facile, que le mouvement de rotation de la lune étant sensiblement égal à son mouvement autour de la terre, il résultoit précisément de-là, & par les mêmes raisons, que mon Théorême de 1754 (pag. 421 des Mémoires de l'Académie de cette année) ne pouvoit s'appliquer au mouvement de l'axe de la lune. Heureusement il est facile de réparer cette omission par le moyen même des formules générales que j'ai données dans ce même Mémoire. M. de la Grange, qui en a trouvé de toutes semblables dans l'excellente piéce qui

a remporté le prix de l'Académie en 1764, a suppléé ce qui manquoit à cet égard à ma théorie; & en introduisant dans les formules générales la considération de l'égalité du mouvement moyen de rotation de la lune & de son mouvement moyen autour de la terre, il a très-ingénieusement expliqué pourquoi la lune nous présente toujours la même face.

2. Pour ne point trop grossir ce Volume, je me propose de donner ailleurs mes recherches sur cet objet, ainsi que sur les mouvemens de l'axe de la lune. Je chercherai d'abord quelles doivent être les équations rigoureuses de ces mouvemens, sans rien négliger. Je ferai voir comment on peut expliquer de différentes manieres la libration de la lune, sans supposer que son mouvement primitif de rotation autour de son axe, moins le mouvement de ses points équinoxiaux, soit exactement & rigoureusement égal à son mouvement moyen, & j'examinerai laquelle de ces différentes explications est la plus naturelle & la plus simple. Je donnerai le moyen de déterminer les librations de la lune, dans le cas même où elles seroient beaucoup plus grandes qu'elles ne sont; & dans le cas aussi où l'axe de rotation de cette planete ne seroit pas à peu près perpendiculaire à son orbite & à l'écliptique. J'examinerai l'altération que la libration pourroit recevoir, si l'axe de la lune s'approchoit insensiblement du plan de l'écliptique, comme il paroît résulter de la théorie, au moins dans certaines hypothèses. Je chercherai ensuite les mouvemens de l'axe

de la lune, tant en nutation qu'en préceſſion, en ſuivant d'abord la même méthode que dans mes *Recherches ſur la Préceſſion des Equinoxes*, c'eſt-à-dire en n'employant que des équations différentielles du premier ordre, & en négligeant certaines petites quantités; je déterminerai dans cette hypothèſe les mouvemens dont il s'agit, en faiſant d'abord abſtraction de la libration, mais en ſuppoſant d'ailleurs que la préceſſion des points équinoxiaux lunaires ſoit en tel rapport qu'on voudra, même d'égalité, avec le mouvement des nœuds de la lune. Je déterminerai auſſi, par des équations & des conſtructions géométriques aſſez ſimples, les cas où les mouvemens de ces points ſont égaux, & ceux où leur plus grande différence en longitude peut être = ou moindre que 360°; & j'expliquerai à cette occaſion, d'une maniere nouvelle & fort ſimple, comment il peut ſe faire que le mouvement moyen des points équinoxiaux lunaires ſoit égal au mouvement moyen des nœuds de la lune. J'examinerai, toujours dans cette même ſuppoſition, comment & dans quels cas l'axe lunaire peut ſe rapprocher inſenſiblement de l'écliptique. Je diſcuterai l'influence que peut avoir ſur le rapport des différentes inégalités le peu d'inclinaiſon de l'axe de la lune ſur ſon orbite. Je ferai voir de plus que dans l'hypothèſe même où l'on ne détermine les mouvemens dont il s'agit que par des équations différentielles du premier ordre, il peut être néceſſaire d'avoir égard à la libration pour trouver ces mouvemens avec l'exactitude requiſe,

& pour être assuré de ne point négliger des inégalités ou équations essentielles. Ensuite j'emploirai, pour déterminer ces mêmes mouvemens, la méthode rigoureuse exposée dans le Trente-septiéme Mémoire ci-dessus, & je ferai voir, 1°. comment cette méthode donne à peu près le même résultat que la précédente, si on n'a point d'égard à l'équation du centre de la lune; 2°. comment, en ayant égard à cette derniere équation, les résultats peuvent être très-différens de ceux de la premiere hypothèse; par la raison que l'équation différentielle du mouvement de l'axe étant ici du second ordre, le mouvement (supposé non uniforme) de la lune autour de la terre, y introduit des termes qui peuvent devenir beaucoup plus grands dans l'intégrale que dans la différentielle, attendu l'égalité entre le mouvement de rotation de la lune & son mouvement moyen; ces termes peuvent encore augmenter par l'impulsion primitive qu'on peut supposer donnée à l'axe, & par le rapport inconnu de $2\int G'\lambda\lambda - \int G'ff$ à $\int G'ff \cos. 2\xi$. Tels sont les objets intéressans que je me propose de traiter, objets dont la plûpart n'ont point encore été discutés jusqu'ici, ou ne l'ont pas été suffisamment.

Fin de la seconde Partie & du quarante-quatriéme Mémoire.

ERRATA

Pour le quatriéme Volume des Opuscules.

PAGE 53, ligne 12, *au lieu de*, à cause de, *lisez* & de plus.

Page 57, art. 25; voyez sur cet article & les suiv. le quarante-quatriéme Mémoire, §. III, pag. 490 & 496.

Page 127, ligne 4, *au lieu de* 1766, *mettez* 1767.

Page 339, ligne 8, *au lieu de*, en quoi consiste, *lisez* d'où dépend.

FAUTES A CORRIGER

Dans ce cinquiéme Volume des Opuscules.

PAGE 31 ligne derniere, *au lieu de* $-\frac{4\pi m}{m}$, *lisez* $-\frac{4\pi m}{3}$.

Page 64, ligne 3, *au lieu de* Fig. 12, *lisez* Fig. 12, n°. 2.

Page 128, à la marge, ligne 3, *au lieu de* $2cv't^6$, *lisez* $2ev't^6$.

Page 185, lignes 5 & 6, *au lieu de* $\sqrt{3}$, *lisez* $\sqrt{-3}$.

Page 216, ligne 4, à compter d'en-bas, *après ces mots*, au moins du second ordre, *ajoutez*, ou d'un ordre entre le second & le premier.

Page 217, ligne 15, *au lieu de*, comme on, *lisez* comme si l'on.

Page 222, à la fin du premier alinea, *ajoutez*. Voyez plus bas page 503.

Page 280, ligne 5, à compter d'en-bas, *au lieu de* deux forces, *lisez* à deux forces.

Page 349, art. 27, ligne 3, *au lieu de* 16, *lisez* 8.

Page 351, art. 29, ligne 3, au lieu de lm, lisez im.

Page 401, ligne 10 & 12, *au lieu de* 5000, *lisez* 500000.

Page 486, à la fin de l'art. 18, *ajoutez*; & si l'on faisoit inégaux les rayons de la cornée & du globe de l'œil, supposés concentriques, la cornée QRS ne pourroit s'appliquer au globe de l'œil QZS.

Page 497, lignes 2 & 3, à compter d'en-bas, *au lieu de* λ, mettez Λ.

EXTRAIT DES REGISTRES DE L'ACADÉMIE ROYALE DES SCIENCES,

Du 17 Août 1768.

MESSIEURS LE MONNIER & BEZOUT, qui avoient été nommés pour examiner le cinquiéme Volume des Opuscules Mathématiques de M. D'ALEMBERT, en ayant fait leur rapport, l'Académie a jugé cet Ouvrage digne de l'impression. En foi de quoi j'ai signé le présent Certificat. A Paris, le 17 Août 1768.

GRAND-JEAN DE FOUCHY,
Secrétaire perpétuel de l'Académie Royale des Sciences.

De l'Imprimerie de CHARDON, rue Galande, 1768.

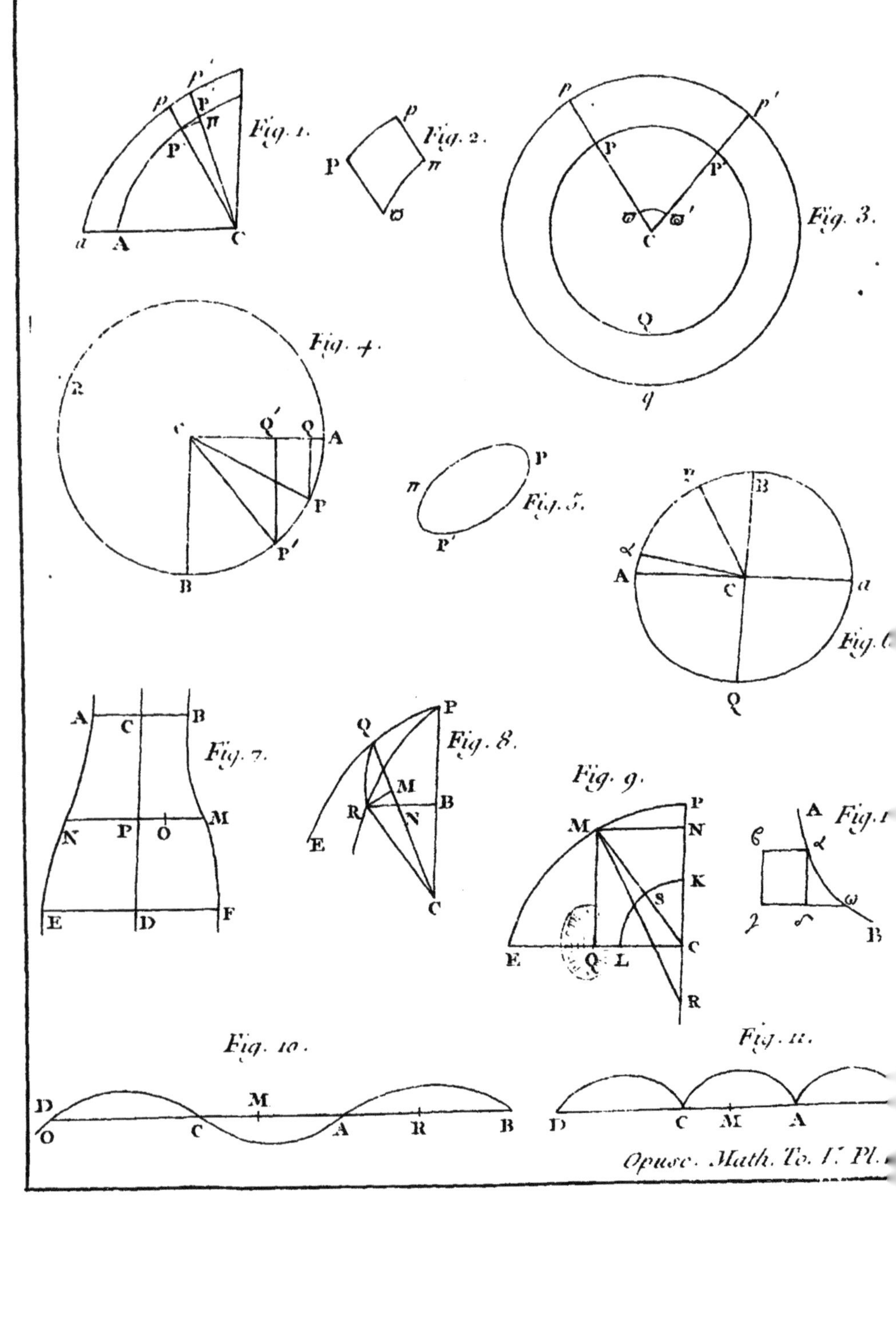

Opusc. Math. To. V. Pl.

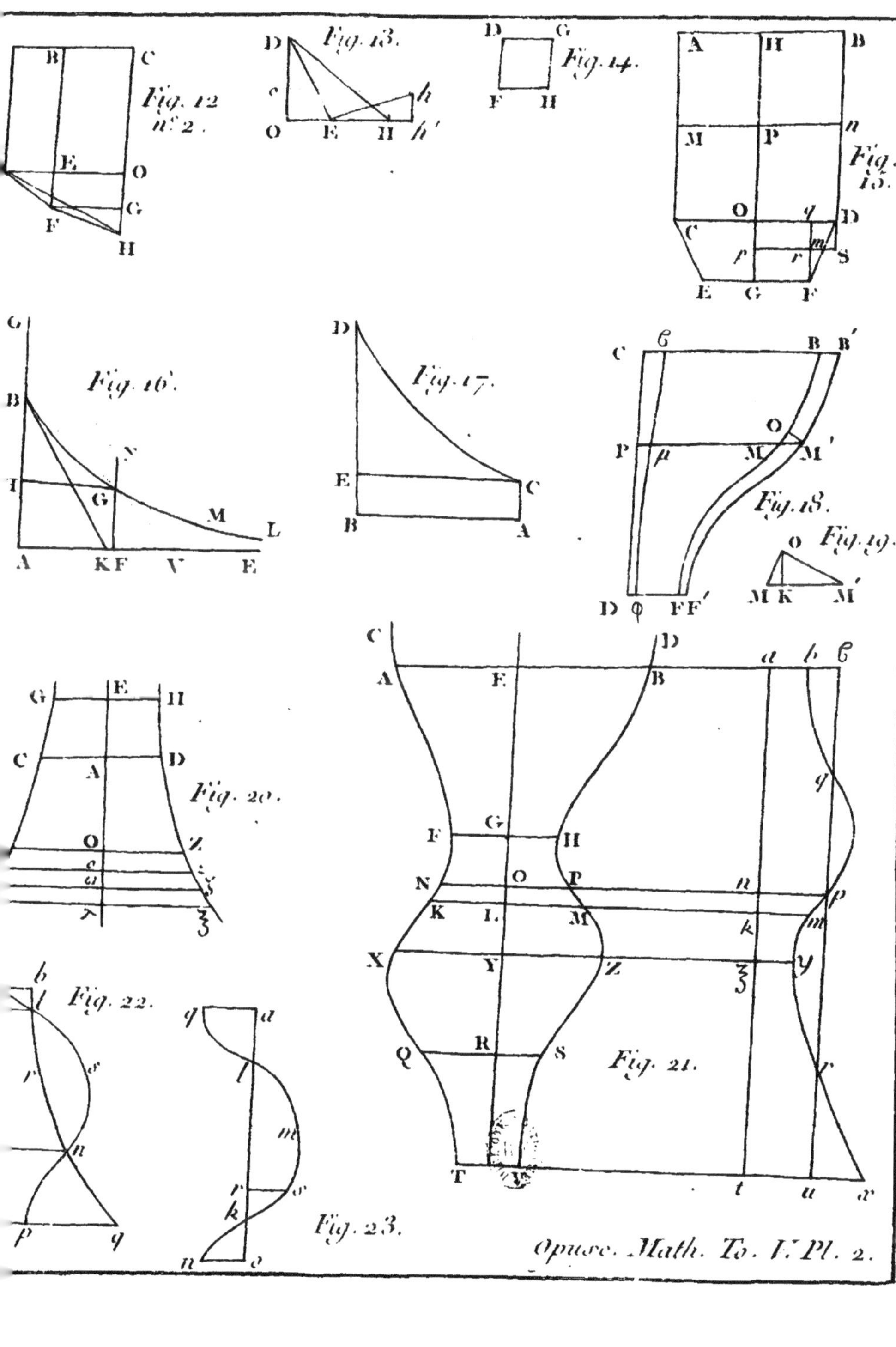

Opusc. Math. To. V. Pl. 2.

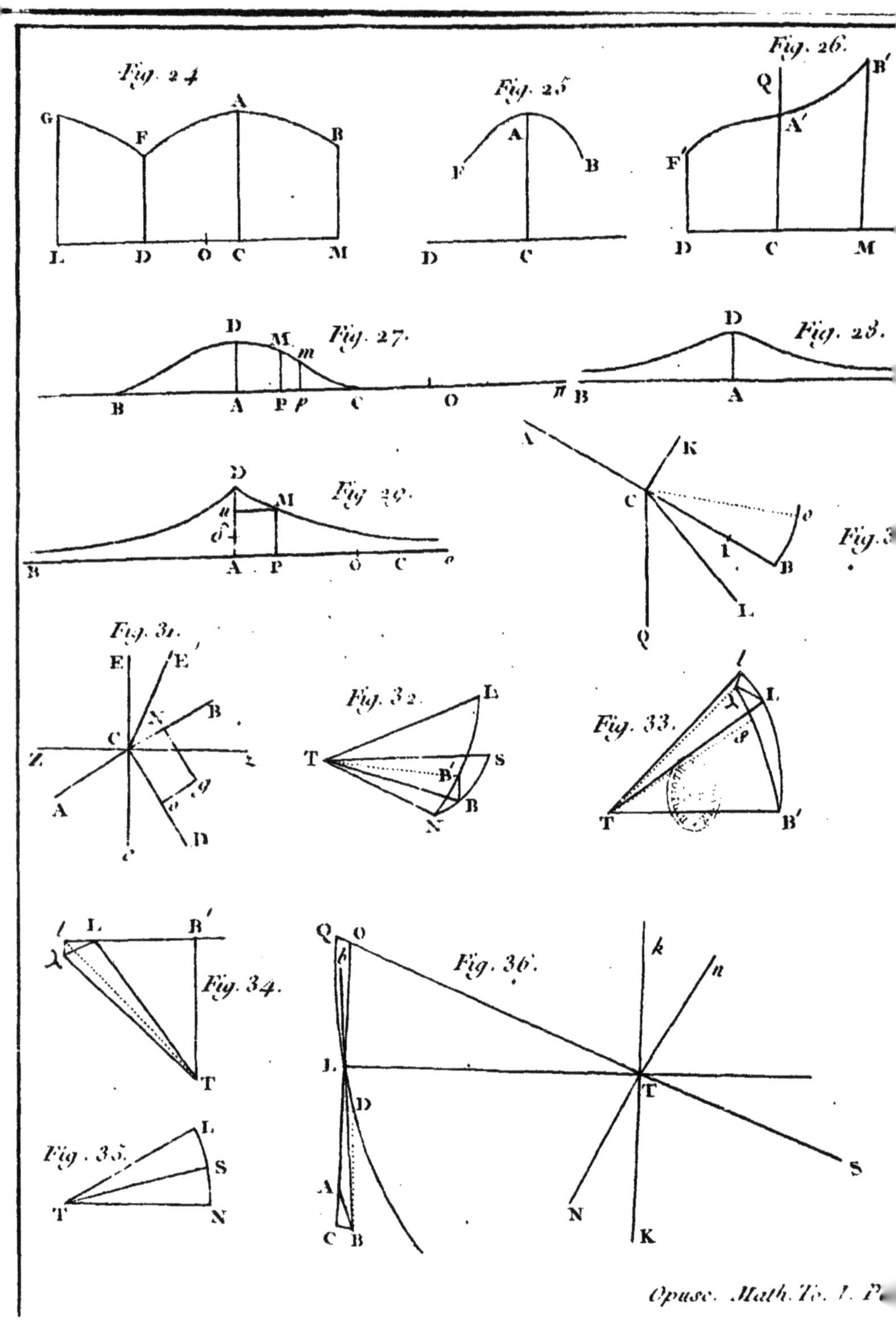
Fig. 24
G
A
F
B
L
D
O
C
M
Fig. 25
A
F
B
D
C
Fig. 26.
Q
B'
A'
F'
D
C
M
Fig. 27.
D
M
m
B
A
P
p
C
O
π
Fig. 28.
D
B
A
Fig. 29.
D
M
u
δ
B
A
P
O
C
o
A
K
C
o
I
B
L
Q
Fig. 31.
E
E'
N
B
C
Z
z
g
o
A
D
c
Fig. 32.
L
T
S
B'
B
N
Fig. 33.
l
λ
L
δ
T
B'
l
L
B'
λ
Fig. 34.
T
Q
O
b
Fig. 36.
k
n
L
T
D
A
C
B
N
K
S
Fig. 35.
L
S
T
N

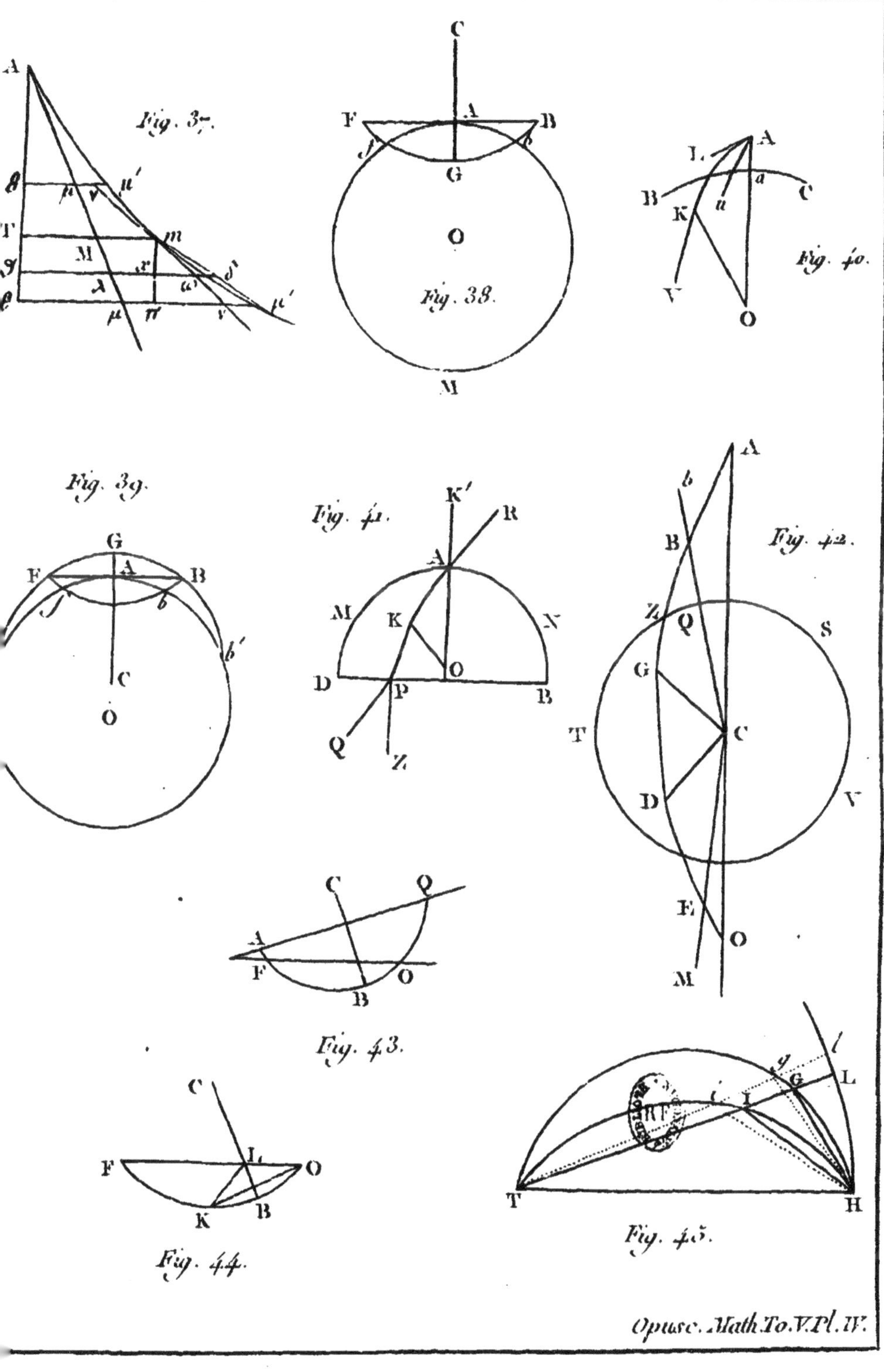

Opusc. Math. To. V. Pl. IV.

Défauts constatés sur le document original

www.ingramcontent.com/pod-product-compliance
Ingram Content Group UK Ltd.
Pitfield, Milton Keynes, MK11 3LW, UK
UKHW020309200726
13857UKWH00001B/122